中国科学院科学出版基金资助出版

U0275546

现代化学专著系列·典藏版 03

超分子化学研究中的物理方法

童林荟　申宝剑　著

科学出版社

北京

内 容 简 介

与信息科学、材料科学、生命科学交汇融合而成的超分子化学，是当今化学科学的前沿。本书较全面地介绍了 Pederson、Lehn 和 Cram 于 1987 年获诺贝尔化学奖后，近 20 年来在超分子化学研究中应用的物理方法，同时列举了最新物理技术应用现状，评述和讨论了可能开发为研究应用的物理方法的发展前景。

本书可供从事化学及相关专业的研究人员、高等院校教师、高年级学生和研究生及化工技术人员参考。

图书在版编目(CIP)数据

现代化学专著系列：典藏版 / 江明，李静海，沈家骢，等编著. —北京：科学出版社，2017.1

ISBN 978-7-03-051504-9

Ⅰ.①现… Ⅱ.①江… ②李… ③沈… Ⅲ.①化学 Ⅳ.①O6

中国版本图书馆 CIP 数据核字(2017)第 013428 号

责任编辑：杨向萍 周巧龙 吴伶伶 王国华 / 责任校对：张 琪
责任印制：张 伟 / 封面设计：铭轩堂

科 学 出 版 社 出版
北京东黄城根北街 16 号
邮政编码：100717
http://www.sciencep.com

北京厚诚则铭印刷科技有限公司印刷

科学出版社发行 各地新华书店经销
*

2017 年 1 月第 一 版 开本：720×1000 B5
2017 年 1 月第一次印刷 印张：21 3/4
字数：410 000

定价：7980.00 元（全 45 册）

（如有印装质量问题，我社负责调换）

前　言

　　超分子化学的迅速发展扩大了物理技术的应用,同时也提出了挑战:研究形成的超结构,特别是形成和维持复杂分子聚集体的非共价力和超分子聚集体的稳定性;超分子体系形成过程按分子识别要求发生的构象变化;超分子材料形成过程中自发的、连续的聚集和脱聚;形成纳米材料的表面状态和内部连接以及评价产生新性质的电子、光子、离子的转移和催化效果等。发展新的物理方法以满足上述研究内容的需要已迫在眉睫。

　　追溯用现代技术研究、表征主－客体系的历史,最早并沿用至今的是用 X 射线结晶学研究固态笼形包合物和以 β-氢醌作为主体的包结物。目前,采用强 X 射线源,改进检测器并在低温下测定样品,提高了测定庞大超分子体系的分辨率。计算机的应用和各种软件的出现能有效解释超分子结构,从而可以获得大量信息。粉末衍射技术由于样品制备简单,对于研究小分子包结物仍然是常用的技术,特别是在沸石分子筛结构分析中尤其有用,第 9 章将扼要介绍在解析复杂超分子结构中的最新应用。振动光谱(红外和拉曼)技术在了解固态主－客体系的结构和客体分子在超分子与聚集体中的动态及构型中有关键性作用,文中将举例评述从超分子体系、自集膜和沸石体系的谱图中得到的各种信息(第 7 章)。其他如魔角自旋NMR 光谱(第 4 章)和电子显微术(AFM、STM、TEM、SEM)都是近期在超分子化学研究中采用的固体分析新技术,在超分子结构、构象、分子动态、超分子聚集体表面结构和反应的研究方面将提供有用的信息。特别是高分辨电子显微技术由于能观察到原子、分子的运动,从而对具有开关性能的分子器件的可行性给予了最形象的证实。目前,我国科研人员已在 Nanoscope Ⅲ A 扫描探针系统上得到清晰的酞菁分子高分辨率 STM 图像(第 6 章)。

　　与固体超分子体系对应的是溶液中超分子体系的研究,这方面的工作应当说始于冠醚合成和对阳离子的选择性结合。在溶液中超分子聚集体微环境的研究中应用得较多且比较成熟的是电子吸收和发射光谱。可以通过探针分子谱形和吸收强度得到有价值的关于平均微环境的信息。在传统光谱分析基础上发展起来的差谱,在研究微小环境差异和构象变化方面的效果是常规光谱分析难以达到的(第 2 章)。圆二色光谱最初用于研究光学活性化合物,自 20 世纪 80 年代后期环糊精包结有机小分子用于诱导光学活性后,频繁用于超分子、分子聚集体微结构构象变化的探察。与此相应,旋光仪功能不断扩展,与计算机联用,可以测定变温下的谱图和绘制差圆二色谱,第 3 章将着重介绍应用上的最新进展。一维、二维溶液核磁共振(第4章)是研究溶液中超分子结构的有力工具。量热法(第5章)通过测定体系自集过程的热力学参数,提供了机理研究的有用数据。超分子化学从本质上说也是动态化学,从简单主、客体结合,到巨大超分子聚集体自组装过程,乃至最细致的构象变化都蕴藏着时态概念。研究各种光谱参数随时间变化是表征超分子物理性质的重要内容,第8章着重介绍了主、客体结合反应的动力学和测定方法。各种研究动态的方法将分别在有关章节中的时间分辨光谱中介绍(第10章及有关章节)。电化学分析、介电常数、溶剂萃取等方法都是表征超分子体系性质简单易行的方法,因受篇幅限制仅在第9章中简要介绍。质谱分析最初只用于确定结构和生成复合物化学量,近年来,各种质谱分析新技术不断问世,由于测定是在无溶剂的气相条件下进行,这些技术成为研究气相中超分子分子识别的重要工具。

在理论研究方面,近10年发展起来的计算机模拟成为实验技术重要的补偿方法。分子力场、分子动态和半经验分子轨道计算等,不论这些方法有什么不同,它们都应回答以下问题:复合现象的驱动力是什么?复合物内主-客体的相对几何学关系是什么?实验中观察到的活性模型的结合能和几何学之间存在什么关系?在第10章中将扼要介绍其目前应用现状。

最后要说明的是,著者力图去概括这些方法的基本理论和实验方法,并介绍最新应用成果,但限于工作经历,本书仍然主要从应用角度出发,介绍在超分子化学研究中正在使用和将来应当积极开拓的最新技术,因此对于从事超分子化学研究的人员,本书是详细导读材料;对于从事技术工作的人员,可从此书得到启发,积极开发现有仪器、技术在超分子化学中的进一步应用。

本书的出版得到中国科学院科学出版基金资助,在此表示感谢。

由于本书涉及范围很广,著者受专业所限,差错之处难免,敬请同仁指正。

中国科学院兰州化学物理研究所　童林荟

石油大学(北京)　申宝剑

目　　录

第 1 章 概 述

毋庸置疑,超分子化学(supramolecular chemistry)已发展成化学中的前沿,并与其他学科高度互相渗透,成为化学学科的重要领域。它涉及的内容从最初的冠醚(crown ether)、窝穴体(cryptate)、球瑷(spherand)到而后认识和发展的环糊精(cyclodextrin,CD)、环璠(cyclophane)、杯芳烃(calixarene)。上述主体(host)或受体(receptor)对铵、金属离子、各种中性分子及至阴离子有很高的亲和性,形成以各种非共价力(氢键、静电作用、电荷转移作用、分散作用、离子中介作用、疏水作用、堆垛作用等)维持、具有新功能的超分子,其与生物体系可以媲美的性质引起化学家的高度重视。进而发展了从最小二聚、多聚体到更大的有组织、有确定结构、复杂的分子建筑(molecular architecture)。进入 20 世纪 90 年代,随着超分子化学的日趋成熟和研究工作的深入以及对超分子概念的进一步理解,超分子化学开始延伸,吸引那些曾经独立发展的化学研究领域逐渐合并进来,其中最值得推崇的是包含沸石(zeolite)在内的分子筛(molecular sieve)类多孔材料。沸石是无机多孔微晶材料,跨过其整体结构,周期性有规则地排列成孔道和(或)笼,形成像海绵样的多孔甚至是多级孔道材料,能吸附和包入小的或中等尺寸的有机分子。

现在人们惊奇地发现,这些大量多种多样的分子建筑原来都是在一定条件下由分子识别(molecular recognition)导演,通过自加工(self-process)、自装配(self-assembly) 和自组合(self-organization),形成的分立的低聚分子超分子(oligomolecular supermolecule)或伸展的多分子聚集体(polymolecular assembly),如分子层(molecular layer)、薄层(film)、膜(membrane)、胶束(micelle)、凝胶(gel)、中间相(mesophase)、庞大的无机本体(entity)和多金属配位建筑等,表现出与组成分子完全不同,更加复杂的化学、物理和生物学性质,与有机化学、配位化学、金属离子配体络合物、物理化学以及研究分子间作用的实验和理论密切相关。这些发现极大地鼓舞了科学家进行各种超分子聚集体的设计,从而打开了通向超分子器件(supramolecular device)和超分子材料(supramolecular material)的通道,如超分子导体、半导体、磁性材料、液晶、传感器、导线和格栅等,设计组装成超分子光子器件、电子器件、离子器件、开关、信号与信息器件。这些与机械、光物理、电化学功能类似的逻辑闸门,按照分子识别,在超分子水平上进行信息处理,即通过电子、离子、光子和构象变化将其转化为信号,进行三维信息储存和读出,因而对物理科学和信息科学都有深远的影响。目前,智能(intelligent)的功能超分子材料、网络工程和多分子图形的研究课题不断增加。通过自组装生成有确定功能纳米尺寸的超分子建筑,来获得有机、无机固体纳米材料(nanomaterial),其结果是将超分子化学与材料科学交融,编织出多姿多彩的新材料,并由此建立起纳米化学(nanochemistry)。另外,利用非共价互相作用和分子识别,调控、模拟生物过程中的酶催化、DNA 结合、膜传递、细胞-细胞识别、药物缓释作用等,使超分子概念向生命科学渗透。所有这些在 20 世纪使超分子化学与相应物理学、生物学一起逐渐发展,构成超分子科学(supramolecular science)和技术(technology),而超分子科学的明显成就是导向信息科学,其表现是有组织的、复杂的和适应的,从无生命到有生命。发展如此之快,以至于科学家不得不在积极耕耘的间隙驻足观望,并发问:"超分子科学,它在何处? 往何处去?"这正是"Supramolecular Science:Where It Is and Where It Is Going?"(1998 年)会议评论的主题[1],会议就 5 个主要论题对超分子化学未来发展做出进一步评述和推测[2]。对超分子化学或者更一般地说超分子科学的展望,Lehn[3]曾提出应当发展 3 个主题:信息和纲领性(information and programmability);动态和可逆性(dynamics and reversibility);联合性质和适应性(combinatorial feature and adaptability)。

　　在 21 世纪,化学科学发展寓于对物质精心制作和传递中的信息性质,不断有更清楚的概念,更深入的分析和更慎重的应用,也就是要追踪从单纯的凝聚态材料到越来越高、有组织材料的途径。超分子化学最基本和深远的贡献是向化学科学引进、补充分子信息及其必然结果。有指令和有纲领化学体系的概念,目的在于对材料的组织化获得累进的控制。通过分子间非共价互相作用和对其适当的操控,成为先进的分子信息化学,包括在分子水平上结构性质的信息存储,和在超分子水平上的恢复、传递和处理。简单的分子、超分子通过自集构筑复杂的有组织的材料,其中信息输入可以划分为 3 个阶段:① 基本组成成分选择性结合的分子识别;② 组成成分的结合以正确的相对位置延伸;③ 过程的终止,要求嵌入一个性质、一个终止信号,突显出终点并表明过程已进行完全。由于自集是依赖于时间的过程,并显示出动力学控制的作用,因此自然包含有时态信息,在形成热力学产物之前产生动力学产物。在一个分子程序(molecular program)中联合不同识别/指令性质,这就开辟了通向设计具备分子计算(molecular computation)功能的自集体系的领域。如研究设计用建立在 DNA 基础上的方案,解决联合问题[4]。

　　从超分子统一体的分子组成互相作用易变性观点考虑,超分子化学本质上说也是动态化学(dynamic chemistry)。最明显的是缔合的可逆性,它通过借助改变构成成分间的连接,或借助改变与环境间对组入或逐出构成成分进行连续重组,向体系赋予联合性质。材料的性质既与组成性质有关,也与组成成分间的互相作用有关。预期超分子化学会通过操控支撑组成成分的非共价力,对材料科学产生巨大影响,从而开辟从材料化学向超分子工程领域发展的途径。

　　高分子化学和超分子化学联合,出现超分子的高分子化学,它通过单体成分补偿自集,产生超分子高分子,成为有"生命"的高分子,如超分子液晶[5]。纳米科学和技术无论在基础理论还是应用上,都是一个十分活跃的领域。通过自发地、但是有控地生成具有确定结构、功能化的纳米尺寸超分子建筑,非常有效地进行纳米装配、纳米操控。这些超分子建筑的可逆和动态性质使之具有发展适应性精巧纳米材料的价值。

近年研究热点集中到索烃(catenane)和轮烷(rotaxane)上,在这类超分子体系中赋予可控分子运动功能,发展具有长程和触发运动性能的体系,如在双螺旋双核 $Cu(I)$ 复合物和 2 个单股 $Cu(II)$ 复合物之间可逆的电化学反应以及一些光刻系统进行光触发互相转换等,这些都是发展动态器件的方向。

综上所述,所有这些对超分子化学、超分子科学未来的预测,其发展的结构基础是非共价化学键力,而其先导是计算技术的理论预测,两者相得益彰[6]。共价与非共价键的区别首先在于稳定能和平衡距离不同,当体系间距离在 2Å 时,非共价分子簇的特征稳定能相当每摩尔几千卡[①],在典型共价键分子中典型原子间距离小于 1.5Å,典型结合能为每摩尔 100kcal。在非共价互相作用中熵总是起主要作用,且伴随簇形成,其值总小于零,在室温下熵 $T\Delta S^{\circ}$ 项通常与焓项 ΔH° 相当,伴随簇形成自由能变化接近零。在共价互相作用中能量(焓)比熵项大,自由能的变化主要由能量项确定。势能表面(也称位能表面,potential energy surface, PES)的重要区别在于非共价分子簇(分子聚集体)更丰富多彩,并含有大量能量最低点。较大簇集体的能量最小,数目巨大,按要求需要找到有效研究方法。非共价簇与刚性共价分子比较表现出不同动态,非共价分子的动态要求用不同的理论和实验描述。最后需要小心检测质量,尽可能达到经验近似。

在理论上采用从头开始方法(*ab initio* method)研究分子簇集(自集、自组)的目的在于确定聚集体的结构、稳定能、(分子间)振动频率、位能和自由能表面。典型的量子化学方法、微扰(perturbation)和变分理论(variation)方法都可以用于确定稳定能,两种近似各有利弊。分子簇形成引起分子间振动,分子间振动频率比分子内的要小很多,典型的频率在 $100cm^{-1}$ 左右,通常低于 $50cm^{-1}$。对于很大的非共价簇集的振动问题,常规近似是微扰理论,它是计算振动频率的有效工具,近来在计算非谐频率(anharmonic frequencce)的微扰处理上有新发展[6]。分子簇的位能表面(PES)需要用一些有效方法确定能量最小状态下的几何学,这些建立在计算机实验基础上的方法最常用的是分子动态(MD)和蒙特卡罗(MC)模拟。一个簇各种结构的布居与吉布斯自由能变化成比例,可以用 N.V.T. 正则系综(N.V.T. canonical ensemble)和 N.V.E. 微正则系综(N.V.E. microcanonical ensemble)与猝灭法联合计算机模拟确定。

---

① 　卡为非法定单位,单位符号为 cal,1cal=4.1868J。为了遵从读者的阅读习惯,本书仍沿用这种用法。

　　研究非共价相互作用,除在前言中列举的各种物理方法之外,在 21 世纪需要从两个方面开拓更有效的方法:开发新的物理仪器和技术,在原有传统仪器上升级,以扩大功能;开发、引进新技术。微波光谱(microwave spectroscopy, MW)是一种有非常高分辨率的光学光谱学,在分子量子力场方面有充分的合理的基础(通常用于确定位能表面)。振动旋转隧道光谱(vibration rotation tunnelling spectroscopy),测定范围在 $20\sim150 cm^{-1}$,可以研究分子簇中振动-转动-隧道状态间的过渡,其分辨性能与微波光谱相当。此外,化学上早已建立的振动光谱(vibrational spectroscopy)方法,近年来近红外测定对发展研究氢键系统多维位能表面有很大贡献。还可以选择振动状态的激发拉曼泵出,允许测定非常低的分子间振动。共振增强多光子离子化光谱(resonance-enhanced multiphoto ionization, REMPI)和 ZEKE 光电子光谱(ZEKE photoelectron spectroscopy)这些高分辨技术在分子簇集研究中可能发挥更大作用。反向 NOE 泵出实验(reverse NOE pumping, RNP)是为了探察在非侵害状态下化合物和受体间互相作用时结合位、结合构象的详细信息而发展的新技术,其特点是缩短实验时间,减少材料用量,以及数据获得和分析的自动化[7,8],新技术相对容易地抑制受体信号,保留了配体的较小信号,因而 RNP 具有较高灵敏度和较短实验时间。

　　本书各章中收集了各种物理方法,这些基础的、在一般实验室条件下容易实现的技术,远不能满足迅速发展、不断拓宽的超分子科学与技术研究的需要,这有待于在相关领域从事研究的科学和技术专家不断地充实。

参 考 文 献

1　(a) Lehn J M. Supramolecular Chemistry/Science—Some Conjectures and Perspectives, in Supramolecular Science: Where It Is and Where It Is Going. Ungaro R, Dalcanale E eds. Netherlands: Kluwer Academic Publishers. 1999, 287~304

　　(b) Reinhoudt D N, Stoddart J F, Ungaro R. Chem. Eur. J., 1998, 4:1349

2　(a) Smith D K, Diederich F. Chem. Eur. J., 1998, 4:1353

　　(b) Chambron J C, Sauvage J P. Chem. Eur. J., 1998, 4:1362

　　(c) Hartgerink J, Clark T D, Ghadiri M R. Chem. Eur. J., 1998, 4:1367

　　(d) de Mendoza J. Chem. Eur. J., 1998, 4:1373

　　(e) Sanders J K M. Chem. Eur. J., 1998, 4:1378

3　Lehn J M. Supramolecular Chemistry-Concepts and Perspectives, VCH, Weinheim, See especially chapter 9. 10

4　(a) Adleman L M. Molecular Computation of Solution to Combinatorial Problems. Science, 1994, 266: 1021~1024

　　(b) Lipton R J. DNA Solution of Hard Computational Problems. Science, 1995, 268:542~545

　　(c) Guarnieri F, Fliss M, Bancroft B. Making DNA Add. Science, 1996, 273:220~223

5　晏华. 超分子液晶. 北京:科学出版社,2000

6　Müller-Dethlefs K, Hobza P. Noncovalent Interactions: A Challenge for Experiment and Theory. Chem. Rev., 2000, 100:143～167

7　Chen A, Shapiro M J. NOE Pumping. 2. A High-Throughput Method to Determine Compounds with Binding Affinity to Macromolecules by NMR. J. Am. Chem. Soc., 2000, 122:414～415

8　Chen A, Shapiro M J. NOE Pumping: A Novel NMR Technique for Identification of Compound with Binding Affinity to Macromolecules. J. Am. Chem. Soc., 1998, 120:10 258～10 259

第 2 章　紫外–可见和荧光光谱

2.1　引　言

电子吸收和发射光谱是最早建立并经常用于研究超分子、分子识别、超分子聚集体微环境和构象变化的方法。此技术要求体系内含具有特征光谱的发色(或荧光)基团,并有确定的光物理性质。如果不具备有用的发色(或荧光)基团,则需引入对微环境变化敏感的光谱探针分子,用以探测体系内某局部区域的微环境(极性、超分子单元聚集、酸碱性等)或超分子、超分子聚集体的结构和构象变化。本章主要介绍紫外–可见(UV-vis)和荧光光谱(Fl)在超分子化学研究中应用的示例。

近年来,随着新技术的不断应用,许多装备有新功能部件的仪器相继问世,可以测定瞬时光谱和时间分辨谱,记录秒(s)、纳秒(ns)、皮秒(ps)、飞秒(fs)时间范围内的谱线,从而可以获得在指定时间内分子的旋转和构象移动信息。这里将同时介绍稳态和时间分辨谱的各种数据处理方法以及典型应用示例。有关本章内容的基本理论请参阅专著[1~5]。

2.2　一些基本问题

2.2.1　溶剂的选择

与单分子光谱测定比较,重要的选择原则尚需考虑构成超分子的主、客体及形成的复合物在溶剂中的溶解度,以及主体或客体应不与溶剂发生反应。在发射光谱测定中,虽然荧光性质取决于分子结构,但溶液中的环境对荧光强度、光谱结构将产生强烈影响,如溶剂极性、pH、温度、荧光物质与溶剂间氢键、溶剂与荧光分子间偶极子的静电作用、电荷迁移等。荧光物质因而被选为探针,研究超分子体系微环境和组成单元间的相互作用。

2.2.2　探针的选择与应用

用吸收、发射光谱研究超分子体系,要求探针的光谱性质对于局部微环境变化敏感。分析其吸收带位置、强度和光谱结构的变化以获得有用的信息。探针可以是超分子体系的固有组成部分,如色氨酸本身既有荧光又有磷光,且存在于绝大多数的蛋白质中,它可以用来直接研究感兴趣的体系。如果体系中不含探针则需要在超分子聚集体形成后用化学修饰和键合方法引入,经常是用非共价键合方法,如借助氢键、疏水作用、静电相互作用,将外部探针用物理方法引入到超分子体系中感兴趣的部位,或融入到特定区域。后一种方法由于探针存在移动性而处于几个可能位置。在超分子聚集体中,由于探针在多处的分布使数据解析复杂化。探针本身必须稳定,在测定时间分辨光谱,研究体系动态时尤其需要考虑探针的旋转和构象移动。用发射光谱研究荧光猝灭,进行各向异性衰减实验时,探针的稳定性更为重要。

2.2.2.1　紫外-可见光谱中的探针

(1) 介质极性变化时,吸收带的振动结构发生变化(Ham 效应)。

(2) 介质(微环境)极性变化,吸收带发生位移。

(3) 探针被结合后,由于空间几何学约束导致构象改变,吸收带位置和强度发生变化。

(4) 探针聚集时将诱导吸收带位置和强度发生变化。

以下从 3 个方面讨论:

(1) Ham 效应是 Ham[6]于 1953 年提出的论点,即苯的 $S_1 \leftarrow S_0$ 禁阻跃迁在四氯化碳溶液中明显增强。通常 Ham 效应用于解释任何由于溶剂诱导振动带相对强度发生变化,但并不伴有光谱位移的情况。此效应通常在电子吸收带振动结构以及溶剂效应对相应弗兰克-康顿因子(Franck-Condon factor)影响而发生变化时出现。两振动带强度比对于局部微环境极敏感,在其中存在的分子,可以用来探察微环境。弗兰克-康顿原理[3,7]指出在用分子轨道理论处理有机分子吸收光谱时,假定基态分子中的电子发生跃迁,转变为激发态分子,此时分子的构型和振动功能理应发生变化,但由于此跃迁过程的时间极短($\sim 10^{-15}$ s),以致分子中的原子来不及改变它的振动位置和几何构型,仍保持基态时的构型和振动能。所以电子跃迁可以在势能曲线用基态能阶与各可能的激发态能阶间的垂直线表示电子的激发,在相应的电子吸收光谱上则可以观察到电子在不同能级间跃迁而产生的振动(或转动)精细结构。溶剂-溶质间的互相作用对吸收光谱的影响表现为吸收谱带位置、强度、宽度和振动精细结构的出现或消失。在非极性溶剂中影响较小,但极性溶剂分子有较强的永久偶极排列,在溶质附近使体系能量降到最低,溶质的基态因而处于极稳定状态。吸收光线后激发态形成得太快,以致溶剂“网”来不及重排。假如激发态比基态极性小,或两者电荷分布不同,则在溶质分子激发时,这种暂时“冻结”的溶剂“网”不可能合理地排列,以使溶质激发态有效地稳定下来。这时溶剂使基态能量降低比使激发态能量降低要多,和理想化了的蒸气态光谱相比,溶剂将使吸收光谱紫移。如两性离子化合物 1[8]的激发态比基态极性小,当用水代替溶剂苯时即可看到显著的紫移(浅色位移)。对于基态极性比激发态小的有色分子,极性溶剂将使激发态稳定的趋势大于基态,结果发生红移(光谱的深色位移)。

对于分子间氢键,溶剂诱导位移与上述情况不同,如杂原子上未成键的孤对电子与可提供质子的极性溶剂(如乙醇、水)形成氢键,在发生 $n \rightarrow \pi^*$ 激发过程时,一个 n 电子从非键轨道跃迁至 π^* 轨道,这时需破坏氢键,激发能因而增大使光谱发生紫移。分子中空间障碍常对电子光谱的形状有显著影响。理想的 π 发色体中所有 p 电子中心都处于同一平面,所有键角都接近 $120°$,所有键长都在 $1.34 \sim 1.48$Å 范围内。如向其中引入一个庞大基团,由于电子云挤压,体系能量大为增加。分子将通过伸长或缩短键长、增大或减少键角、产生键旋转,降低相邻轨道的重叠,来缓解这种状态。这时将影响到吸收谱带,产生位移。键的旋转对分子基态和激发态的影响表现在:使激发态键级增加的旋转导致浅色位移而激发态键级降低的旋转导致深色位移。大多数跃迁会产生一个比基态极性更大的激发态,因此,处于激发态的分子与溶剂分子间的偶极-偶极互相作用使能量降低的程度大于基态。两个振动带强度比对于局部环境变化极为敏感。

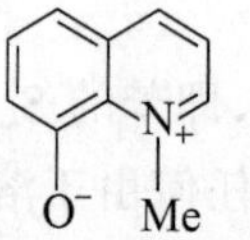

1 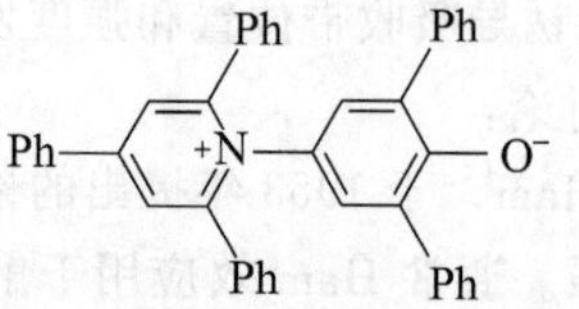　　　　　　　　　　**2**

(2) 用吸收光谱带的位移来判断环境的极性已相当成功。化合物 **2** 在不同溶剂中的变色效应非常大,以致通常可以用目测估计溶剂极性。甲醇中为红色,异丙醇中变为蓝色,丙酮中又变为蓝绿色,为此曾提出以 $kcal \cdot mol^{-1}$ 表示化合物 **2** 的跃迁能,并作为极性参数,这个量即是 E_T 值;还有一种溶剂极性标度,以 1-烷基吡啶碘(**3**)分子间跃迁带为基准,其跃迁能以 $kcal \cdot mol^{-1}$ 表示,称为 z 参数,表征溶液极性[8]。溶剂极性尺度 E_T 曾用于评价各种类型超分子聚集体,如胶束、囊泡、微乳、磷脂双层和氧化铝的极性。例如通过检测,以最大吸收谱带发生很小位移,但谱变宽且强度明显降低,来判断 9-蒽甲基氯化铵对 DNA 螺旋的结合[8b]。另外,溶剂极性尺度也用于考察主、客体复合作用[9, 10]。

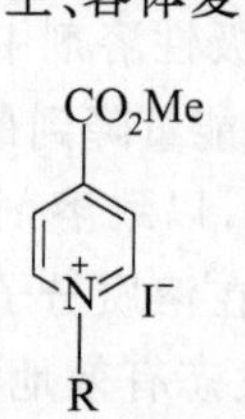

3 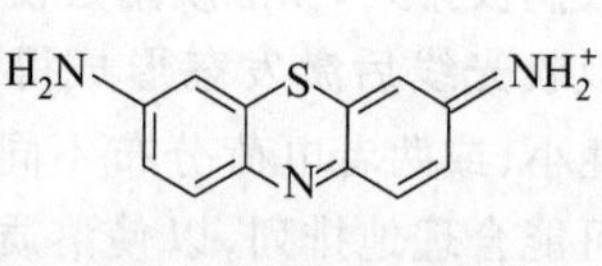　　　　　　　　　　**4**

(3) 某些探针在聚集时引发光谱位移和强度变化[11],如表面活性剂全氟羧酸盐(酯),在形成胶束后,$205 \sim 225$nm 吸收带的摩尔吸收率明显增加,由此可以确定临界胶束浓度(CMC)[11b]。又如劳氏紫(Lauth's violet)(**4**)的单体和二聚体的吸收光谱明显不同,通过阳离子交换将其组入 L 型沸石的孔道(孔道直径 0.73nm),即使在很浓情况下仍以单体形式吸附,但在表面可以聚集。具有超笼结构的 Y 型沸石(孔径 0.74nm,每个晶胞中含有一个直径为 1.8nm 的超笼),即使在管道内也能以二聚体形式存在。有趣的是水能控制聚集过程,干燥沸石只吸附单体,当有水存在时生成二聚体,伴随二聚体的生成,颜色由蓝转变为品红[12]。设计系列含硫醚、亚砜的 1,4-二取代苯作为模型,用 UV-vis 光谱法研究与 α-环糊精(α-cyclodextrin, α-CD)结合强度和在空腔内的方向,结果表明含硫原子取代基的形状是决定结合强度和方向的重要因素。分析 α-CD:客体为 2:1 的结合常数,证明在结合第二个 α-CD 时协同性的影响相当重要,提出协同结合机理促进两个 α-CD 分子处于相反偶极间的互相作用[13]。

2.2.2.2　荧光和磷光光谱中的探针

荧光和磷光光谱可以在同一仪器上记录,区别短寿命荧光($<1\mu s$)和更长寿命磷光($>1ms$)。荧光探针对环境变化的灵敏度很高,用量少(毫摩尔浓度或更低),相对其他物理表征方法有更为广泛的应用。在用特殊基团修饰后,使在某些感兴趣超分子体系中增溶,许多已作为商品在一些方面应用。

(1) 含各种取代基的萘、芘是超分子体系微环境极性的常用探针[14~24]。1,3-二(α-萘基)丙烷(**5**)[14]的荧光光谱由 337nm 的单体发射和 420nm 的激基缔合物的无结构宽带峰组成,其激基缔合物和单体荧光峰的位置和相对强度比(I_D/I_m)对环境十分敏感。测定甲醇-水二元体系中 RNA 和各种碱基诱导 **5** 的无结构荧光宽峰产生精细振动结构以及 α-、β-CD 对 **5** 所处微环境的影响,证明振动精细结构的出现是由于 RNA 诱导 **5** 按一定几何构象"冻结",从而使振动能级固定。各种荧光探针对介质极性敏感的性质可以用来研究超分子体系的微极性变化。芘的单体荧光光谱的第 1(O—O)和第 3 带的比值(I_1/I_3)在不同极性溶剂中的变化范围达到 0.52(多氟环己烷)~1.87(水)(表 2 - 1)[1]。这是由于振动偶合机理(Ham 效应)使极性溶剂中的弱 O—O 荧光带加强。有些探针如 7-烷氧基香豆素(**6**)和芘羰醛-3(**7**),在非质子传递有机溶剂中只有很弱的荧光,但在极性溶剂中荧光产率可增加几个数量级而且最大发射向长波位移。**6** 在非极性溶剂中从最低能量 π,π* 单线态到 n,π* 三线态体系间窜跃很快,导致低荧光产率。在极性溶剂中,π,π* 单线态比 n,π* 三线态能量低,导致体系间窜跃效率降低,有较高的荧光产率,最大发射波长出现在更长波长处[1,25a]。**6** 曾作为定性测定胶束表面极性的探针。**7** 在溶剂极性增加时光谱发生长波位移,目前作为八面沸石极性的探针[1,25b]。

表 2-1　在不同极性溶剂和主-客体系中芘的荧光比值(I_1 / I_3)[1]

样　品	I_1 / I_3	文献
多氟环己烷	0.52	a
己烷	0.58	a
苯	1.05	a
甲醇	1.35	a
水	1.87	a
铝	1.49	b
Na-X 沸石	2.04	c
Na-Y 沸石	1.22	c
十二烷基硫酸钠胶束	1.14	d
十六烷基三甲基氯化铵胶束	1.35	d

注：a. Dong D C, Winnik M A. Photochem. Photobiol., 1982, 35：17

　　b. Pankasem S, Thomas J K. J. phys. Chem., 1991, 95：7385

　　c. Liu X, Lu K K, Thomas J L. J. phys. Chem., 1989, 93：4120

　　d. Kalyanasundaram K, Thomas J K. J. Am. Chem. Soc., 1977, 99：2039

含羟基的芳香碳氢化合物，如 1-萘酚[24]、2-萘酚[16]、1,6-二羟基萘[17] 的荧光与 pH 有依存关系。在溶液中结合到 CD 空腔后阻碍了酚羟基的绝热去质子作用，并证明糖单元的羟基对于位于空腔内的激发态酚并非是接受质子的有效碱。这些酚成为研究胶束、冠醚复合物和 CD 等超分子体系的 pH 探针。

（2）荧光分子的光谱、寿命对聚集或复合现象很敏感，可以作为研究超分子聚集体的探针，也可用来确定表面活性剂的临界胶束浓度（CMC 值）。

芘在环己烷和乙醇中的荧光寿命(τ_F)高达 450ns，适宜作为慢构象变化的荧光探针，研究测定不同桥联长度的 α, ω-双(1-芘基)链烷烃(8)在胆甾液晶中分子内激态分子的形成，观察到在这种各向异性介质中键的弯曲过程，证明链的折叠移动既受总体溶剂排列控制,也受选择性溶剂-溶质互相作用的控制[26]。双蒽基冠醚(**9**)在甲醇溶液中单体-受激分子发射的相对数量用来评价结合阳离子时的构象变化。在溶液中既观察到单体,也观察到受激分子的发射,表明冠醚以混合构象体存在。加入 NaClO₄ 由于形成更多受激分子使光谱红移,在高浓度盐存在时几乎全是受激分子的发射光谱。说明冠醚环结合阳离子后分子构象发生变化,迫使 2 个蒽基采取交错夹心构型[27]。

9　　　　　　　　　10

　　萘、芘或其衍生物键合到感兴趣的主体分子或超分子体系中,由于位置固定,是研究局部微环境的极性和构象变化的有效方法[28~35]。将氮杂冠醚以不同几何形式键合到发荧光基团蒽的分子上(**10**、**11**),在乙醇和水溶液中辨识金属离子。通常当金属离子结合到氮杂冠醚空孔内时由于抑制了光诱导电子传递而产生很大的螯合增强荧光(CHEF)效应,如 $6\mu mol \cdot L^{-1}$ 的 **11** 在乙醇中结合 50eq(eq 为 equivalent的缩写,50eq=0.3mmol)Al(Ⅲ)、Ce(Ⅲ)、Cu(Ⅱ)、Ga(Ⅲ)、La(Ⅲ)、Zn(Ⅱ),显示很强的 CHEF 效应[荧光强度(I/I_{max})×100],同时对 In(Ⅲ)、Mn(Ⅲ)、Sr(Ⅱ)也有相对小的 CHEF 效应。冠醚环刚性固定的 **10** 与 **11** 相比,结合 Ce(Ⅲ)、La(Ⅲ)、Zn(Ⅱ)的效果明显受到抑制,但对 Al(Ⅲ)、Cu(Ⅱ)、Ga(Ⅲ)却有非常大的 CHEF 效应。荧光滴定数据经过计算机程序处理得到 **10**,对 Ga(Ⅲ)和 Ce(Ⅲ)的表观解离常数 K_d 值远低于 **11** 对 Al(Ⅲ)、Ga(Ⅲ)和 Hg(Ⅱ)的 K_d,结果表明刚性固定方式可以用于研制选择性化学传感器[35]。丹酰基单修饰 γ-CD(**12**)在 10% DMSO 水溶液中结合鹅去氧胆酸、乌索去氧胆酸和石胆酸,荧光光谱显示有非常好的选择识别能力,检测极限为 0.01~0.1mmol。与只能检测一种物质的酶传感器比较,分子中键合的发色团,既可作为有效的间隔基(spacer),同时也起疏水盖帽(cap)的作用,延展了分子识别能力[32]。

11　　　　　　　　　　　　　　　　　　　　**12**

（3）磷光光谱由于寿命长，在发射光子前分子的碰撞运动使电子激发，从三线态经过无辐射弛豫回到基态，出现磷光猝灭，为此，常在低温下测定或用传统的瞬变吸收技术测定。近年室温磷光分析因在有组织聚集体如胶束、主-客体系、生物体系、沸石表面能观察到许多有机分子发光而受到重视。磷光三线态寿命在毫秒和秒范围可用以观察比荧光更慢的时标内发生的过程，同时由于具备较低猝灭浓度，适于研究生物分子和超分子体系组成间的互相作用。如酶、蛋白折叠、类脂化合物、蛋白在膜和生物大分子中的旋转、扩散的研究中，作为探针增强磷光以研究重原子效应和聚集现象；测定客体分子在胶束和微空孔中的进出速率。测定磷光光谱、偏振（极化）和寿命等，可以获得感兴趣体系的物理性质。

研究分子进出 CD 空腔的速率可获得认识酶和相关动力学的知识，磷光探针在结合到 CD 空腔后，磷光强度、光谱分布和衰减时间都发生特征性变化，很适于这类动力学分析。由阳离子磷光表面活性剂探针（BNK-10$^+$，$n=10$，**13**）、猝灭剂 $[Co(NH_3)_6]^{3+} Cl_3^-$ 和 CD 组成的体系，用动态磷光衰减法测得结合速率常数 k_f、解离速率常数 k_b 和结合平衡常数 K 与表面活性剂和主体 CD 结构有关，k_b 和 K 有几个数量级的差异。发现长链探针分子（$n=10$）与 γ-CD 体系在有猝灭剂共存时有 2 个一级弛豫，但无猝灭剂时荧光衰减为一级动力学。两个弛豫证明存在两种包结结构[36a]：一种包结类型是溴萘基深入空腔（A 型）；另一类型是溴萘基位于空腔口（B 型）（式 2-1）。

（4）蛋白质中无处不有色氨酸，其旋转异构体（rotamer）是研究蛋白构象动态和结构的探针。实验结果表明在毫秒和秒的时标内，室温和无氧溶液中大量蛋白质都有明显的磷光寿命。时间分辨猝灭实验测定原有的磷光，研究蛋白质的旋转扩散[36b]，用单光子计数法测定色氨酸旋转异构体的磷光寿命对温度的依存关系，从而确定乙酰胃蛋白酶抑制素结合到 Hiv-1 蛋白酶突变体时的构象动态[37]。

芳香酮作为磷光探针吸附到固体基质如沸石或硅胶上，检测沸石结合位的不均一性。β-苯基·苄基（甲酮）在疏水性硅沸石上的三线态寿命比本身在溶液中的值增加 10^5 倍[38]。表明酮所处的位置严格地限制了它的构象移动，阻止了三线态羰基被 β-苯基引起的有效分子内猝灭。

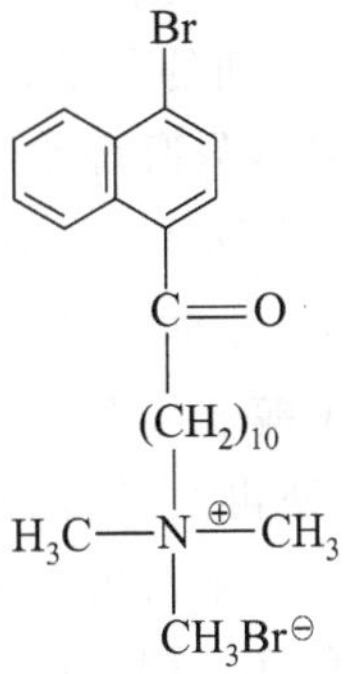

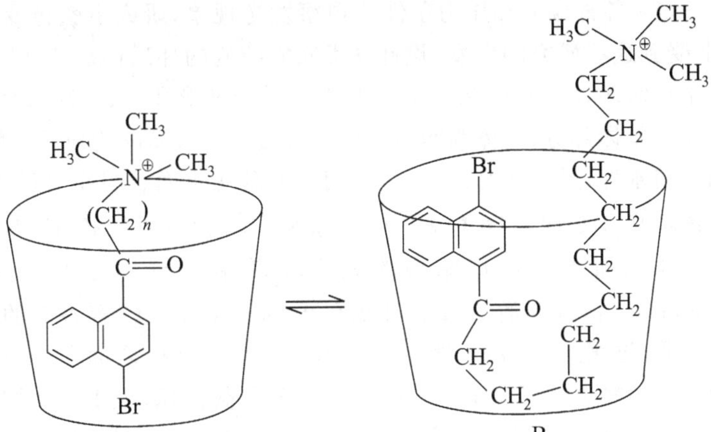

式 2-1

（5）重原子能明显增加芳香碳氢化合物三线态产率。大双环多吡啶配体（**14**）及类似窝穴体、配位镧系重原子呈现有趣的物理性质：结合、保护和从配体的能量转换 3 种性质在一个单一物种中联合，使产生发光现象。**14** 与 Eu（Ⅲ）和 Tb（Ⅲ）的配合物［Eu^{3+}⊂14］、［Tb^{3+}⊂14］在室温水溶液中分别发出很强的红光或绿光[39]，而水合离子在同样情况下并不发光。这种特殊的光谱性质来自配位基 π、π* 激发态通过分子内传递将能量转移至 Eu（Ⅲ）和 Tb（Ⅲ）的激发水平，构成吸收-能量转移-发射（A-ET-E）的光能转化过程，由于大环配体屏蔽效应好，其发射寿命高于［Eu^{3+}⊂2.2.1］窝穴体，可作为 A-ET-E 光能转化分子器件材料。在杯［4］芳烃四磺酸-钠（**15**）与 Tb^{3+} 的配合物中同样观察到这种能量转移发光现象[40]。分光荧光计测定校正发光光谱、发光寿命和量子产率，发现能量转移发光受桥基 X 的影响。桥基用 S 和 SO$_2$ 代替使配体羟基酸度增大，因而对 Tb^{3+} 有较高结合能力。桥基为 S 的配体结合 Tb^{3+} 后，发光寿命和产率增大，表明桥基用 S、SO$_2$ 代替后得到具有较好能量转移发光的配体，提供了构筑优良性能发光器件的思路。

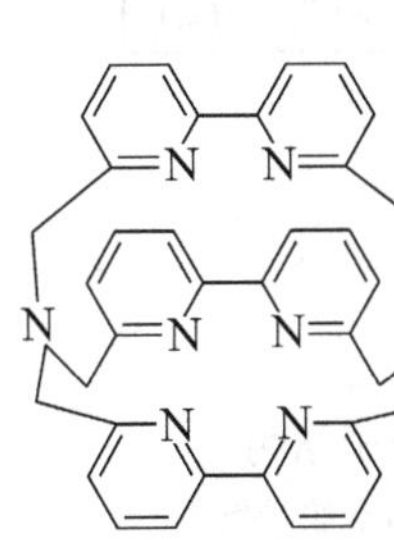

X=S，SO$_2$
R=SO$_3^-$

14 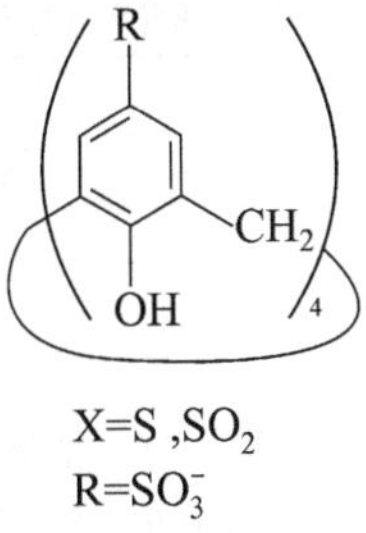　　　　**15**

(6) 各种应力和压力条件下观察发光现象,研究由颜色变化判断评价分子识别,受到这些研究的启发,设计含类固醇结构的环蕃(**16**)[41](图 2 − 1)。分子含有一个 1,6,20,25-四氮杂[6,1,6,1]对环蕃的环形孔,以柔性 L-赖氨酸作为间隔基键连 4 个甾体部分,甾体为胆酸或胆甾烷酸。引入胆酸构成具有刚性平面的分子,一面是疏水性,另一面为亲水性,预期会平卧在水面。胆甾烷酸则相反,只有疏水平面将站立在水面。**16-1**(X＝OH)在水中结合萘衍生物 **17** 的 K_a 达到 1.2×10^6 L·mol^{-1},而不含甾族结构的相应环蕃结合同一客体的 K_a 仅为 3.2×10^2 L·mol^{-1}。甾体环蕃 **16-1** 在纯水和 **0.1mmol·L^{-1} 17** 存在时的 π-A 等温线都有过渡性质,过渡点在 $4 nm^2$ 处[图 2 − 2(a)],曲线在极限面积 $\approx 2 nm^2$ 处再次升高,这后一个值接近关闭构象($2.3 nm^2$)时的分子截面积,大于 4 个胆酸分子紧密堆积的面积($1.6 nm^2$),因此可以认为在 π-A 线第二次上升时形成了三维孔穴。根据模型可以确定打开构象的占有面积大约为 $7 nm^2$。甾体环蕃 **16-2** 的 π-A 到等温线只有压缩相,表明在压缩时很难发生构象变化。水面压缩相的分子面积约为 $2.5 nm^2$,表明 **16-2** 处于堆集构象。**17** 的荧光强度在极性介质中明显受到压制,只有在单层分子面积为 $2 nm^2$ 处陡峭升高[图 2 − 2(a)],说明只有在形成三维孔穴时才能有效结合 **17**。但在 **16-2** 单层中,**17** 的荧光强度则难以增加[图 2 − 2(b)]。

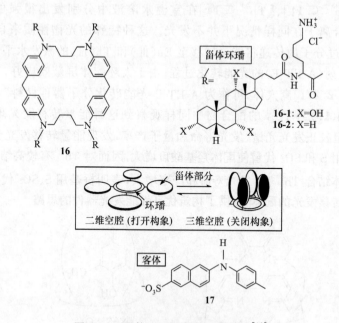

图 2 − 1 甾体环蕃和客体分子结构[41]
(方框中表达式表明甾体环蕃的空腔转换)

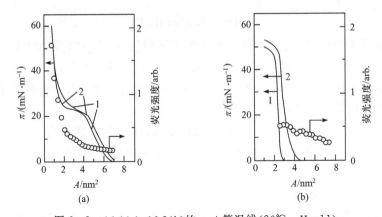

图 2-2　**16-1**(a)、**16-2**(b)的 π-A 等温线(20℃,pH＝11)

(1 为在纯水,2 为在 0.1mmol·L^{-1} **17** 水溶液的 π-A 等温线。空圈 ○ 为 0.1mmol·L^{-1} **17** 水溶液
在 440nm 的荧光强度)

2.3　分析方法

在两个或更多的化学单元间形成复合物,或结构更复杂但具有确定顺序的聚集体,是超分子化学研究的一个基本问题和过程。它将提供人们有关分子间作用力、分子识别、复合物或聚集体形成的过程和机理等重要信息,所得数据在认识酶-底物互相作用、核酸的复制、蛋白的生物合成、膜传递、抗原-抗体识别和其他生物体系的精美运作上,有极重要的价值。

超分子化学复合、聚集现象有许多物理表征方法,其中 UV-vis、CD(圆二色谱)、Fl(荧光光谱)、NMR、EPR、Mass 是应用最广、技术成熟的方法。UV-vis/Fl 技术由于所用仪器和装置相对简单、普及,是定量研究溶液中存在超分子平衡体系最早采用的方法。Benesi-Hildebrand[42] 按比尔定律(Beer's law)提出的评价溶液中主-客体结合稳定常数的关系式以 Benesi-Hildebrand 方程命名并沿用至今,已推广应用于 NMR、CD(圆二色)、Fl 光谱测定,并出现许多修正式。

2.3.1　紫外-可见吸收光谱

2.3.1.1　常规紫外-可见吸收光谱

1) 确定化学量

以最简单由主-客体组成的超分子为例,涉及的物理性质之一是复合物的吸光度与其浓度间存在线性关系。当光谱出现相交时,这一点叫等吸收点,表明体系内存在两个状态平衡,而且只生成一种复合物。但应当考虑在温度或溶剂组成变化时也出现等吸收点。有两个方法可以用来确定复合物中组分的化学量。

连续变量法(或 Job's 法)是当体系存在以下平衡时

$$m\text{H} + n\text{G} \rightleftharpoons \text{H}_m\text{G}_n \tag{2-1}$$

方程中:H 代表主体;G 代表客体。通常配制系列$[\text{H}]_0$ 和$[\text{G}]_0$ 溶液(下标 0 表示总浓度),令$[\text{H}]_0 + [\text{G}]_0$ 值不变,$[\text{H}]_0 / [\text{G}]_0$ 值变化。设 $X = [\text{G}]_0 / [\text{H}]_0 + [\text{G}]_0 = n / m + n$($X$ 在 0 和 1 之间变化),以复合物的吸收对 X 作图,曲线最大值那一点的 X 值即是体系的化学量。

在摩尔比法中总的主体浓度$[\text{H}]_0$ 保持不变,令总的客体浓度$[\text{G}]_0$ 在一定范围内变化,以吸光度对物质的量比$[\text{H}]_0 / [\text{G}]_0$ 作图,图中不连续点(或突变点)即相当于该超分子的化学量。

2) 确定稳定常数的方法

以溶液中最简单的(化学量为 1:1)平衡为例,当体系中复合物的吸收光谱与游离 G 明显不同,且所有物种均符合比尔定律时,溶液中存在以下关系

$$A_{\text{H}} = \varepsilon_{\text{H}} b [\text{H}] + \varepsilon_{\text{G}} b [\text{G}] + \varepsilon_{\text{HG}} b [\text{HG}] \tag{2-2}$$

令体系中主、客体的总浓度分别为$[\text{H}]_0$、$[\text{G}]_0$,则

$$[\text{H}]_0 = [\text{H}] + [\text{HG}] \tag{2-3}$$

$$[\text{G}]_0 = [\text{G}] + [\text{HG}] \tag{2-4}$$

方程中:$[\text{H}]$、$[\text{G}]$ 为平衡时游离状态主、客体的浓度。将方程(2-3)、方程(2-4)代入方程(2-2),令 $\Delta\varepsilon_{\text{HG}} = \varepsilon_{\text{HG}} - \varepsilon_{\text{H}} - \varepsilon_{\text{G}}$,得到方程(2-5)

$$A_{\text{H}} = \varepsilon_{\text{H}} b [\text{H}]_0 + \varepsilon_{\text{G}} b [\text{G}]_0 + \Delta\varepsilon_{\text{HG}} b [\text{HG}] \tag{2-5}$$

如 G 或 H 中的一个组分没有吸收或测定时参比溶液中含 1 种组分如$[\text{G}]_0$,方程(2-5)将变为

$$A_{\text{H}} = \varepsilon_{\text{H}} b [\text{H}]_0 + \Delta\varepsilon_{\text{HG}} b [\text{HG}] \tag{2-6}$$

将平衡常数表达方程(2-7)代入方程(2-6),联合方程(2-3),因 $A_0 = \varepsilon_{\text{H}} b [\text{H}]_0$,令 $\Delta A = A - A_0$,得到方程(2-8)

$$K = \frac{[\text{HG}]}{[\text{H}][\text{G}]} \tag{2-7}$$

$$\Delta A = K \Delta\varepsilon_{\text{HG}} b [\text{H}][\text{G}] \tag{2-8}$$

由方程(2-3)、方程(2-7),$[\text{H}]$可表达为

$$[\text{H}] = \frac{[\text{H}]_0}{1 + K[\text{G}]} \tag{2-9}$$

方程(2-8)与方程(2-9)合并,归纳得到 Benesi-Hildebrand 方程

$$\frac{b}{\Delta A} = \frac{1}{[\text{H}]_0 K \Delta\varepsilon_{\text{HG}} [\text{G}]} + \frac{1}{[\text{H}]_0 \Delta\varepsilon_{\text{HG}}} \tag{2-10}$$

方程中:b 为池长。当$[\text{H}]_0 \gg [\text{G}]_0$ 时,$[\text{G}]_0 \approx [\text{G}]$。方程(2-10)有许多种变化式,在研究溶液中 CD 与芳香化合物的结合时广为应用[43]。

方程(2－10)两边乘以[G]得到 Scott 方程[44]

$$\frac{b[G]}{\Delta A} = \frac{1}{[H]_0 K\Delta\varepsilon_{HG}} + \frac{[G]}{[H]_0\Delta\varepsilon_{HG}} \tag{2－11}$$

方程(2－10)两边乘以 $[H]_0 K\Delta\varepsilon_{HG}\Delta A/b$ 得到 Scatchard 方程[45,46]

$$\frac{\Delta A}{b[G]} = \frac{-K\Delta A}{b} + [H]_0 K\Delta\varepsilon_{HG} \tag{2－12}$$

应用 Benesi-Hildebrand 方程,当绘制的图不是线性关系时,应当考虑存在非 1:1 化学量的复合物,如 $H+2G\Longrightarrow HG_2$。这时可推出方程(2－13)

$$\frac{[H]_0[G]_0^2}{\Delta A} = \frac{1}{K\Delta\varepsilon} + \frac{2[G]_0}{\Delta\varepsilon}[H]_0 \tag{2－13}$$

以 $[H]_0[G]_0^2/\Delta A$ 对 $[H]_0$ 作图得到直线,由斜率和截距计算得到 K,或用非线性回归分析解方程[47]。

作者曾用双倒数作图法判断形成复合物分子内化学量[48]。单-3-氧-β-萘甲酰基-β-CD(式 2－2ⅩⅥ)水溶液中结合环己烷的双倒数图,$1/\Delta A$-$1/[G]_0$ 不呈线性关系,但 A 对 $\lg[$环己烷$]$作图,却给出了较好的"Hosoya 对数"图[49],由此可以初步推测生成了 1:2 型复合物。根据这一结果,对由含发色团修饰 CD 与无吸收、过量客体分子组成的体系,分析测定数据,归纳出评价其复合物化学量的简易数学表达式[50]。根据复合作用体系中的质量平衡作用,存在以下方程

$$H + H \underset{}{\overset{K_a}{\rightleftharpoons}} H_2 \tag{2－14}$$

$$H + G \underset{}{\overset{K_1'}{\rightleftharpoons}} H\cdot G \tag{2－15}$$

$$H_2 + G \underset{}{\overset{K_1''}{\rightleftharpoons}} H\cdot G + H \tag{2－16}$$

$$H\cdot G + G \underset{}{\overset{K_2'}{\rightleftharpoons}} H\cdot 2G \tag{2－17}$$

$$H\cdot 2G + G \underset{}{\overset{K_3'}{\rightleftharpoons}} H\cdot 3G \tag{2－18}$$

$$H\cdot(n-1)G + G \underset{}{\overset{K_n'}{\rightleftharpoons}} H\cdot nG \tag{2－19}$$

复合作用体系总平衡常数为 $K = K_a\cdot K_1'\cdot K_1''\cdot K_2'\cdot K_3'\cdots K_n'$,不过,体系中总体主、客体的复合性能常数 $K_n = K_1'\cdot K_2'\cdot K_3'\cdots K_n'$

$$K_n = \frac{[H\cdot nG]}{[H][G]^n} = \frac{[H\cdot nG]}{([H]_0 - [H\cdot nG] - 2[H_2])\cdot([G]_0 - n[H\cdot nG]^n)} \tag{2－20}$$

当 $[G]_0 \gg [H]_0$ 时,溶液中主体二聚体的浓度 $[H_2]$ 变得很小,主体趋向以 $H\cdot nG$ 形式存在,方程(2－20)简化为

$$K_n = \frac{[H\cdot nG]}{\left([H]_0 - [H\cdot nG]\right)\cdot[G]_0^n} \tag{2－21}$$

也可以写成

$$\frac{1}{K_n} = \frac{[H]_0 [G]_0^n}{[H \cdot nG]} - [G]_0^n \tag{2-22}$$

在客体无吸收的情况下,客体加入前、后溶液的吸光度差简化为

$$\Delta A = \Delta \varepsilon l [H \cdot nG] \tag{2-23}$$

方程中:l 为池长。将方程(2-23)代入方程(2-22),得

$$\frac{1}{K_n} = \frac{\Delta \varepsilon l [H]_0 [G]_0^n}{\Delta A} - [G]_0^n \tag{2-24}$$

令 $\Delta \varepsilon l [H]_0 = \alpha$,代入方程(2-24)即得到 $[H]_0$ 固定时 1∶n 型复合稳定常数的通式[50~52]

$$\frac{1}{\Delta A} = \frac{1}{\alpha K_n} \frac{1}{[G]_0^n} + \frac{1}{\alpha} \tag{2-25}$$

单-3-去氧-(N'-L) β-CD[L_3 = NHCH$_2$CH$_2$NH COC$_6$H$_5$(Ⅻ)、NHCH$_2$CH$_2$N =CHC$_6$H$_5$(ⅩⅢ)、NHCH$_2$CH$_2$N =CHC$_6$H$_5$OH[o](ⅩⅣ)]和单-6(2 或 3)-氧-苯甲酰基-β-CD[L_1 = OCOC$_6$H$_5$,L_3 = OCOC$_6$H$_5$,L_2 =(β-CD)OCOC$_6$H$_5$](式2-2、

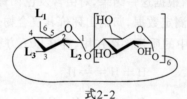

式2-2

L_1		L_3	
(β-CD)—NHCH$_2$(CH$_2$)$_n$—N =CH		(β-CD)NHCH$_2$CH$_2$NHCOC$_6$H$_5$	Ⅻ
C$_6$H$_5$OH(o) $\quad n=1$	Ⅰ		
$n=2$	Ⅱ	(β-CD)NHCH$_2$CH$_2$N =CHC$_6$H$_5$	ⅩⅢ
$n=3$	Ⅲ	(β-CD)NHCH$_2$CH$_2$N =CHC$_6$H$_5$OH(o)	ⅩⅣ
(β-CD)OCOC$_6$H$_5$	Ⅳ	(β-CD)OCOC$_6$H$_5$	ⅩⅤ
(β-CD)NHCH$_2$CH$_2$NHCOC$_6$H$_5$	Ⅴ	(β-CD)OCOC$_{10}$H$_8$(β)	ⅩⅥ
(β-CD)OCOC$_{10}$H$_8$(β)	Ⅵ	L_2 (β-CD)OCOC$_6$H$_5$	ⅩⅦ
(β-CD)OCOC$_{10}$H$_8$(α)	Ⅶ		
(β-CD)NHCH$_2$CH$_2$NHCOC$_{10}$H$_8$(β)	Ⅷ		
(β-CD)NHCH$_2$CH$_2$NHCOC$_{10}$H$_8$(α)	Ⅸ		
(γ-CD)OCOC$_{10}$H$_8$(β)	Ⅹ		
(γ-CD)OCOC$_6$H$_5$	Ⅺ		

表2-2),在水-甲醇(3∶1,体积比)溶液中(6.0×10^{-5} mol·L^{-1})结合有机小分子戊(己、庚)烷、环戊(己、庚)酮的 ΔA 对[G]$_0$(或 1/ΔA 对 1/[G]$_0$,1/ΔA 对 1/[G]$_0^2$)作图([H]$_0$/[G]$_0$=1,10,20,30,…,200),其中单-2-氧-苯甲酰基 β-CD 与己烷组成的体系只有1/ΔA对 1/[G]$_0^2$([H]$_0$∶[G]$_0$>1∶30)情况下为一直线,按方程(2-25)计算 K_n 为 2.1×10^4(mol·L^{-1})^2,而当物质的量比<1∶30 时,主体很易形成二聚

体而很难评价结合性质[52,53]。用方程(2－25)可以便捷地判断各种修饰 CD 结合有机小分子的状况。单-3-去氧-(N'-L)-β-CD 的修饰基像楔子,可以进入 β-CD 空腔使之变窄,而单-2(或 3)-氧-苯甲酰 β-CD 的修饰基像盖帽,可以使 β-CD 空腔延长,表现在前者与环己酮生成 1:1 包结物而后者则形成 1:2 包结物,单-2-氧-苯甲酰基 β-CD 与戊烷在分子比为 40～150 的范围内竟然生成 1:3 包结物。

表 2－2　修饰 CD 结合有机小分子的 K_n 值

主　体	客体	溶　剂	1:n	$K_n^{1)}$	a	$-\Delta G^\circ$	参考文献
I	癸酸	磷酸缓冲液(pH=8)	1:1	118	2500	11.81	[54a, 56a]
I Cu^{2+}	癸酸	磷酸缓冲液(pH=8)	1:1	242	905	13.59	[54a, 56a]
II	癸酸	磷酸缓冲液(pH=8)	1:1	39	4146	9.07	[54a, 56a]
II Cu^{2+}	癸酸	磷酸缓冲液(pH=8)	1:1	87	2083	11.06	[54a, 56a]
III	癸酸	磷酸缓冲液(pH=8)	1:1	311	1302	14.21	[54a, 56a]
	辛酸	磷酸缓冲液(pH=8)	1:1	100	1041	11.4	[54a, 56a]
	己酸	磷酸缓冲液(pH=8)	1:1	75	1388	10.69	[54a, 56a]
III Cu^{2+}	癸酸	磷酸缓冲液(pH=8)	1:1	264	822	13.80	[54a, 56a]
	辛酸	磷酸缓冲液(pH=8)	1:1	150	521	12.40	[54a, 56a]
	己酸	磷酸缓冲液(pH=8)	1:1	110	125	11.66	[54a, 56a]
IV	环戊酮	水-甲醇(3:1)	1:2	4.2×10^4		26.35	[52]
	环己酮	水-甲醇(3:1)	1:2	3.8×10^4		26.10	[52]
	环庚酮	水-甲醇(3:1)	1:2	2.8×10^4		25.35	[52]
	正戊烷	水-甲醇(3:1)	1:3	8.2×10^3		22.31	[52]
	正己烷	水-甲醇(3:1)	1:2	1.0×10^4		22.80	[52]
	正庚烷	水-甲醇(3:1)	1:2	8.4×10^3		22.37	[52]
V	环己醇	水-甲醇(7:3)	1:1	28	97 560	8.25	[54b, 56b]
VI	环己醇	水-甲醇(7:3)	1:1	32	98 425	8.58	[54b, 56b]
VII	环己醇	水-甲醇(7:3)	1:1	35	65 616	8.80	[54b, 56b]
VIII	环己醇	水-甲醇(7:3)	1:1	97	22 414	11.32	[54b, 56b]
IX	环己醇	水-甲醇(7:3)	1:1	28	65 104	8.25	[54b, 56b]
X	环己醇	水-甲醇(7:3)	1:1	62	39 062	10.22	[56 b]
XI	环己醇	水-甲醇(7:3)	1:1	22	95 057	7.65	[56 b]
XII	环戊酮	水-甲醇(3:1)	1:2	6.8×10^3		21.85	[52]
	环己酮	水-甲醇(3:1)	1:2	7.2×10^2		16.29	[52]
	环庚酮	水-甲醇(3:1)	1:2	6.9×10^2		16.18	[52]
	正戊烷	水-甲醇(3:1)	1:2	1.0×10^4		22.80	[52]
	正己烷	水-甲醇(3:1)	1:2	8.2×10^3		22.31	[52]
	正庚烷	水-甲醇(3:1)	1:2	8.8×10^2		16.78	[52]
XIII	环戊酮	水-甲醇(3:1)	1:2	8.5×10^3		22.39	[52]
	环己酮	水-甲醇(3:1)	1:1	7.8×10^2		16.48	[52]

主体	客体	溶　剂	1:n	$K_n^{1)}$	a	$-\Delta G^\circ$	参考文献
	环庚酮	水-甲醇(3:1)	1:1	7.2×10^2		16.29	[52]
	正戊烷	水-甲醇(3:1)	1:2	4.2×10^4		26.35	[52]
	正己烷	水-甲醇(3:1)	1:2	1.5×10^4		23.80	[52]
	正庚烷	水-甲醇(3:1)	1:1	1.4×10^2		12.23	[52]
XIV	环戊酮	水-甲醇(3:1)	1:2	2.2×10^3		19.05	[52]
	环己酮	水-甲醇(3:1)	1:1	2.2×10^2		13.35	[52]
	环庚酮	水-甲醇(3:1)	1:1	1.9×10^2		12.99	[52]
	正戊烷	水-甲醇(3:1)	1:2	6.2×10^3		21.62	[52]
	正己烷	水-甲醇(3:1)	1:2	4.8×10^3		20.98	[52]
	正庚烷	水-甲醇(3:1)	1:2	3.7×10^3		20.34	[52]
XV	环戊酮	水-甲醇(3:1)	1:3	4.2×10^5		32.05	[52]
	环己酮	水-甲醇(3:1)	1:1	1.7×10^4		24.11	[52]
	环庚酮	水-甲醇(3:1)	1:1	3.8×10^4		26.10	[52]
	正戊烷	水-甲醇(3:1)	1:3	1.8×10^5		29.95	[52]
	正己烷	水-甲醇(3:1)	1:2	6.1×10^3		21.58	[52]
	正庚烷	水-甲醇(3:1)	1:2	6.8×10^3		21.85	[52]
XVI	环己醇	H_2O	1:1	44.5 M		9.40	[48]
	环己酮	H_2O	1:1	68.5 M		10.46	[48]
XVII	环戊酮	水-甲醇(3:1)	1:2	7.8×10^3		22.18	[51]
	环己酮	水-甲醇(3:1)	1:2	3.8×10^3		20.40	[51]
	环庚酮	水-甲醇(3:1)	1:1	1.1×10^3		17.34	[51]
	正己烷	水-甲醇(3:1)	1:2	2.1×10^4		24.64	[51]
	正庚烷	水-甲醇(3:1)	1:2	1.9×10^4		24.39	[51]

1) $n=1$，K_n 的单位为 $L\cdot mol^{-1}$；$n=2$，K_n 的单位为 $L^2\cdot mol^{-2}$；$n=3$，K_n 的单位为 $L^3\cdot mol^{-3}$。

2.3.1.2　紫外-可见差光谱

某些发色团键合在主体分子上的主-客体系，复合物形成过程光谱变化很小，难以用方程(2-25)计算平衡稳定常数时，推荐用紫外-可见差光谱法。差光谱是研究生物大分子溶液构象的重要手段之一，它是基于生色团经受一定的环境变化时，吸收光谱产生一个微小的变化，峰位、峰形及至谱带半宽都产生某些变化，变化前后的光谱差称差光谱。差光谱提高了测定的准确度[55]。在现代仪器中可以通过附带的程序控制单元实现光谱相减。由多乙烯多胺 $[(NHCH_2CH_2)_nNCHC_6H_4OH(o)$，$n=1\sim4$，式 2-2 中 I、II、III]单修饰的 β-CD 及其 Cu^{2+} 配合物[54]与己、辛、癸酸形成 1:1 包结物，并假定差光谱中主体吸光度变化仅与复合物浓度有函数关系，在客体浓度 $[G]_0$ 远大于主体浓度 $[H]_0$ 的情况下（$[H]_0$ 浓度为 2×10^{-5} mol·L^{-1}，$[G]_0$ 浓度变化范围达到约 1×10^{-2} mol·L^{-1}），利

用推导出的差光谱方程

$$\frac{1}{\Delta A}=\frac{1}{K}\cdot\frac{1}{\alpha[H]_0[G]_0}+\frac{1}{\alpha[H]_0}\qquad(2-26)$$

以 $1/\Delta A$ 对 $1/[G]_0$ 作图均有良好的线性关系。主体Ⅲ($n=3$)及其 Cu^{2+} 配合物均能识别脂肪酸的链节—CH_2—，$-\Delta G^\circ$ 值存在以下序列:癸酸＞辛酸＞己酸。同样,在甲醇-水(3∶7,体积比)的溶剂中单-6-氧-苯(或 α 萘、β 萘)甲酰基 β-(γ-)CD Ⅵ、Ⅶ、Ⅺ结合小分子环己醇的 K 值显示不同修饰基在结合稳定性上的差别[56]。

Benesi-Hildebrand 方程的变化式 Scatchard 方程[45]可以写成如方程(2-27)所示的简化式

$$\Delta A=-\frac{1}{K}\frac{\Delta A}{[G]}+常数\qquad(2-27)$$

在 $[G]_0\gg[H]_0$ 时,$[G]\approx[G]_0$,以 ΔA 对 $\Delta A/[G]_0$ 作图,由斜率倒数求 K 值([主体]为 $5.24\times10^{-5}\,mol\cdot L^{-1}$,$[G]_0/[H]_0$ 在 1~20)[57,58]。测定不同取代基修饰的 β-CD 结合客体 1-金刚烷羧酸钠和脂肪酸钠[$CH_3(CH_2)_n CO_2Na$,$n=2,4,6,8,10$]的 K 值,明显看出亚甲基(—CH_2—)数目引起的差别。差光谱也是研究生物大分子溶液构象的重要手段之一[59]。

2.3.1.3　紫外-可见导数光谱

　　在现代 UV-vis 分光光度计上可以通过附设的程序控制单元,直接记录某一化合物导数光谱。在获得导数形式输出的信号之后,重要的是识别图谱。假定单一的吸收光谱类似高斯曲线,混合波谱叠加成不等的高斯曲线,则基本曲线(零阶导数谱)对应的其他各阶导数曲线如图 2-3 所示[60]。在基本(零阶)曲线极大处,其相应的奇阶导数($n=1,3,5$)曲线通过零点,在基本曲线的两拐点处,奇阶导数曲线各为极大和极小。由此可以判断基本曲线的峰值和确认肩的存在。偶阶导数($n=2,4,6$)曲线的极大、极小对应基本曲线的峰值。导数曲线谱带的极值随导数阶数的增大而增强,谱带变窄。在基本曲线为叠加曲线的情况,导数光谱法可能在不分离情况下同时分析。在背景浊度严重时,导数光谱可以消除干扰取得准确

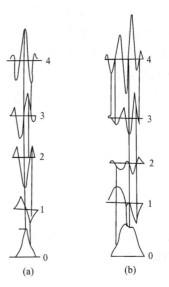

图 2-3　基本曲线的各阶导数光谱[60]
(a) 高斯曲线的微分:基本曲线和 1~4 阶导数曲线　(b) 两束叠加的不等高斯曲线微分:基本曲线和 1~4 阶导数曲线

结果。导数 UV-vis 光谱在超分子化学研究中的应用例子很少,作者用导数光谱研究系列单-6-去氧单亚水杨基多乙烯多胺 β-CD 及其 Cu^{2+} 配合物(式 2-2)在客体加入后诱导的构象变化,发现加入客体正癸酸后含乙二胺链节主体二阶导数 384nm(—N═CH—)的 n-π^* 跃迁红移且强度降低,而苯的 π-π^* 跃迁几乎没有位移,表明疏水烷基与苯环在 β-CD 空腔内共存,使 CH═N 基所处微环境的疏水性增加,由于桥链短,结合客体时构象变化不大,其 Cu^{2+} 配合物的导数光谱几乎没有变化,说明配位后分子的刚性增大。当桥链增长为三乙烯四胺基时,主体的导数光谱与乙二胺桥链的主体基本相同,加入客体后苯环的 π-π^* 跃迁没有位移但强度增加,可以解释为桥链倾向处于极性介质中,亚水杨基苯环伸入空腔口。加入癸酸,疏水缔合作用使苯环伸入到仲羟基一端形成类三元复合物。其 Cu(Ⅱ)配合物谱图中 π-π^* 跃迁明显紫移,表明分子柔度变小,疏水烷基进入空腔后将亚水杨基排挤到空腔口处,—N═CH—更多地暴露于极性介质环境中。与上述结果明显不同的是链节被柔性更大的丁基代替后的主体,在加入正癸酸后 327nm 的 n-π^* 跃迁紫移了 30nm,光谱峰大幅度位移的解释是烷基-烷基的疏水相互作用,使丁基连同尾部的亚水杨基同时从极性水介质转入 β-CD 疏水空腔,与癸酸组成紧密填充的类三元包结物[61]。

2.3.1.4　替代光谱法

替代光谱法(竞争光谱法)在主-客体系研究中的应用大概始于 20 世纪 70 年代末。Matsui[62]和 Gelb[63]分别提出用 1-(4-萘酚偶氮)-4-磺酸钠(18)和对硝基酚/对硝基酚盐作为竞争试剂,采用竞争光谱法研究 CD 结合小分子脂肪醇和高氯酸钾的稳定性。Matsui 选择加入少量 β-CD 能引起光谱明显变化的 18 作为竞争试剂,在pH=6.4的溶液中测定β-CD结合系列直链或分枝小分子脂肪醇的稳定

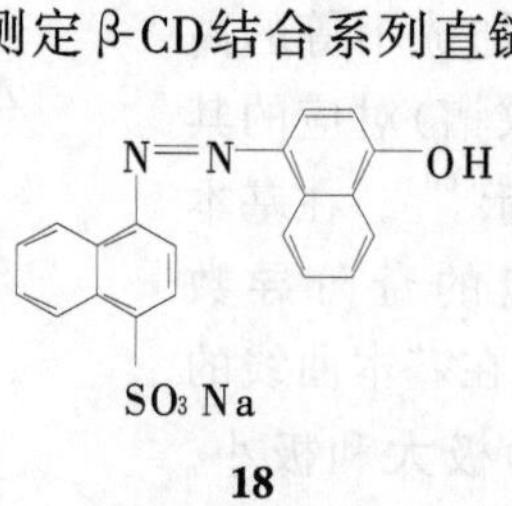

18

常数。假定 CD 与竞争试剂、CD 与被研究的客体均按 1:1 化学量结合,按质量平衡和稳定常数的定义有

$$K_a = \frac{c_0 - c - (a_0 - a)}{c[b_0 - c_0 + c + (a_0 - a)]} \tag{2-28}$$

方程中:K_a 为 CD·ROH 稳定常数;a_0、a 分别为选用竞争试剂的初始和平衡浓度;b_0 为被测客体 ROH 的初始浓度;c_0、c 分别为 CD 的初始和平衡浓度。由于 CD

和 ROH 在测定波长下的光谱是透明的,体系的吸光度由 CD·竞争试剂决定,$\Delta\varepsilon$ 是竞争试剂与 CD·竞争试剂包结物的摩尔吸收系数差。

$$a_0 - a = \Delta A / \Delta\varepsilon \qquad (2-29)$$

$$a = \frac{(\Delta A_\infty - \Delta A)}{\Delta\varepsilon} \qquad (2-30)$$

方程中:ΔA_∞ 是竞争试剂与其 CD 包结物的吸光度差($\Delta A_\infty = \Delta\varepsilon \cdot a_0$)。竞争试剂与 CD 包结物的解离常数 K_d 可用方程(2-31)、方程(2-32)表达

$$K_d = \frac{c \cdot a}{(a_0 - a)} \qquad (2-31)$$

或

$$c = \frac{K_d(a_0 - a)}{a} \qquad (2-32)$$

由于 $a_0 - a$ 值远较 $c_0 - c$ 和 $b_0 - c_0 + c$ 小,且在实验条件下 $a_0 \ll b_0, c_0$,方程(2-28)可以简化为

$$K_a = \frac{c_0 - c}{c(b_0 - c_0 + c)} \qquad (2-33)$$

K_d 用前述 Benesi-Hildebrand 方程计算,将由方程(2-29)、方程(2-30)、方程(2-32)得到的数据代入方程(2-33),即可求得 CD 结合 ROH 的 K_a。

类似的研究用酚酞双阴离子(pH=10,PP^{2-})作竞争试剂,按文献[62]方法测定 β-CD 结合低分子脂肪醇[$CH_3(CH_2)_nOH, n=1,2,3,4,5$]的 K_a,发现 $\lg K_a$ 与分配系数 $\lg P_e$ 和—CH_2—链节数有很好的线性关系[64],因此可以用酚酞作竞争试剂研究 CD 与脂肪酸阴离子[$CH_3(CH_2)_nCOO^-, n=6、8$][65],系列碳氢($C_nH_{2n+1}COONa, n=5\sim13$)以及氟碳($C_nF_{2n+1}COONa, n=3\sim8$)阴离子表面活性剂[66]的互相作用。这时测定的体系中存在两个竞争平衡

$$CD \cdot PP^{2-} \underset{K_1}{\overset{PP^{2-}}{\rightleftharpoons}} CD \underset{K_2}{\overset{G}{\rightleftharpoons}} CD \cdot G \qquad (2-34)$$

K_1, K_2 为 1:1 结合稳定常数。它们与溶液中各物种间存在以下关系

$$K_1 = [CD \cdot PP^{2-}]/[CD][PP^{2-}] \qquad (2-35)$$

$$K_2 = [CD \cdot G]/[CD][G] \qquad (2-36)$$

应用 Beer-Lambert 定律,假定 $CD \cdot PP^{2-}$ 复合物的摩尔吸光系数为零[67],即 $CD \cdot PP^{2-}$ 是无色的,用非线性最小二乘法拟合得到 K_1、K_2 值。Wilson[66]认为 Benesi-Hildebrand 方程的推导前提是[CD]$\gg$[$CD \cdot PP^{2-}$],在顶替光谱实验条件下从双倒数图中得到的数据不合理,尤其在[CD]很低的情况下不能得到正确数值。按 NLLS 拟合方法得到 $K_1 = (2.5 \pm 0.3) \times 10^4$ L·mol^{-1},稍高于用 Benesi-Hildebrand

方程处理得到的稳定常数值 $[K=1.9\times10^4 \text{L}\cdot\text{mol}^{-1[43]}$, $K=(1.21\pm0.16)\times10^4$ $\text{L}\cdot\text{mol}^{-1[65]}]$。最近 Meier[65] 引用 Connors[47b] 考虑客体质量平衡的观点

$$[G]_t = [G] + [CD\cdot G] \tag{2-37}$$

以及 CD 和酚酞的质量平衡,引入 Q, $Q=[PP^{2-}]/[CD\cdot PP^{2-}]$,得到方程(2-38),式中下标 t 表示总浓度。

$$[CD]_t - \frac{1}{Q+1} - \frac{[PP^{2-}]_t}{Q+1} = \frac{[G]_t K_{CD\cdot G}}{Q K_{CD\cdot PP^{2-}} + K_{CD\cdot G}} \tag{2-38}$$

令方程(2-38)等号左边各项为 P,重排后得到方程(2-39)

$$\frac{[G]_t}{P} = \frac{K_{CD\cdot PP^{2-}}}{K_{CD\cdot G}} Q + 1 \tag{2-39}$$

引入酚酞质量平衡得到方程(2-40)

$$Q = \frac{[PP^{2-}]_t}{\Delta A/\Delta\epsilon} - 1 \tag{2-40}$$

$\Delta\epsilon$ 为 CD 结合 PP^{2-} 时的摩尔消光系数变化。对于 β-CD·PP^{2-} 体系为 48.300 $\text{L}\cdot\text{mol}^{-1}\cdot\text{cm}^{-1}$, γ-CD·PP^{2-} 体系为 44.820$\text{L}\cdot\text{mol}^{-1}\cdot\text{cm}^{-1}$。向 β-CD(1×10^{-3} $\text{mol}\cdot\text{L}^{-1}$)、$PP^{2-}$($4.0\times10^{-5}$ $\text{mol}\cdot\text{L}^{-1}$) pH=10.5 的缓冲体系中加入客体(癸酸,$C_{10}$)浓度范围为 0.4×10^{-4} $\text{mol}\cdot\text{L}^{-1}\sim8.0\times10^{-1}$ $\text{mol}\cdot\text{L}^{-1}$,吸光度逐渐增加。由方程(2-40)得到相应 Q 值,方程(2-38)、方程(2-39)计算得到$[G]_t/P$,以$[G]_t/P$ 对 Q 作图,从直线的斜率计算 $K_{CD\cdot G}$ 为$(2.6\pm0.2)\times10^3$,相关系数为 0.9985。

　　另外,Horsky[68] 用对硝基酚作为竞争试剂,研究 CD 结合含芳香基氨基酸肽的稳定性。力求从得到的数据建立模型,解释在溶液中 CD 使蛋白的天然功能稳定,而某些球蛋白在溶液中有 CD 存在时,热稳定性降低的原因。与最早用对硝基酚作为竞争试剂的方法[63]有两点不同:① 测定波长选在对硝基酚/对硝基酚盐等吸收点(346nm)而不是最大吸收波长(420nm)附近,同时选用较高的对硝基酚浓度,在 pK_d 以上的 pH 下测定(pH≈pK_d),当 pH 稍有变化时不易影响测定结果;② 用解方程而不是半经验图解法获取稳定常数。选用 pH=7.4 的缓冲液,这时酸式和碱式质点处于同样浓度,实验中只要 pH 不变,可用一种形式的竞争试剂处理数据。假定 CD 与竞争试剂或被测客体只形成化学量 1:1 的包结物,且在使用波长下测定的吸光度为游离和结合竞争试剂分子的总吸光度,按质量平衡和稳定常数的定义,在 CD、客体和一种形式竞争试剂共存下,溶液的 A 值可用方程(2-41)表达

$$A = A_0 + \frac{\Delta\epsilon c_1 K_1[CD]}{1 + K_1[CD]} \tag{2-41}$$

$$c_{CD} = [CD]\left(1 + \frac{c_1 K_1}{1 + K_1[CD]} + \frac{c_G K_G}{1 + K_G[CD]}\right) \tag{2-42}$$

方程中：c_{CD}、c_1、c_G 分别为 CD、竞争试剂、客体的总物质的量浓度；[CD]是游离 CD 的物质的量浓度；K_1、K_G 分别为 CD·竞争试剂、CD·G 的稳定常数；A_0 为同样溶液，但 $C_{CD}=0$ 时的吸光度；$\Delta\varepsilon$ 为被结合和游离状态竞争试剂的摩尔吸收系数差。如果 K_1 和 $\Delta\varepsilon$ 已知，可从方程(2-41)中计算[CD]，从方程(2-42)计算 K_G。K_1 和 $\Delta\varepsilon$ 可以用 CD 与竞争试剂单独组成的体系测定。如果使用的竞争试剂是酸-碱指示剂，此时游离酸式和碱式的浓度比由 pH 和解离常数 K_d 决定，当酸式与碱式都与 CD 形成复合物时将采用另外的方程[68]，实验结果证明使用酸-碱指示剂作为竞争试剂，在实验中控制 pH 不变，而且其表观 K_1、$\Delta\varepsilon$ 是在同一 pH 下测得的数值，则可以在与等电点相当的波长下测定结合常数。

2.3.2 发射光谱

2.3.2.1 常规荧光光谱

荧光光谱相对其他光谱方法具有很高灵敏度，适合研究 K 值在 $10^5 \sim 10^9$ 的体系。相对来说，NMR 用于 $K>10^4$ 而 UV-vis 适用于 $10^2 \sim 10^5$ 的体系。在测定时，荧光强度或增加或减少取决于荧光分子周围环境的变化。在低浓度情况下，荧光强度正比于荧光分子的浓度，存在以下关系式

$$F = 2.303 \cdot I_0 \phi_f \varepsilon bc \quad (\varepsilon bc \leqslant 0.05) \quad (2-43)$$

方程中：F 为荧光强度；I_0 为激发照射光强度；ε 为摩尔吸光系数；c 为溶液中荧光物质的浓度；b 为液池厚度；ϕ_f 为荧光量子产率。

在用荧光光谱法研究超分子体系时，以下性质需要表征。

1) 荧光分子的平均寿命 τ

荧光分子的平均寿命 τ 指不存在进一步激发时处于激发态的分子数目衰减到初始值时所经历的时间。荧光强度的衰变服从以下速率方程

$$\ln F_0 - \ln F_t = -t/\tau \quad (2-44)$$

方程中：F_0 和 F_t 分别表示 $t=0$、$t=t$ 时的荧光强度，从 $\ln F_t$-t 关系曲线的斜率可以求出荧光寿命 τ，τ_0 表示没有非辐射去活化过程存在时的荧光寿命。

荧光量子产率 ϕ_f 的定义是荧光物质在激发到 S_1 态时分子发荧光的概率，与荧光寿命之间有如下关系

$$\phi_f = \tau/\tau_0 \quad (2-45)$$

2) 荧光猝灭

荧光猝灭过程的两种形式在超分子体系中同样存在。即基态荧光分子与猝灭剂分子发生互相作用，生成配位化合物(或复合物)引起荧光强度下降，由这一机理引发的过程叫静态猝灭。猝灭的温度系数为负值，溶液吸收光谱发生某些变化。激发态荧光分子与猝灭剂分子碰撞失去能量叫动态猝灭。温度系数为正值，溶液

的吸收光谱不变。动态猝灭服从 Stern-Volmer 方程[2,15,30,69]。

$$F_0 / F = 1 + K_{SV}[Q] \qquad (2-46)$$

或

$$\tau_0 / \tau = 1 + K_{SV}[Q] = 1 + k_q \tau_0 [Q] \qquad (2-47)$$

方程中：F_0 为猝灭剂分子 Q 不存在时的荧光强度；F 为 Q 存在时的荧光强度；$[Q]$ 为猝灭剂浓度；K_{SV} 为 Stern-Volmer 猝灭常数；τ_0 为不存在猝灭剂时荧光分子的平均寿命；τ 为猝灭剂存在时荧光分子的平均寿命；k_q 为荧光猝灭速率常数。

如果猝灭过程完全是静态的，τ_0 / τ 应当不随猝灭剂浓度变化而改变。由强度和寿命绘制的 Stern-Volmer 图，在完全动态的情况下斜率应当是相同的。但对某些体系的测定结果却表明体系中同时存在静态和动态两种过程。如 β-萘乙酸 γ-CD 酯的萘基荧光被酮[1-(一)莳酮,二异丙基酮,二正丙基酮,二乙酮,丙酮]猝灭,用荧光强度和寿命测定结果所得 K_{SV} 值明显不等[30]。如果按静态过程,只能是酮与萘基同时位于 γ-CD 空腔内,结合常数等于 Stern-Volmer 图的斜率[方程(2-46)],顺序与酮分子体积一致。在完全静态猝灭情况下,寿命比 τ_0 / τ 将不由酮浓度决定,由寿命得到的 Stern-Volmer 斜率小于由荧光强度得到的斜率,但不可忽略。这说明在这个体系中同时存在动态与静态过程,但对大体积酮来说,静态猝灭占主导地位。有报道引入量子产率变化因子 d,导出修饰 Stern-Volmer 方程[20],并用于研究含不同取代基 β-CD 和各种醇参与的体系中,芘的荧光增强与猝灭,以判断 CD 空腔微环境的变化,提出体系中存在 CD·芘·醇三元复合物。

3) 稳定常数

测定主体发荧光,而客体是非荧光阳离子体系,这时随主-客体复合物的形成,荧光强度通常随客体浓度的增加而增强。与 UV-vis 光谱类似,用荧光滴定实验可以确定主-客体化学量。如三足萘基脲(**19**)在 DMF（1.0×10^{-5} mol·L^{-1}）中的荧光强度,随加入阴离子 $H_2PO_4^-$（以 $Bu_4N^+ \cdot H_2PO_4^-$ 形式加入）浓度的增加而变化（$1.0 \times 10^{-6} \sim 1.0 \times 10^{-4}$ mol·L^{-1}）,在$[H_2PO_4]/[\mathbf{19}]$达到 1.0 附近变化减缓,进入平台,由此判断生成了 1∶1 复合物[70]。根据体系中存在平衡和质量作用定律,推导出方程(2-48)

19

$$\frac{I_f^0}{I_f^0 - I_f} = \frac{\varepsilon_H \phi_H}{\varepsilon_H \phi_H - \varepsilon_{HG} \phi_{HG}} \left[\frac{1}{K_a [G]} + 1 \right] \qquad (2-48)$$

方程中：I_f^0 为游离主体的荧光发射强度；I_f 为给定发射波长下复合物的荧光强度；ϕ_H 和 ϕ_{HG} 分别表示主体和复合物的荧光量子产率。在阴离子浓度为 $1.0 \times 10^{-6} \sim 1.0 \times 10^{-5} \, mol \cdot L^{-1}$ 范围测定时，以 $I_f^0 / I_f^0 - I_f$ 对 $[G]$ 的倒数作图为一直线，阴离子为 $H_2PO_4^-$ 情况下，线性回归法处理数据得到 K_a 值为 40 650 $L \cdot mol^{-1}$。

主体为 CD，客体为荧光小分子的情况，体系荧光增强和主体浓度的关系用方程(2-49)[71,72]表达

$$\frac{1}{F - F_0} = \frac{1}{(F_\infty - F_0) K [H]_0} + \frac{1}{F_\infty - F} \qquad (2-49)$$

方程中：F_0 为发荧光客体本身的荧光强度；F_∞ 为全部客体都与主体结合时的荧光强度，F 为任一主体浓度下测定的荧光强度；K 为 1:1 结合时的稳定常数。方程(2-49)可以重排成方程(2-50)[73]，得到观察荧光强度与 $[H]_0$ 的直接关系

$$F = F_0 + \frac{(F_\infty - F_0) K [H]_0}{1 + K [H]_0} \quad \text{或} \quad F = \frac{F_0 + F_\infty K [H]_0}{1 + K [H]_0} \qquad (2-50)$$

由方程(2-50)可以直接拟合指数数值。当用方程(2-49)作图得到曲线的曲率凹面朝下，表明复合物化学量不是 1:1，这时需要改用 2:1 化学量的方程(2-51)[72]

$$\frac{1}{F - F_0} = \frac{1}{(F_\infty - F_0) K' [H_0]^2} + \frac{1}{F_\infty - F_0} \qquad (2-51)$$

对于类似的主、客体化学量为 1:1，主体浓度远大于荧光客体的体系，从质量作用定律和荧光强度加和性原理出发，可以推导出类似的 Benesi-Hildebrand 方程[74~76]

$$\frac{1}{\Delta F_i} = \frac{1}{K\alpha [G]_0} \cdot \frac{1}{[H]_i} + \frac{1}{\alpha [G]} \qquad (2-52)$$

测定时固定发荧光客体分子浓度（$\sim 5.0 \times 10^{-5} \, mol \cdot L^{-1}$），改变主体浓度（$0 \sim 4.0 \times 10^{-4} \, mol \cdot L^{-1}$）。$\Delta F_i$ 是主体为零和主体浓度为 $[H]_i$ 时的荧光强度之差，α 为比例常数。作双倒数图，由斜率计算 K。不含荧光基团柔性链修饰的 β-CD、2,6-二甲基 β-CD、羟丙基 β-CD 结合荧光分子 α-、β-萘酚，1-、2-萘磺酸和一些药物分子，结果证明分子尺寸和几何形状的匹配是决定复合物稳定的重要因素，在分子识别过程中存在诱导填充机制[17,20,23,77]。

对于测定化学量为 2:1 复合物的稳定常数，Benesi-Hildebrand 方程表达式为

$$\Delta I^{-1} = (\alpha K_1 K_2)^{-1} [H]_0^{-2} + \alpha^{-1} \qquad (2-53)$$

如以 ΔI^{-1} 对 $[20]_0^{-2}$ 作图测定客体(1-萘酚)诱导主体 **20** 形成二聚体的 $K_1 K_2$ 值

为 $1.71\times10^5(\text{L·mol}^{-1})^{2[24]}$（图 2 - 4）。1,1-联-2-萘酚（BNOH）的（ S ）-和（ R ）-体的荧光强度，随 TMe-β-CD 浓度变化明显不同，按方程（2 - 53）用 ΔI_f^{-1} 对 $[\text{TMe-β-CD}]_0^{-2}$ 作图测得结合（ S ）-体的 $K_1 K_2$ 为 $3.5\times10^4(\text{L·mol}^{-1})^2$，而用 1:1

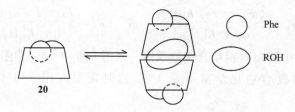

20

化学量的 Benesi-Hildebrand 方程测定结合（ R ）-体的 K 为 20 L·mol$^{-1[78]}$。还有一个明显差别是对于（ S ）-体·TMe-β-CD 单指数衰减曲线 τ_f 值为 6.6ns，而（ R ）-体·TMe-β-CD 的荧光衰减曲线则呈现 2 个指数因子，表明 TMe-β-CD 对于（ S ）-BNOH 有很强的识别能力。β-CD 与（ S ）-和（ R ）-BNOH 1:1 复合物的 K 值分别为 280L·mol^{-1} 和 230L·mol^{-1}，表明 β-CD 对于 BNOH 没有对映体选择性[78]。

20

图 2 - 4　易形成 2:1 化学量复合物的表达式

2.3.2.2　时间分辨荧光光谱

时间分辨光谱技术的特征在于不仅可以研究发生的环境效应，而且可以直接测定各种环境探针分子的互相作用。

时间分辨荧光测定，是根据荧光分子衰变时间特征而进行选择测定的方法。归纳起来有 3 种类型。

（1）探针在初始激发后发射光谱随时间的函数变化，这时的荧光光谱定性地提供在荧光激发态寿命期间发生的分子内、分子间激发状态过程的信息。

（2）时间分辨荧光各向异性（或消偏振实验），是测定荧光初始各向异性的降低速率，研究凝聚相中分子再定向的有用方法。可以用于研究各种超分子和有组织介质中荧光探针分子的旋转移动，提供有关特殊位置的尺寸和形状的信息。

当荧光分子溶液受到偏振光激发时，产生的荧光往往也是偏振光，用 $I_\parallel$ 表示平行于激发光振动方向的荧光强度，$I_\perp$ 表示垂直于激发光振动方向的荧光强度。此偏振各向异性，在探针分子旋转和激发的总体荧光跃迁矩方向变为各向同性时将降低。荧光的时间分辨各向异性 $r(t)$ 由测定平行于（ $I_\parallel$ ）或垂直于（ $I_\perp$ ）光源偏振的时间分辨荧光强度来决定,见方程(2-54)～方程(2-56)[1,2]。

$$r(t) = \frac{[I_\parallel(t) - I_\perp(t)]}{[I_\parallel(t) + I_\perp(t)]} \qquad (2-54)$$

或

$$P = \frac{I_\parallel - I_\perp G}{I_\parallel + I_\perp G} \qquad (2-55)^{[81]}$$

$$r = \frac{I_\parallel - I_\perp G}{I_\parallel + 2I_\perp G} \qquad (2-56)^{[81]}$$

方程中:P 为偏振度;校正因子 G 是平行和垂直两种偏振光的透射率之比。随仪器和波长变化,对于完全偏振光 $I_\perp = 0$,$P = r = 1.0$;对于非偏振光 $I_\parallel = I_\perp$,$P = r = 0$。激发光(或荧光发射)波长与荧光偏振度的对应曲线叫荧光偏振光谱。由于溶液中荧光体被激发时存在光选择性,P 和 r 最大值分别为 0.5 和 0.4。由于荧光体的吸收矩和发射矩并非共线,存在平均角移 α,加上荧光体的光选择性,偏振度和各向异性可用方程(2-57)和方程(2-58)表达

$$P = \frac{3\cos^2\alpha - 1}{\cos^2\alpha + 3} \qquad (2-57)$$

$$r = \frac{3\cos^2\alpha - 1}{5} \qquad (2-58)$$

α 值与激发光波长有关,在一定波长的偏振光激发下,不同的荧光体发射区会出现偏振值不同的平台,由此可判别不同荧光体。若荧光偏振发射谱有差异,暗示存在不同状态的荧光体。荧光各向异性衰减光谱可以在配有偏振激发源的单光子计数仪上测定。消偏振的程度(r_0/r)直接与黏度有关[2]。

在消偏振实验中重要的问题是选择探针,它的荧光寿命和量子产率相对其他环境参数如极性更灵敏。在特定体系中选择探针的荧光寿命使消偏振与荧光衰减大小处于同一数量级,相对有组织聚集体本身的任何旋转移动都要快,以便得到探针移动的信息。另外,应当考虑要有高发射量子产率和激发系数以及恒定的 P_0 值。二苯丁二烯(**21**)曾频繁用于荧光消偏振测定。荧光消偏振实验广泛用于测定胶束的局部黏度,也用于其他有组织聚集体的研究。如比较细菌视紫红质在表面活性剂溶液中的荧光各向异性,显示细菌视紫红质中的局部麻醉药地布卡因旋转受到约束,证明是蛋白结合而不是类脂增溶[1]。荧光各向异性衰减实验可以计算探针的旋转相关时间。

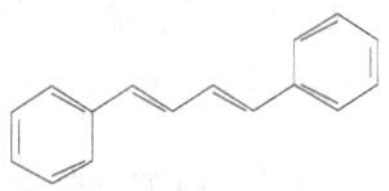

21

(3) 荧光寿命测定,直接提供发荧光基团激发状态的动态,是时间分辨荧光测

定中最有用的实验目的,并且是应用最广的技术。有两个常用的类型:相分辨法(phasemodulation)和单光子计数(single photon coucting)法。可测定短促的几百个皮秒的荧光猝灭寿命,用于研究蛋白、CD 包结复合物[79]和胶束体系[80, 81],可以观察到复合物的衰减性质。

2.3.3　应用示例

2.3.3.1　主体对小分子有机物的识别与构象变化

在用吸收光谱研究超分子体系的分子识别作用时,经常会遇到的问题是光谱变化很小,用 Benesi-Hildebrand 方程及其变化式处理数据很难得到理想的结果。如修饰 α-、β-、γ-CD 对低相对分子质量烷烃、环烷烃、醇的识别,结合常数大都在 10^2 L·mol^{-1}左右。实验证明差紫外光谱法可以克服上述难题,得到较为满意的结果。

固定含发射团的主体浓度在 10^{-5} mol·L^{-1},分别向此溶液中加入[G]$_0$/[H]$_0$ 为 1～200 的有机小分子,如正己烷、正庚烷、环己酮、环戊酮、环庚酮等,测定吸收或差吸收光谱。在选定波长下计算客体存在和不存在时含发色团主体吸光度的差,对客体浓度[G]$_0^n$ 作图(n 表示主-客体复合物中的化学量),由方程(2-25)处理数据得到的 K_n 列于表 2-2。

由表 2-2 所列数据可以归纳出以下结论。

(1) 同一芳酰基键合到 β-CD 葡萄糖单元的不同位置,如苯甲酰基在 6 位(Ⅳ)、2 位(ⅩⅦ)和 3 位(ⅩⅤ),结合正己烷、正庚烷均生成 1∶1 包结物,但 K_n 值不同。结合正己烷时 K_n 顺序为 ⅩⅦ($2.1×10^4$)＞Ⅳ($1.0×10^4$)＞ⅩⅤ($6.1×10^3$)。这一结果与葡萄糖单元中羟基键的指向一致。苯甲酰基在 6 位修饰的 β-CD 在水-甲醇(3∶1)溶剂中疏水苯甲酰基像间隔基斜插入伯羟基开口处,减少空腔体积,Ⅳ结合环烷酮系列化学量为 1∶2 时的顺序是环庚酮($2.8×10^4$)＜环己酮($3.8×10^4$)＜环戊酮($4.2×10^4$);正庚烷($8.4×10^3$)＜正己烷($1.0×10^4$),当客体的 CH$_2$—增加时 K_n 下降。苯甲酰基在 3 位修饰的 β-CD(ⅩⅤ)由于 C$_3$—O 键指向空腔外相当盖帽,扩大了疏水区,与环戊酮竟然生成 1∶3 的包结物。2 位修饰的 β-CD(ⅩⅦ),苯环主要起盖帽作用,也有楔入作用。结合同一客体环己酮 K_2 顺序是 6 位修饰(Ⅳ)($3.8×10^4$)＞3 位修饰(ⅩⅤ)($1.7×10^4$)＞2 位修饰(ⅩⅦ)($3.8×10^3$)。

(2) 柔性链修饰的 β-CD(Ⅰ,Ⅱ,Ⅲ)与刚性苯甲酰基比较表现为容易形成 1∶1 化学量的包结物,即便是形成同样化学量的包结物其稳定常数也低于后者。柔性链端的疏水芳基在极性溶剂中倾向于以自包结状态存在,使空腔变小,因而对于相对大尺寸的客体只形成 1∶1 化学量的包结物。

(3) 柔性链修饰的 β-CD(Ⅰ,Ⅱ,Ⅲ)在配位 Cu^{2+} 后,代表构象柔性的 α 值均明显减少,而且结合脂肪酸的 K_n 都增大。表现出静电作用和疏水作用的双识别性质。

(4) 具有相同桥基,不同端芳基结构,相同修饰部位的 ⅩⅢ、ⅩⅣ,以 1∶2 化学量结合非极性正戊烷分子的稳定常数值,却相差近一个数量级,说明端芳基结构的微小差别在分子识别中的作用。

2.3.3.2　替代光谱法研究主-客体均不含发色团的体系

在主、客体都不含发色团时,可以选用竞争发色剂以光谱替代技术测定结合常数 K_a。目前使用最多的是用酚酞(式 2-3)作为竞争发色剂,研究 β-CD 结合不含发色团有机客体的分子识别作用[43,64~66]。酚酞是一种酸碱指示剂,Yoshida 等[82]推测水溶液中酚酞从酸式向碱式过渡,有许多中间状态;存在中心碳处水合 OH 的无色分子和醌式中性分子,但没有光谱数据可以证明。由于在碱性水溶液中 β-CD 存在下 PP^{2-} UV-vis 光谱的特殊变化,它在超分子体系研究中广为应用。

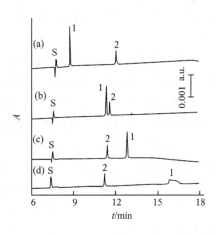

式 2-3

Takayanagi 和 Motomizu[83]用毛细管带电泳,对比分析了酚酞在 pH 为 8.64～11.60 之间的电泳图(图 2-5)。由图可见,随 pH 增加酚酞的迁移时间增长,表明在碱性更大的溶液中,酚酞带有更多阴离子、信号变宽,吸光度变小,可能在 pH=11.6 时,溶液中形成了 PP(OH)结构[84,85]。同样条件下甲基橙的迁移时间不变,证明 pH 从 8 到 11 范围内,甲基橙始终是一价阴离子而酚酞进行了两步酸解离反应,此过程分别用两个平衡方程表征

$$H_2PP \underset{}{\overset{K_{a_1}}{\rightleftharpoons}} H^+ + HPP^- \qquad (2-59)$$

$$HPP^- \underset{}{\overset{K_{a_2}}{\rightleftharpoons}} H^+ + PP^{2-} \qquad (2-60)$$

图 2-5　酚酞(1)、甲基橙(2)在不同 pH 下的电泳图[83]
pH:(a) 8.64;(b) 9.42;(c) 9.81;(d) 11.60

用水合氢离子活度 a_{H^+} 代替浓度,则

$$K_{a_1} = \frac{a_{H^+}[HPP^-]}{[H_2PP]} \qquad (2-61)$$

$$K_{a_2} = \frac{a_{H^+}[PP^{2-}]}{[HPP^-]} \qquad (2-62)$$

按质量平衡作用由方程(2-61)、方程(2-62)推导出酚酞迁移率方程[83]。用非线性最小二乘分析法确定酚酞的 pK_{a_1} 和 pK_{a_2} 分别为 8.84 ± 0.09 和 9.4 ± 0.09。在替代光谱法中用 NaHCO₃/NaOH(或 Na₂CO₃ 缓冲液)将 pH 调到 10.5,在此溶液中酚酞应当为 PP^{2-} 型结构,PP^{2-}/β-CD 溶液的吸收光谱在 270nm 处有一个等吸点,在 β-CD 浓度增加(β-CD/PP^{2-} = $5.43\times10^{-3}/2.99\times10^{-5}$)与 PP^{2-} 比达到 180 时,PP^{2-} 的 560nm、375nm 两个特征峰完全被压制,290nm 峰下降,同时在 237nm、250nm 处出现两个与 H₂PP(232nm)完全不同的吸收峰[43,64]。对于 PP^{-2} 在 β-CD 存在下的褪色机理有不同的解释,其一是 PP^{2-} 在 β-CD 包结下回到内酯环结构[82,86];其二是 Burári 和 Barcza[67] 的观点,红色酚酞分子相当于含两个等价的未质子化酚环,通过与过渡态中心正碳离子共振,一个酚环结合到 β-CD 空腔与伯羟基形成氢键,仲羟基可能与酚酞另一个酚环或羧基形成氢键,并导致最稳定的复合物,使共振电荷去定域受到阻碍。这种 3 点互相作用导致中心碳原子由 $sp^2 \rightarrow sp^3$ 转变,羧基取代基与中心碳原子间可能有什么互相作用,但未形成内酯环。作者的观点是,在 β-CD 包结苯甲酸基后,中心碳原子周围由于空间拥挤而迫使单键旋转,破坏了共轭大分子的共平面性,导致褪色[43]。虽然关于褪色机理尚应寻找证据,但在 β-CD 存在下酚酞褪色的规律性变化,作为替代剂使用的分析结果仍是可靠的。

　　替代光谱法用于测定 β-CD 和表面活性剂结合的稳定常数,研究客体分子疏水性、几何尺寸、构象效应、分子可极化度、表面活性剂头基的溶剂化[66],以及研究 C₈、C₁₀ 脂肪酸与 CD 结合时空腔尺寸的影响[65]等,对于研究不含发色团客体分子的结合性质不失为一个值得推荐的方法。

　　方法的基本操作是:配制 pH=10.5,浓度为 $2\sim4\times10^{-5}$ mol·L^{-1} 的 PP^{2-} 水溶液,为防止 PP^{2-} 分子聚集可以向此贮液中加入 2%~5%乙醇,在此浓度范围不影响吸光度。向此溶液添加固定量的 β-CD,加入量根据客体性质确定,通常在 $2\times10^{-4}\sim3\times10^{-4}$ mol·L^{-1},对于 γ-CD 添加量在 $4.5\times10^{-5}\sim11\times10^{-5}$ mol·L^{-1} 范围内选择。达到平衡后,向其中加入变化量的客体。如果客体是表面活性剂,则其浓度必须在 CMC 之下。用光谱替代技术测定 CD 结合客体的 K_2 时,要求满足以下条件:① 测定客体必须在研究的波长范围内无吸收,并不与发色团有互相作用;② 必须以 1:1 化学量结合,通常碳数(n_C)≥16 时容易生成 2:1 包结,因此宜在

$n_C \leq 14$ 的情况下应用；③ 客体必须完全替代发色团，并生成确定的复合物，如果生成了 CD·PP^{2-}·G 三元复合物，这时将不能完全替代发色团 PP^{2-}，影响到测定 K_2 大小；④ 设计的体系应使 $K_1 \geqslant K_2$，在适宜的客体浓度范围内 PP^{2-} 能被替代，并得到足够的吸光度变化。当 $[CD] \gg [CD·PP^{2-}]$ 时用 Benesi-Hildebrand 方程得到的 K_1 可能不准确，也因为在低 $[CD]$ 下，特别在吸光度值低时典型的双倒数图 (1/Abs-1/$[CD]$)不合理。在这种情况下，应用 NLLS 方法测定 K_1、K_2。由 Benesi Hildebrand 方程[42]或非线性最小二乘法拟合[65]，所得 K_1 值数列于表 2-3。

表 2-3　α-、β-、γ-CD 结合酚酞(PP^{2-})的稳定常数(K_1)

体　系	$K_1 = [CD·PP^{2-}]/[CD][PP^{2-}]$			
	文献[43]	文献[65]	文献[66]	文献[67]
α-CD·PP^{2-}	3.57×10^2	—	—	—
β-CD·PP^{2-}	1.92×10^4	$(1.21 \pm 0.16) \times 10^4$	$(2.5 \pm 0.3) \times 10^4$	$(3.1 \pm 0.3) \times 10^4$
γ-CD·PP^{2-}	6.25×10^3	$(2.02 \pm 0.14) \times 10^3$	—	—
测定方法	Benesi-Hildebrand 方程	Benesi-Hildebrand 方程	光谱法	电位和光谱法
				(非线性最小二乘拟合法 NLLS)

K_2 值可以按文献[67，87]方法用非线性最小二乘法拟合。也可以由平衡和质量作用定律推导出计算公式[方程(2-34)～方程(2-40)]计算，结果列于表 2-4。表 2-4 中数据表明结合稳定性随碳链增长而增加。

表 2-4　替代光谱法测定 β-CD 与羧酸阴离子结合的稳定常数 K_2[66]

客　体	$K_2/(L·mol^{-1})$	$-\Delta G^{\circ}/(kJ·mol^{-1})$	客　体	$K_2/(L·mol^{-1})$	$-\Delta G^{\circ}/(kJ·mol^{-1})$
$C_9H_{19}CO_2Na$[1]	$(2.6 \pm 0.6) \times 10^3$	19.5[65]	$C_{13}H_{27}CO_2Na$[2]	$(4.8 \pm 0.6) \times 10^4$	26.4
$C_7H_{15}CO_2Na$[1]	$(5.1 \pm 0.2) \times 10^2$	15.4[65]	$C_8H_{17}SO_3Na$[2]	$(9.0 \pm 0.1) \times 10^2$	16.7
$C_5H_{11}CO_2Na$[2]	$(5.5 \pm 0.7) \times 10$	9.8	$C_{12}H_{25}SO_4Na$[2]	$(1.5 \pm 0.2) \times 10^4$	23.6
$C_6H_{13}CO_2Na$[2]	$(2.2 \pm 0.3) \times 10^2$	13.2	$C_3F_7CO_2Na$[2]	$(2.8 \pm 0.4) \times 10^2$	13.8
$C_7F_{15}CO_2Na$[2]	$(6.6 \pm 0.8) \times 10^2$	15.9	$C_4F_9CO_2Na$[2]	$(2.6 \pm 0.3) \times 10^3$	19.3
$C_8F_{17}CO_2Na$[2]	$(2.2 \pm 0.3) \times 10^3$	18.9	$C_6F_{13}CO_2Na$[2]	$(3.7 \pm 0.9) \times 10^4$	25.8
$C_9H_{19}CO_2Na$[2]	$(5.1 \pm 0.6) \times 10^3$	20.9	$C_7F_{15}CO_2Na$[2]	$(3.3 \pm 0.4) \times 10^5$	31.2
$C_{11}H_{23}CO_2Na$[2]	$(1.6 \pm 0.2) \times 10^4$	23.7	$C_8F_{17}CO_2Na$[2]	$(9.4 \pm 1.2) \times 10^5$	33.7

1) 25℃，$K_1 = (1.21 \pm 0.16) \times 10^4$，pH=10.5(NaHCO$_3$/NaOH)，2% EtOH，$[PP^{2-}] = 4 \times 10^{-5}$ mol·L^{-1}，$[β-CD] = 1 \times 10^{-3}$ mol·L^{-1}。

2) 22℃，$K_1 = (2.5 \pm 0.3) \times 10^4$，pH=10.5(Na$_2CO_3$)，$[PP^{2-}] = 2 \times 10^{-5}$ mol·L^{-1}，$[β-CD] = 3 \times 10^{-4}$ mol·L^{-1}。

2.3.3.3　溶液内分子的聚集和构象

修饰 CD,当修饰基团含疏水部分或修饰基本身即为疏水基团时,在水或极性溶剂中,达到一定浓度时极易形成二聚体或多聚体。如 2-(3-,6-)苯甲酸-β-环糊精酯在水-甲醇(3∶1)溶液中 $6.0×10^{-5}$ mol·L^{-1} 的摩尔吸光系数[①]（$^1L_a=232$nm)分别为 2280、11 520 和 1070。另外,测定其 $6.0×10^{-3}$ mol·L^{-1}、$6.0×10^{-4}$ mol·L^{-1}、$6.0×10^{-5}$ mol·L^{-1}、$6.0×10^{-6}$ mol·L^{-1}、$6.0×10^{-7}$ mol·L^{-1} 浓度的 UV 光谱(190～300nm),发现随溶液浓度增大,其 ^1B 及 ^1L_a 谱带变宽并红移。这种光谱变化可能与苯环微环境变化引起电子跃迁能级分布的变化(包括苯环与羰基双键共轭程度的变化),与 β-CD 空腔互相作用的变化以及不同分子苯环间互相作用的变化有关[88,89]。系列修饰 β-CD(式 2-2)的吸光度 A 对 $\lg[H]$（[H]表示修饰 CD 浓度)图,除(Ⅳ)($L_1=$ocoph)因在水-甲醇(3∶1)中溶解度过低,无法得到完整的 S 图形外,都得到很好的"Hosoya 对数图"[48,49]。证实了各主体分子在水溶液以二聚体形式存在。根据在溶液中的二聚平衡和质量作用定律,以下方程成立[53]。

$$H + H \Longrightarrow H_2 \tag{2-63}$$

$$[H_2] = ([H]_0 - [H])/2 \tag{2-64}$$

$$K_a = \frac{[H_2]}{[H]^2} = \frac{(\varepsilon_H - 1/2\,\varepsilon_{H_2})(\varepsilon_H[H]_0 - A)}{2(A - 1/2\varepsilon_{H_2}[H]_0)^2} \tag{2-65}$$

$$A = \varepsilon_{H_2}[H_2] + \varepsilon_H[H] \tag{2-66}$$

将三组 $[H]_0$、A 数据代入方程(2-65)(求得相应的 K_a 和 ε_H、ε_{H_2}),如 6-O-苯甲酰基 β-CD(Ⅳ)在室温下水-甲醇(3∶1)溶液中三组 $[H]_0$,A 数据分别为:$6.0×10^{-5}$ mol·L^{-1}, 0.0642;$3.0 × 10^{-5}$ mol·L^{-1}, 0.04074;$6.0×10^{-6}$ mol·L^{-1},0.0099。代入方程(2-65),经整理、重排得到方程(2-67):

$$[(1/2\,\varepsilon_{H_2})^2 - 8.8×10^6][(1/2\,\varepsilon_{H_2})^2 + 0.823×10^6] = 5.52×10^2(1/2\,\varepsilon_{H_2})$$
$$× [(1/2\,\varepsilon_{H_2})^2 - 26.56×10^6] \tag{2-67}$$

通过对 $(1/2\,\varepsilon_{H_2})^2 - 8.80×10^6 ≈ 5.52× 10^2 × (1/2\,\varepsilon_{H_2})$ 进行近似计算,可以确定 $1/2\,\varepsilon_{H_2}$ 值约为 $3.15×10^3$。在平面直角坐标中作 $Y = (X^2 - 8.80×10^6)(X^2 + 0.823×10^6)$ 和 $Y =$

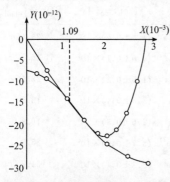

图 2-6　几何图形计算 6-O-苯甲酰 β-CD 在水-甲醇(3∶1,体积比)中二聚的 K_a

---

① 摩尔吸光系数的单位为 L·mol^{-1}·cm^{-1}。本书为简便起见,不一一标明单位。

$5.52 \times 10^2 \cdot X \cdot (X^2 - 26.56 \times 10^6)$ 两条曲线（图 2-6）。显然两条曲线交点对应的 X 值（$X = 1.09 \times 10^3$）即为 $1/2\varepsilon_{H_2}$ 值，因此可以确认 $\varepsilon_{H_2} = 1.09 \times 10^3 \times 2 \approx 2.18 \times 10^3$。由测得两组数据可推出 ε_H 与 $1/2\varepsilon_{H_2}$ 关系式，并由此推算出 $\varepsilon_H = 1.07 \times 10^3$、$K_a = 3.88 \times 10^3 \ \text{L} \cdot \text{mol}^{-1}$。

用方程（2-65）和"Hosoya 对数图"法得到的修饰 β-CD 在水-甲醇（3:1）溶液中二聚的稳定常数列于表 2-5。

表 2-5 　用修饰 β-CD 的 ^1L_a 带计算溶液中形成二聚体的 K_a、ε_{H_2}、ε_H 值（$T = 298K$）

化合物[1]	Hosoya 对数图法			方程计算法				
	$K_a/(\text{L} \cdot \text{mol}^{-1})$	ε_H	ε_{H_2}	$K_a/(\text{L} \cdot \text{mol}^{-1})$	$-\Delta G$	ε_H	ε_{H_2}	文献
XVI	1.5×10^4	—	—	1.56×10^4	23.90	2.10×10^4	4.39×10^4	[53]
XV	8.9×10^3	—	—	8.84×10^3	22.49	1.12×10^4	2.26×10^4	[53]
IV	—	—	—	3.88×10^4	26.15	1.06×10^4	2.18×10^4	[53]
TS	3.7×10^3	—	—	3.80×10^3	20.40	2.88×10^3	5.92×10^3	[88]
XII	1.5×10^4	—	—	1.61×10^4	23.98	2.26×10^4	4.68×10^4	[88]
XIII	3.99×10^4	—	—	3.95×10^4	26.20	2.42×10^4	5.02×10^4	[88]
XIV	3.46×10^4	—	—	3.60×10^4	25.97	2.55×10^4	5.28×10^4	[88]

1) 结构式见式 2-2。

表 2-5 中数据表明两种方法所得二聚体稳定常数 K_a 很接近。它们的顺序是由 $NHCH_2CH_2NH$ 桥联的系列大于苯甲酰基直接键连的修饰 β-CD。在直接键连系列中，6 位修饰 β-CD 大于 2 位，以 3 位修饰 β-CD 的二聚体稳定性最小。从表 2-5 测定的数据推测，6 位修饰通过葡萄糖基—CH_2—相连，单键旋转空间障碍小，可能形成一个分子苯环从大口伸入空腔成自包结状态的另一分子 CD 空腔内。2 位修饰 β-CD 的二聚体结构可能是 2 个分子第二面面对面聚合，两个苯环平行排列在两个 β-CD 的空腔口处。3 位修饰的二聚体，由于 C_3—O 键指向空腔外，空间障碍导致形成 2 个苯环互相伸向对方空腔的格式。

修饰环糊精在极性 10% 乙二醇水溶液中形成二聚体，也可以由摩尔消光系数 ε 对浓度变化判断[29]。6-单-蒽甲酰(9)-γ-环糊精酯（22）在 10% 乙二醇水溶液中主要电子跃迁是 240～250nm 的 ^1B_b 带和 340～390nm 的 ^1L_a 带。其 ^1B_b 带 244nm 的消光系数随浓度增加而增大，253nm 的消光系数则随浓度的增大而减少，在 246nm 处有等吸收点，表明在高浓度下缔合成二聚体，用"Hosoya 图"（ε 对 $\lg[H]_0$）处理得到二聚平衡常数为 $1.1 \times 10^5 \ \text{L} \cdot \text{mol}^{-1}$，其 253nm 处单体和二聚体消光系数分别为 1.52×10^5 和 2.7×10^4。合成类似修饰 γ-CD，用 $(CH_2)_n$ 和酰胺基键联芘（23）[34]，其 ^1B_b 和 ^1L_a 带分别在 277nm 和 344nm，用同样方法作 $\lg[H]_0$-ε 图（浓度变化范围在 $2.85 \times 10^{-5} \sim 2.85 \times 10^{-7} \ \text{mol} \cdot \text{L}^{-1}$），测得二聚平衡常数为 1.74×

$10^5 L \cdot mol^{-1}$,344 nm 波长下单体与二聚体的摩尔消光系数分别为 3.51×10^4 和 1.08×10^4。

22

二聚体中的两个芘部分以激基缔合物形式存在。荧光光谱显示 **23-1** 在 470 nm 处的激基缔合物荧光强度(I)最大。X＝O 时，键连在 6 位的 **23-2** 的荧光光谱与 X＝NH 的结构类似，但键连到 2 位的 **23-3** 和 3 位的 **23-4** 的修饰 γ-CD，其荧光光谱与键连在 6 位的谱峰差别非常大。激基缔合物（谱带）荧光强度明显被压制，而单体荧光谱带很强，表明这些结构化合物在同样条件下主要以单体形式存在。说明荧光基团键连在大空腔 γ-CD 的 6 位有利于形成二聚体。**23-1** 激基缔合物的谱带强度随客体 l-2-萘醇浓度的增加下降，随温度升高、pH 升高、DMSO 含量的增加而减弱。说明 **23-1** 荧光光谱形状受这些因素的影响，当温度升高，pH 升高，DMSO 含量增加以及客体存在时二聚体发生解离（图 2－7）[34]。荧光猝灭法可以用于进一步证明芘与 γ-CD 空腔的相对位置。由 Stern-Volmer 方程[34]计算猝灭剂三乙醇胺（TEA）在 10% DMSO 溶液中对芘修饰 γ-CD 的荧光猝灭速率常数 k_q。结果表明 CD 空腔保护作用按以下顺序增加 3＜4＜5＜2＜1。结构式 **23-1**、**23-2** 中对芘的高度保护作用，可能是来自 6 位伯羟一面极性相对较小，更易结合芘分子。当溶液中添加较大分子的 l-2-萘醇(2.67×10^{-3} mol·L^{-1})时 k_q 值明显增加，说明客体分子促使二聚体解离，形成相应的主-客体包结物，导致芘分子有更大部分移出 γ-CD 空腔。尽管如此，TEA 的猝灭作用仍然受到限制。在 DMSO 溶液中难以形成自包结或二聚体，芘部分完全暴露在空腔外，更易与猝灭剂分子接触，k_q 值达到最大，但不同结构仍有明显差异：5＞4＞3＞2＞1。这种差异表明结构 1 在 DMSO 中以自包结状态存在的趋向大于其他结构。同时合成芘在 6 位修饰的 β-CD(X＝O)(**24**)，作对比研究。修饰基为发荧光基团，在极性溶液中的相对荧光强度，因添加客体而下降。可以认为在添加客体前分子处于自包结状态，客体进入 CD 空腔将修饰基团排挤至大体积极性溶液中，由此可以判定结合客体前后的构象[91]。溶液中自包结状态的构象平衡转化非常之快，其他光谱法难以追踪，但许多发荧光基团平衡中不同构象的荧光寿命都在纳秒级，用简单的双指数函数① 分析修饰 CD 的荧光衰减，可提供有用信息分析构象性质。

---

① $I(t) = A_1 \exp(-t/\tau_1) + A_2 \exp(-t/\tau_2)$（$A_1$ 和 τ_1 分别为自包结状态的份额和荧光寿命；A_2 和 τ_2 分别为盖帽状态的份额和荧光寿命）。计算 A_1/A_2 值，可以推算出自包结复合物的总量。

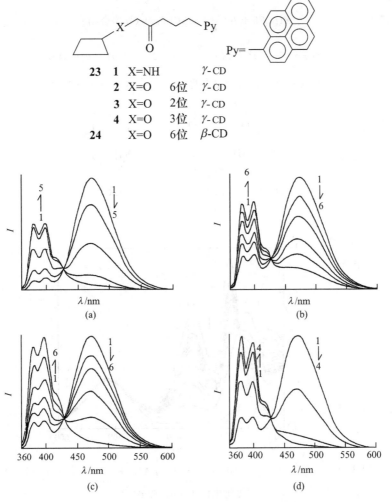

图 2-7　**23**-1(2.85×10^{-5} mol·L^{-1})的 10%DMSO 水溶液在不同温度(a)、不同浓度(mol·L^{-1})
2-萘醇($C_{10}H_{17}OH$)(b)、不同 pH(c)和不同 DMSO 含量溶液(d)中的荧光光谱[34]

(a) 1.5℃；2.25℃；3.45℃；4.65℃；5.80℃

(b) 1.0；2.3.33$\times10^{-4}$；3.6.67$\times10^{-4}$；4.1.33$\times10^{-3}$；5.2.00$\times10^{-3}$；6.3.33$\times10^{-3}$

(c) 1.11.32；2.12.24；3.12.48；4.12.72；5.13.02；6.13.48

(d) 1.10%；2.20%；3.30%；4.100%

　　大环聚醚中氧原子被 NH 取代,其结合分子碘的稳定性显著增大并远远超过
一般冠醚。用光谱法研究氮杂冠醚 A18CE6 (**25**),A12CE4 (**26**)结合 I$_2$ 的互相作
用和动力学,发现结合存在外络合物(outer complex)和内络合物(inner complex)间
的转换过程[90]。由图 2-8 可见,265nm 电荷转移带强度随时间延长逐渐下降,同
时在 293nm 处出现一个新带。293nm 和 364nm 是 I$_3^-$ 的特征谱带。测定时间范
围内吸收光谱图的变化,推测转换有以下 3 个过程

$$\text{A18CE6} + \text{I}_2 \underset{k_f}{\overset{\text{快}}{\rightleftharpoons}} \text{A18CE6} \cdot \text{I}_2 (\text{外络合物})$$　　　　式 2-4

$$\text{A18CE6} \cdot \text{I}_2 (\text{外络合物}) \xrightarrow{\text{慢}} (\text{A18CE6} \cdot \text{I}^+) \text{I}^- (\text{内络合物})$$　　　　式 2-5

$$(\text{A18CE6} \cdot \text{I}^+) \text{I}^- (\text{内络合物}) + \text{I}_2 \xrightarrow{\text{快}} (\text{A18CE6} \cdot \text{I}^+) \text{I}_3^-$$　　　　式 2-6

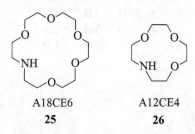

A18CE6　　　　　A12CE4
25　　　　　　　**26**

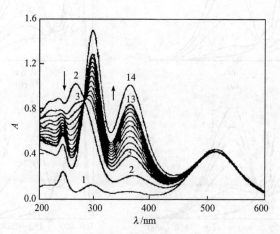

图 2-8　25℃下, $\text{I}_2(5.0 \times 10^{-3} \text{mol} \cdot \text{L}^{-1})$ 与 A18CE6 $(5.0 \times 10^{-4} \text{mol} \cdot \text{L}^{-1})$
在氯仿中的 UV-vis 光谱[90]

1. I_2; 2. 混合即时谱;

3. 时间间隔 20min; 4. 时间间隔 40min; 5. 时间间隔 60min;

6. 时间间隔 80min; 7. 时间间隔 100min; 8. 时间间隔 120min;

9. 时间间隔 140min; 10. 时间间隔 160min; 11. 时间间隔 180min;

12. 时间间隔 200min; 13. 时间间隔 220min; 14. 时间间隔 870min

为了进一步获得有关动力学和机理的信息,追踪 364nm A12CE4 $(7.5 \times 10^{-5}$ $\text{mol} \cdot \text{L}^{-1})/\text{I}_2(1.5 \times 10^{-3} \text{mol} \cdot \text{L}^{-1})$ 在二氯甲烷溶液中不同温度 $(25 \sim 45℃)$ 下的吸光度-时间曲线变化。表明由外络合物向内络合物的转化服从准一级反应动力学。结果显示在使用的氯仿和二氯甲烷溶剂中转化的准一级反应速率都随温度的升高而增大。从阿伦尼乌斯图和 Eyring 过渡态理论计算得到活化参数 (E_a, $\Delta H^{\neq}$, $\Delta S^{\neq}$)。转化过程的 $\Delta S^{\neq}$ 是一个很大的负值,与转化过程包括中性分子离子化相符,由于转化包括离子化过程,活化络合物应是离子对,其被溶剂化稳定倾向大于初始络合物以及溶剂分子,排列得更为有序。活化熵为正值反映从分子外络合物向离子化内络合物转向这一过程,与初始大环·I_2络合物比较,过渡态结构较弱,较少复合,同时几何形状不整齐。数据表明 2 个大环在所有温度下,在二氯甲烷中的转化速率常数 k 均大于氯仿中的 k,这种情况起因于介质的介电常数增加(二氯甲烷 $\varepsilon=10.4$,氯仿 $\varepsilon=4.8$),活化能 E_a 降低,结果支持了前述 3 步机理的设想。

2.3.3.4　时间分辨光谱研究大分子激发态动态

时间分辨光谱技术优于稳态技术,不仅可以研究环境效应,也可以直接测定各种环境和探针分子间互相作用的实际动力学。激光技术的发展使在分子光谱分析中可能引用激光作为光源,并带来巨大的优越性[60],可以测定瞬变吸收光谱(飞秒激光光谱)。如测定酞菁四磺酸(PcS_4)和 Zn-酞菁四磺酸($ZnPcS_4$)在水和 DMSO 溶液中的瞬变吸收光谱,研究溶液中的动态[91]。对两种浓度($170\mu mol \cdot L^{-1}$,$98\mu mol \cdot L^{-1}$)PcS_4 水溶液用390nm 波长激发,瞬变信号很快升高,受激光输出脉冲的制约成双指数曲线衰减(图 2-9),经拟合高浓度时衰减为 4ps 和 40ps,低浓度为 7ps 和 60ps。已有的研究证明,即使在 $mmol \cdot L^{-1}$ 浓度下也倾向形成聚集体。激发态快速衰减(<80ps)首先归结为分子间聚集导致有效非辐射能量弛豫。短时间存在的激发态寿命在光动态(photodynamic therapy,PDT)疗法中很有用。近年来有一些综述性报道介绍合成光活性卟啉和酞菁作为光增感剂,用于光动态治疗皮肤、口腔、食管、肺和膀胱肿瘤。

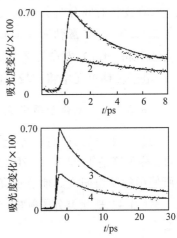

图 2-9　PcS_4 水溶液的瞬变吸收光谱[91](激发波长 390nm,检测波长 790nm)

$1,3$:$170\mu mol \cdot L^{-1}$　$2,4$:$98\mu mol \cdot L^{-1}$

点线为实验数据,实线为用函数讨论的拟合线

在 DMSO 中 PcS_4 和 $ZnPcS_4$ 的激发态动态与水中截然不同,两者在 $10\sim100\mu mol \cdot L^{-1}$ 范围内都与浓度无关,说明观察到的信号主要来自单体,而其激发态寿命相对来说较长。长寿命有利于产生三线态,因而有单线态氧产生。在生理条件下(通常是水)的激发态酞菁单体是光动态治疗的活性组分,因而需要生物物质促使聚集体解离。

在 DMSO 中 PcS_4 和 $ZnPcS_4$ 在 3 个有代表性的检测波长 720nm、790nm、820nm 下的激发态动态与水中完全不同。有必要进一步用时间分辨技术研究酞菁与生物物质的互相作用。DMSO 中 PcS_4 的 790nm 受激发射(stimulated omission)将在诊断和检定癌肿和电光学方面开发应用。ZnPcS₄ 在第一激发态 720nm 表现为光学可逆可饱和吸收剂,可能在开发染料或固体激光方面应用。

用飞秒荧光直接转化技术(femtosecond fluorescence up-conversion),以探明在有组织分子聚集体中给体、受体的近距离,以及在最适方向情况下超快光化学反应的过程,判断此过程是属激发态能量转移还是电子转移过程。如用飞秒荧光直接转化法研究在飞秒时间范围内四芳基卟啉,其中一个芳基用吡啶代替(ZnP)配位键连到钌配合物的荧光寿命并测定不同溶剂中的猝灭常数。通过分析 ZnP^*(给体)荧光和 Ru^+(受体)吸收光谱的重叠,确定这种超快荧光猝灭的主要途径是分子内电子转移而不是激发光能量转移[92]。

时间分辨荧光和瞬变吸收光谱用于表征在亚皮秒、皮秒时间范围内的电荷分离[93],和皮秒时间分辨荧光以及飞秒到纳秒的瞬变吸收技术研究反应中心模型。如细菌–二氢卟啉–富勒烯($Chl-C_{60}$)的飞秒瞬变吸收光谱,证明形成了长寿命电荷分离态(Chl^+-C_{60}),寿命为 $2\sim4ns$。考察细菌–卟吩有较低激发态,预计在超分子天线/电子转移单元中将有较好能量受体功能[93]。

2.3.3.5　检测分子筛中荧光物质二聚体的形成

近些年来,以无机材料分子筛为主体、以有机分子为客体的研究颇引人注目。M41S 分子筛是 1992 年由美国 Mobil 公司首次报道合成的一组中孔分子筛[94],调整所使用的模板剂或其他合成条件可获得孔径在 $1\sim15nm$ 的不同中孔分子筛材料。MCM-41 是此类分子筛的杰出代表。图 2–10 所示为三种中孔分子筛的结构示意图。

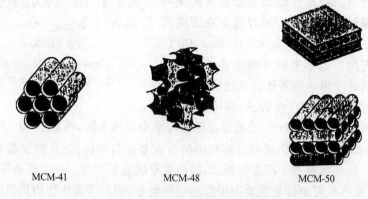

　　　　MCM-41　　　　　　　　　MCM-48　　　　　　　　MCM-50

图 2–10　三种中孔分子筛的结构示意图

罗丹明是被广泛应用于光学、光谱学和激光技术的一类有机染料,它作为优良的荧光化合物具有很好的稳定性和高效的荧光量子产率。张迈生等[95]采用 MCM-41 中孔分子筛为主体,以罗丹明 B(RB)为客体,在其水溶液中合成了

MCM-41-RB 超分子新材料。其具体的组装方法是：在室温减压条件下，将 MCM-41分子筛分别置于不同浓度的罗丹明 B $(1.0\times10^{-6}\sim1.0\times10^{-1}\,mol\cdot L^{-1})$ 水溶液中,然后过滤,用去离子水反复洗涤至无游离罗丹明 B,于 60℃烘干 4h,便可得到组装产物。通过 XRD、TG 和 IR 分析认为罗丹明 B 已经进入分子筛孔道。

荧光检测结果表明,MCM-41 主体和固态罗丹明 B 客体均不产生荧光。但采用浓度小于 $1.0\times10^{-4}\,mol\cdot L^{-1}$ 的罗丹明 B 水溶液进行组装所得的产物却可观察到荧光,浓度为 $1.0\times10^{-4}\,mol\cdot L^{-1}$ 时的荧光强度最大（图 2 - 11）。其激发光谱主峰位于 489.6nm,而相同浓度的罗丹明 B 水溶液的激发光谱主峰则位于 335.2nm 处,相对紫移了 154.4nm,组装前后（即罗丹明 B 水溶液和超分子体系）发射光谱峰分别为 587.2nm 和 579.2nm,同时组装产物与溶液相比荧光强度增大了 3 倍。

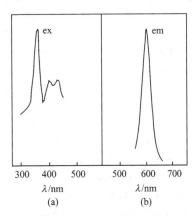

图 2-11　MCM-41-RB 的荧光光谱
（a）ex　（b）em

推测产生这种现象的起因是,罗丹明 B 在高浓度下容易形成二聚体,但在低浓度水溶液中则可解离成带一价正电荷的阳离子$(RB)^+$,它有可能先与分子筛表面 H^+OH^- 的 H^+ 实现离子交换,而后进入 MCM-41 孔道内,进一步与其中吸附的 H^+OH^- 分子中 H^+ 继续进行离子交换,最后$(RB)^+$正离子通过与 OH^- 负离子间的静电相互作用力而被组装在 MCM-41 主体孔道中,因此形成了具有发光功能的超分子。荧光光谱表明荧光来自超分子体系中的离子态$(RB)^+$,其机理可能是在此超分子体系中形成了"单分子"发光中心,也就是形成了所谓"分立发光"中心。MCM-41 分子筛主体把所吸收的紫外光能量传递给孔道内的发光中心离子$(RB)^+$并使其激发,从而形成发光超分子体系。但由于这一过程中分子筛晶格内部质点的热运动有可能使部分能量损失,因此表现出超分子体系的激发光谱峰值相对于罗丹明 B 溶液产生了较大程度的紫移。在 UV 光激发下,由于$(RB)^+$的量子尺寸效应,使原来不发光的 MCM-41 分子筛产生了强烈的荧光。

参 考 文 献

1　Johnston L J, Wagner B D. Electronic Absorption and Luminescence in Comprehensive Supramolecular Chem-istry. Davies J E D, Ripmeester J A eds. Oxford：Pergamon Press, 1996, 8：537～566

2　柯以侃,董慧茹. 分析化学手册. 第二版. 第三分册,光谱分析.北京：化学工业出版社. 1998, 628～865, 1184～1293

3　游效曾. 结构分析导论. 北京：科学出版社. 1980,184～218

4　Keller R, Mermet J M, Otto M et al. 分析化学. 1998. 李克安, 金钦汉等译. 北京: 北京大学出版社. 2001, 468~478

5　Dudley H Williams, Ian Fleming. 有机化学中的光谱方法. 1995. 王剑波, 施卫峰译. 北京: 北京大学出版社, 2001, 1~27

6　Ham J S. A New Electronic State in Benzene. J. Chem. Phys., 1953, 21: 756~758

7　Griffiths J. 颜色与有机分子结构. 侯毓汾, 吴祖望, 胡家振译. 北京: 化学工业出版社, 1985, 76

8　(a) Griffiths J. 颜色与有机分子结构. 侯毓汾, 吴祖望, 胡家振译. 北京: 化学工业出版社, 1985, 82
　　(b) Kumar C V, Asuncion E H. DNA Binding Studies and Site Selective Fluorescence Sensitization of an Anthryl Probe. J. Am. Chem. Soc., 1993, 115: 8547~8553

9　(a) Smith V K, Ndou T T, Warner I M. Spectroscopic Study of the Interaction of Catechin with α-, β- and γ-cyclodextrins. J. Phys. Chem., 1994, 98: 8627~8631
　　(b) Örstan A, Ross J B A. Investigation of the β-cyclodextrin-indole Inclusion Complexes by Absorption and Fluoresence Spectroscopies. J. Phys. Chem., 1987, 91: 2739~2745

10　Dürr H, Thome A, Kranz C et al. Supramolecular Effects on Photochromism-properties of Crwon Ether Modified Dihydroindolizines. J. Phys. Org. Chem., 1992, 5: 689~698

11　(a) Mukerjee P, Gumkowski M J, Chan C C et al. Determination of Crtical Micellization Concentrations of Perfluoro Carboxylates Using Ultraviolet Spectroscopy: Some Unusual Counterion Effects. J. Phys. Chem., 1990, 94: 8832~8835
　　(b) Smith V K, Ndou T, Warner I M, Complexation of the Surfactants Triton X-102 and Igepal CA720 with β-cyclodextrin. Appl. Spectroscopy, 1992, 46: 659~668

12　(a) Calzaferri G, Gfeller N. Thionine in the Cage of Zeolite L. J. Phys. Chem., 1992, 96: 3428~3435
　　(b) Ramamurthy V, Sanderson D R, Eaton D F. Control of Dye Assembly within Zeolites: Role of Water. J. Am. Chem. Soc., 1993, 115: 10438~10439

13　Davies D M, Deary M E. Cooperativity and Steric Hindrance: Important Factors in the Binding of α-cyclodextrin with Para-Substituted Aryl Alkyl Sulfides, Sulfoxides and Sulfones. J. Chem. Soc., Perk. Trans. 2, 1995, 1287~1294

14　雷学工, 谢锐强, 刘有成. 碱基诱导激基缔合物带振动结构的荧光发射. 化学学报, 1989, 47: 1032~1034

15　Yorozu T, Hoshino M, Imamura M et al. Photoexcited Inclusion Complexes of β-naphthol with α-, β- and γ-cyclodextrins in Aqueous Solution. J. Phys. Chem., 1982, 86: 4422~4426

16　Zhang Y M, Shen B J, Tong L H. Molecular Recognition by Modified Cyclodextrins—fluorometric Study on the Inclusion Complex of Cyclodextrin Derivatives with Naphthalene Derivatives. Chinese Chemical Letters, 1996, 7(8): 763~766

17　Agbaria R A, Uzan B, Gill D. Fluorescence of 1, 6-naphthalenediol with Cyclodextrins. J. Phys. Chem., 1989, 93: 3855~3859

18　Ueno A, Takahashi K, Osa T. One Host-Two Guests Complexation Between γ-cyclodextrin and Sodium α-naphthylacetate as Shown by Excimer Fluorescence. J. C. S. Chem. Comun., 1980, 921~922

19　Zhang Y M, Shen B J, Tong L H et al. A Study of the Interaction and Formation Constants of Naphthalene Derivatives with Cyclodextrin by Fluorescence and Circular Dichroism Spectra, Procedings of 34th IUPAC Congress, Chemistry for 21st Century-The Central Science, Beijing: Chinese Chemical Society. August 15~20. 1993, T-1314

20　Patonay G, Fowler K, Shapira A et al. Cyclodextrin Complexes of Polyaromatic Hydrocarbons in the Presence of Aliphatic Alcohols. J. Inclusion Phenomena, 1987, 5:717~723

21　Hamai S. Pyrene Excimer Formation in γ-cyclodextrin Solution: Association of 1:1 Pyrene-γ-cyclodextrin Inclusion Compounds. J. Phys. Chem.,1989, 93:6527~6529

22　Park J W, Song H J. Association of Anionic Surfactants with β-cyclodextrin. Fluorescence-Probed Studies on the 1:1 and 1:2 Complexation. J. Phys. Chem., 1989, 93:6454~6458

23　Frankewich R P, Thimmaiah K N, Hinze W L. Evaluation of the Relative Effectiveness of Different Water-soluble β-cyclodextrin Media to Function as Fluorescence Enhancement Agents. Anal. Chem., 1991, 63: 2924~2933

24　Takahashi K. Fluorescence of 1-Naphthol Induced by 2:1 Complexation with $N(N'$-formyl-L-phenylalanyl)-β-cyclodextrin. J. Chem. Soc., Chem.Commun., 1991, 929~930

25　(a) Muthuramu K, Ramamurthy V. 7-Alkoxy Coumarins as Fluorescence Probe for Microenvironment. J. Photochem., 1984, 26:57~64

　　(b) Ramamurthy V, Sanderson D R, Eaton D F. Photochem. Photobiol., 1992, 56:297

26　Sonnenschein M F, Weiss R G. Identification of Factors Responsible for Inhibition of α-, ω-Bis(1-pyrenyl) Alkane Intramolecular Excimer Formation in Some Cholesteric Liquid-crystalline Phases. J. Phys. Chem., 1988, 92:6828~6835

27　Bouas-Laurent H, Castellan A, Daney M et al. Cation-Directed Photochemistry of an Anthracene-crown Ether. J. Am. Chem. Soc., 1986, 108:315~317

28　Ueno A, Tomita Y, Osa T. Promoted Binding Ability of γ-cyclodextrin Appended by a Space-Regulating Naphthalene Moiety. J. Chem. Soc., Chem. Commun., 1983, 976~977

29　Ueno A, Moriwaki F, Osa T et al. Photodimerization and Induced-Fit Types of Host-Guest Complexation of Anthracene-Appended γ-cyclodextrin Derivatives. J. Am. Chem.. Soc., 1988, 110:4323~4328

30　Ueno A, Moriwaki F, Tomita Y et al. Fluorescence Quenching in Host-Guest Complexes of Modified γ-cyclodextrin. Chem. Lett., 1985, 493~496

31　Hamada F, Murai K, Ueno A et al. Excimer Formation and Intramolecular Self-complexation of Double-Armed γ-cyclodextrin. Bull. Chem. Soc. Jpn., 1988, 61:3758~3760

32　Hamada F, Kondo Y, Ito R et al. Dansyl-Modified γ-cyclodextrin as a Fluorescent Sensor for Molecular Recognition. J. Inclusion Phenomena and Molecular Recognition in Chemistry, 1993, 15:273~279

33　Nakashima H, Takenaka Y, Higashi M et al. Fluorescent Behaviour in Host-Guest Interactions, Part 2, Thermal and pH Dependent Sensing Properties of Two Geometric Isomers of Fluorescent Amino-β-cyclodextrin Derivatives. J. Chem. Soc., Perk. Trans. 2, 2001, 2096~2103

34　Ueno A, Suzuki I, Osa T. Association Dimers, Excimers and Inclusion Complexes of Pyrene-Appended γ-cyclodextrins. J. Am. Chem. Soc., 1989, 111:6391~6397

35　Jang H O, Nakamura K, Yi S S et al. Immobilization of Azacrown Ligand onto a Fluorophore. J. Inclusion Phenomena and Macrocyclic Chemistry, 2001, 40:313~316

36　(a) Turro N J, Okubo T, Chung C J. Analysis of Static and Dynamic Host-Guest Associations of Detergents with Cyclodextrins via Photoluminescence Methods. J. Am. Chem. Soc., 1982, 104(7):1789~1794

　　(b) Papp S, Vanderkooi J M. Photochem. Photobiol., 1989, 49:775

37　Fidy J, Laberge M, Ullrich B et al. Tryptophan Rotamers that Report the Conformational Dynamics of Proteins. Pure Appl. Chem., 2001, 73(3):415~419

38　Casal H L, Scaiano J C. Intrazeolite Photochemistry Ⅱ. Evidence for Site Inhomogeneity from Studies of Aromatic Keton Phosphorescence. Can J. Chem., 1985, 63:1308~1314

39　Alpha B, Lehn J M, Mathis G. Energy Transfer Luminescence of Europium(Ⅲ) and Terbium(Ⅲ) Cryptates of Macrobicyclic Polypiridine Ligands. Angew. Chem. Int. Ed. Engl., 1987, 26(3):266~267

40　Iki N, Horiuchi T, Oka H et al. Energy Transfer Luminescence of Tb^{3+} Ion Complexed with Calix[4]-arenetetra Sulfonate and the Thia and Sulfonyl Analogue. The Effect of Bridging Groups. J. Chem. Soc., Perk. Trans. 2, 2001, 2219~2225

41　Ariga K, Terasaka Y, Sakai D et al. Piezoluminescence Based on Molecular Recognition by Dynamic Cavity Array of Steroid Cyclophanes at the Air-Water Interface. J. Am. Chem. Soc., 2000, 122:7835~7836

42　Benesi H A, Hildebrand J H. A Spectrophotometric Investigation of the Interaction of Iodine with Aromatic Hydrocarbons. J. Am. Chem. Soc., 1949, 71:2703~2707

43　(a) Tong L H, Hu J, Liu Y. Molecular Inclusion Reactions Between Phenolphthalein and Cyclodextrins in Aqueous Solution. 13th International Symposium on Macrocyclic Chemistry. Book of Abstracts Hamburg, 1988, PI. 20

　　(b) Tong L H. How Do We Decide the Mechanism for Molecular Recognition. Int. Seminar of Supramol. Chem. and Asym. Syn., Lanzhou, 2002. 11:1~6

44　(a) Scott R L. Rec. Trav. Chim. Pays-Bas, 1956, 75:787~789

　　(b) Masaki Ota ili. Chem. Pharm. Bull., 1975, 2(1):188

45　(a) Scatchard G. The Attractions of Proteins for Small Molecules and Ions. Ann. N Y. Acad. Sci., 1949, 51:660~672

　　(b) Fujita K, Ueda T, Imoto T et al. Guest-Induced Conformational Change of β-cyclodextrin Capped with an Enviromentally Sensitive Chromophore. Bioorganic Chemistry, 1982, 11:72~84

46　Foster R, Hammick D L, Wardley A A. Interaction of Polynitro-Compounds with Aromatic Hydrocarbons and Bases. Part Ⅺ. A New Method for Determining the Association Constants for Certain Interactions Between Nitro-Comound and Bases in Solution. J. Chem. Soc., 1953, 3817~3820

47　(a) Deranleau D A. Theory of the Measurement of Weak Molecular Complexes Ⅱ. Consequence of Multiple Equilibria. J. Am. Chem. Soc., 1969, 91:4050~4054

　　(b) Connors K A. Binding Constants. New York: Wiley, 1987, 161

48　郝爱友, 童林荟, 高兴明等. β-萘甲酰化 β-环糊精的分子识别性能研究. 物理化学学报, 1995, 11(3): 202~204

49　Hosoya H, Tanaka J, Nagakura S. Ultraviolet Absorption Spectra of Monomer and Dimer of Benzoic Acid. J. Mol. Spectrosc., 1962, 8:257~275

50　郝爱友, 童林荟, 张复升. 光谱活性化环糊精主体与适量客体复合作用性能的简易数学表达式. 化学物理学报, 1996, 9(5):450~452

51　Hao A Y, Tong L H, Yang T L et al. Characteristic Studies of Arylated β-cyclodextrins in Host-Guest Complexation with Small Molecules. Chinese Chemical Letters, 1998, 9(3):265~268

52　Hao A Y, Lin J M, Tong L H. Selective Arylation of β-cyclodextrin with an Ethylenediamino Group and Characteristics of Arylated β-cyclodextrin Derivatives in Host-Guest Complexation. J. Inclusion Phenomena and Macrocyclic Chemistry, 1999, 34:445~454

53　Hao A Y, Tong L H, Fu Y H et al. Dimerization Constant Determination of 6-O-benzoyl-β-cyclodextrin in Aqueous Solution. Chinese Chemical Letters, 1996, 7(9):853~854

54　(a) Shen B J, Tong L H, Jin D S. Synthesis and Characterization of Novel Mulifunctional Host Compounds. 3. β-cyclodextrin Derivatives Bearing Shiff Base Moiety. Synthetic Commun., 1991, 21(5):635～641

　　(b) Gao X M, Tong L H, Inoue Y et al. Synthesis and Characterization of Novel Multifunctional Host Compounds. 4. Cyclodextrin Derivatives Bearing Chromophores. Synthetic Commun., 1995, 25:703～710

55　(a) Tong L H, Hou Z J, Inoue Y et al. Molecular Recognition by Modified Cyclodextrins. Inclusion Complexation of β-cyclodextrin-6-O-monobenzoate with Acyclic and Cyclic Hydrocarbons. J. Chem. Soc., Perk. Trans. 2, 1992, 1253～1257

　　(b) Fujita K, Ueda T, Imoto T et al. Selective Recognition of Alkanoates by a β-cyclodextrin Flexibility Capped with a Chromophore. Bioorganic Chemistry, 1982, 11:108～114

56　(a) 童林荟, 申宝剑. 紫外差光谱法研究分子识别中的构象变化. I. 柔性链修饰的 β-环糊精对小分子脂肪酸的识别. 第七届全国大环化学学术讨论会论文集. 济南. 1994, D-34. 140

　　(b) 童林荟, 高兴明. 紫外差光谱法研究分子识别中的构象变化. II. 刚性发色团修饰的环糊精与环己醇的互相作用. 第七届全国大环化学学术讨论会论文集. 济南. 1994, D-35, 141

57　Fujita K, Ueda T, Matsunaga A et al. Guest Induced Conformational Change of 6-Monosubstituted Cyclodextrin. The Chemical Society of Japan, 1983, 2:207～213

58　Tsukube H, Furuta H, Odani A et al. Determination of Stability Constants in Comprehensive Supramolecular Chemistry. Davies J E D, Ripmeester J A eds. Oxford:Pergamon Press, 1996, 8:426～482

59　(a) 郭尧君. 分光光度技术及其在生物化学中的应用(紫外-可见-近红外). 北京:科学出版社, 1989

　　(b) 蒋光中. 仪器分析上册. 香港:新兴图书公司, 1979

60　陆明刚, 吕小虎. 分子光谱新法引论. 合肥:中国科技大学出版社, 1992, 41

61　童林荟, 申宝剑, 金道森. 环糊精衍生物在分子识别中的微结构变化. 科学通报, 1992, (23):2146～2149

62　Matsui Y. Binding Forces Contributing to the Association of CD with Alcohol in an Aqueous Solution. Bull. Chem. Soc. Jpn., 1979, 52(10):2808～2814

63　Gelb R I, Schwartz L M, Cardelino B et al. The Complexation Chemistry of Cycloamyloses: Equilibrium Constants by Novel Spectrophotometric Methods. Analytical Biochemistry, 1980, 103:362～368

64　童林荟, 刘育. 酚酞作为探针研究水溶液中 β-环糊精与低分子脂肪醇的互相作用. 有机化学, 1990, 10:432～435

65　Meier M M, Bordignon Luiz M T, Farmer P J et al. The Influence of β-and γ-cyclodextrin Cavity Size on the Association Constant with Decanoate and Ocanoate Anions. J. Inclusion Phenomena and Macrocyclic Chemistry, 2001, 40:291～295

66　Wilson L D, Siddall S R, Verrall R E. A Spectral Displacement Study of the Binding Constants of Cyclodextrin-Hydrocarbon and Fluorocarbon Surfactant Inclusion Complexes. Can. J. Chem., 1997, 75:927～933

67　Buvári Á, Barcza L, Kajtár M. Complex Formation of Phenolphthalein and Some Relaled Compound with β-cyclodextrin. J. Chem. Soc. Perk Trans. 2, 1988, 1687～1690

68　Horský J, Pitha J. Inclusion Complexes of Proteins: Interaction of Cyclodextrins with Peptides Containing Aromatic Amino Acids Studied by Competitive Spectrophotometry. J. Inclusion Phenomena and Molecular Recognition in Chemistry, 1994, 18:291～300

69　(a) Ueno A, Osa T. Binding and Catalytic Behavior of Modified γ-cyclodextrin. J. Inclusion Phenomena, 1984, 2(3～4):555～563

　　(b) Hamai S. Association of Inclusion Compounds of β-cyclodextrin in Aqueous Solution. Bull. Chem. Soc. Jpn., 1982, 55:2721～2729

70　Xie H，Yi S，Yang X et al. Study on Host-Guest Complexation of Anions Based on a Tripodual Naphthylurea Derivatives. New J. Chem.，1999，23：1105～1110

71　Smith V K，Ndou T T，Muñoz et Poña A et al. Spectral Characterization of β-cyclodextrin：Triton X-100 Complexes. J. Inclusion Phenomena，1991，10：471～484

72　Maafi M，Laassis B，Aaron J J et al. Photochemically Induced Fluorescence Investigation of a β-cyclodextrin：Azure A Inclusion Complex and Determination of Analytical Parameters. J. Inclusion Phenomena and Molecular Recognition in Chemistry，1995，22：235～247

73　Coly A，Aaron J J. Cyclodextrin-Enhanced Fluorescence and Photochemically-induced Fluorescence Determination of Five Aromatic Pesticides in Water. Analytica Chimica Acta.，1998，360：129～141

74　VanEtten R L，Sebastian J，Clowes G A et al. Acceleration of Phenyl Ester Cleavage by Cycloamyloses, A Model for Enzymatic Specificity. J. Am. Chem. Soc.，1967，89：3242～3253

75　Hamai S. Association of Inclusion Compounds of β-cyclodextrin in Aqueous Solution. Bull. Chem. Soc. Jpn.，1982，55：2721～2729

76　Sánhez F G，Lopez M H，Gó mez J C M. Fluorimetric Determination of Scandium Using the Cyclodextrin-1, 4-Dihydroxyanthraquinone Inclusion Complex. Analyst，1987，112：1037～1040

77　Zhang Y M，Shen B J，Tong L H et al. A Study of the Interaction and Formation Constants of Naphthalene Derivatives with Cyclodextrin by Fluorescence and Circular Dichroism Spectra. Chinese Chemical Letters，1993，4(10)：907～908

78　Kano K，Yoshiyasu K，Hashimoto S. Chiral Recognition of Binaphthyls by Permethylated β-cyclodextrin. J. Chem. Soc.，Chem. Commun.，1989，1278～1279

79　Bright F V，Catena G C，Huang J F，Evidence for Liftime Distribution in Cyclodextrin Inclusion Complexes. J. Am. Chem. Soc.，1990，112：1343～1346

80　Wu K，McGown L B. Fluorescence Probe Studies of Mixtd Micellar and Lyotropic Phases Formed Between an Anionic Bile Salt and a Cationic Detergent. J. Phys. Chem.，1994，98：1185～1191

81　Li G，McGown L B. Model for Bile Salt Miccellization and Solubilization from Studies of a "Polydisperse" Array of Fluorescent Probes and Molecular Solution. J. Phys. Chem.，1994，98：13 711～13 719

82　Yoshida N，Shirai T，Fujimoto M. Inclusion Reactions of Some Phthalein and Sulphophthalein Compounds with Cyclomalto-hexaose and-heptaose. Carbohydrate Research，1989，192：291～304

83　Takayanagi T，Motomizu S. Equilibrium Analysis of Acid Dissociation Reactions of Phenolphthalein by Using Mobility Change in Capillary Zone Electrophoresis. Chem. Lett.，2001，14～15

84　Ozeki T，Morikawa H，Kihara H. 分析化学(Bunseki Kagaku)，1993，42：887

85　Tamura Z，Abe S，Ito K et al. Anal. Sci.，1996，12：927

86　Taguchi K. Transient Binding Mode of Phenolphthalein-β-cyclodextrin Complex：An Example of Induced Geometrical Distortion. J. Am. Chem. Soc.，1986，108：2705～2709

87　Selvidge L A，Eftink M R. Spectral Displacement Technique for Studing the Binding of Spectroscopically Transparent Ligands Cyclodextrins. Anal. Biochem.，1986，154：400～408

88　郝爱友. β-环糊精的第二面选择性修饰及其修饰主体分子识别中的应用研究[博士论文]. 中国科学院兰州化学物理研究所. 1995

89　Tanabe T，Usui S，Nakamura A et al. The Stability of Self-inclusion Complexes of Cyclodextrin Derivatives Bearing a p-dimethylaminobenze Moiety. J. Inclusion Phenomena and Macrocyclic Chemistry，2000，36：79～93

90　Hasani M, Shamsipur M. Interaction of Iodine with Aza-18-Crown-6 and Aza-12-Crown-4. Kinetic and Spectrophotometric Studies in Chloroform and 1,2-Dichloroethane Solution. Bull Chem. Soc. Jpn., 1999, 72：2005～2010

91　Howe L, Zhang J Z. Urtrafast Studies of Excited-state Dynamics of Phthalocyanine and Zinc Phthalocyanine Tetrasulonate in Solution. J. Phys. Chem. A., 1997, 101：3207～3213

92　Wall M H, Akimoto Jr S, Yamazaki T et al. Ultrafast Intramolecular Electron Transfer in Peripherally Ruthenated Zinc Tetraarylporphyrins. Bull. Chem. Soc. Jpn., 1999, 72：1475～1481

93　Holzwarth A R, Katterle M, Müller M G et al. Electron-transfer Dyads Suitable for Novel Self-assembled Light-harvesting Antenna/Electron-transfer Devices. Pure Appl. Chem., 2001, 73(3)：469～474

94　Beck J S, Vartuli J C, Roth W J et al. New Family of Mesoporous Molecular Sieves Prepared with Liquid Crystal Templates. J. Am. Chem. Soc., 1992, 114：10 834～10 843

95　张迈生,刘伟江,杨燕生等. MCM-41-罗丹明 B 超分子功能材料的组装及其发光. 高等学校化学学报, 1999,20(4)：526～528

第 3 章　圆二色光谱

3.1 引　言

旋光谱(ORD)和圆二色光谱是研究分子手性和绝对构型的常用方法。有关的基本原理、仪器,在有机化学、生物化学、配位化学和药物化学方面的应用已有专著出版[1,2]。光与物质间的这种现象的发现虽然早在 19 世纪,但直到 20 世纪的 50～60 年代,旋光仪和圆二色谱仪才相继问世。进入 80 年代后期超分子化学迅速发展,特别是对手性分子的关注日益加深,计算机与仪器的联用和新功能开发使圆二色谱方法在超分子化学中的应用日益广泛,并发展了定量研究方法,成为研究主-客体结合作用和超分子聚集体结构的一个有用工具。在以下的内容中将主要介绍圆二色谱在超分子化学研究中的应用。

3.2　基本问题

3.2.1　旋光与圆二色性

在圆形光中,光的电场矢量轨迹用螺旋线描述,螺旋线的轴平行于光束传播的方向。螺旋线可以向左或向右,这对于观察光源的人眼来说,表现为顺时针旋转的被称为右旋光,而反时针旋转的被称为左旋光,或称右旋圆偏振光和左旋圆偏振光。平面偏振光可以看成是由两束振幅相等、旋转方向相反的的两束圆偏振光组合的结果。当两个旋转方向相反强度不等的圆偏振光组成一束光时,这束光的电矢量可以描述为一个椭圆,叫椭圆偏振光。

当光进入有旋光性物质的介质中时由于光和物质的互相作用,使左、右圆偏振光在其中传播速率不一样导致旋光现象。假设左旋圆偏振光速率 v_1 小于右旋圆偏振光的速率 v_d,在达到介质内一定深度的某一点时,将比右旋圆偏振光位相落后一些,使合成的平面偏振光向右旋转一个角度。旋光物质存在使左、右旋圆偏振光传播速率不一样,在一个指定波长 λ 和温度 T 下,物质的旋光性可用比旋光表示[1]

$$[\alpha]_\lambda^T = \frac{\alpha_\lambda^T}{ld} \qquad (3-1)$$

方程中:d 为密度($g \cdot mL^{-1}$);l 为池长(10cm);α_λ^T 为观察到的旋光度(偏振平面旋转角);λ 为光源波长。在溶液中测定时,溶质的比旋光度定义为

$$[\alpha]_\lambda^T = \frac{100\,\alpha_\lambda^T}{lc} \tag{3-2}$$

方程中：c 是溶质浓度 $[g\cdot(100\,mL)^{-1}]$。如用摩尔质量表示，则称摩尔旋光度

$$[\phi] = [\alpha]_\lambda^T\,\frac{M}{100} \tag{3-3}$$

方程中：M 是溶质的摩尔质量。

平面偏振光和物质相互作用的另一个重要现象是左右圆偏振光的吸收不相同，用两个吸收系数 ε_l 和 ε_d 来描述（l 表示左旋，d 表示右旋）。这就导致左右圆偏振光的能量或振幅 R 和 r 也不相同。理论上可以证明，两个振幅不同，并沿相反方向运动的圆偏振光经过合成后的电向量 E 不再在一条直线上运动，而是沿着一个椭圆轨迹运动即椭圆偏振光，因而可以用椭圆率 θ 来表示这两种圆偏振光吸收系数 ε_l 和 ε_d 的区别。对于通过浓度为 c 溶液的平面偏振光，类似地可以证明其椭圆率近似为

$$\theta_\lambda^t \approx \tan\theta = \frac{R-r}{R+r} \approx 0.576\,lc(\varepsilon_l - \varepsilon_d) \tag{3-4}$$

同样可以定义物质的比椭圆率和摩尔椭圆率[1]

$$[\theta]_\lambda^t = \frac{100\,\theta_\lambda^t}{lc} \tag{3-5}$$

$$[M]_\lambda^t = \frac{M}{100}[\theta]_\lambda^t \tag{3-6}$$

在实际工作中，对于不对称化合物，可以测定其 $\Delta\varepsilon$（$\Delta\varepsilon = \varepsilon_l - \varepsilon_d$）值，此差值叫圆二色性。同时有两个不等的折射指数 n_l 和 n_d，其差值为 $\pi(n_l - n_d)/\lambda$。当一束偏振光通过一种光学介质时，偏振平面转过的角度可用方程（3-7）表示

$$\alpha = \frac{\pi}{\lambda}(n_l - n_d) \tag{3-7}[2]$$

$\Delta\varepsilon$ 和 α 是 λ 的函数，它们相对 λ 所作曲线的最简单形式如图 3-1 所示。曲线最大值为"峰"（P），最小值为"谷"（T），峰尖 P 和峰谷 T 之间旋光值之差 a 为振幅，横坐标 b 称为幅宽。如果峰值位于长波侧时这条色散曲线为正，如果峰在短波处为负。

在圆二色光谱仪上可以直接测得左、右圆偏振光的吸收差 $\Delta\varepsilon$，$\Delta\varepsilon$ 相应于光学密度 d_l、d_d 之差，用方程（3-8）表示如下

$$\Delta\varepsilon = \frac{(d_l - d_d)}{cl} \tag{3-8}$$

方程中：c 是溶液的浓度（$mol\cdot L^{-1}$）；l 为池长度。由于合成后的电向量将沿椭圆轨迹运动，形成椭圆偏振光，可以用椭圆率 θ 表示圆偏振光两个吸收系数的差别

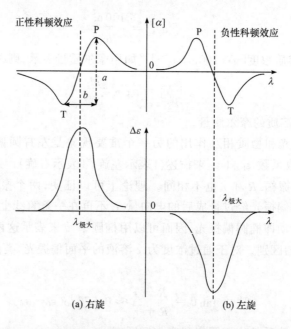

图 3－1　右旋发色团(a)和左旋发色团(b)的旋光
色散曲线(上)和圆二色曲线(下)[1]

[方程(3－4)]，[θ]和 Δε 间存在方程(3－9)所示的关系

$$[\theta] = 3300\Delta\varepsilon \tag{3-9}$$

　　一个简单圆二色谱曲线的特征是最大振幅的大小、Δε 的符号和谱带宽度。当有几个吸收峰叠加时，一些附加的特征如肩峰、次级峰、最小值等，也用于曲线分析。各向异性因子 $g = \Delta\varepsilon/\varepsilon$ 有时也用于表达二色性吸收的特征。

3.2.2　旋转强度

　　旋光谱和圆二色谱是同一现象的两个方面，都反映光与物质的作用。圆二色光谱反映光和分子间能量转换。当这种相互作用只在短波范围内在一个共振波长周围发生，而且在这个共振波长处产生最大能量交换时，则圆二色光谱仅在这个区域可以被测量。ORD 光谱主要与电子运动有关，因此即使在离共振波长很远的地方，α 值也是不可忽略的，这两个效应叫科顿效应(Cotton effect, CE)。科顿效应曲线总是发生在光学活性物质的吸收带附近，这时的光学活性物质也总是表现出圆二色性。当化合物在所研究的波长范围内不存在光学活性吸收带时就会导致平坦型色散曲线。从实际应用上来看，圆二色光谱有较好的分辨率，并且可以检测出掩盖在强信号中的小科顿效应。圆二色光谱中的[θ]只在吸收峰处有较大值，且其波长与吸收峰波长相对应，因此当某一物质有几个发色团时就会出现几个相应的极大值,很容易觉察出在旋光谱中被掩盖或混淆的发色团,使钟形的圆二色谱比 S 形旋光谱更有利于结构分析。因而越来越多地用来代替 ORD 光谱。

分子的旋光性和圆二色性都与旋转强度 R 有关。按 Kirkwood-Tinoco 可极化理论和表达式计算可旋转强度[5]。该理论用于环糊精时可表述为:一些芳香烃小分子,如苯的衍生物,本身没有手性,但在主体如环糊精分子内被诱导产生手性,在圆二色谱上出现科顿效应峰,这种现象叫诱导圆二色性(induced circular dichroism, ICD)。如果客体发色团的跃迁偶极矩与 CD 对称轴(即 CD 空腔 Z 轴)平行排列,则此跃迁的科顿效应符号为正;相反,如果垂直此空腔轴则为负。如果此发色团位于空腔外,信号将相反。尽管按理论规定圆二色光谱大小可以计算,但发现偏离 CD 径向对称,而且构象柔度影响诱导圆二色性强度[6]。与实验值比较,当跃迁矩已知时,可以由此判断发色团在主体,如 CD 空腔内的方向。实验旋转强度由 Moscowitz[3~5]表达式计算

$$R = 0.696 \times 10^{-42} \sqrt{\pi} [\theta]_{max} \Delta / \lambda_{max} \qquad (3-10)$$

方程中:$[\theta]_{max}$为摩尔椭圆率最大值;Δ 为在最大椭圆率 $1/e$ 处的半宽。

3.2.3　影响因素

3.2.3.1　溶剂和浓度效应

溶剂和溶质之间的相互作用涉及被测化合物的溶解和构象平衡,溶剂极性的变化会使振幅分布产生变化。在极性溶剂中,由于溶剂-溶质间的强相互作用,常常会失去精细结构。对于一个超分子体系,组成分子单元的缔合、聚集受溶剂极性的影响,因而也必然影响圆二色光谱。在强极性溶剂中,分子内氢键断裂,导致构象转化。当分子不同部位存在永久偶极时,偶极间的互相作用与某些特殊构象有关,因而改变了光学活性。在一些分子中,位于不同部位的永久偶极之间的强互相作用,其结果可能有利于某些特殊构象,有时又可能不利于某些构象。当两个偶极间的互相排斥力依赖于溶剂介电常数时,溶剂介质的变化在一定情况下会使平衡状态移动,因而改变光学活性。对于某些光学活性物质,溶液的浓度与溶液中的构象有关,在一定浓度下将有利于自组和形成聚集体,结果将改变圆二色谱图的形状。

3.2.3.2　温度效应

温度对光学活性的影响表现在温度升高将改变构象平衡和平衡常数,从而改变旋光。温度升高柔性骨架分子的内旋转加快,使分子对称性增加从而降低了旋光性。温度变化将影响溶质-溶质、溶剂-溶质间的互相作用,改变分子间解离和缔合程度。当溶液中存在几种构象平衡时,在不同温度下有时会得到相反符号的圆

二色谱。归纳起来有以下 4 种原因:①振动或转动能级的变化;②溶剂¯溶质间平衡的互相替代;③平衡态中不同构象比例的变化;④凝聚作用和微晶化。

3.2.3.3　手性环境诱导不对称性

当一个发色团是非手性(或者是一个外消旋体)分子的一部分时,可以因外部环境诱导产生手性,这时的吸收谱叫诱导圆二色性。

除上述 CD 作为主体的情况外,胆甾类液晶呈现螺旋状分子排列,非手性分子加入其中后也产生光学活性,并在吸收波长范围内表现出诱导圆二色性效应。

3.2.4　常用规则和方法

3.2.4.1　规则

目前圆二色谱虽已在有机立体化学、光学活性化合物结构分析和超分子化学研究中应用,但也有一些相应规则,多数是在对大量结构类似化合物实验结果归纳下总结的规律。Legrand 和 Rougier[2] 曾详细介绍各类化合物的适用规则。在这里只介绍其中较成熟和在超分子化学中频繁应用的几个规则。

1) 扇形规则

前面提到非手性分子在手性环境中能被诱导产生手性。这种效应在超分子体系、主¯客体互相作用的研究中经常遇到的是用圆二色谱判断含发色团的小分子在 CD 手性空腔中的取向和包结结构。由葡萄糖单元按 α-1,4-苷键连接成环状的 CD 分子,每一个葡萄糖单元含 5 个手性碳,从结构上讲含有一个相对刚性的空腔。非手性芳香化合物结合进 CD 空腔后被诱导产生手性,在圆二色光谱相应紫外吸收波长处显示科顿效应,其光谱为诱导圆二色谱。Szejtle 等[7] 提出一个简单的扇形规则(图 3 ¯ 2),可以圆二色谱来判断复合物中主¯客体的相对排列和客体电跃迁的极化。

诱导圆二色谱带的信号和强度与复合物结构有关,并与客体分子跃迁的极化和偶极强度有关。按偶合振子模型,一个光学活性体系由至少两个振动电偶极组成,由这些偶合振动偶极组成的体系,不仅有合成振动电矩,也有与电矩平行或相反的振动磁矩,由此确定旋转强度的符号为正或负。此合成电矩或磁矩的方向,也就是光学活性信号与两个振子的螺旋性有关,即与空间的排布有关。这种定性的偶合振子模型可以用于芳香分子与 CD 复合物的结构分析。如果一个 CD 复合物其中客体的电跃迁矩与 CD 的 C_7 轴一致,则组成的偶合振子对位于相对中心部位,任何葡萄糖单元的诱导偶极均为右手螺旋,振子的几何排布在客体吸收带处导致正诱导科顿效应。此振子对的螺旋性,在客体分子的跃迁矩方向相对 CD 的对称轴有些偏离时仍保持不变。但在 30° 角此跃迁矩变为与一个葡萄糖单元偶极平行并进一步偏离时,则振子对的相对排布将从右手螺旋转向左手螺旋。在角度偏

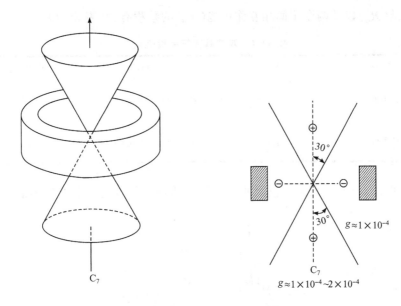

图 3‑2　扇形规则示意图[7]

离至 30°～40°时,不同振子对互相补偿的贡献和光学活性将消失。继续增加跃迁矩和对称轴间角度,达到绝大多数振子对变为左手螺旋时,体系的最终旋转强度符号变为负,这种负的诱导光学活性最适在跃迁矩与 CD 对称轴垂直方向的位置。扇形规则可以简单叙述如下:

一个包结复合物,其客体的电跃迁矩落入假想的扇形中心,与 CD 一致的双锥体内,并与 C_7 对称轴成 30°角,则诱导圆二色谱信号最大且为正,但如果电跃迁矩落入此锥体外时为负。为表征此诱导谱带的强度,用各向异性值[$g = \Delta \varepsilon / \varepsilon (\sim 1 \times 10^{-4})$]代替测定值 $\Delta \varepsilon$, g 值大小和变化反应包结物内主‑客体的几何排布。诱导旋转强度值按偶合振子机理必定与客体电跃迁矩的平方成比例。

2) 激子偶合手性[8]

激子偶合手性法是以分子激发理论为基础,广泛用于研究具有双生色团有机化合物绝对构型的光学方法。

一个分子具有两个互不共轭的相同发色团,当吸收电磁波电子激发后,生成数目相等的两种形式单激子。这两种单激子互相作用,通过远程库伦偶合,产生 2 个分裂能级,其能差为 Davydov 分裂($\Delta \lambda$),能级分裂的结果使在圆二色谱中呈现出与旋光谱中类似科顿效应的谱线。谱线间隔为 $\Delta \lambda$,符号相反。正手性的谱图在长波处的第一科顿效应峰为正,第二科顿效应峰为负。负手性相反,在长波处的第一科顿效应峰为负,第二科顿效应峰为正。此圆二色谱中科顿效应谱线的符号和振幅与分子中发色团(激子)的电子跃迁偶极矩矢量(μ_{io_a}, μ_{jo_a}),两生色团(i, j)间距离矢量(R_{ij})以及两激子间相互作用能(V_{ij})的乘积有关(表3-1)。

表3-1　双芳基激子手性规则[8]

手　性	规　则	定量计算	科顿效应
正手性	 ⊕	$R_{ij} \cdot (\mu io_a \times \mu jo_a) V_{ij} > 0$	第一正第二负
负手性	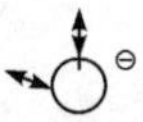 ⊖	$R_{ij} \cdot (\mu io_a \times \mu jo_a) V_{ij} < 0$	第一负第二正

如图3-3所示,当两发色团的电子跃迁偶极矩矢量构成顺时针螺旋时,即为

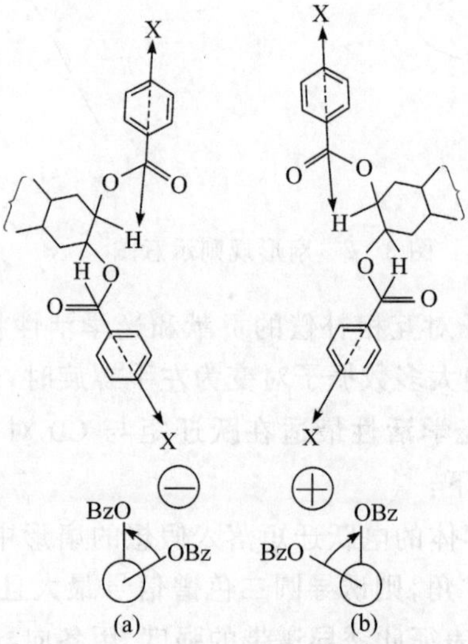

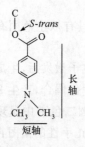

图3-3　α-乙二醇双苯甲酸酯的螺旋规则[8]
(a)负手性　(b)正手性

正手性(R构型);当两个电子跃迁偶极矩矢量为逆时针螺旋时,即为负手性(S构型)。在运用中要求正确选择并确定两个发色团电子跃迁偶极矩矢量的方向。如图3-4所示发色团的电子跃迁吸收带(CT带)($\lambda_{max}=309nm$,$\varepsilon=30\,400$)来源于长轴偶极矩,即从N原子的孤电子对通过苯环到羧基,而且该轴与C—O键轴方向是平行的。其短轴偶极矩相应于^1L_b跃迁($\lambda_{max}=229nm$,$\varepsilon=7200$),强度低不产生激子偶合。激子偶合谱线的特征是两个科顿效应的$\Delta\varepsilon$值比率是恒定的并接近2:1,2个谱峰面积比接近1,其符号及振幅是2个苯甲酰发色团间平面夹角θ的函数。激子偶合手性

图3-4　对二甲氨基苯甲酸酯发色团电子跃迁偶极矩方向

法中,手性分子两个发色团必须呈现强 $\pi \rightarrow \pi^*$ 跃迁带和高度对称性。分子中如含多个能产生科顿效应的发色团,如糖分子中含不同位置、不同立体化学的羟基,其多取代苯甲酸酯可相互构成不同符号的科顿效应。当符号相同时则总科顿效应是各科顿效应振幅的加和,所得结果易于分析。如符号相反,则相互抵消,使总科顿效应振幅减弱,此时不易得出绝对构型的确切结论。

　　3) 八区规律[1,2]

　　羰基是第一个用于研究被手性环境诱导具有光学活性的发色团,对于环己酮、环庚酮这类化合物,从累积资料中总结出八区规律。将环己酮分子置于 a、b、c 三个互相垂直的平面构成的空间内[图 3－5(a)],在 a 面上,有 C_1、C_2、C_6 和氧原子。平面 b 垂直于平面 a,有 C_1、C_4 和氧原子,平面 b 把分子分为两半,C_2、C_3 在平面的左边,用虚线表示,C_5、C_6 在平面 b 的右边,用实线表示。平面 c 垂直于平面 a 与平面 b,只有氧在平面 c 的前边,所有其他原子均在平面 c 后边,这后边的四等分中含决定科顿效应的原子最多。图 3－5(b)中未标明记号的取代基对科顿效应影响很小或没有影响。用“*”号标明的取代基在平面 c 后面四等分中的右下和左上,取代基对科顿效应作正贡献;用“$\neq$”号标明的取代基位于平面 c 后面右上和左下作负贡献。对于有些不对称的脂环酮,用八区规律可把它们的绝对构型与构象联系起来(图 3－6)。若取代基位于轴或平面 c 上则符号为零。八区规律已被用于大量已知结构和构象的化合物分析。

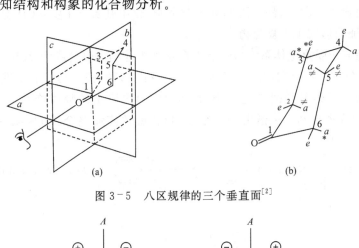

图 3－5　八区规律的三个垂直面[2]

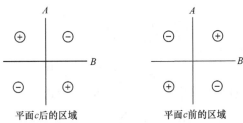

平面 c 后的区域　　　　　平面 c 前的区域

图 3－6　酮羰基发色区的八区投影图

3.2.4.2　确定化学量和结合稳定常数

1. 结合化学量

与用 UV-vis 光谱测定超分子内主-客体化学量的方法类似,可以用自动记录旋光仪测定圆二色性,并用 Job 连续变量法计算结合比,计算方程为

$$\theta_\lambda = \pm \, HS \qquad\qquad (3-11)$$

方程中:θ_λ 为椭圆率;S 为仪器标度;H 为某一波长下信号高度。用待测配合物溶液测得的 θ_λ 值对溶液的主-客体物质的量比作图,图中 θ_λ 最大值所对应的物质的量比值即是该被测体系的化学量。如对于取代苯和 CD 体系,苯甲酸 $0.1 mol\cdot L^{-1}$ HCl 水溶液的 UV 吸收谱($1.646\times10^{-2} mol\cdot L^{-1}$)由 $\approx230 nm$ CT 带和 $\approx280 nm\,^1L_b$ 组成,加入 β-CD($1.646\times10^{-2} mol\cdot L^{-1}$)按苯甲酸$\rightarrow0/10,2/8,4/6,6/4,8/2,10/0$ $\leftarrow\beta$-CD 配比测定各溶液在 282nm 椭圆率,以椭圆率对两组分连续变量作图,最大椭圆率在 5/5 处,说明 β-CD 结合苯甲酸的化学量为 1:1[5]。同样方法测定甲基橙($5\times10^{-4} mol\cdot L^{-1}$)与 α-、β-CD($5\times10^{-4} mol\cdot L^{-1}$)和甲基橙($3.6\times10^{-4} mol\cdot L^{-1}$)与 γ-CD($3.5\times10^{-4} mol\cdot L^{-1}$)体系的椭圆率-物质的量比图,确定化学量分别为 1:1 和 2:1。

对于修饰 CD,如 2,3,6-三-氧-甲基-β-CD(TM-β-CD)与甲基橙组成的体系,诱导圆二色谱为负激子裂分,用椭圆率对甲基黄/甲基黄＋TM-β-CD 物质的量比作图,同样证明形成 1:1 复合物。[9]

研究超分子膜重组体系[10],记录 **1** 在水溶液中有 **2**(L-)或无 **2**(L-)存在时的 UV 和圆二色谱([**1**]=[**2**(L-)]$=5\times10^{-5} mol\cdot L^{-1}$,20％乙醇)。非手性 **1** 本身单独在水溶液中观察不到圆二色谱峰,加入 **2**(L-)之后 **1** 的吸收峰从 360nm 移至 330nm,同时在诱导圆二色谱出现 2 个正、负科顿效应强偶合([θ]$_{216nm}=+9.1\times$

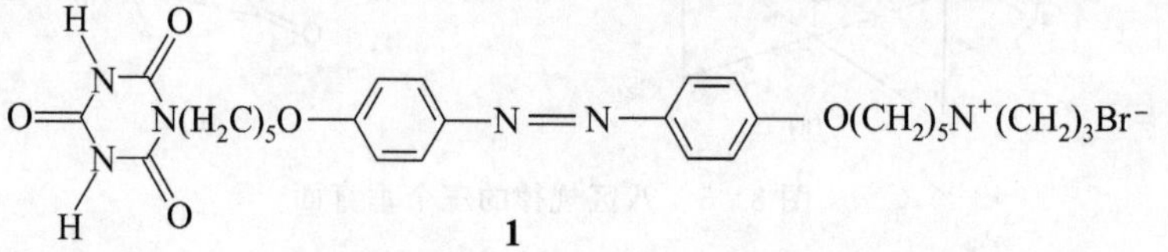

1

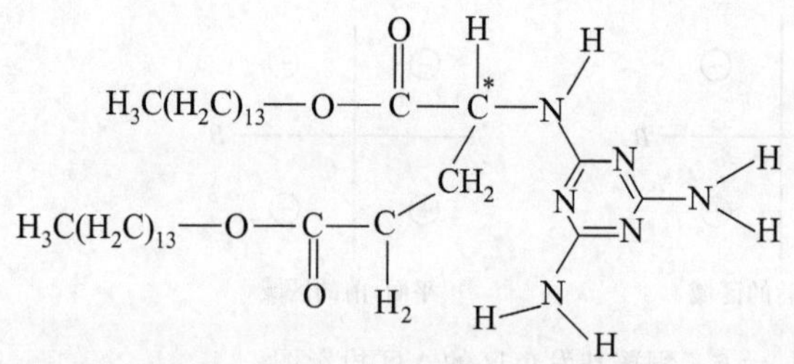

2

10^4 (°)·cm^2·$dmol^{-1}$；$[\theta]_{228nm} = -1.8 \times 10^5$
(°)·cm^2·$dmol^{-1}$ 和 $[\theta]_{315nm} = +4.0 \times 10^4$
(°)·cm^2·$dmol^{-1}$；$[\theta]_{346nm} = -2.8 \times 10^4$
(°)·cm^2·$dmol^{-1}$）。以诱导圆二色谱强度
$[\theta]_{total} = |[\theta]_{315}| + |[\theta]_{346}|$ 对 **1/2**(L-)物质
的量比作图（物质的量比于 0~1.5 间变
化），在组成为 1/1 时 $[\theta]_{total}$ 达到恒定值，表
明形成的手性互补氢键网络化学量为 1:1
（图 3-7）。

  2.结合稳定常数 K

  1）常规 ICD 谱

  与 UV-vis 光谱法类似，通过光谱滴定
实验，按 Benesi-Hildebrand 方程［方程
(3-12)］，借助最小二乘法可以计算结合稳
定常数 K

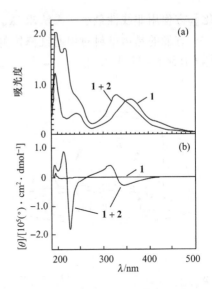

图 3-7 **1**水溶液在 **2**(L-)存在与不存
在时的 UV-vis 光谱(a)和圆二色谱(b)
（[**2**(L-)]=[**1**]=5×10^{-5}mol·L^{-1},
20%乙醇 20℃ ）

$$1/\Delta[\theta]_{obsd} = ([1/K]\Delta[\theta]_{total})/c_{azo} + 1/\Delta[\theta]_{tatol} \qquad (3-12)$$

对于上述由非手性偶氮苯 **1** 和手性 **2**(L-)组成的体系，$c_{azo} = [\mathbf{1}]$mol·L^{-1} 测得的 K
值为 $1.13 \times 10^5 L \cdot mol^{-1}$[10]。

  由酶抑制剂 Zileuton(**3**)和 CD 组成的体系,(+)Zileuton 水溶液中的圆二色谱
由 233nm(分子摩尔椭圆率 $[\theta] = 12\ 000$deg·cm^2·$dmol^{-1}$),~262nm($[\theta] = 6800$
deg·cm^2·$dmol^{-1}$)和~290nm($[\theta] = -1950$deg·cm^2·$dmol^{-1}$)3 个吸收带组成,加
入 β-CD 后高频带(233nm)强度增加得非常大,其余 2 个带只有很小变化。用方程

3

(3-13)计算了表观结合常数[11]

$$\frac{[CD]_t}{\Delta\theta} = \frac{1}{K_{ap}([Z]_t \cdot \Delta[\theta]' - \Delta\theta)} + \frac{1}{\Delta[\theta]'} \qquad (3-13)$$

方程中:$\Delta[\theta]$ 是观察到的客体分子高频带椭圆率变化;$\Delta[\theta]' = \Delta[\theta] \times 10^{-2}$。
$\Delta[\theta]$ 是相应的结合和未结合的分子摩尔椭圆率的差[测定客体(+)Zileuton 浓度
固定为 5.05×10^{-5}mol·L^{-1},β-CD 浓度在 2.5×10^{-4}~4.5×10^{-3}mol·L^{-1} 之间变

化],方程用非线性最小二乘法求 K_{ap} 值。

　　有趣的是由染料对甲基红修饰的 β-CD(p-methyl red modified β-CD)(**4**)与母体 CD 结合时诱导变色[12]。**4** 与 α-CD 结合诱导圆二色谱的变化(图3–8),其结

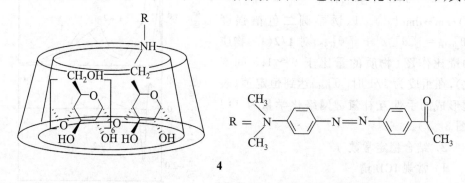

4

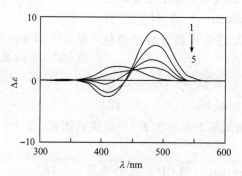

图 3–8　pH=6.59 的 10％乙二醇水溶液中 α-CD 结合

4$(1.5×10^{-5} mol·L^{-1})$的诱导圆二色谱[12]

[α-CD]:1. 0mol·L^{-1};2. 1.5×10^{-3}mol·L^{-1};3. 3.0×

10^{-3}mol·L^{-1};4. 6.0×10^{-3}mol·L^{-1};5. 1.2×10^{-2}mol·L^{-1}

合稳定常数 K 推荐用 Benesi-Hildebrand 方程[方程(3–14)]进行曲线拟合分析

$$\Delta I = \frac{K \cdot CD \cdot \Delta I_{max}}{1 + K \cdot CD} \qquad (3-14)$$

方程中:CD 为 α-CD 的初浓度;ΔI 是 α-CD 诱导 **4** 在 420nm 的圆二色性变化。已有的研究结果表明二苯偶氮化合物在溶液中的圆二色谱不出现圆二色峰,图 3–8 的诱导圆二色谱表明在[α-CD]为零时 430nm 处的正科顿效应峰是 **4** 形成自包结化合物,二苯偶氮部分进入 β-CD 空腔诱导的诱导圆二色峰。自包结产生的正裂分科顿效应,当加入 α-CD 浓度逐渐增加时,~480nm 正峰和 420nm 负峰强度逐渐减小,表明偶氮发色团跃迁矩在 β-CD 内方向不断改变,在 α-CD 浓度达到 1.2×10^{-2}mol·L^{-1}时,只在 425nm 处呈现一个正的宽峰。诱导圆二色谱的变化表明 **4** 的偶氮苯部分从较浅地插入在 β-CD 空腔口的自包结状态,转入 α-CD 空腔形成杂

化二聚状态,发色团的跃迁矩与 α-CD 纵轴平行。

2) 差圆二色光谱法

对于设定的超分子体系,主-客体结合引起圆二色光谱发生变化。对于化学量为 1:1 的结合模式,可以用光谱相减方法计算结合稳定常数[13,15]。如向固定浓度由发色团修饰的 CD(H)溶液中添加 1~70 倍的小分子烃、环烷烃、不饱和烃(G),通过计算机记忆从客体存在下的圆二色谱减去客体不存在时的最初圆二色谱,得到差圆二色谱,根据平衡和质量作用定律

$$H + G \underset{}{\overset{K_s}{\rightleftharpoons}} H \cdot G \tag{3-15}$$

$$K_s = \frac{[H \cdot G]}{[H][G]} \tag{3-16}$$

$$[H] = [H]_0 - [HG] \tag{3-17}$$

$$[G] = [G]_0 - [HG] \tag{3-18}$$

假定加入客体后圆二色谱的变化$[\Delta\Delta\varepsilon(L \cdot mol^{-1} \cdot cm^{-1})]$正比于生成复合物的浓度,即 $\Delta\Delta\varepsilon = \alpha[H \cdot G]$,则可推导出如下的差圆二色谱方程

$$K_s = \frac{[H \cdot G]}{[H][G]} = \frac{\Delta\Delta\varepsilon/\alpha}{([H]_0 - \Delta\Delta\varepsilon/\alpha)([G]_0 - \Delta\Delta\varepsilon/\alpha)} \tag{3-19}$$

方程(3-19)展开,归项得到方程(3-20)、方程(3-21)

$$\Delta\Delta\varepsilon^2 - \alpha\Delta\Delta\varepsilon\left[[H]_0 + [G]_0 + \frac{1}{K_s}\right] + \alpha^2[H]_0[G]_0 = 0 \tag{3-20}$$

或

$$\Delta\Delta\varepsilon = \frac{\alpha\left[[H]_0 + [G]_0 + \frac{1}{K_s}\right] \pm \sqrt{\alpha^2\left[[H]_0 + [G]_0 + \frac{1}{K_s}\right]^2 - 4\alpha^2[H]_0[G]_0}}{2} \tag{3-21}$$

$\Delta\Delta\varepsilon$ 值由仪器测定,由于$[G]_0 \gg [HG]$,可以通过近似处理,得到方程(3-22)

$$\Delta\Delta\varepsilon = -\left(\frac{1}{K_s}\right)\left(\frac{\Delta\Delta\varepsilon}{[G]_0}\right) + \alpha[H]_0 \tag{3-22}$$

方程中:α 为加入 1mol 客体,圆二色光谱 $\Delta\Delta\varepsilon$ 变化的灵敏度因子。用 $\Delta\Delta\varepsilon$ 对 $\Delta\Delta\varepsilon/[G]_0$ 作图得到直线,由斜率倒数计算 K_s。此方法适用于研究发色团修饰 CD 与有机小分子结合,稳定常数低于 5000 的体系[13,14]。

对于溶剂体系中水含量增大,K_s 大于 5000 的体系,$\Delta\Delta\varepsilon$ 对 $\Delta\Delta\varepsilon/[G]_0$ 作图将明显偏离回归线。推荐用方程(3-21)[15a,b],用最小二乘法拟合曲线。用方程(3-21)重复处理,误差在 ±5%,相应 ΔG° 误差为 $0.15kJ \cdot mol^{-1}$。

3.3 应用示例

3.3.1 溶液中环糊精复合物的结构

绝大多数非手性客体分子发色团在 CD 的空腔内都被诱导产生手性并能得到诱导圆二色谱,这种现象被用于推测 CD 复合物的结构。

1) 萘衍生物

萘的 1-、2-取代衍生物和 β-CD 结合诱导的圆二色谱与个别带的极化数据比较,发现实验数据与用扇形规则预测的客体在空腔内的方向完全一致。如 1-、2-萘酚(式 3-1)在 β-CD 空腔内的分子取向,可从表 3-2[16, 17]中所列数据判断。按扇形规则,2-萘酚的 ^1L_b 和 ^1L_a 跃迁处的诱导圆二色谱峰符号均为负,说明这两个跃迁带均落入双锥体外的负区,暗示分子处于轴向包结状态。对于 1-萘酚,羟基的空间障碍使客体分子不可能以长轴沿 β-CD 对称轴深入到空腔内,^1L_a 带位于负区而且强度很小,可能是未被取代的苯环进入 β-CD 空腔,分子相对 CD 对称轴呈倾斜状。萘衍生物在 β-CD 空腔内的取向与旋转强度计算结果一致[17]。用 Kirkwood-Tinoco 表达式计算 ^1L_a 和 ^1B_b 跃迁的旋转强度列于表 3-3。结果证明是轴向结合。其他 2 位取代萘衍生物如 2-萘胺,测定结果是 ^1L_a、^1L_b 跃迁的诱导圆二色带均为负,^1B_b 为正。

表 3-2　1-、2-萘酚被 β-CD 诱导的光学活性

客　体	带	极化角/(°)	λ/nm($g\cdot10^4$)
1-萘酚	^1L_b	−24	324(+1.07)
	^1L_a	+82	295(−0.49)
	^1Ag	−3	234(+2.23)
	^1B_b	−1	215(+2.17)
2-萘酚	^1L_b	−62	329(−1.16)
	^1L_a	+78	287(−1.26)
	^1B_b	+9	225(+1.64)

式 3-1

表 3-3　β-CD 与 2-乙酸萘酯结合的 R 值[16]

项目	$R\times10^{40}$(采用 c·g·s 单位的值)	
	^1L_a	^1B_b
计算值		
赤道包结	1.52	−30.40
轴向包结	−0.76	60.70
实验值	−2.65	22.90

但 1 位取代萘的 ^1B_b 则有正有负。测定不同修饰 β-CD 结合 1-萘酚的诱导圆二色谱数据列于表 3－4。1-萘酚长轴与 β-CD 或 DIMEB 的 C_7 对称轴平行,此时其 ^1L_b 跃迁矩落在 β-CD 假想双锥体内与扇面夹角大约是 6°的区域,因此诱导出较弱的正科顿效应。其 ^1L_a 跃迁落在双锥体外,接近垂直于 C_7 对称轴,诱导较强的负科顿效应。β-CD 和 DIMEB 诱发相似的圆二色谱,表明两者的包结状态相似。[p-o-cap]β-CD(**5**)与前者不同,出现两个较弱的负科顿效应峰,且峰位红移,由此可以判断 1-萘酚分子长轴相对修饰 β-CD (**5**)对称轴处于更倾斜的状态[18]。

表 3－4　不同主体($4×10^{-3}$ mol·L^{-1})**结合 1-萘酚**($2×10^{-4}$ mol·L^{-1})**的圆二色谱数据**[18]

主　　体	λ_{max}/nm		$[\theta]_\lambda×10^2$
	^1L_a	^1L_b	
β-CD	286		−22.8
		317	+3.0
DIMEB[1]	284		−12.5
		320	+2.0
[p-o-cap]β-CD[2]	297		−3.0
		345	−2.5

1) 2,6-二甲基 β-CD。

2) **5**。

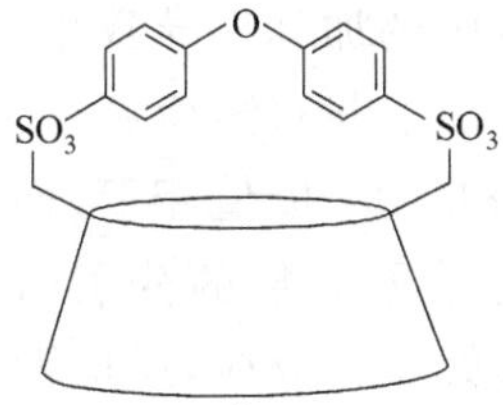

5

2) 偶氮染料及其他

有许多诱导圆二色谱研究结果涉及 CD 与偶氮染料和其他指示剂染料结合的几何学。这类化合物经常用于超分子体系结构分析、定量测定性质,以及自聚、自组现象的研究。如甲基橙(MO)、酚酞(PP)由于被 α、β-CD 结合而产生明显的颜色变化或褪色,在超分子体系定量、定性分析中经常作为探针。CD 结合偶氮染料的诱导圆二色谱通常在第一 π-π* 跃迁处诱导正、负单峰,说明细长形的偶氮化合物以长轴一侧进入 CD 空腔,但有时会得到分裂峰,这种情况多半是由于两分子染料发色团,分别与 γ-CD 以 1:1 结合成复合物,两分子的激子偶合作用而引起的,这些数据有助于判断组成分子的堆积模式。

由图 3－9 的诱导圆二色谱可见,不同结构的主体诱导的诱导圆二色谱峰形状和强度各不相同。说明结合状态不同[9,19a]。α、β-CD 结合 **6** 均诱发单峰,α-CD

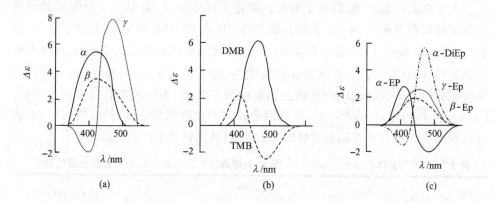

图 3-9　染料 **6** 与 α-、β-、γ-CD 及其修饰衍生物的诱导圆二色谱[19a]

DMB:2,6-二甲基 β-CD　TMB:2,6,3-三甲基 β-CD

α-Ep:α-CD 与 3-氯-1,2 环氧丙烷　β-Ep:β-CD 与 3-氯-1,2 环氧丙烷

γ-Ep:γ-CD 与 3-氯-1,2 环氧丙烷　α-DiEp:α-CD 与乙二醇双环氧丙基醚

强度大于 β-CD,表明空腔较小的 α-CD 结合 **6** 的芳环紧密,相对固定,不同的是 γ-CD 的诱导圆二色谱信号裂分为正科顿效应,表明复合物有较强的缔合,或两分子 **6** 结合在 γ-CD 空腔内。β-CD 的 2,6 位甲基化之后(DMB)扩展了空腔体积,能结合 **6** 发色团更大部分,科顿效应的加和性导致振幅增加;也可能是由于 π-π* 跃迁矩在空腔内排布方向改变,增加了与双锥面夹角。α-CD-Ep 结合 **6** 给出较小的负的分裂型科顿效应峰,峰和谷的 Δε 极值相等,而 α-CD-DiEp 却给出正的分裂峰,且 Δε 不等,从缔合复合物激子分裂的分子轨道理论计算模型,可以推测 TM-β-CD 和 α-CD-Ep 复合物的负分裂效应,反应两个缔合复合物间的夹角小于 90°,而 α-CD-DiEp 等表现为正分裂效应的系列,夹角大于 90°。看来在 CD 空腔边缘的取代基是决定两个互相作用偶氮分子长轴间夹角和主-客体紧密填充互相作用的重要因素,而当在 β-CD-Ep 和 γ-CD-Ep 空腔内松散结合时都呈现单一科顿效应谱形。另外,γ-CD 结合 **7** 与 γ-CD/**6** 相反,诱导一个不等的负分裂科顿信号,其 π-π* 跃迁为负分裂手性且其两个极值不等。这种情况很可能是两分子 **7** 以长轴侧组入 γ-CD 空腔,呈反平行式排列。β-CD/**7** 复合物的圆二色谱在 π-π* 跃迁处诱导正手性,表明 β-CD 包结在萘核处且其 π-π* 跃迁矩落入扇形正区内[19b]。

6　　　　　　　　　　　　　**7**

一个很有趣的例子是,由 α-CD 与含偶氮苯单元长链分子 **8** 组成轮烷,用诱导

圆二色谱研究构象移动[20]。5℃用 360nm
UV 光照射此轮烷水溶液（2.0×10^{-5}
mol·L^{-1}），在 0～13min 内发生光异构反
应，N═N基由反式构型转为顺式，在这个
温度下可以忽略热异构反应。当再用
430nm 光照射时又返回到反式构型，反应
在 11min 时达到光静态，有 α-CD 存在时
在 15min 时达到光静态。轮烷和 **8** 的顺式
异构体在 5℃时分别为 67% 和 80%，30℃
分别为 46% 和 58%。5℃光照射前记录此
轮烷的圆二色谱，在 360nm 的正科顿效应
和 430nm 负带分别归属为 π-π* 和 n-π* 跃
迁。从理论和实验结果已知客体芳烃的长
轴极化跃迁平行于 α-CD 轴时诱导圆二色
谱信号为正，由此可以确认偶氮苯部分进
占了 α-CD 空腔，在光照后 360nm 正诱导
圆二色谱信号强度下降，310nm π-π* 跃迁
正诱导圆二色谱信号和 430nm n-π* 跃迁
负信号增强。随后用可见光 430nm 照射
时（f），返回到反式构象并在 269nm 和
330nm 处有等吸收点（图 3—10）。体系的
UV-vis、诱导圆二色谱变化，汇同 ^{1}H NMR
数据证明由 **8** 和 α-CD 组成的轮烷是一个

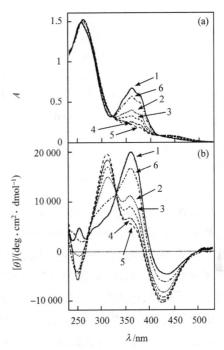

图 3－10　轮烷（**8**/α-CD）（2.0×10^{-5}
mol·L^{-1}）水溶液的 UV-vis(a)和
圆二色谱[20]（b）

5℃ UV 光（360nm）照射 0min(1)、2min(2)、
4min(3)、8min(4)、13min(5)，以及 430nm
可见光照射 14min(6)后的谱图

光驱动分子模型，穿在上面的 α-CD 分子随 N═N 部分顺－反构型变化而移动，构
成一个分子梭。

8

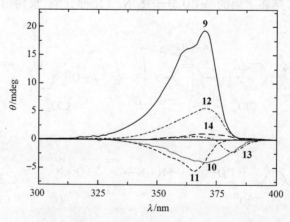

将各种衍生偶氮烷烃(9~14)与 β-CD 形成的主客体复合物作为探针,评价取代基对复合动力学和热力学的影响;UV、NMR 和圆二色光谱滴定确定结合常数[21]。结果发现偶氮烷烃 n-π* 跃迁产生的诱导圆二色性效应强度和符号是确认溶液中 CD 复合物结构,特别是客体在主体中相对方向的有效工具。早些时候发展了一些规律,用来归属 CD 作为主体的复合物构象和客体进入深度[22]。绝大多数研究是以芳香化物为对象,脂肪族化物则很少受到关注。近来有关于用诱导圆二色谱测定 β-CD 与脂肪族偶氮烷烃包结物的研究报道[21],实验结果令人惊异,本质上可以确认偶氮发色团在 370nm 的 n-π* 跃迁当包结进 β-CD 空腔内时给出特征的诱导圆二色性信号[17,24~27]。其诱导圆二色性信号和大小直接与电偶极跃迁矩与 β-CD 轴的相对方位有关。有趣的是 β-CD 诱导圆二色谱信号完全不同(图 3-11),母体偶氮烷烃(9)的诱导圆二色谱给出很强的正信号,其单取代衍生物 12、14 也呈现正的,但相对很弱的信号。双取代衍生物 10、11 以及氨基衍生物 13 则给出负的诱导圆二色性信号。摩尔椭圆率通过相应浓度定量,并用已知结合

图 3-11　偶氮烷烃 9~14 与 β-CD 互相作用的诱导圆二色谱[21]

常数得到的结合客体百分数给以校正。为了确定氨基和铵基对诱导圆二色谱的影响,做不同 pH 的诱导圆二色谱(图 3-12)。诱导圆二色谱信号随 pH 变化出现逆转,说明结构发生变化。按 Harata 规则[17,23~25],诱导圆二色谱信号和大小直接与电跃迁矩及 α-CD 轴相对方向有关,对于偶氮烷烃设定电跃迁矩指向沿偶氮 π 轨道并垂直于 C—N═N—C 定义的平面,当此跃迁矩与 α-CD 轴垂直时诱导负圆二色性信号,平行时诱导正圆二色性效应(箭头指向电偶极跃迁矩方向)(式3-2)。

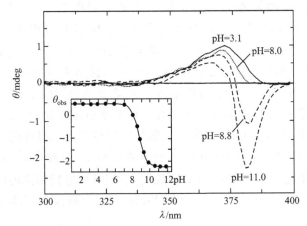

图 3-12 偶氮烷烃 **13**(4.0 mmol·L^{-1})在 β-CD(12.0 mmol·L^{-1})
D$_2$O 溶液中不同 pH 的诱导圆二色谱[21]

插图为 381nm 椭圆度对 pH 拟合曲线

9(横向,lateral)和 **10**(正面,frontal)两个化合物的协同构象结构用力场计算和能量以及量子化学计算得到证实[25]。根据极性基位于靠近仲羟基侧而疏水基团倾向进入空腔的经验,按力场计算应是异丙基而不是甲基深入到空腔。式 3-2 中

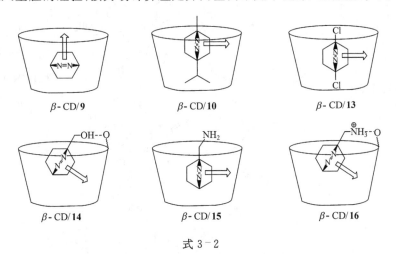

式 3-2

10 和 11 结构相似都有两个桥基,沿桥头轴的范德华直径 11 大约是 8Å,10 约为 9Å,都超过了 β-CD 空腔直径(6~6.5Å),由于立体障碍和分子几何学使两者包结结构相似,都诱导负的诱导圆二色谱峰。羟甲基、氨基甲基以及铵甲基(12、13、14)沿桥轴的范德华直径大约是 7Å,介于母体偶氮烷烃 9(约 6Å)和双取代 10、11 之间,这就减少了正面包结的可能性从而采取侧面或侧倾斜方式。12、14 诱导正诱导圆二色谱峰,但强度明显低于 9。比较 12、13、14 的功能基形成氢键的倾向,其中功能基作为给体将随酸度减少,其中酸度的顺序为:$R—NH_3^+ > R—OH > R—NH_2$。12 与 13 诱导圆二色谱符号相反,13 与 14 符号也相反,暗示主、客体氢键的差异对圆二色谱符号有决定作用。诱导圆二色谱研究结果归属溶液中 β-CD-偶氮烷烃复合物结构和客体在主体空腔中的方向,提出主、客体复合物的最佳填充并非与填充的紧密度直接相关,而是起因于主、客体的协同构象(co-conformation)。

　　在主-客体和超分子化学研究中经常采用的颜色探针分子,酚酞(PP)15 在碱性溶液中结合到 β-CD 空腔后褪色,有关包结物结构和褪色机理的观点说法不一。Taguchi[28]根据 pH=10.5 D_2O 溶液中 PP^{2-} 本身和 β-CD 存在下 ^{13}C NMR 数据提出,碱性溶液中红色 PP^{2-} 进入 β-CD 空腔后,空间挤压迫使回到内酯环结构,但数据中没有给出中心碳的化学位移。此后 Yoshida 等[29]重复 ^{13}C NMR 测定,结果表

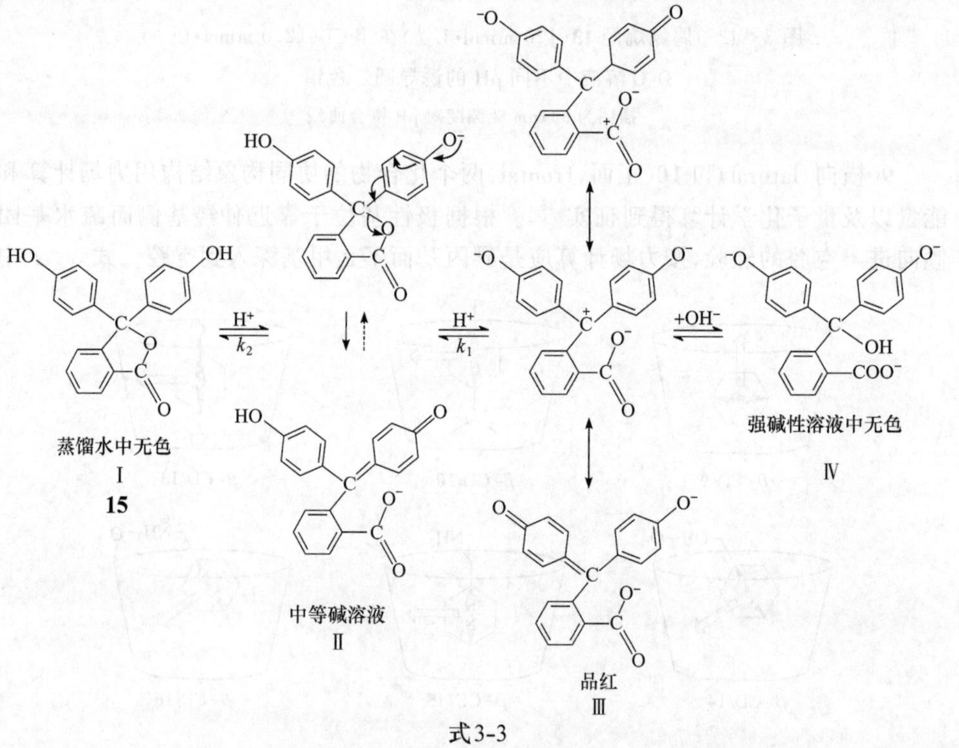

式3-3

明在 α-、β-CD 存在下中心碳 C_0 都有非常大位移(82~118ppm)，α-CD 存在下引发的位移远大于 β-CD。因此已有的 ^{13}C NMR 数据还不能确定在 β-CD 空腔内 PP^{2-} 的褪色机理。在 β-CD 存在下 pH=6 和 pH=10.5 的诱导圆二色谱完全不同(图 3-13、图 3-14)[30, 31]，说明无色 β-CD•PP^{2-} 与 β-CD•PP 并非同一结构，此时的 PP^{2-} 不可能回到含内酯环结构的 PP。中性溶液中大空腔 β-CD 结合 1 个酚基或苯甲酸基之后，致使 3 个苯环在空间处于拥挤状态，2 个芳环间偶合给出反时针旋转的科顿效应。碱性溶液中 α-CD 和 β-CD 诱导的 280 nm 处的负圆二色谱峰形状相同[图 3-14(b)]，β-CD 诱导的科顿效应的强度大于 α-CD。β-CD 诱导负的科顿效应预计是由被结合 β-CD 空腔内的苯甲酸基或半醌结构长轴跃迁矩与酚基长轴跃迁矩偶合产生的科顿效应，其符号和振幅是二个苯生色团间平面夹角的函数，

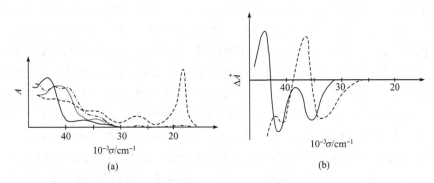

图 3-13　β-CD 结合 PP、PP^- 的 UV-vis(a)和诱导圆二色谱(b)[30]

(a) pH=6 —；pH=10.5 ----；pH=10.5，β-CD 过量—•—；pH=14……

(b) β-CD 存在下，pH=6 —；pH=10.5 ----

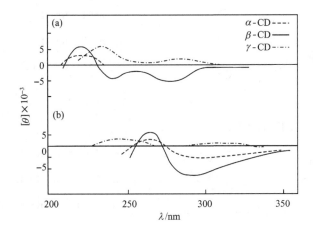

图 3-14　β-CD 结合酚酞的诱导圆二色谱[31]

(a) 中性水溶液　　(b) pH=10.5 水溶液

平面夹角70°左右振幅最大。根据诱导圆二色谱提供的数据和 CPK 分子模型提出以下 β-CD/ PP^{2-} 复合物的结构模型：一个醌基或苯甲酸基结合到 β-CD 空腔，空间拥挤迫使另 2 个芳基与三苯甲烷中心碳之间的单键旋转，2 个芳基平面接近与 β-CD 对称轴垂直的位置，破坏了三苯甲烷平面大 π 键，长波 π-π* 跃迁强度下降乃至褪色。最终尚需用其他手段如 2D NMR 加以确认。

3）环糊精与冠醚配合物的结构

由—CH$_2$—CH$_2$ 链段与醚氧原子组成典型冠醚（CE）分子，环状分子外表面具疏水性，在分子体积和几何形状相匹配时，能结合进 CD 的空腔生成络合物。将 γ-CD 与 12CE 4 混合于室温下放置，生成 1∶1 的晶体[32]，并制备了 γ-CD 与各种 CE 和 CE 配合物的晶体包结物。实验中发现一些苯并冠醚：苯并 15CE5（**16**）、苯并 18CE6（**17**）、4-叔丁基苯并 15CE5（**18**）、二苯并 18CE6（**19**）、二苯并 24CE8（**20**）、4,4′-二叔丁基二苯并 30CE10（**21**）在水-甲醇（3∶2）溶液中有 β-CD 存在时能诱导圆二色性[3]，发现这些邻苯二酚发色团的两个跃迁区的每个谱带均诱导出负正交替的圆二色性（图 3－15）。从水-甲醇（3∶2）中 β-CD/**21** 的物质的量比图（图 3－16）和 Job 连续变量图（图 3－17）。表明诱导圆二色谱是由于生成了两种复合物，长波区的负圆二色性对应 1∶2 β-CD/CE，而短波区的正圆二色性对应于 2∶1 的 β-CD/CE 复合物。用方程（3－10）计算旋转强度，实验值 R 与由 Shimizu[33] 处理方法和 Kirkwood-Tinoco[34] 方程的计算值比较，研究 2∶1 β-CD-CE 包结物的形态，所得结果列于表 3－5。结果表明，β-CD 包结单苯并冠醚，它们的邻苯二酚生色基在 β-CD 空腔内的 X-Z 平面上约偏转 7°，二苯并冠醚偏转 9°，而 4,4′-二叔丁基二苯并 30CE10 则偏转 10°。按所测数据提出以下示意图[图 3－18(a),(b)]。

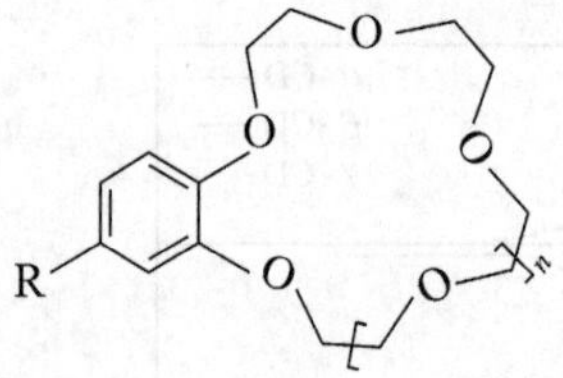

$n=1$	R＝H	**16**
$n=2$	R＝H	**17**
$n=1$	R＝C(CH$_3$)$_3$	**18**

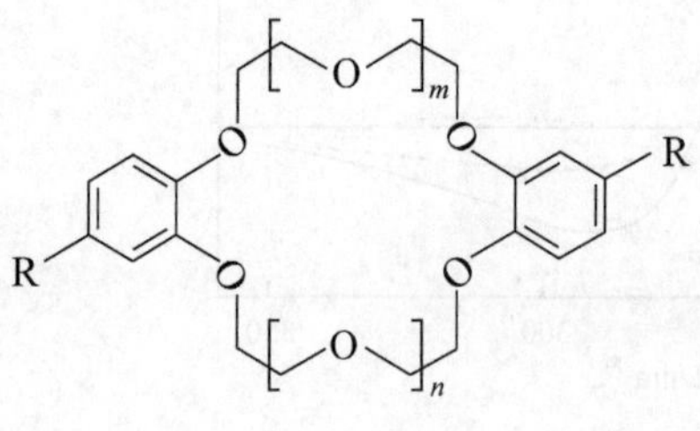

$m=1$	$n=1$	R＝H	**19**
$m=2$	$n=2$	R＝H	**20**
$m=3$	$n=3$	R＝C(CH$_3$)$_3$	**21**

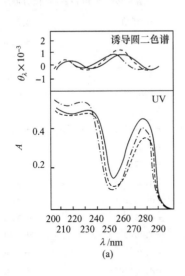

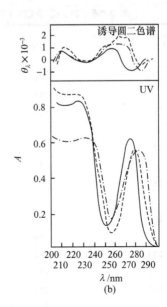

(a)　　　　　　　　　　　　(b)

图 3－15　β-CD 与 **16**、**17**、**18**(a)和 **19**、**20**、**21**(b)在水－甲醇(3:2)中的 UV
和诱导圆二色谱[3]

[β-CD]:6×10^{-3} mol·L^{-1}

[**16**][**19**](—·—)、[**17**][**20**](——)、[**18**][**21**](----):4×10^{-4} mol·L^{-1}

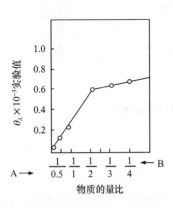

图 3－16　β-CD(A)-**21**(B)的
物质的量比图[3]

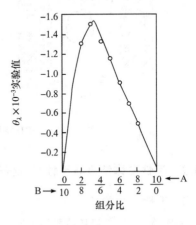

图 3－17　β-CD(A)-**21**(B)的连续
变量图[3]

表 3 - 5　2∶1 型 β-CD/CE 复合物旋转强度的计算值比较[3]

CE	λ_{max}/nm	$R\times10^{40}$（采用 c·g·s 单位的值）	
		计算值	实验值
邻苯二酚	279	+0.7	+0.08
	215	−0.05(5°)	—
1(**16**)	255	+0.5	+0.03
	210	+0.07(7°)	+0.07
2(**17**)	260	+0.5	+0.03
	215	+0.07(7°)	+0.08
3(**18**)	257	+0.5	+0.03
	210	+0.07(7°)	+0.07
4(**19**)	265	+0.45	+0.04
	210	+0.10(9°)	+0.10
5(**20**)	260	+0.45	+0.02
	210	+0.10(9°)	+0.09
6(**21**)	265	+0.40	+0.06
	213	+0.20(10°)	+0.20

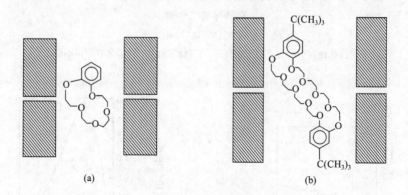

(a)　　　　　　　　　　(b)

图 3 - 18　β-CD 空腔结合 **16**(a)、**21**(b)示意图[3]

3.3.2　手性主体结合非手性有机分子

1) 手性钳二羧酸

一类含 2,5-二苯基硫酚、由光学活性联萘桥连的钳形二羧酸主体在结合客体后的构型，用 NMR 谱检测，当浓度达到 1×10^{-5} mol·L^{-1} 时位移信号即消失，而诱导圆二色谱可以在 6×10^{-5} mol·L^{-1} 下测定，这对那些在测定溶液中溶解度低的体系十分有利[35]。

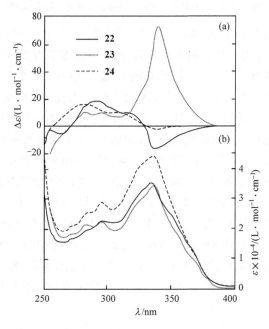

22 Y=H　　　**23** Y=—NH(CH₂)₄— NH—　　　**24** Y=Et

　　22 的第一科顿效应峰在 337nm(△ε＝－16.5),如果用酯保护羧基得到 **24**,则信号消失。若羧基用—HN(CH₂)₄—NH—作为桥得到 **23**,在 338nm 处得到相反的科顿效应信号(△ε＝＋72.3)。由此可见,当 **22** 与各种胺结合时,其诱导圆二色谱将发生明显变化。图 3－19 表明当 **22** 与单氨基化合物结合时,中心 π 体系的光学活性被阻断,如果是二氨基化合物则在高稀释状态下形成手性环状盐,并诱导出很大的正 △ε。按这个思路,记录用 1,4-二氮杂双环[2,2,2]辛烷(DABCO)滴定 **22** 的圆二色谱[图 3－20(a)],并用 △△ε(△ε－△ε₀)对相对物质的量比 DABCO/**22** 作图,最小二乘法计算平衡常数 K 为 $1.4×10^5$ L·mol⁻¹。发现在 **22** 的第一科顿效应峰消失的同时,在 338nm 处又出现一个新峰,其强度达到△ε＝＋9.2。从

图 3－19　主体 **22**、**23**、**24** 的圆二色谱(a)(CHCl₃)和 UV 谱(b)[35]

[**22**]— 3.0×10⁻⁵ mol·L⁻¹;[**23**] …… 4.2×10⁻⁵ mol·L⁻¹;[**24**]--- 3.2×10⁻⁵ mol·L⁻¹

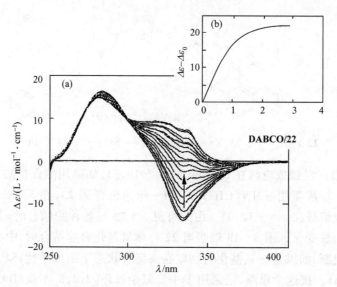

图 3-20 DABCO 滴定 **22** 的圆二色谱

$[$**22**$]=6.0\times10^{-5}\,mol\cdot L^{-1}$（氯仿）；$[DABCO]=6.2\times10^{-3}\,mol\cdot L^{-1}$

插图(b)为 337nm 处 $\Delta\varepsilon-\Delta\varepsilon_0$ 对相对物质的量比 $[DABCO]/[$**22**$]$ 的曲线

（$\Delta\varepsilon_0$ 为初始 $\Delta\varepsilon$，理论曲线（实线）为用 $K=1.4\times10^5\,L\cdot mol^{-1}$ 计算的 $\Delta\varepsilon$，

用 Rose-Drago 法和最小二乘法规则分析滴定曲线得到 K 值）

337nm 科顿效应峰的 $\Delta\varepsilon$ 随 DABCO 浓度变化[图 3-20(b)]可以判断在高稀释情况下生成了 1:1 复合物。从新的正科顿效应峰，可以确认生成了环状化合物。

并用 MNDO/PM$_3$ 方法[36]计算了能量最小结构，两个羧基与 DABCO 间 N----HO 键距分别为 1.803Å 和 1.798Å。**22** 与三乙胺（TEA）则生成了类似 **24** 的二酯，表现为不同形状的圆二色谱峰。这一规律被用哌啶[CH$_2$（CH$_2$）$_4$NH]滴定生成的圆二色峰变化证实。当哌啶浓度增加时第一负科顿效应峰强度减少，并在 339nm 处出现新峰。第二负科顿峰强度下降，在 319nm 处出现新的负峰，同时在 283nm、330nm 有两个等吸收点。滴定曲线[图 3-21(b)]表明生成了 1:2 复合物。有趣的是峰形与 TEA 滴定 **22** 的曲线不同，说明形成了环状 1:2 复合物（式 3-4B），与非环形结构（式 3-4A）处于平衡状态。复合物环结构部分可能是 12 圆环或 8 圆环（两分子哌啶的—NH 与 **22** 两个羧基中的—OH 生成环氢键）。从乙酸/哌啶 2:2 复合物结构的 PM$_3$ 分子轨道法模拟计算结果，可以判定 12 圆环结构更稳定。从复合物诱导圆二色谱呈现很大的正 $\Delta\varepsilon$ 也证明平衡偏向于结构 B（式 3-4B）。

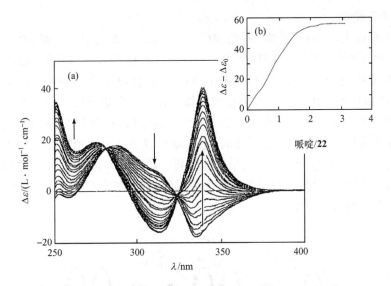

图 3-21　哌啶滴定 **22** 的圆二色光谱（CHCl₃）

$[22]=6.0\times10^{-5}\,\text{mol·L}^{-1}$；$[哌啶]=6.2\times10^{-3}\,\text{mol·L}^{-1}$

插图（b）为 339nm 处 $\Delta\varepsilon-\Delta\varepsilon_0$ 对哌啶相对物质的量比图

A

B

式3-4

2) 手性轮烷

1971 年以来,一些非手性[n]轮烷([n]-rotaxane)即已见诸文献,至今又先后合成出一些手性[n]轮烷。1999～2000 年,Vögtle 等[37]在二溴化物(轴,2),羟基取代的四苯甲烷分子(塞子,3)和轮(4)存在下合成了环非对映[3]-轮烷(图3－22),产物收率达到 29%。如果在对称轴上仅有一个非手性轮,此时的[2]-轮烷没有立体异构现象。但如果组成如图 3－22 中的结构,有两个非手性轮,此时轮中的原子序列可以是顺时针或逆时针的,这样就形成了一个内消旋型(1a)和一对对映体(1b、1c)。轴上轮(大环)方向相反即得到一对对映体 1b 和 1c。在 HPLC 手性柱上分离得到纯[3]-轮烷,圆二色谱证明纯对映体 1b 和浓缩了的 1c(90%)具有明显的圆二色活性(图 3－23)。

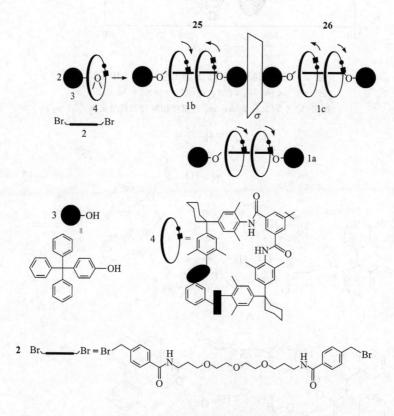

图 3－22　环非对映[3]-轮烷表达式

1a 内消旋型;1b、1c 一对对映体

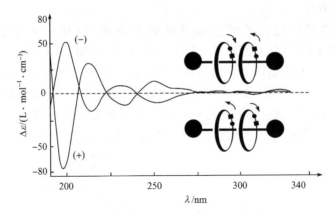

图 3-23　环对映体 1b、1c 在三氟乙醇中的圆二色谱[37]

（＋）对映体浓度为 1.24×10^{-5} mol·L^{-1}；（－）对映体浓度为 3.22×10^{-5} mol·L^{-1}

3.3.3　超分子、分子聚集体的构象与性质

超分子体系中最常见的一个现象是分子聚集和构象变化,他们也是生物体系组成和生命过程的基本现象。如多核酸复合体、多聚蛋白、核酸-蛋白复合体、病毒等,这些生物体系的基本单元构成生命体系,表现为多种多样的手性超结构,他们的大小处于一个很大的范围 10～1000 nm。在水介质中巧妙地应用非共价互相作用,如氢键、静电、偶极-偶极、疏水缔合作用等自发地自集,构筑具有各种功能的生命体系。各种奇妙的生命现象促使人们在超分子和分子聚集体研究中积极探索,力求从中获取有关生命奥秘的信息,探索人工再现生物功能的途径。

1. 构象柔度和空间障碍

超分子体系的组成单元和生物大分子的构象,以及各种物理因素引起的构象变化是决定构筑的超分子结构和具有什么样生物功能的重要因素之一。这些构象变化常常是细微的,以致有些物理分析方法难以检测。实验结果证明圆二色性光谱和近年发展起来的差圆二色性光谱分析法,对于微环境中构象变化敏感,是研究含手性基团超分子和生物大分子体系构象或微环境变化的有效方法。

自包结是分子自集现象的一种,主要包括环状主体空腔结合分子某一基团或部分,形成有确定结构的准超分子。具有代表性的是修饰 CD,如芳香基团修饰的 α-、β-、γ-CD[13, 15a, 38～42]。这一类主体,修饰基团虽是非手性的,但当它们处在 CD 空腔内或空腔口都会被诱导产生手性。分析诱导圆二色谱或诱导圆二色谱差谱峰形、峰位和 Δε(或 θ)变化,能够判断发色团 π-π* 跃迁极化方向,由此确定分子的构象变化和发色团的位置。

1) 温度效应

α-萘甲酰基通过二乙烯三胺基桥联键合在 β-CD 6 位的主体[40] **27**，在 JASCO-J-600c 圆二色仪上记录 10～80℃温度下的[θ]值（图 3－24）。诱导圆二色谱提供有关精密结构的信息。强正科顿效应峰说明发色团≈230nm^1 L_a π-π^* 跃迁矩几乎平行于 β-CD 对称轴。低温下的诱导圆二色谱信号为很大正值，但随温度增加强度逐渐下降，说明长轴极化 π-π^* 跃迁开始对 CD 轴倾斜如式 3－5 所示。意味着温度升高，式 3－5 的平衡向右移动，自包结复合物解离。

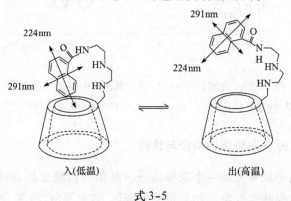

入(低温)　　　　　出(高温)

式 3-5

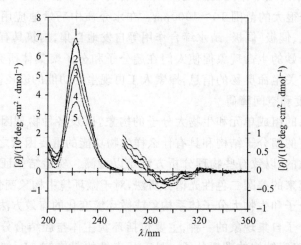

图 3－24　**27**([**27**]=1.25×10^{-5} mol·L^{-1})的诱导圆二色谱[40]
1. 10℃；2. 25℃；3. 40℃；4. 60℃；5. 80℃

2) 芳香修饰基团的极性和尺寸

单(6-O-苯甲酰基)-β-CD **28～32** 是环辛烯对映差向光异构反应的系列光增感剂，在水溶液中记录其圆二色谱（图 3－25），因结构不同而呈现不同的科顿效应

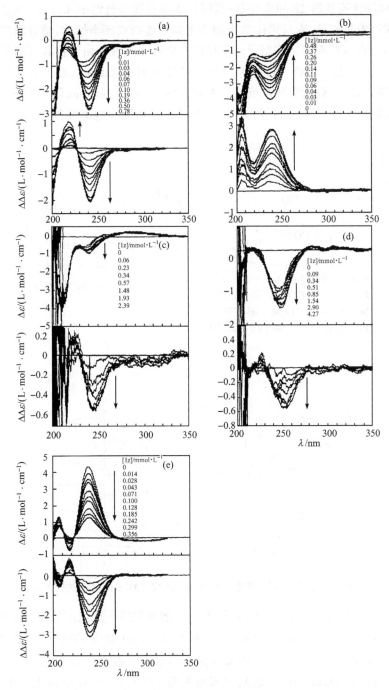

图 3－25　**28**～**32**(0.05 mmol·L^{-1})水溶液中有不同量 Z-环辛烯
存在时的圆二色谱(上)和差圆二色谱(下)[43]

峰[43]。如刚性连接的 **28** 和柔性基桥联的 **32** 本身圆二色谱中^1L_a π-π^* 跃迁产生的科顿效应峰符号相反,而且当体系中加入不同浓度顺式环辛烯后,诱导圆二色谱峰的变化趋势也截然不同。按扇形规则可以判断在水溶液中由于桥联基的不同取不同构象(图 3-26)。当疏水环辛烯分子在极性溶剂中借疏水-疏水作用力结合进 β-CD 空腔后,迫使取代苯环改变在空腔内位向,最后达到苯环、环辛烯在 β-CD 空腔处于能量最小稳定状态,苯环 π-π^* 跃迁矩方向和微环境极性的改变,显示不同的科顿效应。

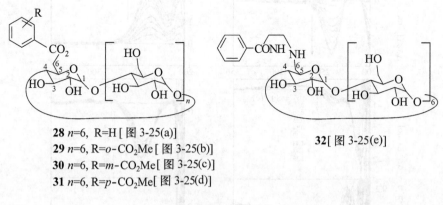

28 $n=6$, R=H [图 3-25(a)]
29 $n=6$, R=o-CO$_2$Me [图 3-25(b)]
30 $n=6$, R=m-CO$_2$Me [图 3-25(c)]
31 $n=6$, R=p-CO$_2$Me [图 3-25(d)]

32[图 3-25(e)]

式 3-6

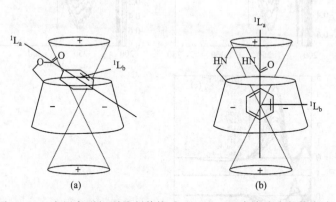

(a)　　　　　　　　　　(b)

图 3-26　应用扇形规则绘制修饰 β-CD **28**～**32** 水溶液中的构象式

图 3-25 **28** ^1L_a 240nm 负科顿效应峰,随溶液中环辛烯浓度的增加不断加强,～240nm ^1L_a 跃迁峰几乎没有位移,表明图 3-26(a)中 **28** 苯环从 β-CD 空腔退出,相应的 ^1L_a 跃迁矩与扇面在负区内形成的夹角增大。按扇形规则,当跃迁矩与扇面重叠时,诱导[θ]强度为零,达到两扇面夹角 1/2 位置时,强度最大。由此可以预测当环辛烯浓度达到饱和状态时,苯环的 ^1L_a 跃迁矩方向趋于垂直 β-CD 对称轴的方位,负的科顿效应信号达到最大值。邻位引入—CO$_2$Me 取代基的主体 **29**,自

身的圆二色谱表现为一个很大的负峰,随环辛烯浓度的增加强度逐渐减小,这种情况暗示结合客体前苯环的 ^1L_a 跃迁矩位于接近垂直 β-CD 对称轴的方位。有两种情况使结合客体后 $\Delta\varepsilon$ 减少:一是环辛烯的推力使芳环向 β-CD 伯羟基方向外移;二是由于环辛烯和取代苯基的疏水或芳环-π 互相作用使苯环向仲羟基侧深入空腔,两种构象都使 $^1L_a\pi$-π^* 跃迁矩与扇面夹角变小。**29** 的异构体 **30**、**31** 虽然都诱导负的科顿效应峰,但 **30** 强度很小,而 **31** 的强度相当大,后两者的强度都表现为随环辛烯浓度增加只有很小变化。光照结果前者的 *E/Z* 虽小于后两者(50% 甲醇中分别为 0.09、0.21、0.22,照射 2min),但产物的对映体过量百分数(% ee)却远大于后者(分别为 18.7、∼ 1.7、未测出)。预示在 **29** 中由 β-CD 空腔与 $—^6$CH₂—COPh(*o*-CO₂Me)基形成空间的几何形状有利于 *R-E* 异构体的生成。

3) 桥基的柔度

桥联基的柔度对圆二色谱有明显的影响,原因是柔性桥链使芳香发色团可以因各种因素的影响改变在空腔内的方位。比较萘甲酰(**33**)和乙二氨基桥联萘甲酰基修饰的 β-CD(**34**)的圆二色谱(图 3 - 27),可以看出由—HNCH₂CH₂NH—桥联和甲酰基直接键合到 6 位的修饰 β-CD,圆二色光谱明显不同。同样诱导圆二色谱的形状说明,刚性键连的 **28** 在极性溶剂中低浓度(5×10^{-5} mol·L^{-1})呈现负科顿效应峰,而同样发色团用柔性桥基—NHCH₂CH₂NH—连接时 **32** 却诱导出正的科顿效应峰(图 3 - 25)[13, 14, 43]。

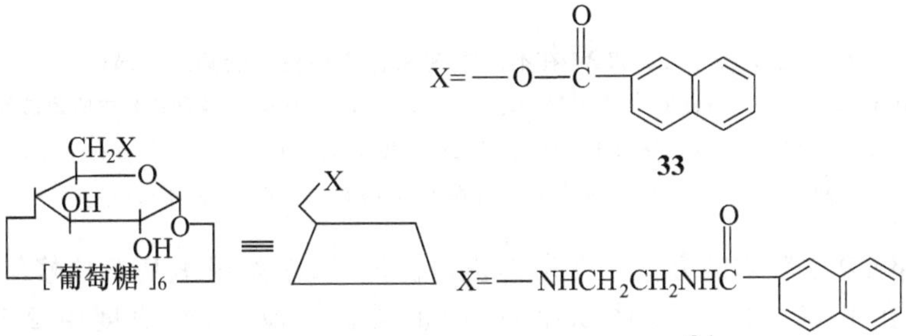

2. 二聚和多聚体

1) 人工主体的分子聚集

分子自集成简单二聚、三聚到复杂的多聚体,乃至更高层次有确定结构的分子建筑,这个自发过程是超分子体系中经常遇到的一个基本现象。在人工超分子体系中最突出的是各种修饰 CD 的分子自集,这几乎成为普遍规律。溶液中的自集和聚集后的结构,可以从诱导圆二色光谱得到证明。

溶液中聚集与浓度和溶剂极性有关。单(6-*O*-苯甲酰基)-β-CD **28** 在水溶液中的圆二色谱随浓度的变化而变化(图 3 - 28)[13]。由图可见,浓度在 0.13 mmol·L^{-1} 和 0.56mmol·L^{-1} 之间信号由负转变为正,暗示在高浓度时苯环的 ^1L_a

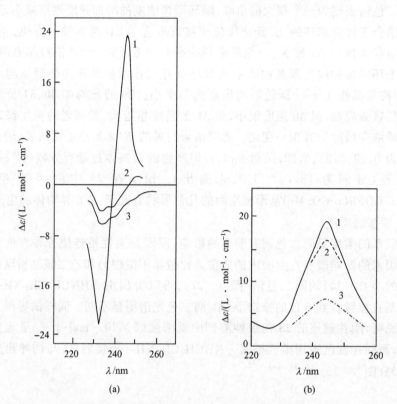

图 3-27　**33** 和 **34** 在不同溶剂和客体存在下的圆二色谱图

(a) **33**(2.54×10^{-5} mol·L^{-1})在甲醇-水[3∶7(1),6∶4(2),10∶0(3)(体积比)]中的圆二色谱;

(b) **34**(2.54×10^{-5} mol·L^{-1})单独(1)、环己醇(3.01×10^{-3} mol·L^{-1})存在下(2)

和环己烷(3.01×10^{-3} mol·L^{-1})存在下(3)的圆二色谱[甲醇-水(3∶7)][14]

跃迁在 β-CD 空腔内的方位处在扇形正区。同样,单萘甲酰基 6 位修饰的 **33**(图 3-27),在甲醇-水(3∶7,体积比)中的正科顿效应峰,当浓度由 2.54×10^{-5} mol·L^{-1} 稀释至 1.27×10^{-6} mol·L^{-1} 时由正科顿分裂峰转变为负的单峰(图略),柔性桥链键连的 **34** 与 **32** 在极性溶剂中芳环伸入 β-CD空腔,其长轴跃迁矩处于和空腔 Z 轴平行方位,疏水性更大的客体分子自仲羟基侧进入,苯环重新调整与空腔的相对位置,跃迁矩方向随之改变,导致峰强度减弱[14]。类似结构,由发色团修饰 CD 的主体在极性溶剂中的圆二色谱和 UV-vis 光谱都出现峰位和峰形随浓度变化而变化的现象[44]。暗示发色团和 CD 空腔间的相对位置随自身浓度变化而变化。

2) 生物大分子聚集体

生物超分子聚集体如多复合物、多聚蛋白、核酸-蛋白复合体、病毒,表现为多种多样的手性超结构(10~1000nm),它们在水介质中巧妙地应用非共价互相作用,如静电、键、偶极-偶极互相作用和疏水缔合自发地自集,构筑具有各种功能的

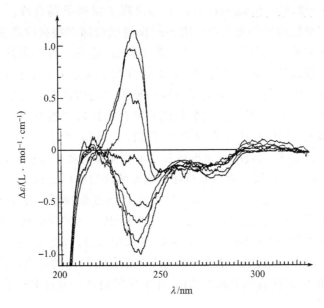

图 3-28　**28** 在水中的圆二色谱与浓度的关系

[**28**](mmol·L^{-1})=1.20,0.78,0.56,0.26,0.13,0.086,0.065,0.043

(由上至下)

生物学组织。这些奇妙的生物现象促使人们在超分子聚集体的构筑上积极探索，其中互补分子组成间的多氢键尤其引人注意。互补氢键对子在设计超分子图案方面经常采用，如构筑线形带、卷曲带和环状结构，它们中的绝大多数都是由组成分子取代基间的立体互相作用操控的。

　　双层中的氢键网络由类似 DNA 中核酸碱基对的堆积而稳定，受到这一事实的启发开始研究水中的重组问题，设计一个由组分 **1** 和 **2** 组成的体系(图 3-7)在水中原位形成互补氢键网络，再经过等级自集(hierarchical self-assembly)成超分子膜[10]。将 1mmol·L^{-1} 的储液 **1** 借超声处理溶解于水或乙醇-水(1:1,体积比)中，三聚氰胺衍生物 **2** 溶解到乙醇中(浓度为 1mmol·L^{-1})，将 100μL 的 **2** 注射到 2.9mL 水中或水-乙醇混合物中，然后将 **1** 的水分散液加到 **2** 溶液中摇动。按一定时间间隔测定 UV 和圆二色谱(图 3-7)，观察 UV 和圆二色谱随时间推移的变化。图 3-7 UV 谱中 240nm 和 360nm 的吸收峰分别归属为 **1** 沿短和长轴的 π-π* 跃迁。**1** 单独在水中 360nm 长轴吸收带，与在醇溶液、胶束聚集体和液晶双层中观察到的相同。加入 **2** 后，**1** 的最大吸收蓝移到 330nm，表明生成了有序偶氮苯双层。图 3-7 中的圆二色谱表明存在激子(偶合)作用，非手性 **1** 在水溶液中没有信号。加入 **2**(L-)后，在 216nm([θ]=9.1×10^4 deg·cm^2·dmol^{-1})，228nm([θ]= -1.8×10^5 deg·cm^2·dmol^{-1})和 315nm([θ]=+4.0×10^4 deg·cm^2·dmol^{-1})，

346nm($[\theta]=-2.8\times10^4\mathrm{deg\cdot cm^2\cdot dmol^{-1}}$)出现了强激子偶合峰。这些激子偶合特征表明沿三聚氰胺和偶氮苯发色团 π-π^* 跃迁偶极间有很强的激子互相作用,值得注意的是在非手性偶氮苯单元处诱发激子偶合,暗示手性三聚氰胺亚基将结构信息传递给了偶氮苯。通常诱导圆二色谱强度与手性分子和非手性发色团之间距离的三次方成反比。图3-7中呈现的强诱导圆二色谱说明偶氮苯单元相对于谷氨酸有规则地定向排列,使在定向的偶氮苯发色团区域激发能表现出强去定域作用。这种由双组分构成的规则超分子组织,只可能通过形成互补氢键实现。216nm 和 228nm 的科顿效应峰应当是三聚氰胺亚基的激子互相作用,明显不同于由 **2**(D-)自集的圆二色谱。通过分析随时间推移测定的圆二色谱,**1/2**(L-)混合后大约 1.5h 才达到最大值的 65%,诱导圆二色性强度缓慢增加说明在超分子膜重组中存在分子有序化过程。研究证明,当在水中混合两种设计的互补亚基时很容易重组成氢键中介的双层膜。单个亚基都在水中自集,作为第一步杂化过程包括这些聚集体的碰撞和融合,其中水环境对补偿氢键网络的形成,有不可替代的明显促进作用,促使氢键成线形两亲结构,在水中等级森严地自集成手性超分子膜。

3) 人工囊泡

与以上情况类似的应用是研究在脂肪酸骨架上含反式偶氮苯卵磷脂的衍生物与相关化合物在双层聚集体或其他微观非均介质中形成超分子聚集体[45]。纯偶氮苯磷脂(APL's)在氯仿中以单体形式存在时没有诱导圆二色谱信号,但纯 APL 囊泡水分散液却有很强的诱导圆二色性信号。APL 囊泡的诱导圆二色性信号与制备条件有关,如不同冷却速率制备 $_6\mathrm{Ao_2}$EPC(**35**)囊泡的诱导圆二色谱[图(3-29)],得到相反的信号,但其 UV 谱相同,这种现象可以合理地解释为两个对映聚集体共存,他们不同的能量来源于手性环境和各自的分子结构。测得的表观诱导圆二色谱是溶液中两个对映体布居诱导圆二色谱的总和,为方便起见,将长波处为负,短波为正科顿信号分别标记为"R 聚集体"和"S 聚集体"。另外,当反式-APL 囊泡用 UV 光照使变成顺式-APL 时,此很强的诱导圆二色谱信号却完全消失。在 APL 双层中,聚集体的反→顺光异构化速率比氯仿中 $_6\mathrm{Ao_2}$EPC 偶氮苯单体要慢 30 倍。有趣的是发现反式-$_6\mathrm{Ao_2}$EPC 水分散液光异构化循环转化为另一对映体(图3-30)。

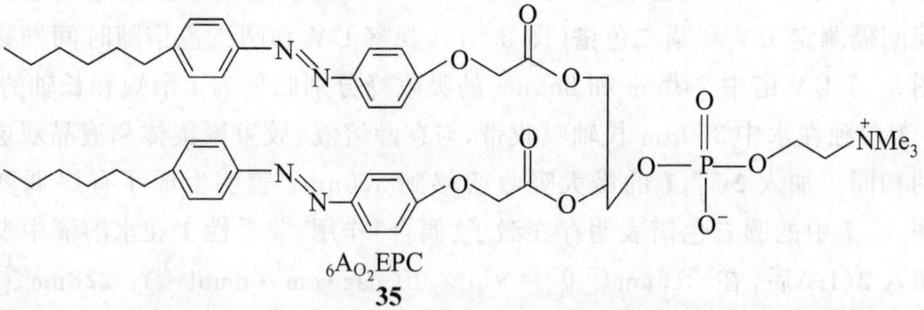

$_6\mathrm{Ao_2}$EPC
35

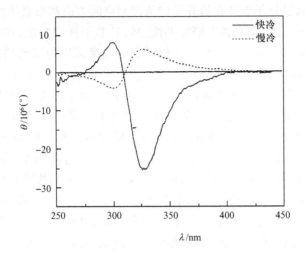

图 3-29　不同冷却操作制备$_6$A$_0_2$EPC 水分散液的诱导圆二色谱[45]

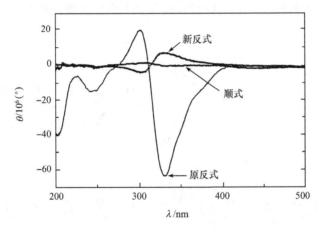

图 3-30　$_6$A$_0_2$EPC 水分散液经过可逆光异构化循环的诱导圆二色谱[45]

4）手性大分子聚集体

折叠高分子、低聚体和超分子聚集体在溶液中构象是非常重要的,积累的有关知识有益于改善新电活性材料的设计。已知聚集体可以无序倒塌状态存在,也可以具有一定形状构象存在,或处于一种无序中间状态,即一种处于具有非常确定的折叠结构或紧集体与非折叠结构或解聚的中间状态。含 α, α′-连接六噻吩(**36**)的低聚物和高分子是场效应晶体管(FET)和相关结构的有效有机半导体材料[46,47]。具有确定的 π 共轭低聚体在场中可以因其精密的化学结构而起重要作用,易于在超分子组织中控制。目前兴趣在于研究合成方法及 π-共轭低聚体的表征,但很快会将兴趣转向通过分子设计和超分子构筑控制空间方向和聚集体的堆积。

用圆二色谱、UV、荧光技术研究手性（**36**）和非手性（**37**）联六噻吩酯在 $-10\sim$ 80℃范围内的聚集过程。它们在一个相对小的温度范围内呈现热致变液晶性质。在正-丁醇溶液中（$2.6\times10^{-5}\,mol\cdot L^{-1}$）20℃以下 **36** 的 UV-vis、圆二色谱、荧光光谱表现为典型的联六噻吩聚集体的谱图，而在 40℃以上转为分解的分子物种。随后再冷却降温给出同一个光谱，这种相转化是完全可逆的。当 **36**、**37** 以 1:3 分子比混合慢冷却时，圆二色谱与纯 **36** 类似，而当快速冷却时，得到的却是与慢冷却完全相反的谱峰。在这之前曾在低相对分子质量有机化合物和高聚物中观察到这种现象，表明慢冷却得到混合聚集体的热力学最稳定型，而当快冷却时得到的是有利于动力学的聚集体。在混合聚集体中手性分子 **36** 好比是指挥官，指令 **37** 的堆集。在水中 36℃以下，形成与 n-丁醇中相同的聚集体，但在 30℃以上聚集体虽在，却丢失了手性。从圆二色性对温度的依存关系证明 α，α'-连接的六噻吩，在末端环的 α 位接上手性和非手性聚乙二醇链 **36** 和 **37** 在水、丁醇中和固态形成螺旋聚集体。但两种溶剂中的"解链转变"（melting transition）完全不同，在丁醇中由螺旋聚集体熔融转变为分子状态溶解的物种，而在水中发生从螺旋聚集体向非螺旋聚集体的转变。

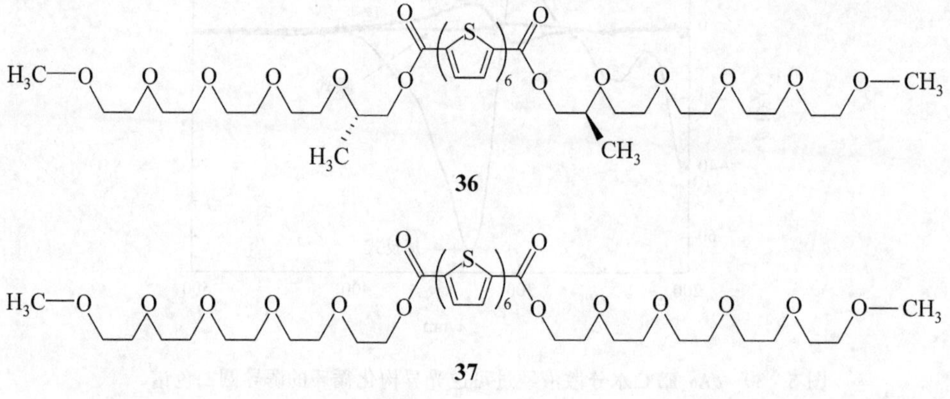

36

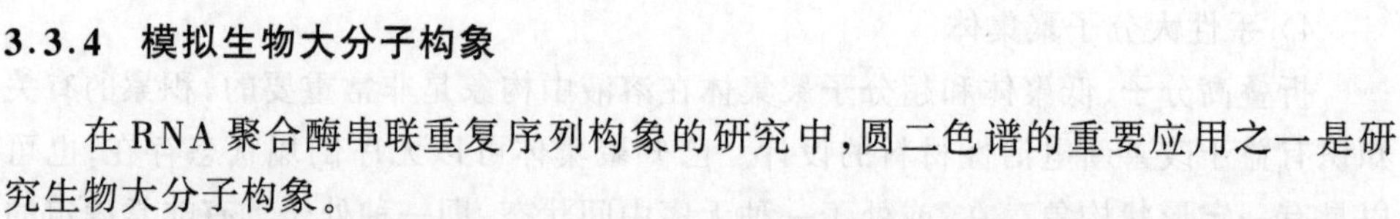

37

3.3.4　模拟生物大分子构象

在 RNA 聚合酶串联重复序列构象的研究中，圆二色谱的重要应用之一是研究生物大分子构象。

RNA 聚合酶是一种催化由 DNA 模板键合成 RNA 的酶。真核生物有 3 种不同的聚合酶：Ⅰ、Ⅱ、Ⅲ，而 RNA 聚合酶Ⅱ是转录基因用于蛋白合成的密码。其中聚合酶Ⅱ的最大亚基是研究兴趣之所在，它的 C-末端含多个由 7 个氨基酸残基串联重复序列组成（Ser-Pro-Thr-Ser-Pro-Ser-Tyr），重复串联在转录的初始一步起着必不可少的作用,但其功能作用尚不清楚。

　　通过圆二色谱比较研究聚七肽与单体七肽在水和水与 2,2,2-三氟乙醇(TFE)或乙腈混合溶液中的谱峰变化,研究由这些溶剂促进形成分子内氢键从而诱导的构象变化,并得出一种观点,旋转构象对于 RNA 聚合酶Ⅱ串联重复七肽序列是有利构象,提出在自然状态下,RNA 聚合酶Ⅱ的重复区含有一种包含旋转构象的超构象[48]。

　　Cr(Ⅵ)的生物毒性是已知的,并推测各种作用机理,确信痕量 Cr(Ⅲ)是无毒的。但有研究表明 Cr(Ⅲ)的催化能力与配体有关[49],并证明配体结构影响由 Cr(Ⅲ)引起的细胞伤害。为此,合成了含萘基的席夫碱 Cr(Ⅲ)络合物(38),研究其对 DNA 的作用。记录 Cr(Ⅲ)络合物在 DNA 存在或不存在时的电子光谱,并从吸收滴定数据计算得到结合常数$(0.51\pm0.07)\times10^{4}$ L•mol^{-1}。已知小分子对 DNA 螺旋的插入结合,表现在吸光度的变化,这种现象来自 DNA π 堆积和络合物 π 体系的互相作用。图 3‑31 是小牛胸腺 DNA(CT)在$[Cr(naphen)(H_{2}O)_{2}]^{+}$ **38** 存在或不存在时的圆二色光谱。**38** 是非手性的,在圆二色谱上不出现任何吸收带。CT DNA 的 B 型构象有两个带:由堆积产生的正带在 275nm 和由螺旋产生的

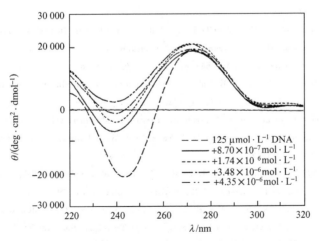

Cr(Ⅲ)复合物

38

图 3‑31　小牛胸腺(DNA CT)在$[Cr(naphen)(H_{2}O)_{2}]^{+}$ **38** 存在或不存在时的圆二色光谱[49]

负带在 245nm。图 3－31 指出加入络合物后 CT DNA 圆二色性谱带的变化，随络合物浓度增加，245nm 负带受到微扰，摩尔椭圆率移向正区，在达到一定浓度（$4.35\mu m$）时完全移到正区。表明络合物结合增加双螺旋 DNA 的堆积而减少螺旋度，与已有的插入模式一致，在 DNA 碱基对间结合分子的堆积导致螺旋松弛。

<h1 style="text-align:center">参 考 文 献</h1>

1　游效曾. 结构分析导论. 北京：科学出版社，1980，221～249

2　(a) Legrand M，Rougier M J. 旋光谱和圆二色光谱. 1977. 陈荣峰，胡靖，田瑄等译. 开封：河南大学出版社，1988

　　(b) 邢其毅，徐瑞秋，周政. 基础有机化学(第二版). 北京：高等教育出版社，1986，241

3　胡靖，郭志全，童林荟. 非手性芳香冠醚同 β-环糊精配位时所诱导出的圆二色性(ICD)研究. 化学学报，1984，42(3)：246～252

4　Djerassi C. Optical Rotatory Dispersion. New York：McGraw-Hill，1960，165

5　Shimizu H，Kaito A，Hatano M. Induced Circular Dichroism of β-cyclodextrin Complexes with Substituted Benzenes. Bull. Chem. Soc. Jpn.，1979，52(9)：2678～2684

6　Connors K A. The Stability of Cyclodextrin Complexes in Solution. Chem. Rev.，1997，97：1325～1357

7　Kajtar M，Horvath-Toro C，Kuthi E et al. A Simple Rule for Prediction Circular Dichroism Induced in Aromatic Guest by Cyclodextrin Host in Inclusion Complexes. Proceedings of the 1st International Symposium on Cyclodextrins，Budapest，1981，Reidel，Dordrecht. 1982，181～193

8　于德泉. 激子偶合手性法及其在有机立体化学中的应用. 化学通报，1989，4：5

9　Suzuki M，Kajtar M，Szejtli J et al. Induced Circular-dichroism Spectra of Complexes of Cyclomalto-Oligosaccharides and Azobenzene Derivatives. Carbohydrate Research，1991，214：25～33

10　Kawasaki T，Tokuhiro M，Kimizuka N et al. Hierarchical Self-assembly of Chiral Complementary Hydrogenbond Networks in Water：Reconstitution of Supramolecular Membranes. J. Am. Chem. Soc.，2001，123 (28)：6792～6800

11　Ramusino M C，Bartolomei M，Gallinella B.^{1}H NMR，UV and Circular Dichroism Study of Inclusion Complex Formation between the 5-lipoxygenase Inhibitor Zileuton and β-and γ-cyclodextrins. J. Inclusion Phenomena and Molecular Recognition in Chemistry，1998，32：485～498

12　kuwabara T，Aoyagi T，Takamura M et al. Heterodimerization of Dye-modified Cyclodextrin with Native Cyclodextrins. J. Org. Chem.，2002，67：720～725

13　Tong L H，Hou Z J，Inoue Y et al. Molecular Recognition by Modified Cyclodextrins. Inclusion Complexation of β-cyclodextrin 6- O-monobenzoate with Acyclic and Cyclic Hydrocarbons. J. Chem. Soc.，Perkin Trans. 2，1992，1253～1257

14　Gao X M，Zhang Y L，Tong L H et al. Exciton Coupling and Complexation Behaviour of β-cyclodextrin Naphthoate. J. Inclusion Phenomena and Macrocyclic Chemistry，2001，39：77～80

15　(a) Inoue Y，Yamamoto K，Wada T et al. Inclusion Complexation of (Cyclo)alkanes and (Cyclo)alkanols with 6- O-modified Cyclodextrins. J. Chem. Soc.，Perkin Trans. 2，1998，1807～1816

　　(b) 韩宝航，刘育，陈荣悌. 主客体络合物稳定常数的曲线拟合处理. 分析化学，2000，28(11)：1355～1358

16　Harata K，Uedaira H. The Circular Dichroism Spectra of the β-CD Complex with Naphthalene Derivatives.

Bull. Chem. Soc. Jpn., 1975, 48;375~378

17　Kirkwood J G. On the Theory of Optical Rotatory Power. J. Chem. Phys., 1937, 5;479~491

18　申宝剑. 环糊精衍生物作为分子识别中的合成主体和 SOD 模拟酶研究. 博士论文. 中国科学院兰州化学物理研究所,1991

19　(a) Suzuki M, Ohmori H, Kajtar M et al. The Association of Inclusion Complexes of Cyclodextrins with Azo Dyes. J. Inclusion Phenomena and Molecular Recognition in Chemistry, 1994, 18;255~264
　　(b) Suzuki M, Sasaki Y. Inclusion Compounds of Cyclodextrin and Azo Dyes. Ⅱ, ¹H Nuclear Magnatic Resonance and Circular Dichroism Spectra of Cyclodextrin and Azo Dyes with a Naphthalene Nucleus. Chem. Pharm. Bull., 1979, 27(6);1343~1351

20　Murakami H, Kawabuchi A, Kotoo K et al. A Lightdriven Molecular Shuttle Based on a Rotaxane. J. Am. Chem. Soc., 1997, 119;7605~7606

21　Zhang X, Gramlich G, Wang X et al. A Joint Structural, Kinetic and Thermodynamic Investigation of Substituent Effects on Host-guest Complexation of Bicyclic Azoalkanes by β-cyclodextrin. J. Am. Chem. Soc., 2002, 124(2);254~263

22　Kajtár M, Honáth-Toб C, Kathi E′ et al. A Simple Rule for Predicting Circular Induced in Aromatic Guests by Cyclodextrin Hosts in Inclusion Complexes. Acta Chim. Acad. Sci. Hung, 1982, 110;327~355

23　Kodaka M, Application of a General Rule to Induced Circular Dichroism of Naphthalene Derivatives Complexed with Cyclodextrins. J. Phys. Chem. A., 1998, 102;8101~8103

24　Zhang X, Nau W M. Chromophore Alignment in a Chiral Host Provides a Sensitive Test for the Orientation-Intensity Rule of Induced Circular Dichroism. Angew. Chem. Int. Ed., 2000, 39(3);544~547

25　Mayer B, Zhang X, Nau W M et al. Co-conformational Variability of Cyclodextrin Complexes Studied by Induced Circular Dichroism of Azoalkanes. J. Am. Chem. Soc., 2001, 123;5240~5248

26　Krois D, Brinker U H. Induced Circular Dichroism and UV-vis Absorption Spectroscopy of Cyclodextrin Inclusion Complexes; Structural Elucidation of Supramolecular Azi-adamantane (Spiro[adamantane-2, 3-diazirine]). J. Am. Chem. Soc., 1998, 120;11627~11632

27　Bobek M M, Krois D, Brinker V H. Inducd Circular Dichroism of Cyclodextrin Inclusion Complexes; Examining the Cavity with a Bilateral Probe. Org. Lett., 2000, 2;1999~2002

28　Taguchi K. Transient Binding Mode of Phenolphthalein-β-cyclodextrin Complex; An Example of Induced Geometrical Distortion. J. Am. Chem. Soc., 1986, 108(10);2705~2709

29　Yoshida N, Shirai T, Fujimoto M. Inclusion Reactions of Some Phthalein and Sulphophthalein Compounds with Cyclomalto-hexaose and Heptaose. Carbohydrate Research, 1989, 192;291~304

30　Buvári A, Barcza L, Kajta′r M. Complex Formation of Phenolphthalein and Some Related Compounds with β-cyclodextrin. J. Chem. Soc., Perkin Trans. 2, 1988. 1687~1690

31　(a) Tong L H, Hu J, Liu Y. Molecular Inclusion Reactions Between Phenolphthalein and Cyclodextrins in Aqueous Solution. IUPAC 13th International Symposium on Macrocyclic Chemistry, Book of Abstract, Hamburg, 1988
　　(b) Tong L H. How Do We Decide the Mechanism for Molecular Recognition. International Seminar of Supramolecular Chemistry and Asymmetric Synthesis, Lanzhou, 2002, 1~6

32　Vögtle F, Muller W M. Complexes of γ-cyclodextrin with Crown Ethers, Cryptands Coronates and Cryptates. Angew, Chem. Int. Ed. Eng., 1979, 18(8);623~624

33　Shimizu H, Kaito A, Hataro M. Induced Circular Dichroism of β-cyclodextrin Complexes with o-, m-, pdisubstituted Benzenes. Bull. Chem. Soc. Jpn., 1981, 54:513～519

34　Tinoco Jr. Advance in Chemical Physics. New York:Interscience, 1962, 4:113

35　Matsui H, Kushi S, Matsumoto S et al. A Chiral Tweezers-type Dicarboxylic Acid: Studies on Its Complexation with Amines Utilizing CD Spectrum. Bull.Chem. Soc. Jpn., 2000, 73:991～997

36　MOPAC (ver.6; ♯ 3.8) ; J.J.P Stewart, QCPE Bull., 9, 10, 1989

37　Schmieder R, Hübner G, Seel C et al. The First Cyclodiasteromeric [3] Rotaxane. Angew. Chem. Int. Ed., 1999, 38(23):3528～3530

38　Gao X M, Tong L H, Inoue Y et al. Synthesis and Characterization of Novel Multifunctional Host Compounds, 4, Cyclodextrin Derivatives Bearing Chromophores, Synthetic. Commun., 1995, 25:703～710

39　Hao A Y, Lin J M, Tong L H. Selective Arylation of β-cyclodextrin with an Ethylenediamino Group and Characteristics of Arylated β-cyclodextrin Derivatives in Host-guest Complexation. J. Inclusion Phenomena and Macrocyclic Chemistry, 1999, 34:445～454

40　Nakashima H, Takenaka Y, Higashi M et al. Fluorescent Behavious in Host-guest Interactions. Ⅱ, Thermal and pH-dependent Sensing Properties of Two Geometric Isomers of Fluorescent Amino-β-cyclodextrin Derivatives. J. Chem. Soc., Perkin Trans. 2, 2001, 2096～2103

41　Ueno A, Moriwaki F, Osa T et al. Association Photodimerization and Induced-fit Types of Host-guest Complexation of Anthracene-appended γ-cyclodextrin Derivatives. J. Am. Chem. Soc., 1988, 110:4323～4328

42　Ueno A, Tomita Y, Osa T. Promoted Binding Ability of γ-cyclodextrin Appended by a Space-regulating Naphthalene Moiety. J. Chem. Soc., Chem. Commun. , 1983, 976～977

43　Inoue Y, Wada T, Sugahara N et al. Supramolecular Photochirogenesis. 2. Enantiodifferentiating Photoisomerization of Cyclooctene Included and Sensitized by 6-O-modified cyclodextrins. J. Org. Chem., 2000, 65 (23):8041～8050

44　(a) Hao A Y, Tong L H, Fu Y H et al. Dimerization Constant Determination of 6-O-benzoyl-β-cyclodextrin in Aqueous Solution. Chinese Chemical Latters, 1996, 7(9):853～854
　　(b) Hamasaki K, Ueno A, Toda F et al. Molecular Recognition Indicators of Modified Cyclodextrins Using Twisted Intramolecular Charge Transfer Fluorescence. Bull. Chem. Soc. Jpn., 1994, 67:516～523

45　Song X, Perlstein J, Whitten D G. Supramolecular Aggregates of Azobenzene Phospholipids and Related Compounds in Bilayer Assemblies and Other Microheterogeneous Media: Structure, Properties, and Photoreactivity. J. Am. Chem. Soc., 1997, 119(39):9144～9159

46　Martin R E, Diederich F. Linear Monodisperse π-Conjugated Oligomers: Model Compounds for Polymers and More. Angew. Chem. Int. Ed., 1999, 38:1350～1377

47　Schenning A P H J, Kilbinger A F M, Biscarini F et al. Supramolecular Organization of α, α′-disubstituted Sexithiophenes. J. Am. Chem. Soc., 2002, 124(7):1269～1275

48　Ohiso I, Tsunemi M, Zhao B et al. Conformational Study of the Tandem Repeat Sequence in RNA Polymerase Ⅱ by Circular Dichroism Spectroscopy. Bull. Chem. Soc. Jpn., 2001, 74:1139～1143

49　Vaidyanathan V G, Vijayalakshmi R, Subramanian V et al. Synthesis, Characterization, and Binding of [Cr(naphen)(H$_2$O)$_2$]$^+$ with DNA: Experimental and Modeling Study. Bull. Chem. Soc. Jpn., 2002, 75 (5):1143～1149

第 4 章 核磁共振波谱

4.1 引 言

核磁共振波谱法(nuclear magnetic resonance spectroscopy, NMR)在 20 世纪 60 年代初即已用于有机化学结构分析,自此以后,核磁共振谱学成为化学、生物、物理和生命科学研究中不可缺少的物理方法。20 世纪 80 年代以前主要用一维谱图,80 年代以后诞生了可以有效地用于立体化学研究的新 NMR 方法,这就是用双傅里叶转换二维(two-dimensional, 2D)图表示数据的方法,统称为 2D NMR 谱。二维核磁共振谱技术成为一种常规应用的重要物理方法。近几年虽发展了三维和多维核磁共振谱,但尚未达到成熟和常规应用的程度。

在超分子化学研究中一维 NMR 谱最早用于主体化合物的结构确认,构象分析和动态[1~3,5]研究。但是仅靠^{13}C 和^{1}H 谱还不能满足结构复杂化合物分析的要求。对于骨架全新的化合物,由于必须有完备的数据,解谱时仍有困难。超导核磁出现之后有可能分析微量,大相对分子质量化合物的结构,只不过质子信号不能完全分离。这一难题在二维 NMR 出现后,通过二维 J-谱将谱峰重叠在一起的一维谱的化学位移和偶合常数分解在二个不同轴上,扩展成平面,可以分析复杂谱峰的偶合常数。采用新技术^{1}H-^{1}H COSY、^{13}C COSY、远程^{13}C-^{1}H COSY 和多量子跃迁 INADEQUTE 实验等二维相关谱可以在一次实验得到多个数据。此后在 80 年代中期建立起的 HMBC 和 HOHAHA 新方法,有可能将各单元连接在一起,并可能判明质子的自旋体系。二维 NOESY 谱的出现对于判断超分子结构中在空间相互接近的质子非常有用[1,4]。

最早有关固体 NMR(solid-state NMR)在包结化合物中应用的评论文章发表于 1984[6]和 1991[7]年,随着对超分子体系研究的深入和技术科学的不断进展,对固体样品分析方法的要求日益迫切,于是不断有短评发表[8,9]。由于技术积累和仪器价格的原因,有关的研究报道不多。但从趋势上看,这是一个迅速发展并将被广为应用的物理分析方法。近年发现固体^{13}C NMR 谱在研究多糖构象方面可用来判断是否在溶液中还能保持固态时的构象。联合高分辨 NMR 和固体 NMR 谱有利于研究胶状多糖[10]。

X 射线粉末衍射方法(XRD)得到的结构信息来自远程的晶序,是结构的平均,而且也无法检测到非晶态的有机分子;IR 和 Raman 谱可以检测有机物,但由于吸收峰重叠和消光系数值的不确定性,数据分析变得十分复杂。由于分子筛中的化学反应,多数发生在孔道内部,表面电子能谱在该领域研究中已受到了限制,而固体高分辨 MAS NMR 由于对局部结构和几何性敏感,能提供局部结构和排列的重要信息。因此,MAS NMR 已成为催化材料结构表征和研究与分子筛有关的主客体化学的最重要技术之一。MAS NMR 和 XRD、IR、Raman 等结构研究方法的互补,将提供更完整的结构信息。

随着计算技术的发展,同时诞生了 600MHz 甚至 1GHz 核磁共振仪,相应地出现了三维蛋白质谱。

4.2　概念·术语·方法

在本节中将着重介绍研究超分子结构、构象、动态时经常遇到的概念、术语和方法[1,8,11~14]。

4.2.1　一维谱

4.2.1.1　化学位移

化学位移(chemical shift)是一个无因次量,用 δ 表示,以外加磁场的百万分之几(即几个 ppm[①])表示,它表示原子核自旋频率与其化学环境的关系,但它是一个相对标度。分子中化学不等价的核,因为受到不同的屏蔽,在 NMR 谱中出现分开的可辨识的信号。峰与峰间的差距称为化学位移。为规范,采用一个标准品为原点($δ=0$),测出峰与原点的距离就是该峰的化学位移。设想一个孤立的核仅产生一个共振信号,但实际上共振受到所观察核周围环境的影响,核往往被电子和其他原子所包围,由于周围电子云的作用,产生一个与静磁场方向相反的磁场,核因此受到某些程度的屏蔽。作用于核上的有效通量密度($B_{有效}$)往往小于应用通量密度(B_0)

$$B_{有效} = B_0 - \sigma B_0 = (1 - \sigma) B_0 \qquad (4-1)$$

这里引出了屏蔽常数 σ,因此可以说共振频率与应用通量密度 B_0 成正比。使用的相对标度即是测量样品与参比化合物共振信号的频率差 $\Delta\nu$ [$\Delta\nu = \nu_{样品} - \nu_{参比}$ (Hz)],实际上无量纲量 δ 即是这样定义的

$$\delta = \frac{\Delta\nu}{观察频率(或工作频率,MHz)} \qquad (4-2)$$

按定义如果用 TMS 作为参比化合物,即因为 $\Delta\nu=0$,TMS 的 $δ=0$,这样就方便地得到了记录化学位移的数据。在谱图上光谱的高频区处于左边,具有较高的 δ 值,叫低场;右边具有较低的 δ 值,叫高场。

---

① ppm 为非法定单位,表示百万分之一。为遵从读者习惯,本书仍采用这种用法。

4.2.1.2　偶合常数

不同的原子核具有自旋偶合的分裂现象,对于确定氢与氢之间的关系有很大作用。其原理是一个氢核在磁场中可以有两种自旋取向,分别用 α 和 β 表示。CH_2 有 2 个氢,其自旋取向有 4 种均等的概率,因而使相连的 CH_3 峰裂分为 3,高度比为 1:2:1。同理,CH_3 可使 CH_2 裂分为 4 重峰,高度为 1:3:3:1。这种互相之间的干扰称自旋偶合,干扰强度大小用偶合常数(coupling constant)表示(单位:周·s^{-1} CPS)。它是磁核间内部的干扰作用,与磁场强度无关。自旋偶合的互相干扰作用通过成键电子传递,通常通过 4 个或 4 个以上的单键偶合时偶合常数基本为零($J=0$),这时称远程偶合。偶合常数的大小和正负号与成键数目和电性大小有关,一般双数键为负,单数键为正。

偶合相互作用的一般规则是:①一组相同的磁核所具有的分裂数目,由邻近相连的磁核数目决定,此即 $n+1$ 规律;②分裂强度相当于 $(r+1)^n$ 展开后的系数,如相邻磁核数为 $n=2$,则 $(r+1)^2 = r^2 + 2r + 1 = 1:2:1$;③分裂偶合有"同心"法则,两组发生偶合的磁核,分裂时峰形总是中间高,两边低;④一般同碳氢的偶合常数为 $10 \sim 14$ 周·s^{-1},如 CH_3 旋转很快,彼此分辨不开。

4.2.1.3　屏蔽效应与环流模型

如前所述,作用于分子中核位置的有效磁场略小于外加的工作磁场 B_0,也就是说核是磁屏蔽的,致使观测到的共振频率略小,这种现象叫屏蔽效应(shielding effect),用屏蔽常数 σ 描述。理论和实验结果表明屏蔽常数 σ 主要由分子中电子云密度的分布来确定。由于取代基影响电子云分布,因此化学位移明显地受取代基的影响。如果用图表示,可解释为:在均一磁场内电子绕核做环形运动,遂产生一个与外加磁场方向相反的二级磁场和相关的磁力线(图 4-1 中实线)。因此,处于高电子密度区的核将比处于低电子密度区的核感受到相对弱的磁场,必须用较高外加磁场使之发生共振,这样的核称为被电子所屏蔽,因而具有较低的 δ。相反,低电子密度使共振发生在相对低的场,具有较高的 δ 值,叫去屏蔽核。

根据键合和电子云密度,可以预见芳烃质子的 δ 与烯烃类似,然而苯的 ^{1}H NMR信号出现在 $\delta = 7.27$,而乙烯的信号在 $\delta = 5.28$,这是因为芳香族质子一般比烯烃质子受到的屏蔽小。关于这一点有许多理论模型,其中最简单和实用的是环流模型(circular flow)。根据如图 4-1(b)、图 4-2 所示的模型,磁场中的芳香族分子在可离域的 π 电子系内部产生一个环流,此感应环流引起一个附加磁场,它的磁力线在苯环中心与外磁场 B_0 的方向正好相反,在环外则与外磁场方向平行(图 4-2)。苯环 π 体系产生的各向异性效应使位于环流波外侧的芳香族质子处的磁力线与外磁场 B_0 方向相同,因此发生去屏蔽效应。苯环为一平面结构,六个氢都处于环外的去屏蔽区,所以化学位移都处在低场。当苯环平面与磁场方向垂直时环流最大,实际上由于溶液中的分子总是在做快速运动,观测到的总是一个平均磁场在起作用。

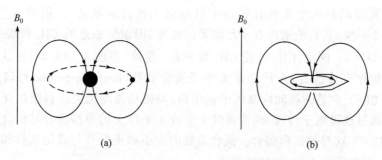

图 4-1　电子绕核环流产生二级磁场[12]

●核;　·电子

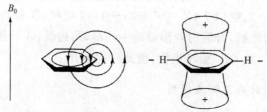

图 4-2　芳烃环中的增强区(+)和减弱区(-)[13]

化学键也可以产生磁场的高电子密度区,这些磁场在某一方向上要比另一方向强,这种现象叫化学键的各向异性,它在结构测定中很重要。所以,磁场对附近核化学位移的影响取决于这个核与键的取向,如环己烷中直立键氢比同样位置平伏型氢的[1]H 化学位移小。多重键体系如 π 键对附近原子化学位移的影响最明显。双键,包括 C=C 和 C=O,平面为去屏蔽,平面的上方或下方为屏蔽区。

上面提到的取代基和环流效应在[1]H 和[13]C NMR 波谱中起着重要作用,这些概念在讨论环糊精空腔内结合客体,诱导的化学位移变化与包结构关系时经常遇到,在判断超分子构象变化方面十分有用。

4.2.1.4　弛豫和弛豫时间

当核自旋体系在某一时刻受到射频场作用时,核就处在非平衡状态,频率作用停止后,核自旋体系从非平衡态恢复到平衡态,其间有两种不同的弛豫(relaxation)过程。

第一种过程是纵向弛豫(longitudinal relaxation)过程,也叫自旋-晶格弛豫。此过程发生的速率取决于晶格的随机热运动(这里所述的"晶格"对液体、固体都适用)和与核自旋相互作用诱发跃迁的有效程度如何,用时间常数 T_1 描述,也叫自旋–晶格或纵向弛豫时间(relaxation time)。 T_1 是每种自旋核特有的弛豫常数,表明能量交换的效率。 T_1 短则交换效率高。有机分子中各种不同键合的质子,在溶液中 T_1 的量级不同(0.1~10s),^{13}C 则因核间有较大差别,它与分子大小和化学环境有关,从几毫秒(大分子)到几分钟(小分子中的季碳),所以 ^{13}C 自旋–晶格弛豫时间通常作为一种探测溶液中分子流动性的参数,可提供以下信息:

(1) 小分子移动比大分子快,因此小分子中碳原子比大分子中的碳原子弛豫慢,环己烷中碳原子的 T_1(19~20s)比十氢萘的 T_1(4~5s)大得多。

(2) 若分子中所有部分移动速率相同(自旋–晶格弛豫与分子或分子片段的运动有关,若将两个分子或其片段之间改变取向所需的平均时间以相关时间 τ_c 表示)则所有碳原子的 τ_c 相同;其结果是 CH、CH_2、CH_3 的 T_1 按比例减少。如在甾体化合物环中的 CH_2 比 CH 碳原子的弛豫快两倍,即 CH_2 的 $T_1=0.2\sim0.3s$,CH 的 $T_1=0.5s$。

(3) 分子片段柔动性。以 2-辛醇为例,考察各 ^{13}C 的 T_1(s)和柔动性参数 NT_1(s)发现由于氢键,分子中靠近 OH 部分是比较刚性的(NT_1:C_2 为 3.5,C_3 为 4.4),而远离 OH 的 C 柔性增加(NT_1:C_8 为 16.5,C_1 为 7.8)。

(4) 分子运动的各向异性使苯甲酸苯酯(**1**)取代基对位的 CH 比邻位和间位弛豫快,这是因为苯环沿取代基和其对位的旋转轴容易旋转,致使取代基对位 C 原子的 T_1 比邻、间位小。当苯环邻位被大取代基占有,如有 CH_3 存在,则苯环对位 CH 的 T_1 变大,使苯环所有 CH 的 T_1 难以分辨。

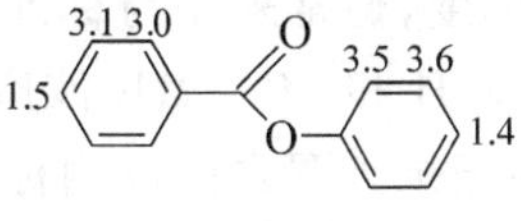

1

第二种过程是横向弛豫(transverse relaxation)或自旋–自旋弛豫,从后一名称可见它与核自旋相互之间的作用有关,以指数形式衰减直至零。因为不受核能级布居的影响,不涉及能量转移,相应的时间常数是 T_2,称为自旋–自旋或横向弛豫时间。 T_2 也是每一种自旋核特有的弛豫常数。从化学动力学的观点考虑,T_1^{-1} 和 T_2^{-1} 就是弛豫过程的速率常数,是一级过程,也是重要的光谱参数,它们与分子全体或部分的柔性和流动性有关。在溶液中,小分子和中等分子的 T_2 约等于 T_1,自旋核的 T_2 值决定其 NMR 信号的半高宽度,T_2 小则信号宽。分子运动快时则 T_2 和 T_1 值大,信号尖。

4.2.1.5 一维核欧沃豪斯效应

磁性核通过分子间键导致发生自旋–自旋偶合,此信息通过电子相互作用传递。磁性核也可以通过空间发生相互作用,表现在利用双共振技术以干扰场照射其中的一个核 A 并使其饱和时,检测到的另一个核 B 的信号可以比通常情况增强或减弱,这种现象叫一维核欧沃豪斯效应(nuclear overhauser effect,NOE)。不管是否偶合,核都会显示 NOE 效应。NOE 只在短距离(0.2~0.4 nm 即 2~4 Å)内才可观察到,并按核间距六次方倒数迅速减弱。

NOE 效应可以更容易地用差减法观测,在计算机中从有被照射信号的谱中减去正常谱,画出两谱的差,这时所有不受影响的信号会简单地消失,显示的是增强部分加上照射频率处的强信号,所得的谱叫 NOE 差谱,它能确定许多空间关系。

4.2.1.6　不失真极化转移增益

不失真极化转移增益是一种一维化转移脉冲序列,用以确定分子中碳连接氢的数目。通过进行两个不失真极化转移增益(distortionless enhancement by polarization transfer,DEPT)实验[DEPT(90°)和 DEPT(135°)]并附加记录常规宽带去偶 ^{13}C NMR 谱图,即可确定 CH$_3$、CH$_2$、CH、C 位置。如在丙烯酸正丁酯 DEPT(90°)谱图中 CH 在正幅一边。在 DEPT(135°)谱中,除一个 CH 基正信号外,还有一个附加的正信号(CH$_3$ 基)和 4 个负信号(CH$_2$ 基)。无论是 DEPT(90°)还是 DEPT(135°)谱图中都不出现羰基的季碳信号[13]。

4.2.1.7　参比物的选择

如在 4.2.1.1 中提到的,化学位移反应自旋核在外磁场 B_0 中的旋进频率与其化学环境的关系,没有绝对标度,通常采用与标准物比较的方法,即测量标准物与被测样品共振频率差 $\Delta\nu$。在 ^{1}H 和 ^{13}C NMR 波谱中常用四甲基硅(TMS)作为参比物。参比化合物通常是在记录谱图之前以内标物形式加到样品中,定义它的 $\delta=0$ 以确定坐标零点。参比物的信号应当是尖锐的,并与 NMR 谱中其他信号分离。当在使用的测定条件下 TMS 不适宜,如 TMS 不溶于水,则选用其他参比物,所得结果再转化为 TMS 标度。有时将参比物加入到毛细管中再放进样品管测量,即所谓的外标法。

由于 TMS 分子本身在水溶液中很可能会进入 CD 等主体分子具有的内空腔,因而对于这类超分子体系的测定,其参比物的选择有新的要求,以获得正确的 NMR 表征。按以往的经验 TMS 和 DSS 分别被推荐作为有机溶剂和水溶液中的参比物,但实验证实 TMS 和 DSS 能与 α-、β-、γ-CD 形成包结物[15]。在 β-CD 存在下 Si-CH$_3$ 质子分别向低场位移了 0.079 ppm(31.6 Hz)和 0.096 ppm(38.4 Hz),同时 DSS 中 MeSiCH$_2$ 的 CH$_2$ 质子也有低场位移。在水溶液中 CD 不存在时,DSS 无论作为内标还是外标物,NMR 信号都是相同的,因此 DSS 可以作为 CD 水溶液测定的外标物使用,而无论是 TMS 还是 DSS 都不能作为环糊精体系测定的内标物。

从事此项关于测定含 CD 体系化学位移参比物的工作人员众说纷纭,曾有人提出推荐使用 MeOH 和 TMA(四甲基氯铵)作为参比物。Funasaki 等[16]提出用甲烷磺酸钠(MS)和甲基硫酸钠(MeS)作为环糊精体系水溶液中 NMR 测定的内参。

总之,在对超分子体系进行 NMR 测量时,应当考虑到它的特点,选择或继续发现适宜的参比物。

4.2.2　二维谱

一维谱仅有一个频率轴(横坐标),以强度作为纵坐标。在二维谱(two-dimentional spectrum)[1,12]中横坐标和纵坐标都是频率轴,强度作为三维空间,所有二维方法的基础都是核偶极子之间的偶合。二维谱可以作成堆积图,从堆积图沿峰强度轴向下看给出的视图很有用,这时的图像一个板,板由两个垂直的化学位移轴组成,峰强度由平面等高线图显示。其中等高线谱的信号易于指认,绘图时间短,不存在堆积图中强峰掩盖弱峰的问题,是常用的方法。单个一行或一列图,是从 2D 方阵图中取出一个谱峰(F_2 域或 F_1 域),所对应相关峰的 1D 断面图的显示形式,对检测一些弱小的相关峰十分有用。另外有投影图,相当宽带质子去偶氢谱。

4.2.2.1　二维 J-分解谱

复杂分子的一维 NMR 谱峰常密集地排布在一个较小的频率范围内,使偶合常数的确认非常困难。二维 J-分解谱(J-resolved spectroscopy)把化学位移与谱峰多重性(J 偶合)完全分开,使在一维 NMR 谱中化学位移上重叠的多重峰分散在二维平面上,在 F_2 域上显示化学位移,F_1 域上确定偶合常数,可以在简单、直接状态下归属化学位移,谱峰的偶合关系一目了然。

1) 同核氢-氢二维 J-分解谱

同核 J-分解谱(homonuclear 2D J-resolved spectrocopy)在检测期 t_2 期间不能去偶,检测期间无法直接观测同核去偶谱,两次 FT 变换后 F_1 域只是 J 偶合,F_2 域是化学位移与 J_{HH} 同时出现,呈现出具有多重裂分峰的化学位移。

2) 异核碳、氢二维 J-分解谱

异核二维 J-分解谱(heteronuclear 2D J-resolved spectrocopy)是指被测定核的化学位移为一维,该核与另一种核间偶合的多重峰的裂分为另一维的分解谱。异核 C、H 2D J-分解谱的 F_2 域为 ^{13}C 化学位移,F_1 域是 ^{13}C 被 ^{1}H 裂分的多重结构,用 J_{CH} 标度(Hz)。即是 CH 是二重峰,CH_2 是三重峰,CH_3 是四重峰,它将 ^{13}C 化学位移与 C—H 偶合多重度完全分离开,并可测得全部 J_{CH} 值。

4.2.2.2　二维相关谱

二维相关谱(2D COSY,correlation spectroscopy)比二维 J-分解谱更为重要、应

用最多的化学位移相关谱,其二维坐标 F_1、F_2 都表示化学位移,从中可获得各种核之间连接的信息。

1) 氢-氢化学位移相关谱(^{1}H-^{1}H chemical shift correlation spectroscopy,H-H COSY)

在一个谱中显示所有自旋-自旋偶合质子的二维实验,不但可以简化多重峰而且能直观地给出偶合关系,由谱中交叉峰建立 J 偶合关系确定质子连接顺序。通常的习惯是将一维谱出现在对角线上,在对角线上的峰叫对角线峰,对角线外的峰叫交叉峰。为解析方便,将一维谱独立地描绘在两个相互垂直的化学位移轴之一(标为 F_1、F_2,但以 F_2 分辨最好,见图 4-3)。所有相互间有自旋-自旋偶合的峰由交叉峰显示,对称地位于对角线两边。交叉峰显示出两个偶合质子化学位移间的相互关联作用,每对偶合核给出两个交叉峰。

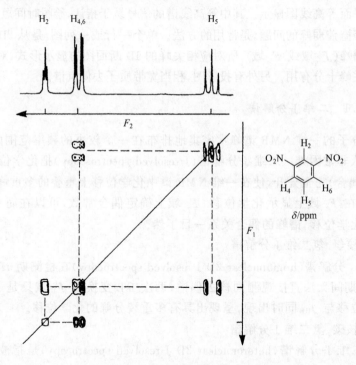

图 4-3　间二硝基苯的 COSY 谱[1,12]

解谱时先从确认对角线峰和交叉峰着手。最好先从已知归属的对角线峰开始,找到对应的交叉峰画出第一个四方形,找到偶合质子的对角线峰,确定归属后再去画第二个四方形,重复这种操作并用虚线画出,归属结果标明于一维谱图的上方。

2) 远程偶合相关谱

远程偶合相关谱(long range COSY,LR-COSY)实验可以检测到相隔 4~5 个键的质子之间的远程偶合,其 J 值在 $0.1 \sim 0.5Hz$ 之间。由于在 LR-COSY 谱中也会出现 COSY 90° 谱中的强偶合交叉峰,因此需要将二者比较进行确认。

3) 双量子滤波相关谱

双量子滤波相关谱(double quantum filtered correlation spectrscopy, DQF-COSY)是多量子滤波 COSY 谱中的一种,是 COSY 谱中非常重要的一类谱。通过双量子滤波技术,有效地压制很强的单峰和不能产生多量子相干的溶剂峰信号,保留并观测双量子和双量子以上的相干,减弱对角线谱峰的强度,有利于解析对角线峰附近的小交叉峰。DQF-COSY 谱提高了 H-H COSY 谱的灵敏度,实验简单易行,可以作为一种结构解析的常规实验。

4) 碳-碳同核化学位移相关谱——二维双量子碳碳连接实验

碳-碳同核化学位移相关谱(^{13}C-^{13}C double quantum coherence 2D-NMR),即二维双量子碳碳连接(INADEQUATE)实验是目前 ^{13}C 谱归属的最好方法,可以得到有机分子碳骨架连接方式。其缺点是由于 ^{13}C 天然丰度只有 1.108%,二维 INADEQUATE 实验灵敏度很低,实验时间长,只在必要时采用。

5) 异核碳-氢化学位移相关谱

异核碳-氢化学位移相关谱(heteronuclear chemical shift correlation spectroscopy, ^{13}C-^1H COSY)与同核化学位移相关谱同为二维 NMR 中最基本和最重要的实验。在谱图中一维 ^1H NMR 绘于左端,上端的 ^{13}C 谱由二维谱图峰在 F_2 轴上的投影获得,由于交叉峰只有在碳核与直接键合的质子偶合时才出现。通常在 ^{13}C-^1H COSY 谱中某些共振峰可依据确认的化学位移和多重性判定。解析时先从已经有把握确认的质子共振入手画出平线,很容易找到交叉峰和在上端谱图相应的 ^{13}C 共振。

6) 远程 ^{13}C-^1H 化学位移相关谱

在远程 ^{13}C-^1H 化学位移相关谱(correlaton spectroscopy via long range coupling, COLOC 谱)实验中谱图的扫描宽度应将季碳化学位移包括在内,这样可以获得包含季碳在内,一键以上远程 C—H 偶合信息,建立 C—C 间关联,确定小分子片断甚至可以越过氧、氮或其他原子官能团将碳与相隔两键以上的氢相关联。COLOC 实验对确定季碳和取代基的位置十分有利。

在图形上类似于 ^{13}C-^1H COSY 谱,F_1 域为 ^1H 化学位移,F_2 域为 ^{13}C 化学位移无对角线峰。解析时应与 ^{13}C-^1H COSY 谱对照,以便排除 $^1J_{CH}$ 交叉峰,得到远程 $^nJ_{CH}$ 偶合信息。

7) ^1H 检测的异核多量子相干和 ^1H 检测的异核多键相干实验。

^1H 检测的异核多量子相干(^1H detected heteronuclear multiple quantum coherence, HMQC)和 ^1H 检测的异核多键相干实验(^1H detected heteronuclear multiple bond connectivity, HMBC)是近年来 ^1H 检测异核化学位移相关实验的新发展,通过

异核多量子相干,用^{1}H间接检测低自然丰度和低磁旋比的核(如^{13}C、^{15}N、^{113}Cd等),实验灵敏度很高。由于反转实验的^{1}H测试灵敏度高,测试时间可节约数十倍,对于同一个样品做HMQC或HMBC实验时,其灵敏度可以提高一个数量级,时间节省约100倍,比常规的C-H COSY、COLOC以及INADEQUATE实验具有明显的优势。实际上HMQC谱类似于^{13}C-^{1}H COSY谱,HMBC谱类似于COLOC谱,也叫反转(inverse)实验。所用探头与常规^{1}H/^{13}C双探头不同,^{1}H线圈在里层,^{13}C线圈在外层,以避免^{1}H检测反转实验时灵敏度的损失。足以抵消使用inverse探头作为一维^{13}C谱时由于灵敏度低带来的缺点。HMQC和HMBC对相对分子质量大、样品少的样品极为适宜,通过测定HMBC谱有可能将各单元连接在一起。

8) 全相关谱

在全相关谱(total correlation spectroscopy,TOCSY)中处于相同自旋体系的所有质子的交叉峰同时出现,如对于一个具有3个偶合自旋的AMX体系,在COSY谱中仅可发现A对M、M对X交叉峰,而在TOCSY谱中A和X之间也出现交叉峰。因此,全相关谱的优点在于可以在共振重叠的地方解释谱图:假设AMX体系中的M共振与A′M′X′体系中的M′共振重叠,从图4-4对角线上面的COSY谱交叉峰不能判断A与X还是与X′属同一自旋体系,而在相应的TOCSY谱对角线下面的峰可以确认A与X属同一自旋体系而A′与X′属同一自旋体系。从TOCSY谱得到的信息对于用NMR技术研究肽和蛋白结构非常重要,因为在这些物质的氢谱中,十分关键的是将酰胺的NH质子归属给特定的氨基酸,并由此可以推测如何形成氢键[12]。

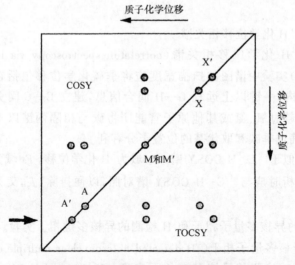

图4-4　COSY与TOCSY谱的比较[12]

9) 同核全相关谱

在同核全相关谱（homonuclear hartmann hahn spectroscopy，HOHAHA）中，测定分子中所有相互偶合氢可以提取每一套质子共振，如用混合时间调制可以归属每一个交盖峰[14]。

4.2.2.3　NOESY 谱

1) NOE 效应与核间距

分子中的两个核(A，B)在空间的位置接近时，可以通过空间产生偶极¯偶极互相作用。利用双共振实验技术当用干扰场照射其中 1 个核并使其饱和时，由于这 2 个核的偶极¯偶极相互作用产生的交叉弛豫，另一核自旋态的分布偏离玻耳兹曼分布，自旋能级上粒子数的平衡被破坏，改变了高、低能级上粒子的数差，并因而导致核磁共振信号强度发生变化，此即所谓的核欧沃豪斯(NOE)效应。偶极¯偶极弛豫作用的强度随核间距离的增加而减小，与化学键数目无关。如对空间非常靠近的 2 个质子中的 1 个进行双照射，前后所得的 2 个自由感应衰减信号相减得到一维 NOE 差谱(NOE defference spectroscopy，NOEDS)，其信号大小可提供分子中核或取代基团之间的空间位置。把质子间借交叉弛豫完成磁化传递的二维实验叫 NOESY (nuclear overhauser effect spectroscopy)，由 NOESY 谱中两个核产生的交叉峰，定性地推断两核在空间的靠近程度，从而可能提供有关分子几何形状的重要信息。

在一个单一实验中，记录一个分子中所有质子 NOE 效应的二维谱，表面上像是^{1}H-^{1}H COSY 谱，每一个垂直轴都是质子化学位移。重要的区别在于交叉峰提供的是空间位置相互接近质子的相互作用，而不是通过键的相互作用。NOESY 谱能提供有关分子几何形状或超分子内非键合部分构象的信息。在用 NOESY 谱分析核间 NOE 效应时，操作上有几点应当注意的事项：

①对于核间距较大的核，需要较长的混合时间，以避免影响交叉峰的强度；

②NOESY 谱只表明在两核间存在 NOE 效应，不能确定距离；

③由于 NOESY 脉冲序列是在 DQF-COSY 序列中引入混合时间，在 NOESY 谱中将伴随有 J 偶合峰出现，解析谱图时应对照^{1}H-^{1}H COSY 谱扣除 J 偶合交叉峰；

④当检测活泼氢 NH_2 和 OH 的 NOE 效应时，要选择能形成氢键的溶剂，以降低活泼氢交换速率，使 NH_2、OH 相对固定有利于检测；

⑤分子在溶液中可能有几种构象存在，NOESY 交叉峰只能定性地说明一种占优势的构象；

⑥NOESY 谱适合用于研究大分子和超分子构象。

2) ROESY 谱

ROESY(rotational frame nuclear overhauser effect spectroscopy)是在自旋锁场

条件下的 2D NOE 谱,可以得到自旋网络中的相关,如得到通过空间 NOE 观察到一个葡萄糖单元的 H-1 和邻近葡萄糖单元的 H-4 间的增强。

4.2.3　固体核磁

综上所述,毫无疑问 NMR 已成为溶液中证明结构的基本工具。通过将化学位移、J 偶合作为主要信息跟踪键连接、非键距离和构象信息,已有许多专著[17~19]。

如前所述,对于固体结构的研究最有用的是衍射技术,用单晶工作。但固体核磁(solid-state NMR)技术既可单独使用也可作为衍射的辅助工具去获取结构和动态信息。用固体核磁研究物质在固、液态分子内电子组态的差异,也可以直接研究固体物质内分子间的互相作用。

在液态,由于分子快速运动和快速交换,分子的各向同性快速运动将化学位移各向异性平均为单一值,而固体谱中化学位移的各向异性使谱线加宽。对于球对称、轴对称和低对称性的分子,其固体 NMR 谱呈现不同的宽线峰形。同时自旋量子数大于 1/2 的核均存在四极矩相互作用,溶液中分子的快速翻转运动平均掉了四极相互作用,观察不到峰的四极裂分。但在固体谱中,由于四极偶合作用而使谱线加宽;另外,固体中核的偶极‒偶极相互作用、自旋‒自旋标量偶合作用都会引起谱线加宽。谱线加宽是固体 NMR 测定的主要困难之一。另外,自旋‒晶格弛豫时间长,导致操作费时。

由以上论述可见,由于固体排布规整,各核基本上固定,这时要考虑物质内部固有的相互作用。两个偶极子互相作用使谱线裂分

$$\Delta\nu = C\,\frac{\nu_1\,\nu_2}{r^3}(3\cos^2\theta - 1) \tag{4-3}$$

方程中:ν_1、ν_2 是核 1、核 2 的磁旋比;r 为核 1、2 的核间距;θ 为两个偶极子连线方向与外加静磁场方向(Z 轴方向)的夹角,C 为常数。

液体中,由于分子运动导致 θ 角的随机分布,液体实验中这种偶极作用平均为零,因而观察到的只是单个分子内部的化学位移和核间偶合。固体中,内部结构的有序性使被测核周围、核偶极子的取向角 θ 和核间距 r 不完全相同而且是特定的,这就使谱峰加宽并淹没了化学位移精细结构。由于不同成分、不同晶格和晶态以及内部分子运动的变化,产生不同线型、线宽的谱。在固体、液体中核的弛豫有很大差别,固体中核能量的转移快,t_2 很短;原子的热运动受到限制因而 t_1 很长,通常 $t_1 \gg t_2$,谱线很宽。

以下简单介绍固体 NMR 技术。

1) 回波谱

如果共振线不特别宽,可以把傅里叶转换脉冲实验(Fourier transform pulse

experiment)不做任何改进带入固态,常规记录到的最宽谱线是^{2}H 谱,其宽度在 200～300kHz。求助于回波谱(echo spectroscopy)可以得到可靠的线型。找回由于 "死时间"而失去的关键性信息,防止谱图失真。用相关四极回波技术(quardrupo- lar echo technique)所记录的几乎所有^{2}H NMR 谱给出重要的零时间线型,避免了 线型失真。

2) 二维谱

确定^{13}C 峰的归属不是一件容易的事,一维 INADEQUATE(incredible natural abundance double quantum transfer experiment,低天然丰度核双量子跃迁)技术很 难完全正确地指认 C—C 连接顺序。二维 INADEQUATE 实验是目前归属^{13}C 谱 最有效方法。将二维 INADEQUATE 实验转为固体实验,用于非常弱的偶极偶合 情况,如塑料晶体和硅酸盐系统的实验,将 2D NMR 的 COSY 和 INADEQUATE 用于沸石 ZSM-12,归属单元晶胞中单个共振的特殊位置和建立硅原子周围几何 学与化学位移间的关系。

3) 交叉极化或交叉极化/魔角自旋 CP/MAS 谱[18a,20]

为了克服固体 NMR 谱线宽、灵敏度低和测定费时等困难,主要采取了如下技 术:①采用高功率^{1}H 去偶技术;②魔角自旋技术(magic angle spinning,MAS);③交 叉极化方法(cross polarization,CP);④多脉冲方法。核在旋转情况下的磁屏蔽常 数与样品和外磁场方向的夹角、各向同性磁屏蔽常数、屏蔽矩阵的各向异性和非对 称性以及屏蔽环境的取向有关,也与固体样品中特有的化学位移各向异性等因素 有关。当样品与外磁场方向的夹角为 54°44′时(即将固体样品放置于外磁场方向 54°44′处旋转时),可以极大程度地消除化学位移各向异性作用和部分消除偶极 偶极相互作用,得到固体高分辨谱。因此,54°44′被称为魔角,而样品管在魔角位 置上的整体转动就称为魔角旋转(或魔角自旋)。在通常情况下,转速可达几千赫 兹或几万赫兹,这样可以消除化学位移各向异性相互作用。但由于转速不够高,只 能部分消除偶极偶极相互作用,因此目前固体核磁相对于液体核磁来讲谱峰仍较 宽。交叉极化法,简单的说是利用天然丰度高的自旋核,在特定条件下将其相对强 的自旋极化,并将能量传给天然丰度低的核,使后者极化得到加强。例如,^{13}C、 ^{29}Si、^{31}P、^{15}N 等稀核的丰度低且磁旋比小,NMR 检测灵敏度低,而且往往这些核 的自旋-晶格弛豫时间长,需要采样的弛豫延迟较长。交叉极化方法使丰核(如 ^{1}H)与稀核(如^{13}C)的射频场满足 Hartmann Haln 匹配条件,实现了丰核向稀核的 极化转移,从而增强了稀核共振信号强度。^{1}H-^{13}C 的交叉极化使^{13}C 信号增强 4 倍。CP 技术提高了稀核固体 NMR 谱的检测灵敏度。交叉极化(CP)是更为重要 的固体 NMR 实验,通常用于稀自旋弱信号如^{13}C 和^{29}Si,能避免长弛豫时间。记录 交叉极化谱实验中应注意参数,即交叉极化或接触时间(t_c)。

采用 CP 或 CP/MAS 技术的高分辨固体 NMR 谱,在超分子化学研究中应用很多。固体核磁谱的一个重要性质是,通常被认为是等价的核在固态是不等价的,并观察到不希望有的多重性。事实上所有不等价的核,在晶体不对称单元中,尽管常有意外的兼并,但都应能给出分离的共振。因此记录固体 NMR 谱可以给出不对称单元的快拍。图 4－5 列出固体甲醇-醌包衣化合物的[13]C CP/MAS 谱:(a) 溶液高分辨技术谱;(b) 未去偶交叉极化谱;(c) 交叉极化偶极去偶谱;(d) 交叉极化偶极去偶魔角自旋谱;(e) 无甲醇 α-氢醌的[13]C CP/MAS 谱。由图可见魔角自旋可以给出高分辨谱图,晶体中醌分子的 C-2、C-3 不等价清楚地显示出来。

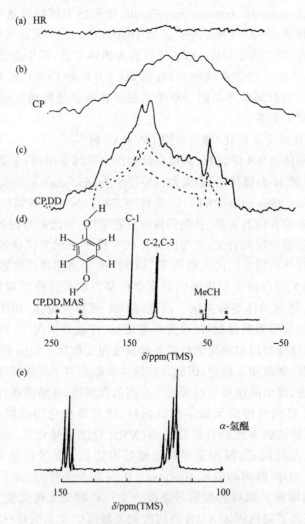

图 4－5　固体甲醇-醌包衣化合物的[13]C CP/MAS 谱[18a]

(a) 溶液高分辨技术谱　(b) 交叉极化得到的谱,未去偶　(c) 交叉极化偶极去偶谱

(d) 交叉极化偶极去偶魔角自旋谱　(e) 无甲醇 α-氢醌的[13]C CP/MAS 谱

交叉极化的基础是稀核和丰核的偶极–偶极相互作用,不同化学环境的稀核周围丰核的数量和运动状态不同,CP 的效率不同。因此可对分子筛的结构与吸附性质等提供许多有用的信息。最初主要采用 ^1H-^{13}C、^1H-^{29}Si 等核的 CP/MAS 技术,近来 ^1H 与四极矩核(如 ^{27}Al、^{17}O 等)的 CP/MAS 实验在分子筛的研究中也得到了广泛的应用。CP/MAS 技术与质子高功率去偶相结合可以获得高灵敏、高分辨的固体 NMR 谱。

4) 多脉冲去偶和联合旋转与多脉冲谱

对于像 ^1H、^{19}F 这样的富核,必须从强同核偶极偶合存在下的谱中提取化学位移信息。在这种情况下 Hamiltonian 的自旋部分用复杂多脉冲循环平均,产生各向异性化学位移信息。多脉冲去偶可与魔角自旋联合,以联合旋转和多脉冲谱(combined rotation and multiple pulse spectroscopy,CRAMPS)形式获得各向同性化学位移谱。多脉冲去偶可用平均 Hamiltonian 理论描述。图 4-6 为无客体 α-氢醌质子宽带 NMR 谱(a)和高分辨旋转多脉冲谱(CRAMPS)(b),关注两谱的相同范围,接近 0ppm 的线是参比物。发现不对称单元中包含醌分子一半,酚质子在

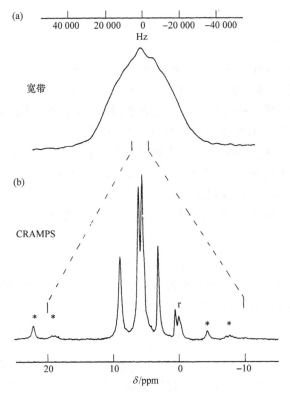

图 4-6　无客体 α-氢醌质子宽带 NMR 谱(a)和
高分辨旋转多脉冲谱(CRAMPS)(b)[18a]

9ppm、6ppm 双峰是等价芳香质子。客体甲醇的甲基质子在 3ppm,羟基质子在 0.8ppm,打"＊"号的峰是自旋边带(图 4－6)。

5) 其他

在固体 NMR 技术中重要的是归属单位晶胞中谱线,特别是那些化学上等价的,但在晶体中不等价的核出现许多共振的情况,顺利时可借用核间互相作用(偶极、J 偶合)研究这种偶合的异或同核自旋体系中的连接关系。如 COSY 实验用一键或更远的 J 偶合给出分子共振晶格中自旋的关系,通过二维傅里叶转换得到显示一套偶合自旋交叉峰的等高线图。在 INADEQUATE 实验中可以给出类似的信息。COSY 和 INADEQUATE 方法可与交叉极化结合增强信号,或与 MAS 结合用于增加分辨。此外,2D EXSY NMR 以及与 CP,MAS 联合研究体系动态和化学交换;自旋－回波双共振谱(spin-echo double resonance spectroscopy,SEDOR)确定静止样品核间距均可获得有用的信息。

4.3　应用示例

4.3.1　确定稳定常数

许多物理方法在用于超分子体系时都可能定量地用于计算主客体结合的稳定常数[18b],NMR 技术也不例外,但 NMR 技术是研究超分子反应过程的最好方法,对于复杂的结构它可以提供更多的微观信息,并可避免由于不纯物的存在而导致的错误判断,在用 NMR 技术判定结合现象时,要考虑的两个重要物理量是化学位移(δ)和弛豫时间(T_1)。在评价主－客体结合的稳定常数时,首先应当确定生成的复合体或超分子的化学量,它是建立平衡式的基础。与其他光谱法相同,连续变量(Job 法)和物质的量比法仍然是使用最多的方法。

对于 1:1 化学量体系,由络合平衡方程(4－4)推出稳定常数的一般表达方程(4－5)

$$R + S \xrightleftharpoons{K} RS \tag{4-4}$$

方程中:R 表示受体(或主体,H);S 表示底物(或客体,G)。忽略活度系数可以简单地用方程(4－5)表示平衡常数

$$K = \frac{[RS]}{[R][S]} \tag{4-5}$$

如果方程(4－4)的交换非常慢,而且能够分别观察游离和复合物种的信号,则可以直接用 NMR 峰强度确定稳定常数和化学量。当分子 R 的化学位移信号在形成 RS 后仍明晰可见,而且 R 和 RS 快速交换,则可得出用摩尔分数(N)衡量的化学位移

$$\delta_{obs} = N_R \delta_R + N_{RS} \delta_{RS} \tag{4-6}$$

方程中：δ_{obs} 是观察到的特殊核 R(或 S)在平衡溶液中的化学位移；δ_R 是游离 R 的化学位移；δ_{RS} 是纯复合物的化学位移。N 是摩尔分数，可用方程(4-7)和方程(4-8)定义

$$N_R = \frac{[R]}{[R]+[RS]} \tag{4-7}$$

$$N_{RS} = \frac{[RS]}{[R]+[RS]} \tag{4-8}$$

显然 $N_R + N_{RS} = 1$，令 $\Delta\delta_{obs} = \delta_{obs} - \delta_R$，$\Delta\delta_C = \delta_{RS} - \delta_R$，其中，C 表示包结物。

将方程(4-7)，方程(4-8)代入方程(4-6)，并令 R、S 的总浓度分别为

$$[R]_0 = [R]+[RS] \tag{4-9}$$

$$[S]_0 = [S]+[RS] \tag{4-10}$$

归纳得到方程(4-11)

$$\delta_{obs} = \delta_R + \frac{[RS]}{[R]+[RS]}(\delta_{RS} - \delta_R) \quad 或 \quad \Delta\delta_{obs} = \Delta\delta_C N_{RS} \tag{4-11}$$

归纳简化方程(4-11)、方程(4-9)得到方程(4-12)

$$[RS] = \frac{[R]_0(\delta_{obs} - \delta_R)}{(\delta_{RS} - \delta_R)} = [R]_0\left(\frac{\Delta}{\Delta_0}\right) \tag{4-12}$$

方程中：$\Delta = \delta_R - \delta_{obs}$；$\Delta_0 = \delta_R - \delta_{RS}$；$\Delta/\Delta_0$ 为饱和分数(saturation fraction)并等于 N_{RS}。

另将方程(4-5)中的[R]代入方程(4-9)，得到方程(4-13)

$$[R]_0 = \frac{[RS]}{K[S]} + [RS] = [RS]\left(\frac{1}{K[S]}+1\right) \tag{4-13}$$

合并方程(4-12)及方程(4-13)得到方程(4-14)

$$\frac{1}{\Delta} = \frac{1}{\Delta_0 K[S]} + \frac{1}{\Delta_0} \tag{4-14}$$

双倒数方程(4-14)也叫 Benesi-Hildebrand 方程[19,20]。方程(4-14)乘以[S]变为 Y-倒数图方程(4-15)

$$\frac{[S]}{\Delta} = \frac{1}{\Delta_0 K} + \frac{[S]}{\Delta_0} \tag{4-15}$$

方程(4-15)也叫 Scott 方程[21]。方程(4-14)乘以 $\Delta \Delta_0 K$ 并重排得到 X-倒数图[方程(4-16)]，也称 Scatchard 方程式[22]

$$\frac{\Delta}{[S]} = -K\Delta + \Delta_0 K \tag{4-16}$$

这些方程可以用作图法来评估稳定常数 K。用斜率评价更准确些，因为截距需要

延长。因此 Scatchard 方程(用 $\Delta/[S]$ 对 Δ 作图),由于直接从斜率即可计算出 K 更有用,问题是要确定 $[S]$。最简单的方法是,合并方程(4-10)与方程(4-5) $[[S]_0=[S](1+K[R])]$,当 $K[R]\ll1$ 时 $[S]=[S]_0$ 成立。这时可以从方程(4-14)、方程(4-15)、方程(4-16)得到 K 和 Δ_0,但经常是 $[S]_0\gg[R]_0$,而这多半是在弱结合时会遇到的情况。当 $[S]=[S]_0$ 前提不存在时,另有一种作图法可采用,它不要求 $[S]$,这就是 Rose-Drago 作图法[23]。通过方程(4-8)、方程(4-10)将 $[R]_0$ 和 $[S]_0$ 引入方程(4-5),将方程(4-12)代入重排后得到方程(4-17)

$$(\Delta_0-\Delta)K=\frac{\Delta\Delta_0}{\Delta_0[S]_0-\Delta[R]_0} \tag{4-17}$$

方程(4-17)即是 Rose-Drago 方程。对于每一组 $[R]_0$ 和 $[S]_0$ 都可以组建 K^{-1} 对 Δ_0 的关系。由于 $[R]_0$、$[S]_0$ 和 Δ 均为已知,向计算机输入任意一个 Δ_0 值都可由方程(4-17)计算出相应的 K^{-1},在 $1/K$ 对 Δ_0 图上可得到系列直线,在理论上它们应当通过一点,实际上得到的是接近的堆积,因此所有交叉都应用于评价 K。

以上描述的图解近似方法已很普及并提供了丰富信息,但计算机的有效应用使解方程更容易和更加精确,可能用线性和非线性最小二乘回归分析处理数据点的可变量。

前面提到将方程(4-5)与方程(4-9),方程(4-10)合并得到 K 的表达式

$$K=\frac{[RS]}{([R]_0-[RS])([S]_0-[RS])} \tag{4-18}$$

经扩展,重排为

$$K=\frac{[RS]}{[R]_0[S]_0-[RS]([R]_0+[S]_0)+[RS]^2} \tag{4-19}$$

或

$$[RS]^2-([S]_0+[R]_0+1/K)[RS]+[R]_0[S]_0=0 \tag{4-20}$$

二次方程的实根为

$$[RS]=\frac{[R]_0+[S]_0+1/K-\sqrt{\left([R]_0+[S]_0+1/K\right)^2-4[R]_0[S]_0}}{2}$$

$$\tag{4-21}$$

在 NMR 实验快交换情况下,表观化学位移 δ_{obs} 是游离状态 R 的 δ_R 和结合状态 δ_{RS} 的重量平均,方程(4-21)代入方程(4-11)得到观察到的化学位移 Δ_{obs} 作为 $[R]_0$、$[S]_0$、K、Δ_0 和 δ_R 函数的表达式

$$\delta_{obs}=\delta_R+\frac{\Delta_0}{2[R]_0}\left[[R]_0+[S]_0+\frac{1}{K}-\sqrt{\left([R]_0+[S]_0+\frac{1}{K}\right)^2-4[R]_0[S]_0}\right]$$

$$\tag{4-22}$$

从滴定实验可得到一套数据（$[R]_0$、$[S]_0$ 和 δ_{obs}），利用方程（4－22）中的未知参数 K、Δ_0（或 Δ_{RS}），用非线性曲线拟合法解 $K^{[18b,24a]}$。此外，跟踪实验中主体一个特定质子如环糊精 H-5 的质子化学位移变化 $\Delta\delta$（$\Delta\delta = \delta_{CD} - \delta_{obs}$），和 H-5 质子化学位移 δ_{CD} 与纯包结物 δ_{cs} 的差 Q（$Q = \delta_{CD} - \delta_{cs}$）就可以从方程（4－11）推导出方程

$$S_0 = \frac{\dfrac{\Delta\delta}{K} - \dfrac{[CD]_0\Delta\delta^2}{Q} + [CD]_0\Delta\delta}{Q - \Delta\delta}$$

从而计算 $K^{[24b,c]}$。

下面用两个实例说明用 ^{13}C NMR 谱定量研究主—客体结合的示例。

（1）测定 β-CD、β-CDNH$_2$、β-CDNH—CH$_2$CH$_2$NH$_2$（β-CDN）与胆汁酸盐（NaC，NaDC）结合的稳定常数[24a]。将 NaC（**2-1**）和 NaDC（**2-2**）溶于 D_2O 中，浓度为 0.01mol·L^{-1}，得到 pH 为 8.0 和 7.6 的溶液。用 D_2O 调制成 pH＝7（磷酸二氢盐缓冲液）、pH＝9（硼酸盐缓冲液）和 pH＝11（磷酸氢盐缓冲液）溶液，配制各种物质的量比的待测溶液（$[NaC]/[\beta\text{-CDN}] = X_{CD}$），其中 $[\beta\text{-CDN}]+[NaC]$ 的摩尔总浓度和溶液体积都保持固定。在 Bruker Spectrometer Model AMC 300 仪器上于 300.13MHz 和 75.47MHz，298.1K 恒温下分别记录 ^{1}H 和 ^{13}C NMR 谱。用方程（4－20）和方程（4－11）联合得到的以 β-CDN 的一个原子的化学位移作为 $[NaC]/[\beta\text{-CDN}]$ 的函数的表达式，用非线性最小二乘法计算程序拟合，得到 K_{11}（1:1 复合物的稳定常数），以复合物的化学位移（δ_{11} 或 $\Delta\delta_c$）作为校准参数（测得的 K_{11} 列于表 4－1）。$\Delta\delta_{obs}$ 对 $[NaC]$ 作图给出 S 形曲线，但在所有 pH 下测定碳（C-1、C-3 和 C-4 位化学位移变化比 C-1、C-6 更敏感）化学位移，以 $\Delta\delta \cdot X_{CD}$ 对 X_{CD} 作图，在 $X_{CD} = 0.5$ 时出现最大值，表明 β-CDN 结合 NaC 的化学量为 1:1。

2-1 X=OH(NaC)
2-2 X=H(NaDC)

对于形成 1:2 复合物的过程，设想有两种情况：分步结合平衡或分子间总括结合过程。后者是简单的一步反应，只有一个稳定常数 K_{12}。实验结果表明对于 NaDC/β-CDN 体系，Job 图最大值在 0.67，因此可以肯定 1:1 结合的复合物可以忽略不计，占优势的是 1:2 复合物。在假定快交换和简单一步反应前提下，按类似方法推导出 $[RS]^3$ 方程，在实验浓度下三次方项可以忽略不计。用非线性最小二乘

计算程序拟合实验数据,求得 K_{12} 列于表 4 - 1。

表 4 - 1　在 4 种不同 pH 下 β-CDN 结合胆汁酸盐的稳定常数和化学位移[24a]

碳编号	拟合值	NaC/β-CDN (1:1)			
		7	自　　然	9.0	11.0
No.1	K_{11}	$(1.7\pm0.4)\times10^4$	$(1.4\pm0.9)\times10^4$	$(1.3\pm0.4)\times10^4$	$(0.8\pm0.2)\times10^4$
	$\Delta\delta_C$	0.6 ± 0.01	0.39 ± 0.01	0.41 ± 0.00	0.38 ± 0.00
No.3	K_{11}	$(1.8\pm0.6)\times10^4$	—	—	—
	$\Delta\delta_C$	0.33 ± 0.03	0.36 ± 0.02	0.40 ± 0.01	0.34 ± 0.01
No.4	K_{11}	$(2.6\pm1.2)\times10^4$	$(1.1\pm0.3)\times10^4$	$(1.2\pm0.7)\times10^4$	$(0.8\pm0.2)\times10^4$
	$\Delta\delta_C$	0.53 ± 0.01	0.56 ± 0.01	0.55 ± 0.01	0.61 ± 0.01
碳编号	拟合值	NaDC/β-CDN(1:2)			
		7	自　　然	9.0	11.0
No.1	K_{12}	$(5.0\pm0.3)\times10^4$	$(4.5\pm0.6)\times10^4$	$(4.6\pm1.0)\times10^4$	$(4.7\pm1.1)\times10^4$
	$\Delta\delta_C$	0.58 ± 0.08	0.71 ± 0.09	0.73 ± 0.13	0.69 ± 0.14
No.3	K_{12}	$(4.9\pm0.9)\times10^4$	$(4.7\pm0.5)\times10^4$	$(4.4\pm1.8)\times10^4$	$(4.9\pm0.4)\times10^4$
	$\Delta\delta_C$	0.43 ± 0.12	0.42 ± 0.13	0.47 ± 0.13	0.38 ± 0.05
No.4	K_{12}	$(4.9\pm0.5)\times10^4$	$(4.7\pm0.5)\times10^4$	$(4.8\pm1.0)\times10^4$	$(4.9\pm0.3)\times10^4$
	$\Delta\delta_C$	0.79 ± 0.13	0.84 ± 0.12	0.90 ± 0.22	0.88 ± 0.13

注:K_{11} 单位为 $L\cdot mol^{-1}$,K_{12} 单位为 $L^2\cdot mol^{-2}$,$\Delta\delta_C$ 为复合物的化学位移(ppm);自然是指胆汁酸盐溶于 D_2O 中的 pH(NaC:8.0;NaDC:7.6)

通过 Job 法测定 ^{13}C NMR,用 $\Delta\delta\cdot X_{CO}$ 对 X_{CD} 作图,结果表明 NaC、NaDC 与 β-CDN结合的形式不同,化学量分别为 1:1 和 1:2,但 pH 变化不改变结合模式。测得的 K 表明,由于 β-CDN/NaDC 复合物的化学量为 1:2,结合稳定性明显高于 β-CDN/NaC,说明两分子 β-CD 与一分子 NaDC 间存在强的疏水互相作用。β-CD分子 6 位侧链取代的性质明显影响结合性质(表 4 - 2),β-CDN 分子中含—NHCH$_2$CH$_2$NH$_2$ 基,在接近中性溶液中 K 值相对大些,但没有明显的差别。NaDC 分子内 C-7 位不含 OH 基,相对于 NaC 延长了疏水部分,导致第二个分子 β-CDN 的结合。ROESY 交叉峰(表 4 - 3)表明在 β-CDN/NaDC 复合物中,NaDC 的 C_5、C_4、C_3、C_2、C_1 与 β-CDN 的 C-3 有交叉峰。根据以上的测定可以判断两个复合物具有如图 4 - 7 所示的结构。NaC 从 β-CD 仲羟基侧进入空腔,甾体疏水部分留在空腔内[图 4 - 7(a)]。含羧基侧也留在空腔内,—COO$^-$ 基伸出到空腔外指向 β-CD C$_6$ 位伯羟基,NHCH$_2$CH$_2$NH$_2$ 质子化的正电荷与羧基负电荷有静电互相作用。ROESY 实验证明两分子 β-CDN 与延长疏水部分的 NaDC 形成了稳定包结物。第一个 β-CDN比第二个 β-CDN 分子倾向更易与 NaDC 结合[图 4 - 7 (b)]。

表 4-2　β-CD 及其衍生物在自然 pH 下结合胆汁酸盐的 K 及 C-1 化学位移[24a]

碳 No.1	拟合值	NaC 复合物	NaDC 复合物
β-CD	K	$(8.3\pm5)\times10^3$	$(3.9\pm0.5)\times10^4$
	$\Delta\delta_C$	0.41 ± 0.01	0.62 ± 0.01
β-CDNH₂	K	$(11.5\pm1.2)\times10^3$	$(4.9\pm1.2)\times10^4$
	$\Delta\delta_C$	0.39 ± 0.02	0.53 ± 0.02
β-CDN	K	$(13.6\pm9)\times10^3$	$(4.5\pm0.6)\times10^4$
	$\Delta\delta_C$	0.39 ± 0.01	0.71 ± 0.09

表 4-3　β-CDN 与 NaC、NaDC 质子* 的分子间 ROESY 交叉峰汇总[24a]

NaC(H)	NaDC(H)	β-CDN(H) H-3		H-5		H-6	
H23(CH₂)	(H23)	XXX	(XXX)	—	(—)	XX	(XX)
H22(CH₂)	(H22)	XXX	(XXX)	—	(X)	XX	(X)
H21(CH₃)	(H21)	XXX	(XXX)	XXX	(XXX)	XX	(—)
H20(CH)	(H20)	XXX	(XXX)	X	(X)	X	(—)
H19	(H19)	—	(—)	—	(—)	—	(—)
H18(CH₃)	(H18)	XXX	(XXX)	XX	(X)	—	(—)
H17(CH)	(H17)	XXX	(XXX)	XX	(XX)	—	(—)
H16(CH₂)	(H16)	XX	(XXX)	XX	(XX)	—	(—)
H15(CH₂)	(H15)	XX	(XXX)	X	(—)	—	(—)
H14(CH)	(H14)	XX	(XXX)	X	(—)	—	(—)
H12(CH)	(H12)	XX	(X)	—	(—)	—	(—)
H11(CH₂)	(H11)	X	(XX)	—	(—)	—	(—)
H9	(H9)	—	(—)	—	(—)	—	(—)
H8(CH)	(H8)	X	(X)	—	(—)	—	(—)
H7(CH)	(H7)	X	(—)	—	(—)	—	(—)
	(H6)		(—)		(—)		(—)
	(H5CH)		(X)		(—)		(—)
	(H4CH₂)		(XX)		(—)		(—)
	(H3CH)		(XX)		(—)		(—)
	(H2CH₂)		(XX)		(—)		(—)
	(H1CH₂)		(XXX)		(—)		(—)

注:X 表示交叉峰相对强度,XXX＞XX＞X,按计算的稳定常数和 ROESY 谱交叉峰强度表示。

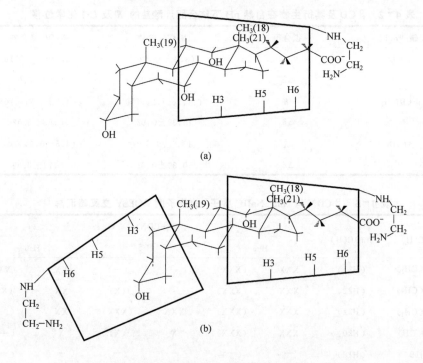

图 4-7　β-CDN 与 NaC 或 NaDC 结合的表达式[24a]

(a) β-CDN/NaC(1:1)　(b) β-CDN/NaDC(2:1)

（2）测定冠醚类似物结合 NaSCN 的化学量和稳定常数。12CE4（**3-1**）和 15CE5（**3-2**）是两个熟知的冠醚化合物，在溶液中它们不断翻转，表现出高度对称性。其结果使^{1}H-^{13}C NMR 谱都只给出单一的共振信号。通过 12CE4、15CE5 与 4-甲基 1,2,4-三唑啉-3,5-二酮（MTAD）进行光化学反应，合成了 2 个含 4-甲基尿唑冠醚类似物，mC4（**3-3**）和 mC5（**3-4**）。目的是用^{1}H-^{13}C NMR 谱研究它们的对应物在结合碱金属离子时的性质，并用^{13}C NMR 谱跟踪络合反应，确定化学量和稳定常数。[25]

在 Bruker AMX 400 MHz 核磁共振波谱仪，100.63 MHz，(25±1)℃时，分别记录冠醚和向已知量冠醚的 CD$_3$OD 溶液中，逐渐增加 NaSCN 固体量的^{13}C NMR 谱图。使用冠醚浓度分别是[12CE4]＝0.219mol·L^{-1}、[15CE5]＝0.238mol·L^{-1}、[mC4]＝0.138mol·L^{-1}、[mC5]＝0.121mol·L^{-1}，加入 NaSCN 量使[Na$^+$]/[冠醚]（M/L）物质的量比在 0～2 之间变化。

由于分子的不对称性，mC4 与 mC5 分别给出 8 和 10 个信号，与大环碳原子数相符。其中取代碳原子因去屏蔽效应信号出现在最低场（δ≈86ppm），其余碳信号集中在 73～69ppm 区域内。以络合 Na$^+$ 的化学位移变化（Δδ）对物质的量比[M]/[L]作图，对于 12CE4 和 15CE5 都显示有明显的拐点，表明配位化学量分别是 1:2

3-1 (12CE4)
12-crown-4

3-2 (15CE5)
15-crown-5

3-3 (mC4)
α-methylurazolyl-12-C-4

3-4 (mC5)
α-methylurazolyl-12-C-4

3

和1∶1,但对于 mC4 和 mC5 则不能预测其结合模式。在特殊情况下不能正确地定量预测时,假定同时存在 1∶1、1∶2 两种模式,这时通常采用理论函数拟合实验滴定曲线的方法[26]。化合物 mC4 和 mC5 的所有碳都表现出不同的信号,可以独立地用来测定稳定常数。

假定在复合物和单个分子间交换速率很快,则表观化学位移 δ_{obs} 代表相应不同 3 个物种化学位移的质量平均,当体系中同时存在 1∶1 和 1∶2 复合物时,它们是配体(δ_L)、1∶1 复合物(δ_{LM})、1∶2 复合物(δ_{L_2M})。这时方程(4-23)有效

$$\delta_{obs} = [L]/[L]_0 * \delta_L + [LM]/[L]_0 * \delta_{LM} + 2[L_2M]/[L]_0 * \delta_{L_2M} \quad (4-23)$$

方程中:L 为配体;M 为碱金属;$[L]_0 = [L] + [LM] + 2[L_2M]$。从方程(4-24)得到形成复合物后诱导化学位移变化 $\Delta\delta_{obs} = \delta_{obs} - \delta_L$

$$\Delta\delta_{obs} = [LM]/[L]_0 * \Delta\delta_{LM} + 2[L_2M]/[L]_0 * \Delta\delta_{L_2M} \quad (4-24)$$

方程中:$\Delta\delta_{LM} = \delta_{LM} - \delta_L$;$\Delta\delta_{L_2M} = \delta_{L_2M} - \delta_L$。由此可见诱导化学位移变化依赖于配体转化为 1∶1 复合物($\alpha_1 = [LM]/[L]_0$)和 1∶2 复合物($\alpha_2 = 2[LM]/[L]_0$)的程度。通过公式转换和写为 C 语言函数,得到 3 种情况下的理论函数。

①当体系中 1∶1、1∶2 两种复合物共存时

$$\Delta\delta_{obs} = \frac{(1-F8)(2X-F8)}{[2b+(1-F8)] * \Delta\delta_{LM}} + \frac{F8-(1-F8)(2X-F8)}{[2b+(1-F8)] * \Delta\delta_{L_2M}}$$

$$(4-25)$$

②当体系中只存在 1:1 一种复合物时

$$\Delta \delta_{obs} = \frac{1}{2} + c + \frac{X}{2} - \sqrt{\left[\frac{1}{2} + c\right]^2 + \left[c + \frac{1}{2}\right]X + \left[\frac{X}{2}\right]^2} * \Delta \delta_{LM} \quad (4-26)$$

③体系中只存在 1:2 一种复合物时

$$\Delta \delta_{obs} = F8 * \delta_{L_2M} \quad (4-27)$$

方程中：$F8$ 为用 C 语言写的一套函数(详细内容参阅文献[25]中的 Appendix)。固定 $[L]_0$，改变 $[M]_0$，作滴定曲线 $\Delta \delta_{obs} = f(X)$，$X = [M]_0/[L]_0$ 是金属离子和配体的初始浓度比。用以上 3 种理论方程，在最小二乘法基础上重复拟合[27]，确定稳定常数和相对化学位移，列于表 4-4。

表 4-4 Na$^+$/冠醚的稳定常数和计算的相对化学位移[25]

冠醚	复合物类型	lg $K^{1)}$	$\Delta\delta$/ppm	$r^{2\,4)}/F^{5)}$
12CE4	1:2	4.01	$\Delta\delta_{L_2M} = 4.92$	0.999 76/41 263.6
15CE5	1:1	3.42	$\Delta\delta_{LM} = 1.94$	0.9817/644.5
mC4$^{2)}$	1:1	0.71	$\Delta\delta_{LM} = 8.66$	0.999 19/14 858.48
mC5$^{3)}$	1:1	2.20	$\Delta\delta_{LM} = 2.85$	0.999 11/15 769.54

1) 计算的 lg K 是所有碳原子分别测定 K 的平均值。

2) mC4 环上取代碳原子计算 $\Delta\delta$。

3) mC5 环上取代碳原子计算 $\Delta\delta$。

4) r^2 拟合操作统计学参数，F。

5) F 为统计学因子。

实验结果证明两个新冠醚类似物都只与 NaSCN 形成 1:1 复合物，其结合 Na$^+$ 能力显著下降。12CE4 用甲基尿唑取代后，其 1:2 络合型转为 1:1 型络合。

4.3.2 包结复合物结构

(1) 一维、二维 NMR 技术研究环糊精包结物结构已相当成熟[5,28,29]。近年来不断有新研究成果补充，该技术已经成为研究超分子体系结构的一个重要手段。主要用 ^{1}H NMR、^{13}C NMR 和 2D ROESY 谱判断底物(客体)是否被结合在空腔内以及在空腔内的位置和取向。实验结果证实 α-CD 可以包结苯和一些苯衍生物形成稳定复合物[30]，但小空腔的 α-CD 结合萘衍生物分子的状态将如何判断？在 varian VXR-500s，varian unity plus 400 光谱仪 500 或 400MHz 测定2-甲基萘(**4**)/α-CD([2-甲基萘] $= 2 \times 10^{-4}$ mol·L^{-1}，[α-CD] $= 0 \times 10^{-2} \sim 2.0 \times 10^{-2}$ mol·L^{-1})D$_2$O 溶液的 ^{1}H-COSY 谱和 ^{1}H-^{1}H COSY 谱，提供了判断结构的有用信息[31]。从 2-甲基萘和 α-CD D$_2$O 溶液的 ^{1}H-^{1}H COSY 谱和 $n+1$ 规则归属了各质子化学位移。7.5/8.16ppm 和 7.66/7.82ppm 处的交叉峰，分别为 H$_6$/H$_5$ 和 H$_7$/H$_8$ 的偶合交叉峰,从而归属了 2-甲基萘(**4**)的 7 个质子共振(图 4-8)。

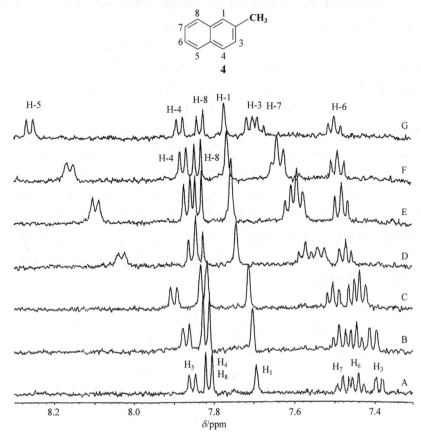

图 4-8　2-甲基萘(**4**)在 α-CD D₂O 溶液中的部分 ¹H 谱[31]

[2-甲基萘]＝2.0×10^{-4} mol·L^{-1},[α-CD]＝[A]0 mol·L^{-1},[B]＝1.0×10^{-3} mol·L^{-1},

[C]＝2.0×10^{-3} mol·L^{-1},[D]＝5.0×10^{-3} mol·L^{-1},[E]＝2.0×10^{-3} mol·L^{-1},

[F]＝1.0×10^{-2} mol·L^{-1},[G]＝2.0×10^{-2} mol·L^{-1}

由图 4-8 得到以下信息。

①α-CD 浓度达到 2.0×10^{-2} mol·L^{-1} 时,所有 2-甲基萘的质子信号都移向低场,其中 H_3、H_5、H_7 大于 H_1、H_4、H_6、H_8。

②原来重叠在一起的 H_4、H_8 信号当 α-CD 浓度达到 5×10^{-3} mol·L^{-1},即 α-CD/2-甲基萘物质的量比为 25/1 时,开始分离。当 α-CD 浓度从 1.0×10^{-2} mol·L^{-1} 增加至 2×10^{-2} mol·L^{-1} 即达到 100 倍时,唯独 H_8 信号反过来向高场位移,表明溶液中至少存在两种复合物,电子吸收和发射光谱证明存在 1:1 和 2:1 两种复合物[32]。

③对于1∶1复合物，α-CD的小空腔结合在甲基上，还是结合在没有取代基的那个苯环上？考虑到CH_3和不含取代基萘环一端疏水性相差不大（α-CD结合**4**的1∶1，2∶1稳定常数分别是：$K_1=44.6\ L\cdot mol^{-1}$；$K_2=376 L\cdot mol^{-1}$）[32]，2∶1复合物中2个α-CD可能同时分别结合到2-甲基萘分子两端并以氢键互相结合。

④根据1∶1、1∶2结合复合物的K_1、K_2的值，模拟了在各种α-CD浓度下，2-甲基萘质子化学位移变化$\Delta\delta_0$。结果表明1∶1复合物H-1、H-4、H-6、H-8的$\Delta\delta_0$大于2∶1复合物。1∶1复合物甲基质子$\Delta\delta_0$稍大于1∶2复合物，而1∶1复合物H-5的$\Delta\delta_0$则比1∶2复合物小。1∶1复合物情况下H_3、H_7和甲基质子基本上没有变化，而H_4、H_5、H_6质子化学位移，在1∶1与1∶2复合物中$\Delta\delta_0$差别不很大，说明2-甲基萘以甲基为头进入α-CD空腔，不含取代基的苯环一端也同时可能为头进入α-CD空腔。按已有的经验，复合物中那些位于空腔中心的质子受空腔影响小，其化学位移变化$\Delta\delta_0$明显小。对于1∶1复合物的2种结构生成的概率几近相等，最终推测溶液中生成2种化学量，3种结构的复合物（式4－1）。从1∶1复合物H_5的$\Delta\delta_0$小于2∶1复合物，可以证明α-CD更喜欢结合萘环带甲基的部位，也就是1∶1包结物浓度将稍高于2∶1包结物。

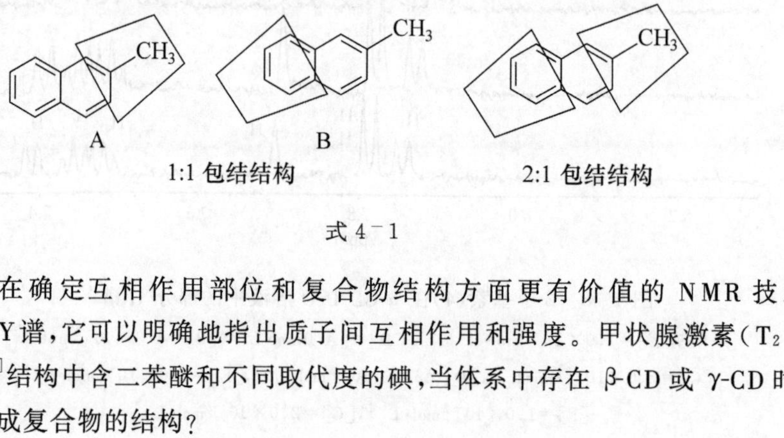

CH3
A
B
1:1 包结结构
2:1 包结结构

式4－1

（2）在确定互相作用部位和复合物结构方面更有价值的NMR技术是2D ROESY谱，它可以明确地指出质子间互相作用和强度。甲状腺激素（T_2、T_3、T_4）（**5**）[33]结构中含二苯醚和不同取代度的碘，当体系中存在β-CD或γ-CD时，如何确定生成复合物的结构？

R1
Hb
HO
B
O
A
I
Hc
H2N
Hα
COOH
Hβ
R2
T2 R1=R2=Ha
T3 R1=I,R2=Ha
T4 R1=R2=I

5

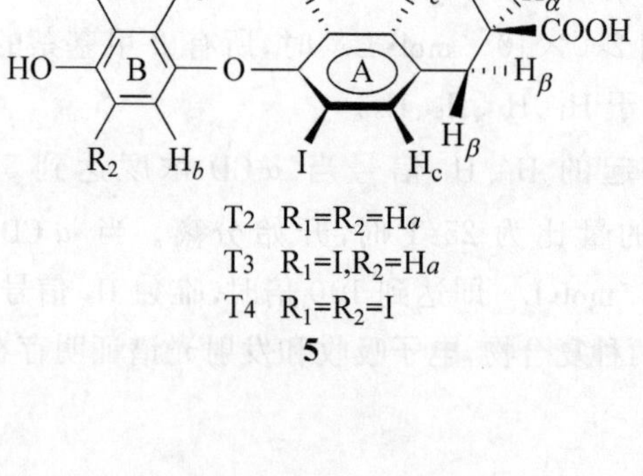

在 Bruker DRX 500 波谱仪(自旋锁场时间 300ms,使用场强 500MHz,复合物浓度 2.5mmol·L^{-1},D_2O 中溶剂质子信号作为第二参比进行校正)。记录比较 β-CD、γ-CD 结合 T_2、T_3、T_4 的谱图。以主-客体分子质子间邻近的互相作用强度表征示于表 4-5。

表 4-5　甲状腺激素和 β-、γ-CD 质子间互相作用的 ROESY 实验($2.5mmol·L^{-1}$,D_2O,$pH=9.98,298K$)[33]

甲状腺激素	客体质子	β-CD			γ-CD		
		H_3	H_5	H_6	H_3	H_5	H_6
T_2	H_a	+++	+++	++	++	+++	+++
	H_b	+++	+++	++	++	+++	+++
	H_c	+	—	—	+++	+++	++
	$H_β$	—	—	—	++	—	—
	$H_β'$	—	—	—	—	—	—
	$H_α$	—	—	—	++	—	—

甲状腺激素	客体质子	β-CD			γ-CD		
		H_3	H_5	H_6	H_3	H_5	H_6
T_3	H_a	+++	+++	+++	+	++	++
	H_b'	++	+++	+++	+	+++	+++
	H_b	++	+	—	—	+++	+++
	H_c	++	—	—	+++	+++	+++
	$H_β$	—	—	—	++	—	—
	$H_β'$	—	—	—	—	—	—
	$H_α$	—	—	—	++	—	—

甲状腺激素	客体质子	β-CD			γ-CD		
		H_3	H_5	H_6	H_3	H_5	H_6
T_4	H_b				+	+++	+++
	H_c				+++	++	++
	$H_β'$	不结合			+	—	—
	$H_β$				+	—	—
	$H_α$				—	—	—

注:+++ 强互相作用;++ 中等互相作用;+ 弱互相作用;— 无互相作用。

表中数据显示 β-CD 不能结合 T_4。T_4 中 B 环的 H_b 和 A 环的 H_c 与 γ-CD 的 H_3、H_5、H_6 在空间上位置靠近。γ-CD 的 H_3 与 T_2、T_3 分子内脂肪链的 $H_β$ 有中等强度互相作用,相反与 T_4 的 $H_β$、$H_β'$ 只有非常弱的互相作用。表明尽管 T_4 中有 4 个碘原子存在很大的空间障碍,仍与 T_2、T_3 一样从仲羟基侧进入 γ-CD 空腔,但其脂肪链却包结的很少。比较 T_3 与 β-CD 和 γ-CD 结合的情况,γ-CD/T_3 交叉峰的数目与强度均高于 β-CD/T_3。β-CD 空腔只能结合 B 环,而环 A、B 都位于 γ-CD 空腔内。ROESY

谱证明 T_2、T_3 与 β-、γ-CD 形成 1:1 包结物,体积更大的 T_4 只与 γ-CD 形成包结物,分子图样(molecular drawing,用 Chem 3D 和 weblab Viewer Softwares 在 PC 工作站绘制分子模型)与 ROESY 谱联合解析结果,证明芳环 B 从仲羟基侧进入 β-、γ-CD 空腔,芳环 A 只有部分位于 β-CD 空腔内,脂肪链在空腔外。但客体分子深埋在 γ-CD 空腔内,B 环在伯羟基一侧,脂肪链部分位于空腔内。

(3) 类似的例子是甲氧基萘丙酸(**6**)在水溶液中(p K_a＝4.2)以解离和未解离

6

混合物形式存在,当加入 CD 后溶液中有 4 种物种:解离和未解离的甲氧基萘丙酸以及它们的包结物。在 Varian Inova 500 MHz 波谱仪上以 d_4-TSPA 为内标,用程序软件测定 Me-β-CD 在 D_2O 中结合甲氧基萘丙酸的 COSY、NOESY 和 ROESY(酸型和阴离子型)谱,以最灵敏的 2D ROESY 为例展示结果。目的在于获得补充数据,判断化学量为 1:1 情况下甲氧基萘丙酸分子是否是以羧基为头从 β-CD 仲羟基侧进入空腔[34,35]。结果表明在 300 ms 混合时间内 2D ROESY 谱[图 4 - 9 (c)]明确提供在 β-CD 和甲氧基萘丙酸相应质子间信号的 NOE 增强,证明在甲氧基萘丙酸质子与 β-CD 的 H-3、H-5、H-6 质子间有强交叉峰,但与 β-CD 的 H-2、H-4 质子间明显地不存在互相作用[图 4 - 9(c)]。原则上可以认为有 2 种包结模式:羧基位于伯羟基(空腔小口)一边或靠近仲羟基(空腔大口)一端,但得到的 2D ROESY 谱不能肯定或否定其中的任何一个模式(图 4 - 9)。β-CD 的 H-5 与甲氧基萘丙酸的 H_1、H_3 和 H_5、H_7 质子都有相关交叉峰,不能证明哪一种模式的结合处于优先地位,说明没有特异结合。由图 4 - 9 可以看出,在羧酸情况下 β-CD 的 H-3 与 H_4、H_8 的互相作用较 H_5、H_7 弱,但在甲氧基萘丙酸阴离子情况下强度相当。2D ROESY 实验还反映,对于甲氧基萘丙酸分子,两端取代基偶极接触并非对称的,与 H_1 和 H_5 作用要强于 H_3 和 H_7。用半经验 AMI 法研究表明最优化结构与功能基绕 3 个单键(在 **6** 结构式中标注 *)旋转有关,最稳定构象作为初始结构进行从头计算,结果也发现较强互相作用的质子是被甲氧基中的甲基掩蔽的 H_5 和羧甲基的 CH 掩蔽的 H_1。

(4) β-CD 与三苯膦三磺酸钠(TPPTS)(**7**)的结合需要证明化学量和结合位[36]。在 Bruker Avance DMX 和 DRX 波谱仪 600.13 MHz、300.13 MHz 记录的 ^{1}H NMR 谱,用 Bruker BVT 2000 变温单元控制探针温度为 268 K 或(298±0.1)K。以内毛细管方式加入三甲基硅基-3-丙酸-d_4-2,2,3,3 钠盐(d_4-TSPA)作为参比物,混合时间 300 ms。图 4 - 10 明确地指出至少有一个芳环进入 β-CD 空腔,在 β-CD 的

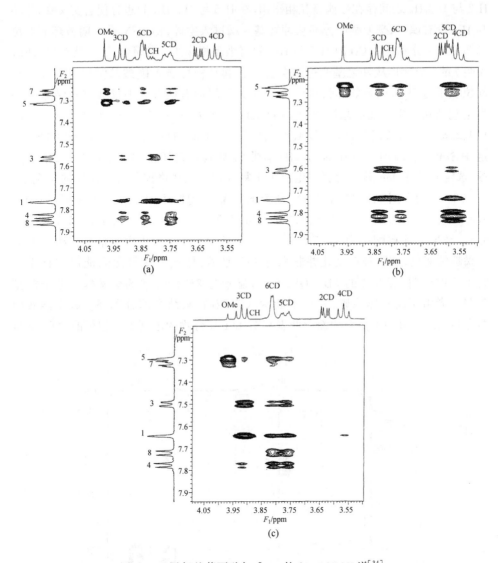

图 4 - 9　甲氧基萘丙酸与 β-CD 的 2D ROESY 谱[34]

(a) 甲氧基萘丙酸阴离子 1 mmol·L⁻¹　(b) 甲氧基萘丙酸阴离子 10 mmol·L⁻¹

(c) 甲氧基萘丙酸 0.1 mmol·L⁻¹

H-3 与 H_m，H_o 之间存在强偶极互相作用，在 H-5 与 H_p、H_m 间也有偶合交叉峰，芳环与 H-6 没有偶合，毫无疑问芳环从仲羟基一端进入空腔，ROESY 谱表明芳环的对位和邻位质子分别与 β-CD 的 H-5 和 H-3 间有强互相作用。芳环与 H-6 没有交叉峰，说明 **7** 的 1 个苯环从仲羟基侧进入空腔。看起来极可能是磺酸基深埋入空腔，邻、间位质子与 H-3，以及邻、间、对位质子与 H-5 间均有偶合。但仅凭这一结果不能肯定包结几何学。配制总浓度为 $10\ mmol \cdot L^{-1}$ D_2O 溶液 TPPTS/β-CD 比在 0/10、1/9、2/8、3/7、4/6、5/5、6/4、7/3、8/2、9/1、10/0 范围变化，于 268K、600MHz 测定 [1] H NMR 谱，显示 β-CD 的 H_3，H_5 有非常明显的高场位移。由图 4-10 中的数据，选定质子作 Job 图。均表明生成 1:1 复合物。在严格控制实验条件的情况下，于 298K 重复以上 [1] H NMR 实验，设置的样品中增加了以下 [TPPTS]/[β-CD]：6.5/3.5、5.75/4.25、5.5/4.5、5.25/4.75、4.75/5.25、4.5/5.5、4.25/5.75、3.5/6.5。结果发现在配比为 4.25/5.75 和 7/3 处 β-CD 的 H-1 质子信号发生了令人感兴趣的变化，实验证明变化并非来自 1:1 平衡，作连续变量图未能得到化学量为 1:1 的证明。298K 的 2D ROESY 谱，显示与 268K 同样的交叉峰。分子模型表明后者由于高立体障碍，苯环不能深入空腔内，只结合部分苯环。假定溶液中存在 1:1、2:1 和 3:1 复合物而后两者相对 1:1 复合物的浓度处于很低的水平，而且

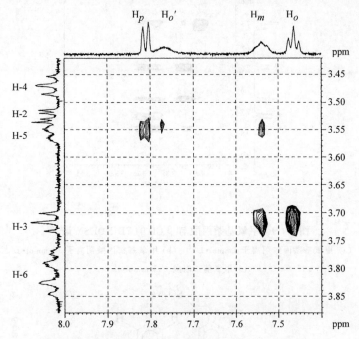

图 4-10　β-CD($1mmol \cdot L^{-1}$)和 TPPTS($6mmol \cdot L^{-1}$)
D_2O 溶液 268K 的部分 ROESY 谱[36]（混合时间 300ms）

2:1、3:1 模式的复合物,由于立体障碍使得苯环不能深入到第二、第三个 CD 空腔,因而在 ROESY 谱上不能出现增补的交叉峰。重复后一实验得到同样结果,这一推测被质谱数据证实。TPPTS/β-CD(1:1)混合物在不同孔口电位下的电喷射质谱表明,除相当于 1:1 包结的[β-CD+TPPTS]$^{2+}$ 峰 m/z 874(85.9%)外,在 m/z 1440(24.4%) 和 1345(18.1%)处的两个峰相当于[β-CD$_2$ + TPPTS]$^{2+}$ 和 [β-CD$_3$+TPPTS]$^{3+}$ 包结物,但强度低。

4.3.3　研究冠醚-阳离子交换机理

(1)研究大环配体对碱金属和碱土金属离子的结合和解离机理以便进一步认识选择结合本质。其中有很多关于热力学和结构的研究报道,但却忽视了动力学和机理的研究,近年来有一些碱金属-大环配合物在不同实验条件下的 NMR 研究结果,但由于灵敏度低还不能用于测定交换动力学。这里推荐的动态质子 NMR 法(dynamic proton NMR method)曾用于研究 18 冠 6(18CE6)与碱土和一些过渡金属络合物的交换和配体交换机理[37,38]。此后又用质子 NMR 线性分析(proton NMR line-shape analysis),确定不同二元水-乙腈混合溶剂中 18CE6 在游离 Ba^{2+} 和 1:1 络合物之间的化学交换动力学参数和机理[39]。

将 18CE6-乙腈复合物沉淀,得到的晶体在室温真空下放置脱去乙腈。在 JEOL JNM-EX90 FT-NMR 波谱仪记录 250～318K 的 ^{1}H NMR 谱,操作频率 90MHz,TMS 作内标。游离和络合 18CE6 的线宽用 Lorentzian 函数拟合 NMR 谱。完全线形分析技术和改进的 Bloch 方程[40,41]确定交换过程的平均寿命 τ,非线性最小二乘法[42]用来拟合谱图的 100～150 个数据点提取 τ 值。

最早用 ^{23}Na NMR 谱研究 Na$^+$-二苯并 18 冠 6(Na$^+$-DB18CE6)在不同溶剂中的解离动力学[42,43],提出通过解离途径进行钠离子在溶剂和结合位间交换

$$\text{M}^+ \text{-冠醚} \underset{k_1}{\overset{k_{-1}}{\rightleftharpoons}} \text{M}^+ + \text{冠醚} \tag{4-28}$$

此后又有研究[44]报道用 ^{39}K NMR 证实在 1,3-二氧戊环(1,3-dioxolane)中 K$^+$-18C6 交换,服从双分子金属交换机理

$$^*\text{M}^+ + \text{M}^+ \text{-冠醚} \overset{k_2}{\rightleftharpoons} \text{M}^+ + {}^*\text{M}^+ \text{-冠醚} \tag{4-29}$$

在这两个机理中的平均寿命 τ,可用方程(4-30)表达

$$1/\tau = k_{-1}[\text{冠醚}]_t/[\text{冠醚}]_f + 2k_2[\text{冠醚}]_t \tag{4-30}$$

方程中:[冠醚]$_t$ 代表总浓度;[冠醚]$_f$ 是未结合金属的冠醚浓度。由方程(4-30)作 $1/\tau[\text{冠醚}]_t$ 对 $1/[\text{冠醚}]_f$ 图,可以确定 Ba^{2+}-18CE6 在不同溶剂交换过程中两种机理的贡献。

^{1}H NMR 线性分析研究不同乙腈-水混合溶剂中 Ba^{2+}-18CE6 的交换动力

学,由图 4－11 可见,在 50％乙腈中,所有温度下(250～303K)18CE6 都通过解离机理进行游离和 Ba^{2+}-18CE6 络合位间交换。当二元混合溶剂中乙腈含量大于 50％时,解离和双分子机理都对配体交换有贡献。无论哪种机理占主导地位,都得到线性 $\ln k$ 对 $1/T$ 图。由图中斜率可以计算 18CE6 从其 Ba^{2+} 络合物中释放的活化能 E_a,并从 Eyring 过渡态理论(Eyring transition-state theory)计算得到按两种机理进行配体交换的各种活化参数:$\Delta H^{\neq}$、$\Delta S^{\neq}$、$\Delta G^{\neq}$。通过讨论提出是哪些参数控制交换速率和反应机理。数据表明,双分子机理优于解离机理主要原因是熵,从络合初态到过渡态在进行双分子交换时伴随着释放溶剂分子,导致正 $\Delta S^{\neq}$。通过解离途径,在形成过渡态途径中将从其 18CE6 络合物中部分释放 Ba^{2+},如预料的,由于存在较高程度的组合,而使 $\Delta S^{\neq}$ 值呈现负值。设想,当增加混合溶剂中的水含量时,解离途径中的 $\Delta S^{\neq}$ 将变得更负。有趣的是,按双分子机理进行的溶剂体系,尽管 $\Delta H^{\neq}$、$\Delta S^{\neq}$ 值与溶剂性质有关,活化自由能 $\Delta G^{\neq}$ 却不受混合溶剂组成的支配。原因是在双分子机理中初态和终态是等同的,溶剂不会对 $\Delta G^{\neq}$ 值有很大影响。在解离机理处于优势的情况下,$\Delta G^{\neq}$ 却与溶剂组成有关,随混合溶剂中水含量的增加而减少。

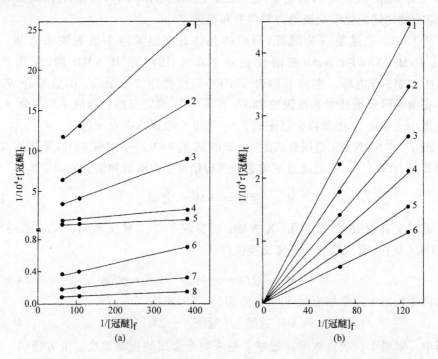

图 4－11　Ba^{2+}-18CE6 络合物在不同温度(K)下的 $1/\tau[$冠醚$]_t$ 对 $1/[$冠醚$]$ 图[39]

1—303;2—295;3—288;4—280;5—273;6—265;7—259;8—250

(a) 90％乙腈　(b) 50％乙腈

（2）NMR 技术由于灵敏度高，可以用 ^{7}Li NMR 研究 Li 离子与各种冠醚（12CE4、15CE5、B15CE5、18CE6 和 DC18CE6、DB18CE6）在丙酮－硝基苯二元混合溶剂中的络合物化学量与稳定性[45]。用 JEOL FX90Q FT-NMR 波谱仪，21.13 kG 下测定。以 4.0mol·L^{-1} LiCl 水溶液为外标，自参比顺磁（低场）位移规定为正信号。所有 LiClO$_4$ 溶液浓度均为 0.01mol·L^{-1}，探针温度为（25±0.1）℃，测得结果示例于图 4－12。作不同 Li$^+$-冠醚体系在不同溶液中的 δ 对［冠醚］/［Li$^+$］图，所有情况下都只观察到一个金属离子布居－平均共振，表明 Li$^+$ 在 2 个阳离子位（即溶剂化阳离子和络合位阳离子）之间的交换比 NMR 时标（time scale）快。从所得的 Li$^+$ 化学位移作为［冠醚］/［Li$^+$］的函数性质分析有两种类型：①反磁位移随［冠醚］/［Li$^+$］增加表现为线性变化，在物质的量比达到 1 附近之后共振频率不再变化，如丙酮、混合溶剂（其中丙酮含量为 80%、60%、40%、20%）中的 Li$^+$-15CE5 和 Li$^+$-B15CE5，以及 20% 丙酮（AC）中的 Li$^+$-DC18CE6。表明形成了十分稳定的 1∶1 络合物；②不表现任何趋向性，如 Li$^+$-12CE4、Li$^+$-

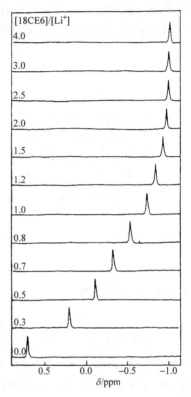

图 4－12　0.01mol·L^{-1} LiClO$_4$ 在 20% AC 溶液中不同 18CE6 物质的量比的 ^{7}Li NMR 谱[45]

DB18CE6 在所有混合溶剂，以及 Li$^+$-DB18CE6 在≫60% AC 溶剂中，这种情况可能形成不稳定的络合物。测定结果用非线性最小二乘曲线拟合程序[46]计算出稳定常数 K_f。

（3）核裂变产物 ^{137}Cs 与 ^{90}St 构成核废料的主要热源[47]，为从核废料中移除 ^{137}Cs，曾合成了各种结构的离子载体，包括桥联杯[4]芳烃。后者对 Cs 有选择性，但其框架对 Cs 离子显小，而不加修饰杯[6]芳烃框架尺寸对 Cs 离子是合适的。但未修饰的杯[6]芳烃柔性大，为此合成了用 1,2,4,5-四甲基苯基桥联的杯[6]芳烃 **8**，用 ^{1}H NMR 测定了 **8** 和 **8**-Cs 中相应质子化学位移变化，标注于 **9** 中（＋号表示低磁场位移，－号表示向高磁场位移）。数据表明四甲苯基（H$_6$）、苯甲醚（H$_4$）和 2 个—OCH$_2$ 质子（H$_e$，H$_f$）均明显低场位移（Δδ 分别为＋1.08、＋0.60、＋0.61、＋0.45），但甲氧基、桥亚甲基质子（H$_a$，H$_b$，H$_c$，H$_d$）则只观察到很小变化（Δδ 分别为＋0.08、＋0.19、－0.09）。表明 Cs$^+$—O（四甲苯基键连的氧）以及四甲苯基和

苯甲醚与 Cs^+ 的 Cs^+-π 互相作用是结合 Cs^+ 主要的驱动力,而苯甲醚芳杯上的 2 个甲氧基的 O 几乎不参与 Cs^+ 的结合。

4.3.4 手性识别机理

(1) 超分子化学研究中一个重要的内容是进一步揭示结构与功能的关系,以便设计性能更为优异的主体。NMR 技术是结构和构象分析的有用工具[48~51]。1D、2D NMR 谱研究 N-丹酰基-L-(D-)加盖 β-环糊精[N-dansyl-L-(D-) leucine appended β-CD]自身以及在客体金刚烷醇(1-adamantanol)存在下的构象变化,提供了有益的结果[52]。Varian VXR-500S 和 UNITY plus-400 光谱仪,操作场强为 499.843 MHz 和 399.973 MHz,溶剂 D_2O,HDO($δ=4.70$)为内标,TSP($δ=0$)为外标,记录 1D、2D TOCSY,PFG MQF-COSY,PFG ^1H-^{13}C HSQC,NOE 差谱以及 ROESY 谱,准确归属了 **10**(L 型)和 **11**(D 型)的共振。葡萄糖单元 A 的 H_6 质子在 ^1H NMR 谱上分散,同时由于羧基各向异性屏蔽效应使共振位移归属困难。使用 400 MHz 脉冲场梯度(pulsed field gradient,PFG)[53],^1H-^{13}C ^1H 检测的杂核单量子相干谱(PFG ^1H-^{13}C HSQC),由已知的 A 葡萄糖单元-C_6 的共振归属 H_6 的共振峰,最后用 ROESY 谱加以证实。从葡萄单元 C_4 与相邻葡萄糖单元的 ^1H 相关,确定葡萄糖单元序列[54]。**10** 的 H-E3、H-E5 和 **11** 的 H-A3、H-A5、H-D3、H-D5、H-E3、H-E5、H-G5 都是位于空腔内的质子,其 ^1H NMR 谱均明显移向高场,说明丹酰基部分位于空腔内,各向异性环流效应导致高场位移。D_2O 中 500 MHz ^1H NMR 谱表明 **10**、**11** 与 N-丹酰基-L-亮氨酸的图谱明显不同,表明丹酰基在空腔内的位置不同。萘环部分的 ^1H 共振用 NOE 差谱和 COSY 谱归属,由于丹酰基中二甲氨基倾向取式 4-2 中的(a)构象,选择照射甲基共振($δ=2.88$)将导致 H_6' 质子有最大增强,H_4' 质子有较小增强(图4-13),从而确定了 H_6' 和 H_4' 共振,分别为 7.27 ppm 和 8.53 ppm。确认丹酰基在平衡中可能优先选择的状态是(a)。用 PFG MQF-COSY 谱中从 H-6′、H-4′ 起始的偶合关系归属

了丹酰胺的其他 ^{1}H 共振。

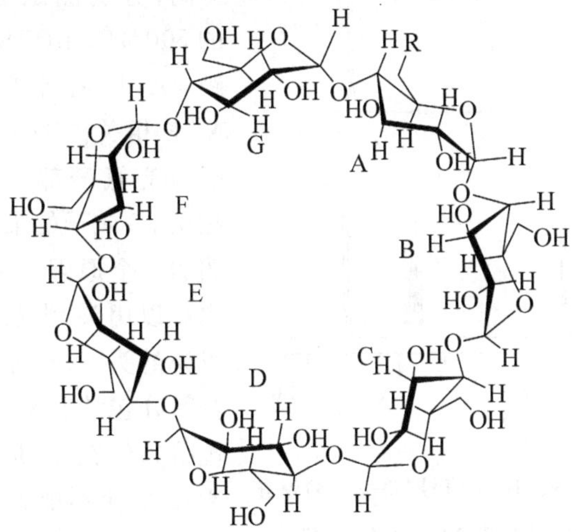

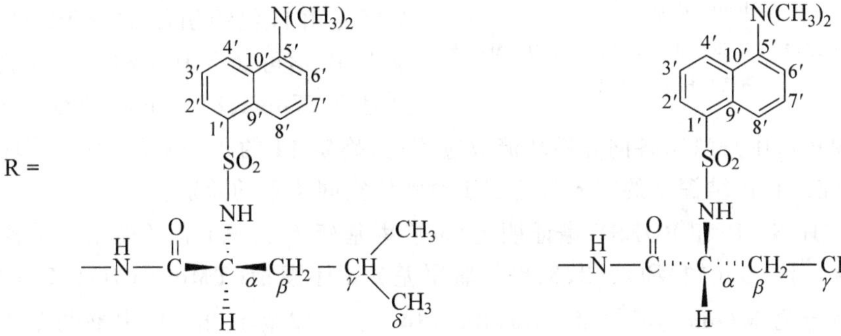

R =

10　　　　　　　　　　　　**11**

(a)　　⇌　　(b)

式 4-2

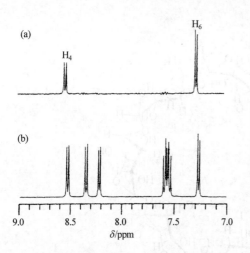

(a)

H$_4$

H$_6$

(b)

9.0   8.5   8.0   7.5   7.0
δ/ppm

图 4-13 预照射 N(CH$_3$)$_2$ 信号(δ=2.88)芳香
质子区 400 MHz 丹酰胺 NOE 差谱(溶剂
methanol-d_4,25℃)[52]

(a) NOE 差谱 (b) 25℃ MeOH 中的常规 ^{1}H NMR 谱
两谱均用 1Hz 线宽

为证明丹酰基在 β-CD 空腔内的方向,分别测定 D$_2$O 中 **10**、**11** 在 25℃ 的 500 MHz ROESY 谱,如果两质子相距 4Å,则在空间偶合即可观察到 NOE 相关。ROESY 谱显示 β-CD 质子与亮氨酸部分质子只有弱的 NOE 相关,δ 质子的柔性移动是使 NOE 变弱的一个原因。尽管这个 NMR 数据也可以用头-头双分子结合来解释,这里说的头-头双分子包结,指的是丹酰基部分包结在对方的空腔内(分子间包结),但在 δ 质子和 β-CD 质子间的 NOE 效应不能解释存在头-头双分子包结,也排除了头-尾包结的可能,而只能是由自包结引起的 NOE 相关。从 NOE 谱可确定 H-6$'$ 和 H-4$'$ 共振分别是 7.27 ppm、8.53 ppm,NOE 数据

和 ^{1}H NMR 谱中丹酰基各向异性环流效应程度,确定 **11** 的丹酰基较 **10** 更深埋入 β-CD 空腔。自包结深度的差异仅起因于对映体空间构象的差别。

(2) ^{1}H NMR 和 ROESY 谱证明七(6-羧甲基硫-6-去氧)-β-环糊精七阴离子(per-CO$_2^-$-β-CD)(**12**)和六(2,3,6-三氧甲基)-α-环糊精(TMe-α-CD)(**13**)能识别金属络合物 M(phen)$_3^{n+}$(M=Ru,Rh)(**14**)[55]。**12** 标注出 CD 中葡萄糖单元 C$_6$ 位的 2 个 H(a、b)和羧甲基硫修饰基的 2 个亚甲基 H(a、b),它们所处环境不同,在 ^{1}H 谱中有裂分(图 4-16)。

12

13

14

在 JEOL JNM-A400(400 MHz)波谱仪,TSP 作为外标,记录具有螺旋构型的手性客体($\mathbf{14}$)Ru(phen)$_3$(ClO$_4$)$_2$(1×10^{-3} mol·L^{-1})和各种 CD(8×10^{-3} mol·L^{-1})存在下 D$_2$O 中 25℃的^{1}H NMR 谱(图 4 – 14),结果表明 α-、β-、γ-CD 不影响[Ru(phen)$_3$]$^{2+}$的共振谱,它们不与两价阳离子客体互相作用,加入 TMe-β-CD,单-CO$_2^-$-β-CD 和多-CO$_2^-$-α-CD 时谱稍变宽,表明有弱互相作用,而多-CO$_2^-$-β-CD 则使所有信号低场位移且每个信号都分裂为二,表明生成了非对映复合物(diastereomeric complex)。^{1}H NMR 滴定曲线用非线性最小二乘法[56]确认与 1:1 络合方程拟合得很好,确定了络合常数 K、自由能差 $\Delta\Delta G° = \Delta G_\Lambda° - \Delta G_\Delta°$ 等对映体选择性的表征值(表 4 – 6)。按经验 CD 识别对映体选择性 $|\Delta\Delta G°|$ 通常低于 1kJ·mol^{-1},相当于中等大小的 K 值(>100L·mol^{-1}),这里 $\Delta\Delta G° = 1.9$kJ·mol^{-1},表明设计的结构是识别相当好的体系。Per-CO$_2^-$-γ-CD 识别的 $\Delta\Delta G°$ 为 0.61kJ·mol^{-1},原因是 γ-CD 空腔太大,难以识别结构上的几何学差别。

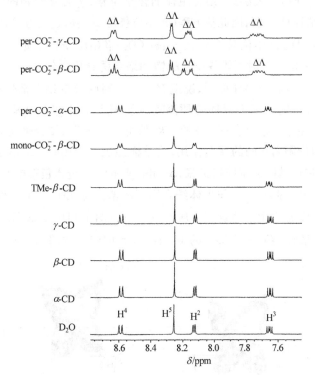

图 4 – 14　CD(8×10^3 mol·L^{-1})存在下(±)
Ru(phen)$_3$(ClO$_4$)$_2$(1×10^3 mol·L^{-1})的^{1}H NMR 谱(25℃,pD=7.0)[55]

对于主体结合位,可以从表 4 – 6 中所示条件下主体 CD 的^{1}H NMR 谱得到的数据,用饱和络合诱导化学位移 $\Delta\delta_{sat}$ 来定义

$$\Delta\delta_{sat} = (\delta_f - \delta_c)/\chi \tag{4-31}$$

表 4-6 $[Ru(phen)_3]^{2+}$、$[Rh(phen)_3]^{3+}$ 与 per-CO_2^--β-CD(-γ-CD)

在 $0.067 mol\cdot L^{-1}$ 磷酸缓冲液 pH=7.0, 25℃的络合常数[55]

客　体	主　体	$K/(L\cdot mol^{-1})$	K_Δ/K_Λ	$\Delta\Delta G^\circ/(kJ\cdot mol^{-1})$
Δ-$[Ru(phen)_3]^{2+}$	per-CO_2^--β-CD	1250±50	2.12	1.86
Λ-$[Ru(phen)_3]^{2+}$	per-CO_2^--β-CD	590±40		
Δ-$[Ru(phen)_3]^{2+}$	per-CO_2^--γ-CD	1140±50	1.28	0.61
Λ-$[Ru(phen)_3]^{2+}$	per-CO_2^--γ-CD	890±40		
Δ-$[Rh(phen)_3]^{3+}$	per-CO_2^--β-CD	1500±60	1.43	0.88
Λ-$[Rh(phen)_3]^{3+}$	per-CO_2^--β-CD	1050±40		
Δ-$[Rh(phen)_3]^{3+}$	per-CO_2^--γ-CD	1560±40	1.13	0.31
Λ-$[Rh(phen)_3]^{3+}$	per-CO_2^--γ-CD	1380±40		

方程中：δ_f、δ_c 分别代表游离、结合主体的化学位移；χ 为复合物的摩尔分数。由于可以通过 K 值计算 χ 值,因此从方程(4-31)获得 $\Delta\delta_{sat}$ 值定义为:当所有主体都与客体形成复合物时的化学位移变化。从 per-CO_2^--β-CD(-γ-CD)质子与 Δ-、Λ-对映体 $Ru(phen)_3(ClO_4)_2$ 结合时主体各质子的饱和络合诱导化学位移 $\Delta\delta_{sat}$(ppm)(正、负值分别表示高场、低场位移)柱形图,说明客体 2 个对映体的结合部位都在 $SCH_2CO_2^-$ 一侧(即伯羟基一侧),多个芳环的环流效应使 H-5、H-6 和亚甲基质子化学位移明显移向高场。由于 per-CO_2^--β-CD 的 pK_a 值低于 5.6[57],结合驱动力主要是主体阴离子与客体两价阳离子间的库仑作用,简单模型表达于图4-15,由于多个阴离子基团的斥力,使伯羟基侧的空腔口扩张,Δ-$[Ru(phen)_3]^{2+}$ 进入包括由 $SCH_2CO_2^-$ 基构成的空腔,而 Λ-$[Ru(phen)_3]^{2+}$ 与主体结合则很松散。per-CO_2^--β-CD 和 per-CO_2^--γ-CD 与客体的结合没有本质上的差别。从 ROESY 谱(图4-16)中 Δ-$[Ru(phen)_3]^{2+}$-per-CO_2^--β-CD 体系观察到客体特有的 H^3、H^5 与 β-CD H-5 的偶合交叉峰,表明至少有

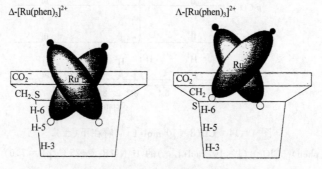

图 4-15　由 ^{1}H NMR 光谱数据推导出的 per-CO_2^--β-CD

与 Δ-和 Λ-$[Ru(phen)_3]^{2+}$ 离子络合物的简单模型[55]

一个菲咯啉(phenanthroline)环结合到 β-CD 空腔内,客体与 β-CD 的 H-6 没有观察到任何相关峰,但 $SCH_2CO_2^-$ 与菲咯啉的 H^2、H^5 质子间有很弱的交叉峰,表明 $\Delta\text{-}[Ru(phen)_3]^{2+}$ 的位置动摇不定,也可以归因于构成壁的 $SCH_2CO_2^-$ 基动摇不定。

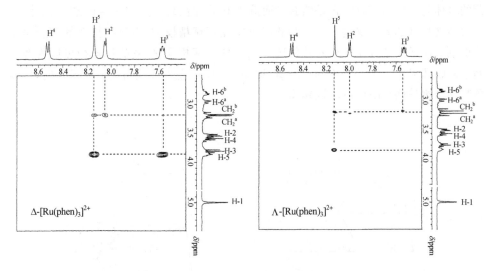

图 4-16　$per\text{-}CO_2^-\text{-}\beta\text{-}CD$ 与 Δ、$\Lambda\text{-}[Ru(phen)_3]^{2+}$ 包结物的 ROESY 谱[55]

$Ru(phen)_3(ClO_4)_2$ 浓度 $3\times10^{-3}\,mol\cdot L^{-1}$,$per\text{-}CO_2^-\text{-}\beta\text{-}CD$ 浓度 $1.6\times10^{-3}\,mol\cdot L^{-1}$

D_2O,pD=7,25℃氩气氛下

在 $\Lambda\text{-}[Ru(phen)_3]^{2+}\text{-}per\text{-}CO_2^-\text{-}\beta\text{-}CD$ 的 ROESY 谱中只观察到 H^5 与 β-CD H-5 质子间很弱的偶合交叉峰,以及 H^5、H^2、H^3 与 $SCH_2CO_2^-$ 之间有非常弱的偶合,表明后者是一个松散的复合物。在 $[Ru(phen)_3]^{2+}\text{-}per\text{-}CO_2^-\text{-}\gamma\text{-}CD$ 体系,观察到客体(Δ体与Λ体)H^5 与 γ-CD H-5 之间有强交叉峰(略),以及 $SCH_2CO_2^-$ 与 $\Delta\text{-}[Ru(phen)_3]^{2+}$ 所有质子间的特征相关。表明形成了紧密结合的复合物,也表明 $SCH_2CO_2^-$ 基团的摇动状态降低。相反在 $\Lambda\text{-}[Ru(phen)_3]^{2+}\text{-}per\text{-}CO_2^-\text{-}\gamma\text{-}CD$ 的 ROESY 谱中 $SCH_2CO_2^-$ 与 $\Lambda\text{-}[Ru(phen)_3]^{2+}$ 之间没有强交叉峰,仅 $SCH_2CO_2^-$ 的 CH_2 与客体 H^2、H^3 间有很弱的偶合,而且仅在 $\Lambda\text{-}[Ru(phen)_3]^{2+}$ 的 H^5、H^3 与 γ-CD 的 H-5 间有强交叉峰,说明 $\Lambda\text{-}[Ru(phen)_3]^{2+}\text{-}per\text{-}CO_2^-\text{-}\gamma\text{-}CD$ 比 $\Delta\text{-}[Ru(phen)_3]^{2+}\text{-}per\text{-}CO_2^-\text{-}\gamma\text{-}CD$ 复合物结构的摆动性更大,两个复合物结构完全不同。同样方法测定了由 α-、β-、γ-CD 以及 TMe-β-CD 和 TMe-α-CD 组成体系的 $\Delta\delta_{sat}$,发现只有 TMe-α-CD 结合 Δ-或 $\Lambda\text{-}[Ru(phen)_3]^{2+}$ 后 TMe-α-CD 3-位的 OCH_3 信号明显位移,表明结合位在仲羟基一边。ROESY 谱中观察到在 $\Lambda\text{-}[Ru(phen)_3]^{2+}$ 的 H^2、H^3、H^4、H^5 质子与 α-CD 3-位的 OCH_3 质子间有强相关峰,而 3-位 OCH_3 质子只与 $\Delta\text{-}[Ru(phen)_3]^{2+}$ 的 H^2、H^3 质子有

强相关峰,证明 Λ-[Ru(phen)₃]²⁺ 与 TMe-α-CD 结合比 Δ-[Ru(phen)₃]²⁺ 深,与 Δ-[Ru(phen)₃]²⁺ 形成的是松散复合物。以上结果暗示 per-CO₂⁻-β-CD 倾向与 Δ-[Ru(phen)₃]²⁺ 对映体结合,而其对映体则选择性结合到 TMe-α-CD 空腔(带正电荷的客体与 TMe-α-CD 结合是焓有利而熵不利的过程),这其中包含的意义是什么?对映体选择性的差异又是什么?为此提出扭变环糊精模型,不对称扭变的空腔是手性识别的起源。伯羟基一边对映体选择性与仲羟基相反,扭变的环糊精可以为客体两个对映体提供一个截然不同的环境,按图 4-17 中扭变环糊精箭头编排方向,可以预测结合客体两对映体的不同模型。

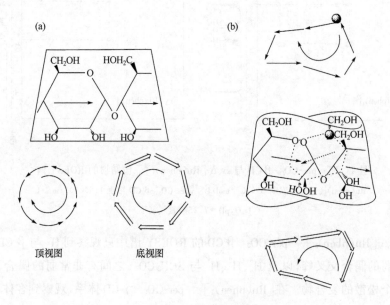

图 4-17　扭变环糊精
(a) C₇ 对称的 β-CD　(b)扭曲的 β-CD
直线和图箭头分别代表吡喃葡萄糖单元和客体螺旋方向[55]

4.3.5　分子内动态

(1) 在杯[4]芳烃周边或骨架上引入取代基将明显改变配位金属的能力,根据这一现象可以设计新的有机-无机聚集体。游离的对特丁基磺酰杯[4]芳烃(H₄L)(**15**)在溶液中的构象动态与温度存在依存关系。发现在 Zn[H₂L(TACN)]络合物(**16**)固体结构中,Zn(II)阳离子迫使 H₂L²⁻采取锥体构象而且 Zn(TACN)²⁺这部分在由 8 个给电子性质的氧原子形成的大环上进行平面的表面平滑移动[58]。**16**的固体结构可从 X 射线晶体衍射图确认。测定**16**在 CD₂Cl₂ 溶液中的变温 ¹H NMR 谱(图4-18),结果表明在 -60℃时,芳香区域有 4 个等强度的单峰 δH=7.90、7.88、7.81、7.80,它

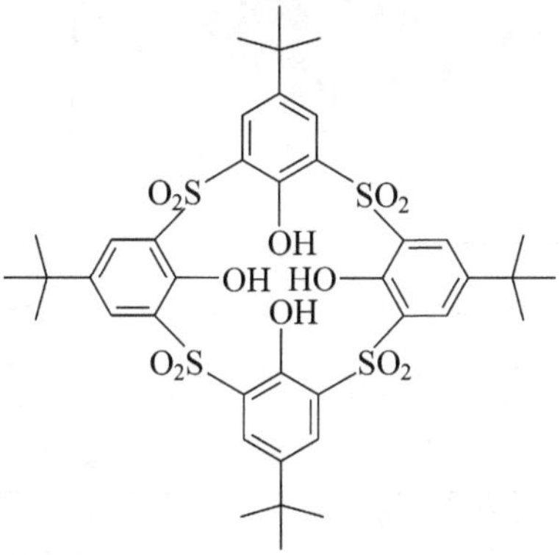

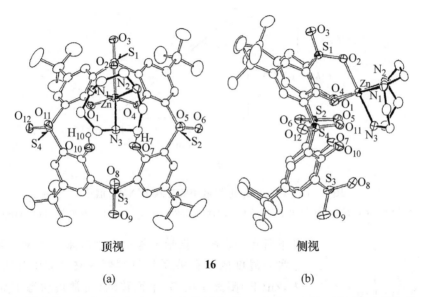

15

顶视　　　　　　　　　　　　　　　侧视

16

(a)　　　　　　　　　　　　　　　(b)

们可以归属为苯环上间位质子(H_m)的化学位移。表明 4 个苯环处于两种化学环境。如图 4-19 所示,一种是 H_a、H_b,另一种是 H_c、H_d。同时暗示存在准镜平面将杯[4]芳烃分成两个相等部分,也就是说假定在水溶液中化合物**16**的构象与固态类似。Zn(Ⅱ)处于八面体环境中与 H_2L^{2-} 和 TACN 配位,两者都是三叉面式。

前者以锥体构象通过 2 个去质子的酚氧基(O_1,O_4)和 1 个磺酰基氧(O_2)配位到 Zn 中心,Zn 中心的其他位置被 TACN 的 N_3 原子占据(**16**)。TACN 和非配位的酚基形成空间障碍迫使**16**采取锥体构象,导致 4 个酚氧原子和 4 个轴磺酰氧原子共平面,在溶液中 Zn(Ⅱ)阳离子在这个 O_8 平面上移动。在固态,相邻络合物的 1 个特丁基包进由 4 个苯基形成的空腔内,因而固体是二聚体。当溶液温度升高时,^{1}H NMR 谱中苯环的 4 个峰逐渐变宽并且互相叠合,到达室温成 1 个尖的单峰。表明在这个温

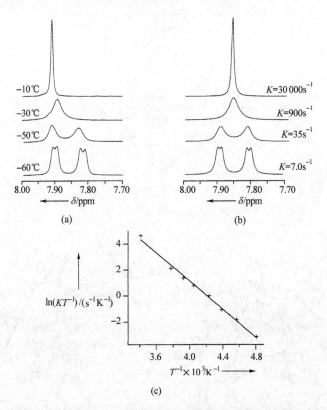

图 4-18　**16**在 CD$_2$Cl$_2$ 溶液中的变温^{1}H NMR 谱[58]

（a）Zn(H$_2$L)(TACN)**16**CD$_2$Cl$_2$ 中的^{1}H NMR 谱与温度的依存关系　（b）模型模拟谱　（c）Eyring 图

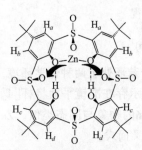

图 4-19　Zn(Ⅱ)阳离子
滑动模型[58]

图中不标明 TACN 和质子（除
苯基 H$_m$ 以外质子）

度下所有 H$_m$ 质子化学上等价。这时未发生配体解离，这种对温度的依存关系只可解释为在 NMR 时间范围内，Zn(Ⅱ)阳离子在 O$_8$ 平面移动（用常规动态-NMR 光谱法分析）[59]。按模型用光谱模拟从一个位置滑动到相邻位置的速率常数。由 Eyring 图确定 $\Delta H^{\neq}$ 和 $\Delta S^{\neq}$，并由此判断滑动过程的机理，研究结果提供了认识这种模型中键形成和破裂的有用信息。

（2）分子或超分子内部组分间移动而获得某种功能，通常叫它分子机械（molecular machine），轮烷可以说是其原型。它可以实现穿进去的大环梭沿着哑铃长轴做长程转移运动。梭可以用化学、电化学、光化学作为驱动力，而用光刺激可得到快应答，如偶氮苯或二苯乙烯的 E/Z 光异构化[60a]。由二苯乙烯哑铃分子和 α-CD 组成的轮烷**17**，在用 340nm 光照时生成 Z 体，结果使 340nm 左右的吸光度下降,265nm 吸光度增加,当用 265nm 光照时又返回到 E 体(图 4-20)。

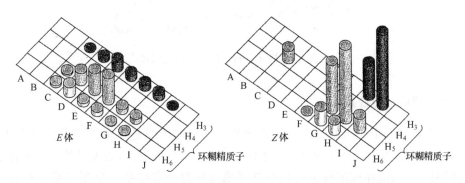

(a) **17** (b)

式 4-3

图 4-20　**E-17**光异构化为 **Z-17**在两异构体 H_A～H_J 与 α-CD 质子间的关键 NOEs[60a]

Mass 和 NMR 光谱检测,在延长照射时间时,确认生成了二苯乙烯的预期降解产物:环丁烷和水合二苯乙烯单元。但在 α-CD 包结下则未检查出环丁烷,而且光水合作用速率比本身慢 5 倍,却给出非对映体混合物,表明包结增强了发色团抗疲劳的反应能力。式 4-3 展示伴随 E/Z 异构化引起的梭移动,可以用异构体的 NOEs 图形予以证实。在 E-异构体情况下,观察到哑铃形分子的 H_C-H_F 间质子与 α-CD H_3、H_5、H_6 质子间的许多 NOE 信号,这些信号与单纯静态下的几何学不同,表明 CD 分子快速滑动。对于 Z 体则 NOE 信号更强而且表现出选择性。仅 H_G-H_I 一端与 α-CD 内表面接触,而且仅 H_C 与 α-CD 的 H-4 有 NOE 信号。H_F 与 H_6,H_I 与 H_3 有 NOE 效应,这些都与式 4-3(b)所表示的结构一致。

根据测得的数据提出可光异构化轮烷中光诱导梭移动的 2 个可能机理(图 4-21)。模型表明在 E-异构体情况下,大环倾向停在光活性部位(A 状态比 C 能量低),但在 Z 异构体情况,大环倾向停留在轴的一端(D 在能量上低于 B)。沿途径 1(A→B→D)发生光异构反应时,CD 位于光活性单元处,光活性单元迫使大环再定位,就像引擎中的活塞。沿途径 2(A→C→D)时,光活性单元处于备用状态,直至热运动使大环再定位,然后光异构作用使其返回。看来两种机理都合理,但目前所举示例与 Murakami 和 Nakashima[60b]设计的轮烷是按途径 2 操作。这个机理证明分子机械可以因大环类似物利用无序热运动而彼此区别[60c]。按哪个途径运动,与作为梭的大环结构有关。

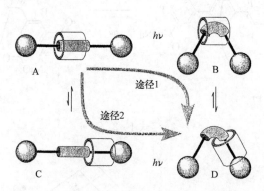

图 4－21　轮烷光异构化的两个可能机理[60a]

4.3.6　固体核磁应用

NMR 是一个有用的技术。研究超分子体系时人们经常提出有关静态结构、固有动态和反应的化学模式问题,这对于生物体系更为重要,后者显然与前两者密切相关。采用固体核磁技术可以有选择地增加对研究体系的控制和获取有效信息,而且当样品在低温下不溶解时,对于体系的结构和动态研究更为有利。一般 NMR 谱有两个可以获取结构信息的来源:化学位移和偶合。前者可以告诉我们单个核的环境,而后者将告诉我们一对核间的关系。有趣的是固态偶极偶合作用,比我们熟悉的在溶液中平均运动情况下的无向量偶合更强。在固态,原则上可以从化学位移测定获得更多信息,在不存在分子运动的情况下,位移不仅与核环境有关,也与环境相对于外磁场方向有关。

固体核磁对于研究动态变化体系具有显著的优点。显然,在固态整个分子的旋转和移动是不可能的,但在室温下仍然不可避免地存在局部运动,完全不存在运动常常导致失去对称性。

4.3.6.1　无机物

分子筛是一类形式多样,具有分子大小孔道的多孔固体材料。在多相催化领域分子筛往往被作为催化剂选用,其孔道表面不仅提供了众多的催化反应活性中心,也通过孔道的孔径尺寸、几何形状、微电场作用等因素表现出奇妙的择形催化作用。近年来,以分子筛为主体的超分子化学研究以及有机/无机复合材料的研究引起了许多科学家的关注。但是多数分子筛为微晶结构的固体材料,培养单晶比较困难,也不像多数有机材料那样可以溶解于某种溶剂,人们难以用常规的方法研究其结构特征。固体高分辨 MAS NMR 技术的发展,给分子筛化学提供了一种有效的研究工具,用以探测分子筛骨架的所有元素组分、晶体结构以及主客体化学互相作用。

Jacek Klinowski[19a]曾评述固体核磁在分子筛催化剂研究中的应用,特别是在分子筛上进行的多相催化作用。有关这方面,曾提出以下影响催化活性的因素:晶格的组成和序列、脱铝和铝化的修饰作用,晶格外 Al 的性质和质量,质子酸位化学,以及客体有机物在内结晶空间的化学状态。以上诸问题都可以通过固体核磁谱获得解决。

高分辨固体 NMR 谱是研究沸石晶格的有效辅助工具。其原因是固体 NMR 对分子的局部方向和几何学最敏感,而后者与远程有序化和周期性相关。联合应用可以提供更完整的结构描述。Fyfe 等[19b]专题论述了一维和二维高分辨固体 NMR 用于研究沸石晶格的最新进展。

八面沸石(faujusite)的质子酸位对其催化活性是必不可少的,固体酸催化体系的活性位特征,在样品做全氘代 TMPO(TMPO-d_9)处理后的一组^{31}P MAS NMR 实验得到增强[61a]。Y 型沸石是八面沸石的一种,是石油炼制中广为应用的硫化催化裂化催化剂的主要活性组元。质子酸性来自桥羟基,有 2 种类型:质子要么与超笼(supercage)氧 O(1)缔合;要么与方纳石笼(sodaliite cage)氧 O(3)缔合。这两个不同基团在红外光谱上显示不同带,并在^{31}P MAS 谱上能很好予以区别。TMPO 的碱性与^{31}P 的大范围化学位移联合,借助由此产生共振频率的变化来研究酸度微妙差别。图 4-22(a)是 HY 样品全部^{31}P 核担载 3mmol·g^{-1} TMPO-d_9 的^{31}P MAS谱(显示样品中的所有^{31}P 核)在+65ppm、+55ppm、+41ppm 有 3 个主要峰,和 1 个+40ppm 处的宽峰。TMPO 在溶液中的^{31}P 各向同性峰随 pH 增加,表

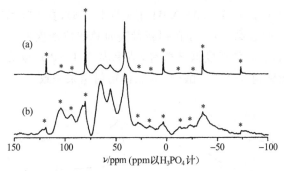

图 4-22 担载 TMPO-d_9 沸石 HY 的^{31}P MAS 谱[61a]

(a) HY 样品全部^{31}P 核担载 3.0mmol·g^{-1} TMPO-d_9 的^{31}P MAS 谱

(b) 同一样品控制邻近^{1}H 核的^{31}P 核的^{1}H/^{31}P CP MAS 谱

现为单调低场位移。因此,头两个峰暂时归属为 TMPO-d_9 在质子酸位的络合物。41ppm 的峰相当于过量的 TMPO-d_9 晶体。图 4-22(b)是同一样品控制临近[1]H 核的[31]P 核的[1]H/[31]P 交叉极化谱,比较结果表明在 +65ppm、+55ppm 处显示明显的交叉极化信号,TMPO-d_9 晶体的峰在 CP 谱中未出现,因此借助 TMPO-d_9 可以直接从定义[31]P 信号来源探查与[1]H 的结合位。

双共振布居转移(transfer of populations via double rosonance,TRAPDOR)[61a],一种双-和三-共振 NMR 方法。双共振布居转移是一种转子同步 NMR 实验,用于探察自旋-1/2 和四极核间的关系。在 TRAPDOR 实验中用[31]P 和[27]Al 确定[31]P 谱中 4 个峰中的哪一个是来自接近[27]Al 的哪个核的峰。按惯例,质子酸位是硅-铝间的桥羟基,测定结果表明仅 +55ppm、+65ppm 与桥羟基有关,[1]H/^{31}P/[27]Al CP 和 TRAPDOR 实验同样表明不存在[27]Al 与 +40ppm 峰的作用。说明 CP,TRAPDOR 两个实验证实低场的 2 个峰(+55ppm、+65ppm)确实是 TMPO 与质子酸位(Al-O-Si 桥)互相作用。+40ppm 的峰也确实来自[1]H 核附近的[31]P 核,但附近没有靠得很近的 Al 原子[61b]。

旋转回波双共振(rotational echo double resonance,REDOR)[61c]也是一种双共振 NMR 技术,用于探测杂核自旋-1/2 偶极偶合,可用于提取核间距离,但在室温下进行不能获得核间距,其原因可能来自分子运动,使偶极偶合减弱。看来,在八面沸石中质子酸位的两种主要形式既与结构中的超笼有关也与方钠石笼有关。为此以 NaY 作为起始材料用 NH_4NO_3:$NaNO_3$(1:3)溶液进行阳离子交换,然后再热处理,将煅烧的样品与 TMPO-d_9 作用。[31]P MAS 谱中清楚可见 +55ppm 强度急剧下降,从而可以将其归因为 TMPO 和与方钠石笼有关质子互相作用的结果。因为 Na^+ 半径比 NH_4^+ 小,使在较大超笼中优先用 NH_4^+ 替代 Na^+,导致与方钠石笼有关质子酸位浓度变小。进一步测定不同沸石 HY 样品(Si/Al=6)担载 0.5 和 1mmol·g^{-1} TMPO-d_9 的[31]P MAS NMR 谱(图 4-23),发现样品中担载量低时,质子酸位 TMPO-d_9 有较高分辨,而在担载量高时总酸位密度低只有很低分辨率,因此可以用这种沸石总酸位密度低来解释,结果表明 TMPO-d_9 在 ZSM-5 沸石上有良好的分辨率,观察到 3 个质子酸位,与晶体衍射结果一致。

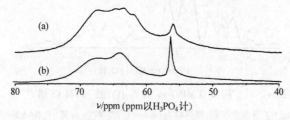

图 4-23　HY 担载 TMPO-d_9 的[31]P MAS NMR 谱[61a]

(a)低担载 0.5mmol·g^{-1}　　(b)高担载 1mmol·g^{-1}

Alvaro 等[61d]按如下路线从联吡啶出发合成了联吡啶大环 2^{4+}(PF$_6$)$_4$[式 4 - 4 (a)],并采用类似的合成路线[式 4 - 4(b)]在 NaY 超笼中原位组装了具有双吡啶结构的超分子 2^{4+}@Y,MAS NMR 技术成为他们证明 Y 型分子筛超笼中形成指定结构的有力证据。联吡啶大环 2^{4+}(PF$_6$)$_4$ 在溶液(CD$_3$CN)中的液体[13]C NMR 谱和在 NaY 超笼中的固体[13]C MAS NMR 谱图如图 4 - 24 所示,尽管固体[13]C NMR谱线由于联吡啶分子在沸石笼内的运动受到限制而变宽,但仍能指认吡啶盐谱峰。2^{4+}@Y 在缓和条件下用 HF 酸分解沸石骨架,固体残渣中和后经固-液萃取测定[1]H NMR 谱,证明联吡啶大环位于 NaY 超笼。实验方法和数据为解析超分子的结构提供了方法。

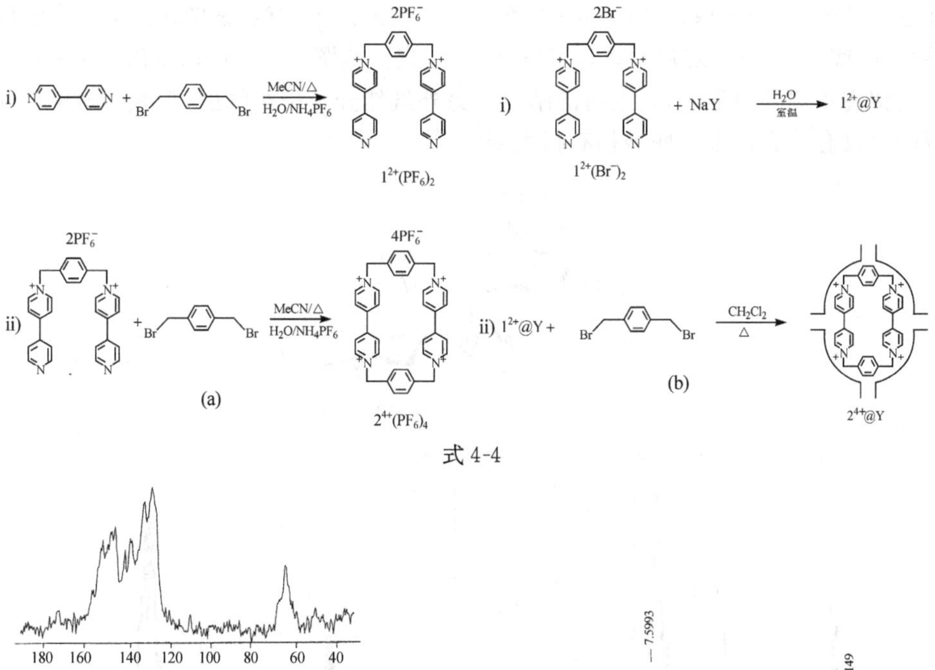

式 4-4

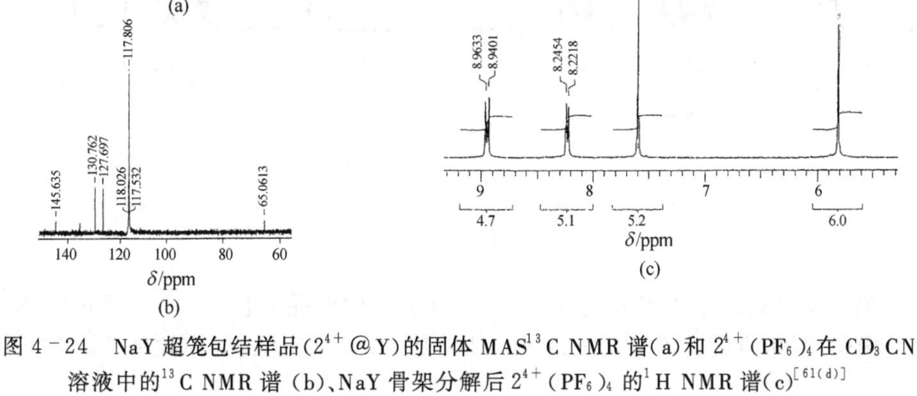

图 4 - 24 NaY 超笼包结样品(2^{4+}@Y)的固体 MAS[13]C NMR 谱(a)和 2^{4+}(PF$_6$)$_4$在 CD$_3$CN 溶液中的[13]C NMR 谱 (b)、NaY 骨架分解后 2^{4+}(PF$_6$)$_4$ 的[1]H NMR 谱(c)[61(d)]

4.3.6.2　有机物

1) 环糊精(cyclodextrin,CD)

希望用有效分辨谱从结构性质,扭转角(trosinal angle)Ψ、Φ 和 χ(图 4−25)出发了解在 ^{13}C NMR 谱中观察到的分裂图形。许多 α-、β-CD 复合物在一个不对称单元中有单一主体分子,其结果无水葡萄糖单元的每个碳原子显示 6 或 7 个共振,最清楚的是具有扭转角 Ψ 的 C-1,其余的相关是在具有扭转角 Ψ 的 C-4 化学位移和具有 Φ 角的 C-4 化学位移。更复杂的还有在 C-1 和 C-4 化学位移间的偶合,扭转角 χ 根据 O-6 对 O-5 和 C-4 均取邻位交叉式(gauche)构象(gg),或是对 O-5 取邻位交叉式而对 C4 取反式(trans)构象(gt)而落入两个方位,试图建立 C-6 化学位移与 gg 或 gt 构象的定量关系,但目前尚未完成。从图 4−25 可以得出 CD 在固态永远偏离正规几何形状,是歪扭的结论。另外虽然分子是柔性的,但在 NMR 时标范围内没有什么证据说明振幅有很大变动[18a]。

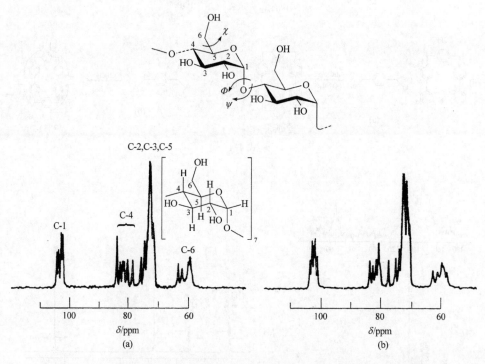

图 4−25　水合 β-CD 的 ^{13}C CP/MAS NMR 谱[18a]

(a) 12.5 水合物　(b) 11 水合物

聚1,3-二氧五环(PDXL)与 α-、β-、γ-CD 能形成结晶的包结物[62],通过固体 ^{13}C 交叉极化/魔角自旋(^{13}C CP/MAS)(brucker DSX-300)(室温,工作频率 75.47MHz,

旋转频率 4～6 kHz,质子 90°脉冲宽度 3.6μs)谱(图 4–26)证明 α-、β-、γ-CD 在空腔内不包结客体时,构象并非是对称的,在谱图中与配糖键相连的 C-1、C-4 的峰是裂分的,在谱图中可以观察到与直立配糖键相连的 1,4 号碳原子的响应信号[63]。但在 CD 与 PDXL 复合物的谱图中,这些峰消失,所有葡萄糖单元上的相同碳信号都在 1 个宽峰中。说明在复合物中所有葡萄糖单元中相同的碳原子都处于相同的环境,构象是对称的[64]。

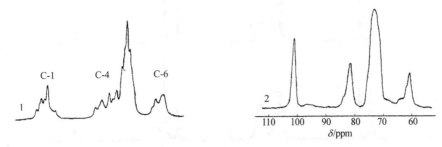

图 4–26　γ-CD(1)与 γ-CD /PDXL 复合物(2)的 ^{13}C CP/MAS NMR 谱[62]

2) 杯芳烃

以最简单的四聚体为例,由于环四聚体是对称的,比非环线性对映体要简单,前者的 ^{13}C NMR 谱包括 4 个共振线:由芳香碳、1 个亚甲基碳、2 个特丁基碳组成[18a],但特丁基杯[4]芳烃与甲苯包结物的 ^{13}C CP/MAS NMR 谱中(图 4–27),对比不同温度下主、客体信号的多重性变化,表明在室温下,有 2 个芳环向内倾斜,2 个从平均位置向外倾倒,在杯[4]芳烃环向内、外移动时导致客体分子移动以及特丁基构象变化[65]。当温度下降时 ^{13}C 谱峰明显变尖,表明构象转入低对称态。

3) 冠醚

固体核磁技术表征新冠醚和冠醚络合物,溶液中和固体 NMR 的差别是室温下溶液中许多冠醚分子构象是移动的,而在固体状态构象是冻结的。

用 NMR 技术研究未取代冠醚络合和未络合客体的性质,首次从变温 ^{13}C CP/MAS NMR 观察到 18CE6/KNCS 中存在旋转移动现象[66,67],并进一步证明这是 18CE6 络合物的普遍规律[68],从 ^{13}C CP/MAS NMR 谱峰随温度的变化可以得到证实。绝大多数情况室温以下,在 NMR 时标范围内移动变慢,谱峰由相应于晶体中固定碳原子的一些尖锐谱线组成。当温度增加时,观察到谱线变宽而且联合成为单线,此线随后变得相当宽,并基本上从视线中消失。在消失温度以上谱线又渐渐重现,并成为一条窄线(通常是单线)。这种性质包含两个过程,化学位移交换平均和偶极消失机理[18a]。

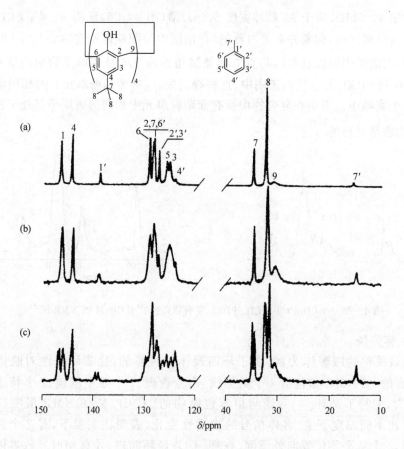

图 4-27　不同温度下特丁基杯[4]芳烃甲苯包结物的[13]C CP/MAS NMR 谱[18a]

(a) 295K　　(b) 250K　　(c) 238K

4.3.6.3　超分子内受体(主体)、底物(客体)动态

合成以杯[4]芳烃为框架、形似囚笼的主体(carcerand)**18**和与 *N*, *N*-二甲基乙酰胺(DMA),DMSO-d_6 的 2 个包结物[69,70],它们的[13]C CP/MAS 谱与溶液中的[13]C 谱非常相似,不幸的是观察不到客体信号,这种情况可能是由于信号非常弱或许是由于被 **18**(carcerand)信号掩盖。实际上含杯[4]芳烃 carcerand 的信号很宽,说明分子并非都处于相同环境中,或者是相同 C_{4v} 对称的平均。在溶液中所有 carceplex 复合物都呈现 C_{4v} 对称,因为所有芳香氢或碳共振都是单一谱峰。用偶极去相实验(dipolar dephasing experiment)研究分子移动,图 4-28 说明刚性地固定在晶格上的直接连氢的碳 OCH_2O、$OCH_2C(O)$、$ArCH_2Ar$,在谱图中消失[71],暗示空腔体积没有变化。空腔的刚性使在 **18** 内的客体有一定的旋转自由度,间苯二酚杯[4]芳烃的加盖部分 $C_{11}H_{23}$ 以

及杯[4]芳烃边缘的丙基都表现出有一定移动自由度。

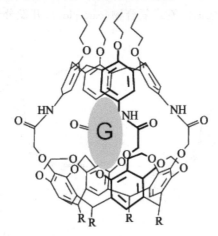

1 G = *N,N*-二甲基乙酰胺(DMA)
2 G = DMSO-d_6
R = $C_{11}H_{23}$
18

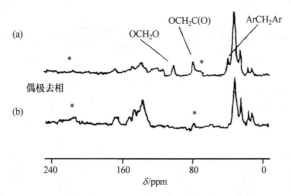

图 4-28　**18**-DMSO-d_6 复合物的^{13}C CP/MAS 和相位差
NMR 谱[69] ^{13}C CP/MAS(a)和偶极去相 NMR 谱(b)

固体中静止分子的线形参数不仅对分子本身的正确提供信息,更重要的是
^{2}H NMR对于研究分子动态能提供非常有价值的信息。典型的静止^{2}H 线宽≤300
kHz,在这个等级的再定向速率,与线形有相关性,而且变得十分歪扭。在慢移动情
况下,通常速率＜$10^3 s^{-1}$,线形与静止分子相同。在快移动极限,即速率大于～
$10^7 s^{-1}$,变窄的线形与速率无关。为研究 **18** 内客体 DMSO-d_6 在固体状态的旋转性
质,记录 193～343 K 范围内 8 个^{2}H NMR 谱(图 4-29),说明固态包结物中的客体
有两种类型,DMSO-d_6 在 **18** 内有两个位置,甲基既可以指向杯[4]-,也可以指向间

苯二酚[4]芳烃,而在溶液中只观察到时间平均信号。结果表明固体 NMR 谱有助于设计杯[4]芳烃为骨架的囚笼式复合物(carceplex),开发分子开关。

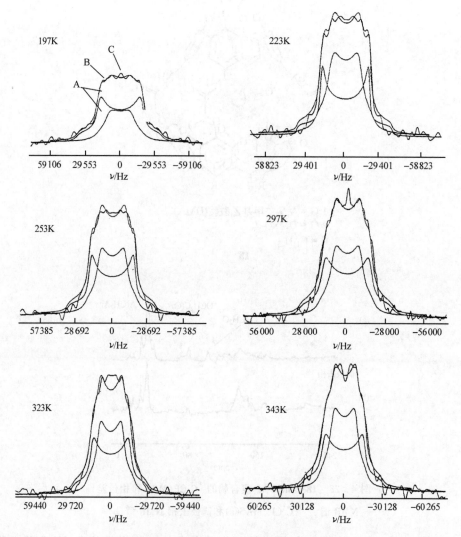

图 4 - 29　**18·2G**的²H NMR 固体粉末图形[69]
A.1 和 2 位置的计算图形;B.1+2 位置的图形;C. 实验图形

4.3.6.4　生物高分子结构与动态

溶液中二维 NMR 研究证明在 DNA 低聚物中也存在局部结构移动性。什么是 DNA 分子的内部动态? 理论和实验上研究多核苷酸(polynucleotide),用固体 NMR 特

别是重氢 ^{2}H NMR 探察合成多核苷酸和高相对分子质量 DNA 的内部动态,分子动态影响固体核磁线形。除利用 ^{31}P NMR 之外, ^{13}C 和 ^{15}N NMR 也适于研究 DNA 的结构和动态。

最近研究结果报道采用一种穿键杂核相关(through-bond heteronuclear collelation)固体实验[72],全归属天然富有肽的共振。这是一种新的二维质子-碳相关实验,命名为魔角自旋-J-杂核多量子相关(MAS-J-HMQC)。用这种方法完全归属了天然丰度固体肽的所有 C-13,N-15 和质子的 NMR 线。MAS 谱的归属明确且相对简单。

参 考 文 献

1　杨立.二维核磁共振简明原理及图谱解析.兰州:兰州大学出版社,1996

2　Ellwood P,Spencer C M ,Spencer N et al.Confor mational Mobility in Chemically—Modified Cyclodextrins.J. Inclusion Phenomena and Molecular Recognition in Chemistry,1992,12:121～150

3　NishiJo J,Yasuda M ,Nagai Met al.Inclusion Mode of 8-anilino-1-naphthalenesulfonate (ANS) in the ANS-β-cyclodextrin Complex.Bull Chem. Soc. Jpn.,1992,65(10):2869～2871

4　Croasmun W R,Carlson R M K.Two-dimensional NMR Spectroscopy,Applications For Chemists and Biochemists. VCH Publishers,1987

5　童林荟.环糊精化学——基础与应用.北京:科学出版社,2001.148～162

6　Davidson D W,Ripmeester J A.In Inclusion Compounds.Atwood J L,Davies J E D,MacNicol D D(eds).New York: Academic press,1984,3:69～128

7　Ripmeester J A.Ratcliffe C I.Solid State NMR Studies of Inclusion Compounds,in Inclusion Compounds 5,Inorganic and Physical Aspects on Inclusion.Atwood J L,Davies J E D,MacNicol D D D(eds).Oxford:Oxford Science Publications,1991,5:37～89

8　Ripmeester J A,Ratcliffe C I.Solid State NMR Studies of Host-guest Materials,in Spectroscopic and Computation al Studies of Supramolecular Systems. Davies J E D eds.the Netherlands;Kluwer Academic Publishers,1992,1～27

9　Gokel G W. Advance in Supramolecular Chemistry 5,3rd Chapter.JAI.press,1999

10　(a) 王展,方积年.高场核磁共振波谱在多糖结构研究中的应用.分析化学,2000,28(2):240～247

　　(b) Saitô H.Ann.Rep. NMR Spectrosc.,1995,31:157～170

11　于德泉,杨峻山.分析化学手册.第二版.第七分册.核磁共振波谱分析.北京:化学工业出版社,1999

12　Dudley H, Williams,Fleming I.有机化学中的光谱方法.王剑波,施卫峰译.唐恢同审校.北京:北京大学出版社,2001

13　Kellner R,Mermet J M,Otto Met al.分析化学.李克安,金钦汉等译.北京:北京大学出版社,2001

14　Weeb G A.Annual Reports on NMR Spectroscopy 27,London.1993,65

15　Li Z Z,Guo Q X,Ren T et al.Can TMS and DSS be Used as NMR References for Cyclodextrin Species in Aqueous Solution.J. Inclusion Phenomena and Molecular Recognition in Chemistry,1993,15:37～42

16　Funasaki N,Nomura M,Yamaguchi H et al.References for NMR Chemical Shift Measurements in Cyclodextrin Solutions.Bull. Chem. Soc. Jpn.,2000,73:2727～2728

17　化工百科全书,第 4 卷.分析方法.化学工业出版社,1993.561～802

18　(a) Ripmeester J A.Ratcliffe C I.Solid-state NMR Spectroscopy in Comprehensive Supramolecular Chemistry. Dives J E D,Ripmeester J A (eds).Oxford:Pergamon Press,1996,333～380

　　(b) Tsukube H,Furuta H Y,Odani A et al.Determination of Stability Constants in Comprehen Sive Supramolecular

Chemistry. Davies J E D, Ripmeester J A (eds). Oxford: Pergamon Press, 1996, 426~482

19　(a) Klinowski J. Solid-state NMR Studies of Molecular Sieve Catalysts. Chem. Rev., 1991, 91:1459~1479

　　(b) Fyfe C A, Feng H, Grondey H et al. One-and Two-dimensional High Resolution Solid-state NMR Studies of Zeolite Lattice Structures. Chem. Rev., 1991, 91:1525~1543

　　(c) Alam T M, Drobny G P. Solid-state NMR Studies of DNA Structure and Dynamics. Chem. Rev., 1991, 91: 1545~1590

20　Hanna M W, Ashbaugh A L. Nuclear Magnetic Resonance Study of Molecular Complexes of 7, 7, 8, 8-Tetracyanoquinodimethane and Aromatic Donors. J. Phys. Chem., 1964, 68:811~816

21　Scott R L. Some Comments on the Benesi-Hildebrand Equation. Rec. Trav. Chim. Pays Bas, 1956, 75:787~789

22　(a) Scatchard G. The Attractions of proteins for Small Molecales and Ions Ann. N. Y. Acad. Sci., 1949, 51:660~672

　　(b) Foster R, Fyfe C A. Interaction of Electron Acceptors with Bases. part 15. Determination of Assouation Constants of Organic Chargetransfer Complexes by N M R Spectroscopy. Trans Faraday Soc., 1965, 61:1626~1631

　　(c) Carper W R, Buess C M, Hipp G R. Nuclear Magnetic Resonance Studies of Molecular Complexes. J. phys. chem., 1970, 74:4229~4234

23　(a) Ross N J, Drago R S. Molecular Addition Compounds of Iodine. I, An Absolute Method for the Spectroscopic Determination of Equilibrium Constants. J. Am. Chem. Soc., 1959, 81:6138~6141

　　(b) Wachter H N, Fried V. J. Chem Edcu., 1974, 51:798

24　(a) Singh A P, Cabrer P R, Parrilla, E A. et al. Complexation of 6-deoxy-6-(aminoethyl)amino-β-cyclodextrin with Sodium Cholate and Sodium Deoxycholate. J. Inclusion Phenomena and Macrocyclic Chemistry, 1999, 35:335~348

　　(b) Guo Q X, Li Z Z, Ren T et al. Inclusion Complexation of Sodium Alkyl Sulfates with β-cyclodextrin. A ^{1}H NMR Stdudy. J. Inclusion Phenomena and Molecular Recognition in Chemistry, 1994, 17:149~156

　　(c) Ru R H, Hao J C, Wang H Q et al. Surface Tension and ^{1}H NMR Studies on Inclusion Complexes of β-cyclodextrin with Sodium Alkyl Sulfonate. J. Inclusion Phenomena and Molecular Recognition in Chemistry, 1997, 28:213~221

25　Alstanei A M, Bendic C, Carles M et al. Crown Ethers Analogues and Their Complexes with NaSCN: Stoichiometry and Stability Constants Deter Mined by ^{13}C NMR Spectroscopy. J. Inclusion Phenomena and Macrocyclic Chemistry, 2000, 37:423~440

26　Salvatierra D, Diez C. Jaime C, J. Inclusion Phenomena, 1997, 27:215

27　Babaian E A, Huff M, Tibbals F A et al. Synthesis and Structural Characterization of (Ph$_3$SiOH)$_2$ 12CE4. A Model for Chemistry Occurring and the Sediment-water Interface in Natural Waters. J. Chem. Soc., Chem. Commun., 1990:306~307

28　Hanessian S, Benalil A, Viet Minh T P. The Intramolecular Inclusion of Aromatic Esters within β-cyclodextrin as a Function of Chain Length-A Detailed NMR Study. Tetrahedron, 1995, 51:10 131~10 148

29　Ashton P R, Hartwell E Y, Philp D et al. The Synthesis and Structural Mapping of Unsymmetrical Chemically Modified α-cyclodextrins by High-field Nuclear Magnetic Resonance Spectroscopy. J. Chem. Soc. Perkin Trans. 2, 1995, 1263~1277

30　(a) Gelb R I, Schwartz L M, Cardelino B et al. Binding Mechanisms in Cyclohexaamylose Complexes. J. Am. Chem. Soc., 1981, 103:1750~1757

　　(b) Inoue Y, Hoshi H, Sakurai M et al. Geometry of Cyclohexaamylose Inclusion Complexes with Some Substituted Benzenes in Aqueous Solution Based on Carbon ^{13}C NMR Chemical Shifts. J. Am. Chem. Soc., 1985, 107:

2319~2323

  (c) Komiyama M, Hirai H. Relationship Between the Cyclodextrin Catalysis in the Cleavages of Phenyl Acetates and the Time-averaged Conformations of the Inclusion Complexes. Chem. Lett., 1980, 1471~1474

31 Hamai S, Ikeda H, Ueno A.^{1}H NMR Investigation of the Binding of 2-Methyl-naphthalene to α-cyclodextrin in D_2O Solution. J. Inclusion Phenomena and Molecular Recognition in Chemistry, 1998, 31:265~273

32 Hamai S. Inclusion Behavior of α-cyclodextrin with 2-Methylnaphthalene in Aqueous Solution. J. Inclusion Phenomena and Molecular Recognition in Chemistry, 1997, 27:57~67

33 Péan C, Créminon C, Grassi J et al. NMR Investigations of the Inclusion of Thyroxine and Derivatives in Natural Cyclodextrins. J. Inclusion Phenomena and Macrocyclic Chemistry, 1999, 33:307~319

34 Sadlej-sosnowska N, Kozerski L, Bednarek E et al. Fluorometric and NMR Studies of the Naproxen-cyclodextrin Inclusion Complexes in Aqueous Solutions. J. Inclusion Phenomena and Macrocyclic Chemistry, 2000, 37: 383~394

35 Davies D M, Deary M E. The Interaction of α-cyclodextrin with Alphatic, Aromatic and Inorganic Peracids, the Corresponding Parent Acids and Their Respective Anions. J. Chem. Soc. Perkin Trans. 2, 1996, 2415~2421

36 Caron L, Tilloy S, Monflier E et al. Study of the Inclusion Complexes of β-cyclodextrin with the Sodium Salt of Trisulfonated Triphenylphosphine. J. Inclusion Phenomena and Macrocyclic Chemistry, 2000, 38:361~379

37 Alizadeh N, Shamsipur M. NMR Study of the Ligand Interchange of 18-Crown-6 Complexes with La^{3+}, Ca^{2+}, Pb^{2+}, and Ba^{2+} Ions in 70% Methanol Solution. J. Chem. Soc., Faraday Trans., 1996, 92:4391~4394

38 Alizadeh N, Shamsipur M. Nuclear Magnetic Resonance Study of the Ligand Interchange f Ba^{2+}-18-Crown-6 Complex in Methanol Solution. J. Solution Chem., 1996, 25:1029~1039

39 Fakhari A, Shamsipur M. Proton NMR Study of the Ligand Interchange of the Ba^{2+}-18-Crown-6 Complex in Binary Acetonitrile-Water Mixtures. J. Inclusion Phenomena and Molecular Recognition in Chemistry, 1998, 32:405~414

40 Pople J A, Schneider W G, Bernstein H J. High Resolution Nuclear Magnetic Resonance. New York: McGraw-Hill, 1959, 218

41 Cahen Y M, Dye J L, Popov A I. Lithium-7 Nuclear Magnetic Resonance Study of Lithium Ion-lithium Cryptate Exchange Rates in Various Solution. J. phys. Chem., 1975, 79:1292~1295

42 Powell M J D. Non-linear Least-squares Program. Comput. J., 1962, 42:96

43 Shchori E, Jagur-Grodzinski J, Luz Z et al. Kinetics of Complexation of Macrocyclic Polyethers with Alkali Metal Ions. I. ^{23}Na Nuclear Magnetic Resonance of Sodium Dibenzo-18-Crown-6 in *N*, *N*-dimethylformamide. J. Am. Chem. Soc., 1971, 93:7133~7138

44 Shcheri E, Jagur-Grodzinski J, Shporer M. Kinetics of Complexation of Macrocyclic Polyethers with Sodium Ions by Nuclear Magnetic Resonance Spectroscopy. II. Solvent Effects. J. Am. Chem. Soc., 1973, 95: 3842~3846

45 Karkhaneei E, Zebrajadian M H, Shamsipur M. Lithium-7 NMR Study of Several Li^+-crown Ether Complexes in Binary Acetone-nitrobenzene Mixtures. J. Inclusion Phenomena and Macrocyclic Chemistry, 2001, 40: 309~312

46 Nicely V A, Dye J L. J. Chem. Educ., 1971, 48:443

47 Nam K C, Ko S W, Kang S O et al. Synthesis and Ion Binding Properties of Cesium Selective Quadruply Bridged Calix[6]arenes. J. Inclusion Phenomena and Macrocyclic Chemistry, 2001, 40:285~289

48　Ikeda H,Nagano Y,Du Y Q et al.Modifications of the Secondary Hydroxyl Side of α-cyclodextrin and NMR Studies of Them.Tetrahedron Lett.,1990,31:5045~5048

49　Ikeda H,Du Y Q,Nakamura A et al.NMR Studies of Conformation of Viologen Appended β-cyclodextrin. Chem. Lett.,1991,1495~1498

50　Ikeda H,Moon H T,Du Y Q et al.Supramolecular Chemistry,1993,1:337~342

51　Hamasaki R K,Ikeda H,Nakamura A,et al.Fluorescent Sensors of Molecular Recognition,Modified Cyclodextrins Capable of Exhibiting Guest-responsive Twisted Intermolecular Charge Transfer Fluorescence.J. Am. Chem. Soc.,1993,115:5035~5040

52　Ikeda H,Nakamura M,Ise N et al.NMR Studies of Conformations of N-dansyl-L-leucine-appended and N-dansyl-D-leucine-appended β-cyclo dextrin as Fluorescent Indicators for Molecular Recognition.J. Org. Chem.,1997,62:1411~1418

53　(a) Hurd R E ,J Magn.Gradient-Enhanced Spectroscopy. Reson.,1990,87:422~428

　　(b) Davis A L,Laue E D,Keeler J.Adsorption-Mode Two-Dimentional NMR Spectra Recorded Using Pulsed Field Gradients.J.Magn.Reson.,1991,94:637~644

　　(c) Davis A L,Keeler J,Laue E D et al.Experiment for Recording Pure-absorption Heteronuclear Correlation Spectra Using Pulsed Field Gradients.J. Magn. Reson.,1992,98:207~216

54　Bothner-By A A,Stephens R L,Lee J M et al.Structure Determination of a Tetrashaccharide:Transient Nuclear Overhauser Effects in the Rotating Frame.J. Am. Chem. Soc.,1984,106:811~813

55　Kano K,Hasegawa H.Chiral Recognition of Helical Metal Complexes by Modified Cyclodextrins.J. Am. Chem. Soc.,2001,123(43):10 616~10 627

56　Kano K,Hasegawa H,Miyamura M.Chiral Recognition of Dipepted Methyl Esters by an Anionic β-cyclodextrin.Chirality,2001,13:474~482

57　Guillo F,Hamelin B,Jullien L et al.Synthesis of Symmetrical Cyclodextrin Derivatives Bearing Multiple Charges.Bull. Soc. Chim. Fr.,1995,132:857~866

58　Kajiwara T,Yokozawa S,Ito T et al.Zinc(Ⅱ) Slides on a Ligand Surface:The X-Ray Crystal Structure and Dynamic Behavior in Solution of[Zn(H₂L)(tacn)].Angew. Chem. Int. Ed.,2002,41(12):2076~2078

59　Balacco G.Swa N-MR:A complete and Expansible NMR Software for the Macintosh.J. Chem. Inf. Comput. Sci.,1994,34:1235~1241

60　(a) Stanier C A,Alderman S J,Claridge T D W et al.Unidirectional Photoinduced shuttling in a Rotaxane with a Symmetric Stilbene Dumbbell.Angew. Chem. Int. Ed.,2002,41(10):1769~1772

　　(b) Murakami H,Kawabuchi A,Kotoo K et al.A Light-driven Molecular.J. Am. Chem. Soc.,1997,119: 7605~7606

　　(c) Bustamante C,Keller D,Oster G. Thy Physics of Molecue or Motors. Acc. Chem. Res., 2001, 34: 412~420

61　(a) Karra M D,Sutovich K J,Mueller K T.NMR Characterization of Bronsted Acid Sites in Faujasitic Zeolites with Use of Perdeuterated Trimethyl phosphine Oxide.J. Am. Chem. Soc.,2002,124(6):902~903

　　(b) Grey C P,Vega A J.Determination of the Quadrupole Coupling Constanl of the Invisible Aluminum Spins in Zeolite H Y with $^1H/^{27}Al$ TRAPDOR NMR.J. Am. Chem. Soc.,1995,117:8232~8242

　　(c) Gullion T,Schaefer J. Rotional-Echo Double-Resonance NMR.J. Magn. Reson.,1989,81:196~200

　　(d) Alvaro M,Ferrer B,Fornés V et al.Bipyridinium Macrocring Encapsulated within Zeolite Y Supercages. Preparation and Intrazeolitic Photochemistry of a Common Electron Acceptor Component of Rotaxanes and

Catenanes.J. Phys. Chem., 2002,106:6815~6820

62　Li J Y,Yan D Y. Inclusion Complexes Formation between Cyclodextrins and Poly(1, 3-dioxolane) Macromolecules,2001,34:1542~1544

63　Gidley M J,Bociek S M .[13]C CP/MAS Studies of Amylose Inclusion Complexes,Cyclodextrins and the Amorphous Phase of Starch Granules:Relationships between Glycosidic Linkages Conformation and Solid-State [13]C Chemical Shifts.J. Am. Chem. Soc.,1988,110:3820~3829

64　李景烨,颜德岳,陈群.环糊精与聚 1,3-二氧五环结晶内含复合物的合成与表征.中国科学,2002,32(1):51~59

65　David Gutsche C. Calixarane, Monographs in Supramolecular Chemistry Series. Stoddart J F (eds). Reyal Society of Chemistry,1989,23

66　Facey G A,Dubois R H,Zakrzewski M et al.Supramolecular Chemistry,1993,2:1999

67　Buchanan G W,Kirby R A,Ripmeester J A et al.Solid Phase Stereochemical Dynamics of 18-Crown-6 Ethers and Its KNCS Complex as Studied by Low Temperature Carbon-13 Nuclear Magnetic Resonance. Tetrahedron. Lett.,1987,28:4783~4786

68　(a) Buchanan G W,Morat C,Charland J P et al.A Novel 1:1 Benzene Sulfonamide:18-Crown-6 Complexes Uncovered Via ^{13}C Solid Phase NMR Spectroscopy and X-Ray Crystallography.Can. J. Chem.,1989,67:1212~1214

　　(b) Buchanan G W,Rodrigue A,Bensimon C et al.The 18-Crown-6.2 Chloroacetonitrile Complex. X-Ray Crystal Structure and Solid Phase Motions of Guest and Host as Studied by Variable Temperature ^{13}C CP MAS NMR Spectroscopy.Can. J. Chem.,1992,70:1033~1041

69　van Wageningen A M A,Verboom W,Zhu X et al.Solid State NMR Spectroscopy of Calix[4]arene-based Carceplexes.Supra molecular Chemistry,1998,9:31~36

70　GokelG. Crown Ether & Cryptands Monographs in Supramolecular Chemistry. The Royal society of chemistry,1991,60

71　Terao T,Mivra H,Siaka A.Simplification and Assignment of Carbon-13-Spectra by Using J-Resolved NMR Spectroscopy in Solids.J. Am. Chem. Soc.,1982,104:5228~5229

72　Lesage A,Charmont P,Steuernagel S et al. Complete Resonance Assignment of Natural Abundance Solid Peptide by Through-bond Heteronuclear Correlation Solid-State NMR.J. Am. Chem. Soc.,2000,122(40):9739~9744

第 5 章　量热法和热分析

5.1 量　热　法

5.1.1 引言

　　量热法(calorimetric method)是测量热能变化的古老方法,用以获得热参数。最早使用的是定量不连续热滴定法,直到 1960 年中期人们才认识它并实际用来确定平衡常数、热能变化和熵变。所用仪器从最初的热敏电阻发展到今天的高灵敏、小体积样品和大容许量的高级量热仪,成为确定超分子体系稳定常数的工具。热测量可用于描绘包括超分子材料的任何材料的性质,对超分子材料进行热测量可以获取关于相稳定性(和亚稳定性)的信息,同样可以获得凝聚态物质的基础知识,准确的热数据对于获取超分子材料的基础知识是必不可少的。

　　但是直到 20 世纪末,量热测量仍主要限于冠醚、窝穴体、杯芳烃和环糊精等为主体,结合无机、有机离子和中性小分子稳定常数的研究[1~7]。少许新大环化合物用热力学数据表征,包括由变化溶剂得到的数据了解溶剂对热力学性质的影响,也有些是从膜体系传递和溶剂萃取数据得到的。令人感兴趣的是提取有关互相作用的稳定常数($\lg K$)和热力学参数,它们对于设计新的与靶离子形状匹配的预组织大环化合物有重要的参考价值。那些线形、弯曲、三角、平面、四面体和八面体的无机物种,还有那些有机和生物化学感兴趣的阴离子都是被选择的研究对象。关于主体-客体互相作用作为温度函数的热力学研究为数很少,但其热容(ΔC_p)值对于了解溶剂-溶质互相作用很有价值。在非水溶剂中表征对各种客体结合的热力学实验更有意义。随着对分子识别认识的深入,热力学参数被用来研究分子识别过程中主体构象变化和手性识别机理[8a, b;9;10a, b]。

5.1.2 热力学量的概念[11~13]

　　1) 可逆过程与自发过程(reversible process and spontaneous process)

　　在化学热力学研究中把研究对象称为体系,与体系有关的部分称为环境,按体系与环境间有无能量或物质交换分为:①敞开体系,它与环境间既有能量也有物质交换;②封闭体系,它与环境间仅有能量交换;③孤立体系,它与环境间既无能量又无物质交换。体系的物理和化学性质的综合表现称为体系的状态,如用温度、体积、压力等来描述体系状态,当这些性质都有确定值时,体系即处于一定状态。若某一值发生变化即表示体系的状态发生变化。变化前的状态称始态,变化后的状态称终态,表征体系性质的数值与体系状态间存在函数关系,因而称体系的性质为体系的状态函数。当体系状态发生变化时,把状态变化的经过叫过程,把完成变化的具体步骤叫途径,如定温过程、定压过程、定容过程、绝热过程、循环过程。

当体系状态变化的动力与阻力相差甚小接近无穷小量时,过程因而进行得无限缓慢,即是可逆过程。可以把它视为由一连串无限接近平衡磁性的微小变化组成。若循环过程向相反方向无限缓慢变化,对于可逆过程可以使体系与环境同时恢复原状,可逆过程是一个理想化的过程,是实际过程能达到的极限。在一定条件下不需外力推动能自动发生的过程,叫自发过程。自发过程都有确定的方向和限度,自发过程是不可逆的,如热自发地由高温物体流向低温物体直至两物体温度相等。浓度不均匀的溶液其溶质自动向低浓度部分扩散,在各部分浓度相等时停止扩散等,说明自发过程一旦发生,总是沿单方向进行,达到平衡时停止变化,绝对不会自动发生逆向的变化,只能由环境做功来完成。一切自发过程的共同特点都是不可逆过程。

2) 热容(heat capacity)

使一定量的均相物质,在无相变、无化学变化的条件下温度改变 1K 所需的热叫热容(ΔC_p°)($J \cdot mol^{-1} \cdot K^{-1}$)。热容数据可以从精密微量热滴定实验获得。

在滴定过程中,反应容器中的体积因连续加入滴定剂而增大,整个体系的总热容是加入滴定剂的函数。测定过程借热敏电阻导入恒定电流,给出反应器内准确热容,C_p[14]由方程(5-1)计算

$$C_p = Q_E / [\Delta T - (S_i + S_f) t/2] \tag{5-1}$$

方程中:Q_E 代表从反应器内导出的电或化学能;ΔT 为总温度变化,S_i 和 S_f 是由非电、非化学、搅拌热、反应器与环境间热流以及由使用热敏电阻引起的热阻等导致的温度变化的初速度和终速度;t 是校准周期。

3) 焓(enthalpy)

封闭体系由状态 1 变到状态 2,在此过程从环境吸收的热量 Q,对环境做功 W,与体系内能 U(体系内部一切形式的能量总和)变化,其间有如下关系[11]

$$\Delta U = U_2 - U_1 = Q + W \tag{5-2}$$

$$dU = \delta Q + \delta W \tag{5-3}$$

这就是热力学第一定律。有时体系抵抗外压膨胀对环境做功,只做体积功则定压热 Q_p 与内能、压力和体积有关

$$Q_p = (U_2 + p_2 V_2) - (U_1 + p_1 V_1) \tag{5-4}$$

因 U、p、V 是体系的性质,所以 $U + pV$ 也是体系性质,定义为状态函数——焓,用 H 表示,焓的单位是 $J \cdot mol^{-1}$

$$H = U + pV \tag{5-5}$$

$$Q_p = H_2 - H_1 = \Delta H \tag{5-6}$$

$$\Delta H = \Delta U + \Delta(pV) \tag{5-7}$$

方程(5-6)表明只做体积功的体系在定压过程中吸收的热等于焓的变化。只做体积功的体系发生如下变化

$$dU = \delta Q + \delta W = \delta Q - pdV \tag{5-8}$$

对于体积不变的定容过程,由方程(5-9)可见体系吸收的热等于内能变化

$$dU = \delta Q_V \tag{5-9}$$

4) 熵(entropy)

如前所述,通过热力学第一定律能量守恒原理设定了状态函数——焓(H),焓是仅由体系状态决定的量。但仅从 ΔU 符号不能判定某一过程是否能自发进行? 一旦发生,方向和限度是什么? 为此又引入了第二个状态函数熵(S),可以根据 ΔS 判定任一过程的自发性,这就是热力学第二定律的内容。熵的单位是能量·温度$^{-1}$($J \cdot mol^{-1} \cdot K^{-1}$)。体系熵变可定义为 $\Delta S_{体系} = \int_A^B \dfrac{dQ_{可逆}}{T}$,表示某一体系从状态 A 向状态 B 变化时体系的熵变。$dQ_{可逆}$ 或 dQ_R 为可逆过程吸收的热,熵的数学表达式为

$$dS \geqslant \delta Q / T \tag{5-10}$$

方程(5-10)即是克劳修斯(Clausius)不等式,式中等号适用于可逆过程,不等号适用于不可逆过程。式中 δQ 表示一极微小可逆过程交换的热量,因为过程是可逆的,T 既是环境温度也是体系的温度。对于等温过程,方程(5-10)可简化为

$$\Delta S_{体系} = \frac{Q_{可逆}}{T} \tag{5-11}$$

按照热力学第二定律当 $\Delta S_{体系} + \Delta S_{环境} > 0$ 时过程自发进行,$\Delta S_{体系} + \Delta S_{环境} = 0$ 时体系处于平衡状态,当 $\Delta S_{体系} + \Delta S_{环境} < 0$ 时过程不发生。

克劳修斯不等式用于孤立体系变化,此时 $dQ = 0$,不等式变为 $dS_{孤} \geqslant 0$ 或 $\Delta S_{孤} \geqslant 0$,表示孤立体系内发生的一切可逆过程,体系的熵值不变即 $\Delta S = 0$,发生的一切不可逆过程都将是熵增加,即 $\Delta S > 0$。孤立体系因不受环境影响,若发生熵增加的不可逆过程,必定是自发过程[11, 12]。

5) 吉布斯(Gibbs)自由能

在孤立体系中是否达到平衡状态,要从体系熵是否达到最大来判断,但是与生物现象有关的复杂反应多数是在非孤立体系中进行的,因此要知道环境的熵变 $\Delta S_{环境}$。为简化操作引入吉布斯自由能概念,用 G 表示。G 是根据方程(5-12)

$$G = H - TS \tag{5-12}$$

定义的状态函数,对于等温过程

$$\Delta G = \Delta H - T\Delta S \tag{5-13}$$

自由能是状态函数,其绝对值不能确定,具有能量量纲。许多化学反应和相变都是在定温定压下进行的,对定温定压下只做体积功 $W' = 0$(W'为非体积功,或称有用功)的封闭体系应有如下关系式

$$\mathrm{d}\,G_{T,p} \leqslant 0 \quad 或 \quad \Delta\,G_{T,p} \leqslant 0 \tag{5-14}$$

表示定温定压下只做体积功的封闭体系,总是自发地向着 Gibbs 自由能降低($\Delta\,G_{T,p} < 0$)的方向变化;当 Gibbs 自由能降低到最小值($\Delta\,G_{T,p} = 0$)时体系便达到了平衡,自由能升高($\Delta\,G_{T,\,p} > 0$)的过程不能自发进行。Gibbs 自由能判断的优点是:可以直接用体系的热力学量变化判定,无需考虑环境热力学量;既能判断过程是可逆还是不可逆,也能判断方向和限度,如水变成冰的过程发生的相变。

表 5-1　水→冰过程中热力学参数[12]

$T/℃$	$\Delta E/(\mathrm{cal\cdot mol^{-1}})$	$\Delta H/(\mathrm{cal\cdot mol^{-1}})$	$\Delta S/\mathrm{eU}$	$-T\Delta S/(\mathrm{cal\cdot mol^{-1}})$	$\Delta G/(\mathrm{cal\cdot mol^{-1}})$
-10	-1343	-1343	-4.9	1292	-51
0	-1436	-1436	-5.2	1436	0
$+10$	-1529	-1529	-5.6	1583	$+54$

从表 5-1 中所列等温等压过程各项热力学量变化的符号来看,仅 ΔG 的符号可以与过程的自发性联系,在 0℃时水与冰呈平衡状态,$-10℃$时水自发地凝结为冰,在 10℃时水不能变成冰。

5.1.3　反应热的获取[14]

测定热力学能量的变化涉及与超分子体系有关技术,测定重点放在热容的确定[15]。有许多测量方法如燃烧量热(combustion calorimetry)、绝热量热(adiobatic calorimetry)、交流量热(alternating-current calorimetry)、松弛量热(relaxation calorimetry)等。其中绝热量热法虽是古老方法,但能够非常准确地确定热容,是测定平衡热力学性质的重要方法,现代仪器有助于做深入细致的研究。绝热量热通常可在定压、定体积下测定热容 C_p、C_V。实验结果按确定温度(T_1 供热前,T_2 供热后)和输入能量 Q,由方程(5-15)给出总的(体系加附属物)热容 C_p

$$C_p = Q/\Delta T \tag{5-15}$$

方程中:$\Delta T = T_2 - T_1$;C_p 在平均温度 $T_{QV} = (T_1 + T_2)/2$ 下确定。绝热量热法可以在较广温度范围,从低于 1K、0.3～3K 到室温和室温以上情况下测定热容。由能量脉冲持续时间(t),加热器电压(V)和单元热敏电阻(R),按方程(5-16)确定

$$Q = V^2\,t/R \tag{5-16}$$

绝热量热最重要的应用是获得最准确热容,由此可计算出重要的化学热力学参数,

熵($\Delta S = \int_{T_1}^{T_2} \frac{C_p}{T}\mathrm{d}T$)、焓($H = \int_{T=0\mathrm{K}}^{T} C_p\mathrm{d}T$)、Gibbs 自由能($G = H - TS$),而 S、H、G 是进一步了解与化学热力学有关的物理量(如确定平衡常数、化学变化驱动力)所必需的,G 可以指明超分子材料稳定性。低温下热容,如当 $T \to 0\mathrm{K}$,可提供材料有关电、磁性的有用信息。测定低温下热容是确定残余熵的必要手段,从而可知当体系处于 $T = 0\mathrm{K}$ 时的无序状态。残余熵常可从比较材料在某一温度下熵来计算($S_{\mathrm{cal}}(T)\int_{T=0\mathrm{K}}^{T} \frac{C_p}{T}\mathrm{d}T$)。由 $S(T) - S_{\mathrm{cal}}(T) = S_0$ 得到在绝对零度时的熵。此外,热容数据可用来分析包合笼中客体的振动模式、相转移等。

　　量热滴定法除要求环境温度恒定外,与绝热脉冲量热类似,由于灵敏度高、应答快速、检测极限低、样品用量少,并可用同样量的样品溶液在同样时间间隔内得到许多数据点,尽管必须进行校准和归纳,仍然是受到推崇的方法,并在主-客体化学、包结反应、超分子体系互相作用的研究方面广为应用[3c,14,15]。实验中将滴定剂溶液连续导入在反应器内的滴定溶液,体系的温度变化作为加入滴定剂的函数记录。如瑞典 LKB-8721-2 型精密量热系统与计算机联用后可以自动连续滴定和数据处理[3],最小可测温度变化为 $8 \times 10^{-5}℃$,对应 0.033 J,一次滴定即可同时得到复合物的稳定常数($\lg K$)和焓变(ΔH)。量热滴定仪可以用来研究快速建立平衡的超分子体系,在适宜配置条件下得到的滴定数据,可以确定范围在 $1 \sim 10^6$($0 < \lg K < 6$)的稳定常数,自由能变化由方程(5-17)计算

$$\Delta G = -RT\ln K \tag{5-17}$$

熵变由方程(5-18)计算

$$\Delta S = (\Delta H - \Delta G) / T \tag{5-18}$$

从超分子体系得到的量热数据通过以下步骤计算稳定常数:①在反应容器内作为滴定剂函数确定出总热量;②计算反应容器内所有非化学相关项的热量;③评价任一反应的热效应,而不单是一个用于确定 K 值的热效应;④计算感兴趣反应的净热;⑤计算稳定常数 K。

　　典型的实验操作是[3c,14],假定发生了单一放热反应,用观察到的温度变化对时间或对加入滴定剂量作图,得到热图(图 5-1),在滴定起始点 X 和任意一点 P 之间反应容器内生成的总表观热 Q_P 可用方程(5-19)计算

$$Q_P = -C_P(T_P - T_X) \tag{5-19}$$

在热图(图 5-1)中,起始区(a)和结尾区(c)中升温线的斜率 S_i 和 S_f 对非化学量定量测定有贡献,即由搅拌热、反应器与环境的热交换及测量元件工作时产生热量的代数和所引起。滴定过程中,对应于曲线点 X 到点 Y 之间的任何一个数据点 P 的复合反应净反应热 $Q_{C,P}$ 均可由方程(5-20)求出[3,4]

$$Q_{C,P} = Q_P - Q_{HL,P} - Q_{TC,P} - Q_{D,P} \tag{5-20}$$

方程中：Q_P 为总表观热；$Q_{HL, P}$ 为非化学能产生的热量，由热耗速率决定；$Q_{TC, P}$ 为滴定与被滴定液温差导入的热量；$Q_{D, P}$ 为滴定液的稀释热，由单独实验测定。

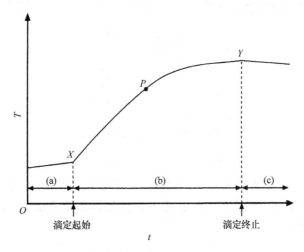

图 5-1　典型量热滴定曲线温度对时间轨迹

（a）引导区　（b）反应区　（c）结尾区

5.1.4　确定稳定常数和焓变

对于一个超分子体系，当已确认其中主、客体按 1∶1 化学量进行复合反应时，以下两方程成立

$$H + G \xrightleftharpoons{K} H \cdot G \tag{5-21}$$

$$K = [H \cdot G]/[H][G] \tag{5-22}$$

量热滴定实验得到的净热 $Q_{C, P}$，与 ΔH 有如方程（5-23）所示的关系

$$Q_{C, P} = \Delta H \times \Delta n_P \tag{5-23}$$

方程中：Δn_P 为任意点 P 复合物的量（mol），它依赖于平衡常数 K，ΔH 为反应焓变。在 P 点产生的净热量 $Q_{R, P}$，可以用来确定稳定常数 K 和焓变 ΔH

$$Q_{R, P}(K, \Delta H) = \sum_{i=1}^{P} \Delta n_i \Delta H_i = Q_{C, P} - Q_{D, P} - \sum_{j=1}^{P} \Delta n_j \Delta H_j \tag{5-24}$$

$Q_{R, P}$ 值只是在 P 点超分子复合物物质的量 $\Delta n_{i, P}$ 的函数（$\Delta n_i \Delta H_i$ 代表感兴趣的反应，$\Delta n_j \Delta H_j$ 代表其他伴生的反应），直接与稳定常数 K_i 和感兴趣反应的焓变 ΔH_i 有关。因此，在 P 点形成的复合物（H·G）的物质的量可以由方程（5-25）计算

$$\Delta n_{i, P} = [H \cdot G](V_X + V_P) \tag{5-25}$$

方程中：V_X，V_P 分别指滴定液和加入滴定剂的体积；$V_X + V_P$ 因而是反应器内在

P 点溶液的总体积。如果将主体溶液放入量热器中,滴定液中含有客体,则在量热器中 P 点形成的相关物种有:游离主体($[H]_P$)、游离客体($[G]_P$)和复合物($[H \cdot G]_P$),可以用以下各式计算

$$[H]_t = [H]_0 \times \frac{V_X}{V_X + V_P} \tag{5-26}$$

$$[G]_t = [G]_0 \times \frac{V_P}{V_X + V_P} \tag{5-27}$$

$$[H]_P = [H]_t - [H \cdot G]_P \tag{5-28}$$

$$[G]_P = [G]_t - [H \cdot G]_P \tag{5-29}$$

方程中:下标 0、t、P 分别代表初始(滴定溶液或滴定剂溶液)浓度、反应器中总浓度和反应器中 P 点游离主、客体和有效主客体复合物的浓度。稳定常数 K 将由方程(5-30)得到

$$K = \frac{[H \cdot G]_P}{\big([H]_t - [H \cdot G]_P\big)\big([G]_t - [H \cdot G]_P\big)} \tag{5-30}$$

形成复合物 H·G 的物质的量 Δn_P 与稳定常数 K 有如下关系

$$\Delta n_P / (V_X - V_P) = [H \cdot G]_P = ([G]_t + [H]_t + 1/K)/2$$

$$- \sqrt{\big([H]_t + [G]_t + 1/K\big)^2/4 - [H]_t[G]_t} \tag{5-31}$$

稳定常数 K 和 ΔH 可以按方程(5-32),同时用最小二乘法拟合求得

$$U(K_i, \Delta H_i) = \sum_{p=1}^{m} \Big[Q_{R,P} - \sum_i \big[\Delta n_i \Delta H_i \big] \Big]^2 \tag{5-32}$$

改变设定的 K 值,求出一组 K 和 ΔH 使方程(5-32)中 U 值最小。

5.1.5　应用示例

1) 热容

由精密量热滴定得到的热容(ΔC_p°)数据,可以用于比较判断疏水基团从水向纯有机溶剂和向主体如环糊精的疏水空腔中的转移。井上佳久等[9]曾详细地测定各种有机小分子与 α-、β-CD 结合的包结热力学量(ΔC_p°)和它们与稳定常数的关系[表 5-2(a),表 5-2(b)]。

结果表明在水溶液中 α-CD 结合烷基胺盐、链烷基酸盐的 ΔC_p°,每个—CH₂—增值与已往测定由水向非水疏水环境转移的 ΔC_p° 增值相同,都是较大的负值。但

表 5 - 2(a)　α-CD 与各种有机小分子在水中不同温度下的包结热 $\Delta C_p^{\circ 1)[9]}$

No.	客　体	T/K	$\lg K$	ΔC_p° /(J·mol^{-1}·K^{-1})	No.	客　体	T/K	$\lg K$	ΔC_p° /(J·mol^{-1}·K^{-1})
1	己二酸	288	2.19	−279	11	庚胺盐	298	3.03	−92○
	（双阴离子 pH=9.5）	298	2.13	−279△			308	2.898	−92
		308	2.037	−279			318	2.772	−92
2	苯[2)]	298	1.50	−272	12	1,6-己二醇	298	2.01	−337●
3	1,4-丁二醇	298	0.89	−160●	13	己酸	288	2.544	−74
4	环己烷[2)]	323	2.31	−372		（pH=6.9）	298	2.46	−74×
		313	2.44	−374			308	2.396	−74
		303	2.57	−318			318	2.310	−74
		293	2.68	−289	14	己胺盐	288	2.685	−78
		283	2.79	−264		（pH=6.9）	298	2.583	−78○
		273	2.88	−243			308	2.479	−78
5	癸二醇	298	3.85	−424●			318	2.356	−78
6	庚烷[2)]	323	3.39	−607	15	1,9-壬二醇	298	3.55	−374●
		303	3.70	−515	16	辛二酸	288	3.20	−327△
		293	3.82	−469		（pH=9.5）	298	3.18	−327
		273	4.01	−385			308	3.10	−327
		283	3.93	−427	17	1,8-辛二醇	298	3.08	−354●
		313	3.55	−561	18	辛胺盐	288	3.49	−108
7	庚二酸	288	2.77	−317		（pH=6.9）	298	3.37	−108○
	（二阴离子 pH=9.5）	298	2.69	−317△			308	3.20	−108
		308	2.65	−317			318	3.06	−108
8	1,7-庚二醇	298	2.50	−326●	19	1,5-戊二醇	298	1.45	−238●
9	庚酸	288	3.017	−84	20	戊胺盐	288	2.045	−65
	（pH=6.9）	298	2.911	−84×		（pH=6.9）	298	1.968	−65○
		308	2.818	−84			308	1.914	−65
		318	2.70	−84			318	1.778	−65
10	庚胺盐(pH=6.9)	288	3.137	−92					

表 5-2(b)　　β-CD 与各种有机小分子在水中不同温度下的包结热 $\Delta C_p^{(CI)}$[9]

No.	客体	T/K	lg K	ΔC_p° /(J·mol^{-1}·K^{-1})	No.	客体	T/K	lg K	ΔC_p° /(J·mol^{-1}·K^{-1})
1	苯	298	2.23	$-498^{2)}$	7	3-(4-羟基苯基)丙酸 (pH=6.9)	288	2.55	-45
		291	1.81	-268			298	2.47	$-45\times$
		298	2.03	-268			308	2.39	-45
2	环己烷$^{2)}$	323	3.59	-389			318	2.03	-45
		313	3.65	-360	8	Cis-4-甲基环己醇 (pH=6.9)	288	3.23	-87
		303	3.70	-331			298	3.17	-87
		293	3.73	-301			308	3.12	-87
		283	3.74	-276			318	3.03	-87
3	环己醇	288	2.93	-79	9	苯乙基胺盐 (pH=6.9)	298	1.38	-58▲
		298	2.84	-79			308	1.41	-58
		308	2.77	-79			318	1.41	-58
		318	2.712	-79	10	3-苯基丁酸 (pH=6.9)	298	2.588	-69●
4	庚烷$^{2)}$	323	3.37	-377			288	2.597	-69
		303	3.42	-318			308	2.561	-69
		293	3.42	-298			318	2.509	-69
		273	3.38	-243	11	3-苯基丙酸 (pH=6.9)	298	2.173	-61●
		283	3.41	-268			288	2.12	-61
		313	3.40	-347			308	2.158	-61
5	4-(羟基苯乙基)胺盐 (pH=6.9)	288	1.92	-36			318	2.137	-61
		298	1.845	-36▲					
		308	1.78	-36					
		318	1.69	-36					
6	3-(2-羟基苯基)丙酸 (pH=6.9)	288	1.97	-44					
		298	1.908	$-44\times$					
		308	1.83	-44					
		318	1.76	-44					

1)表 5-2(a)、表 5-2(b)中数据系引自参考文献[9]。做标记数据（●，△，○，×，▲）是选择用以分析 lg K 与 ΔC_p 关系的数值，用量热滴定法测定。

2)蒸气压法测定。

有些值则出现很大差异,有关这点目前还不能解释。从有限的实验数据可以看到,
α-CD 结合链烷基胺盐(○)(烷基链的碳数 $Nc=5\sim8$)、链烷基酸(×)($Nc=6$、7)
的 ΔC_p°,每个—CH₂—的增值均在 $-10\sim-15$ 之间,说明胺盐和羧基离子的取代
对结合热力学没有明显影响,因为在生成的复合物中带电荷端基远离主要结合位,
α-CD 结合链烷基胺盐的 lg K-ΔC_p° 表现有很好的线性关系($R^2=0.9685$)。有趣
的是链烷基二醇(●)($Nc=4\sim10$)和烷基二羧酸(△)($Nc=7$、8)的 ΔC_p°,每个
—CH₂—的增值都增加得很多,有的约大到 $100\text{J}\cdot\text{mol}^{-1}\cdot\text{K}^{-1}$。

　　β-CD 结合含酚羟基客体 3-(2-羟苯基)丙酸(**1**)(×)、3-(4-羟苯基)丙酸(**2**)
(×)和苯乙基胺盐(**3**)(△)、苯丙酸(**4**)(●)的稳定性随温度升高下降,但反应的热
容 ΔC_p° 却保持不变,表明疏水芳基与 CD 空腔导致的疏水互相作用基本上不随温
度变化而改变,氢键对稳定性的贡献却因温度升高而减少。由此可以判断在以氢
键和疏水作用为主要作用力的生物体系中,在升高温度情况下体系的解离也主要
起因于氢键的破裂。

　　以上分析可见有机分子结合进 CD 空腔和通常认识的由水相向有机相的转移
有直接关系,与典型的疏水过程相符。从热容的数值来看,也说明只有客体分子明
显去溶剂化那一部位对总的结合热力学作贡献。

认识中性分子和大环主体互相作用热容变化的性质,有助于更好地了解溶剂
和大环、中性分子以及所形成复合物的互相作用本质。由此可以得到在主-客体发
生复合作用时内部结构改变的信息。如大环环蟠与各种客体作用有明显的热容效
应[16a, b],大环环蟠$(1,4-\text{B})_4 30\text{CE}4-3$($R_1$、$R_2$、$R_3 = \text{OCH}_3$,$X = \text{CH}_3$)**5** 与各种苯衍
生物在水和甲醇中的包结反应,显示负的热容[6,16a, b],当苯衍生物分子有偶极和
羟基取代基,如对硝基甲苯、对氰基甲苯时,ΔC_p° 表现为最大负值,分别达到

$-544J \cdot mol^{-1} \cdot K^{-1}$、$-293J \cdot mol^{-1} \cdot K^{-1}$，表明与它们的溶剂笼[①] 有最强的互相作用。

5

在大环主体与阳离子结合热力学的研究中有关 ΔC_p° 与结合关系的报道却很少。Izatt 等[7a, b]考察了二环己基 18CE6 的两个异构体（**6**、**7**）与单、二价阳离子互相作用的 ΔC_p°，结论是在这两个异构体的溶剂化，或这两个异构体的溶剂结构性质间有明显差异（表 5－3），但数据太少不能做出确切结论。另外，Morel-Desrosiers[18a,b,c]测定窝穴体[2,2,2]-1(**8**)与质子和碱土金属络合物的热容和过剩体积，发现特殊物种热容对这些物种在溶液中的结构变化非常敏感。热容有助于更好地认识溶剂和窝穴体-阳离子络合物间互相作用的性质，以及窝穴体在络合过程中的外部影响和内部变化的平衡。研究结果发现在水中，窝穴体[2,2,2]-1 的第一个质子化作用主要由熵控制，反应熵比第二个质子化过程正的更少，但热容变化负的更少。这一事实表明，与第一个质子化位比较，第二个质子化位水合作用更弱。从这个热力学实验结果和相对过剩体积的研究得出的结论是：单质子化窝穴体发生在环外部，双质子化窝穴体的第二个质子在空腔内部[18a]。分析在 H_2O 或 MeOH 中热容变化，从 Na^+ 到 Rb^+，ΔC_p 的减少，并不反映阳离子去溶剂化作用，而是反映窝穴体在络合后内部旋转自由度的减少。在从 Sr^{2+} 到 Ba^{2+} 系列中也观察到同样性质。在这些情况下，窝穴体络合金属离子作用与溶剂性质无关。但[2,2,2]-1 与 $Cs^+(H_2O)$ 和 $Ca^{2+}(H_2O$ 或 MeOH)作用却不是这样。对于 Cs^+，测得的热容比预期的大，这是因为大的阳离子只部分包结在配体空腔内，配体有更大的旋转自由度，使得 Cs^+ 的去溶剂化比全结合的阳离子小。对于 Ca^{2+} 则比预期的热容要小，这时 Ca^{2+}-[2,2,2]-1 在 H_2O 中互相作用的 ΔS 是正而 $\Delta H \approx 0$，表明 Ca^{2+} 比其他碱土金属阳离子在与窝穴体络合后受到更强的去溶剂化。

---

① 溶剂笼(solvent cage)是一种形象的比喻，1975 年 Dellinger 和 Kasha(Chem. Phys. Lett., 1975, 36；410；1976，38：9)引入发射光谱研究[17]。

表 5 - 3　溶液中阳离子-大环主体互相作用的 $\Delta C_p^{\circ[7a]}$ 与相应的 ΔH、ΔS 和 $\lg K^{[7b]}$ 值（25℃）

配体	阳离子	ΔC_p° /(J·mol^{-1}·K^{-1})	ΔH /(kJ·mol^{-1})	ΔS /(J·mol^{-1}·K^{-1})	$\lg K$	条件
Cy$_2$18CE6-1(**6**)	K$^+$	53	-21.2	-40.2	1.63	H$_2$O
(*cis-anti-cis*)	Rb$^+$	44	-16.6	-38.9	0.87	H$_2$O
	Sr^{2+}	17	-13.2	$+6.28$	2.64	H$_2$O
	Ba^{2+}	35	-25.9	-24.3	3.27	H$_2$O
Cy$_2$18CE6-2(**7**)	K$^+$	20	-16.2	-15.9	2.02	H$_2$O
(*cis-syn-cis*)	Rb$^+$	5	-13.9	-17.6	1.52	H$_2$O
	Cs$^+$	0	-10.1	-15.6	0.96	H$_2$O
	Sr^{2+}	0	-15.4	$+10.5$	3.24	H$_2$O
	Ba^{2+}	4	-20.6	-0.84	3.57	H$_2$O
[2,2,2]-1(**8**)	H$^+$	$-60(1)$	$-48^{[18a]}$	$+23.5^{[18a]}$	—	H$_2$O
	H$^+$	$-102(2)$	$-18^{[18a]}$	$+77.2^{[18a]}$	—	H$_2$O
	L$^+$	2				MeOH(阴离子=Cl$^-$)
	Na$^+$	71				H$_2$O(阴离子=Cl$^-$)
	Na$^+$	-34				MeOH(阴离子=Cl$^-$)
	K$^+$	39				H$_2$O(阴离子=Cl$^-$)
	K$^+$	-88				MeOH(阴离子=Cl$^-$)
	Rb$^+$	11				H$_2$O(阴离子=Cl$^-$)
	Rb$^+$	-82				MeOH(阴离子=Cl$^-$)
	Cs$^+$	-26				MeOH(阴离子=Cl$^-$)
	Ca^{2+}	-27				H$_2$O(阴离子=Cl$^-$)
	Ca^{2+}	-343				MeOH(阴离子=Cl$^-$)
	Sr^{2+}	125				H$_2$O(阴离子=Cl$^-$)
	Sr^{2+}	-89				MeOH(阴离子=Cl$^-$)
	Ba^{2+}	77				H$_2$O(阴离子=Cl$^-$)
	Ba^{2+}	-245				MeOH(阴离子=Cl$^-$)

Cy$_2$18CE6-1　**6**
(*cis-anti-cis*)

Cy$_2$18CE6-2　**7**
(*cis-syn-cis*)

[2.2.2]-1

A,B,C,D＝O;X＝H$_2$;R＝H

8

2) 焓－熵补偿效应

在上文分别叙述了焓、熵的定义,原则上不能从基础热力学中导出焓与熵之间明确的关系。但是,在广范围的反应和平衡体系中却存在焓、熵间的补偿关系[8~10,19~25],早在 20 世纪 50 年代 Leffer[26] 曾提出存在这种经验规律,此后也有许多评论文章发表[27]。

在化学反应和平衡中,速率常数(k)和平衡常数(K)因取代基、溶剂和其他各种内部和外部因素的变化而变化。但因此而引起的 k 或 K 的变化($\Delta\Delta G^{\neq}$ 或 $\Delta\Delta G^{\circ}$)通常比预期单纯由焓变($\Delta\Delta H^{\neq}$ 或 $\Delta\Delta H^{\circ}$)诱导的要小得多,这是由于相关熵项($\Delta\Delta S^{\neq}$ 或 $\Delta\Delta S^{\circ}$)常补偿掉焓变中的重要部分,定性地说这就是 ΔH-ΔS 补偿效应的起源。实验中观察到的 ΔH-ΔS 线性关系可以表达为[9, 26]

$$\Delta H^{\circ} = \beta\Delta\Delta S^{\circ} \tag{5-33}$$

比例系数 β 的量纲与温度相同。从方程(5-33)和吉布斯－亥姆霍兹微分式方程(5-34)[11]得到方程(5-35)

$$\Delta G^{\circ} = \Delta\Delta H^{\circ} - T\Delta\Delta S^{\circ} \tag{5-34}$$

$$\Delta G^{\circ} = \Delta\Delta H^{\circ}\left[1 - T/\beta\right] \tag{5-35}$$

方程(5-35)明确表明在临界点或所谓的等动力学(isokinetic)或等平衡(isoequilibrim)温度(β)下,速率或平衡常数与由任何取代基、溶剂等变化导致的焓变无关,而且在各种反应中都观察到这种现象。对这种超出热力学基础的关系尚存在各种争论,因为在确定焓和熵的变化时互相并非孤立的,特别是在使用范特霍夫(van't Hoff)或阿伦尼乌斯方程的时候。不过近来也有支持焓－熵补偿关系的理论和实验[28]。热力学量进行焓－熵补偿关系的定量相关分析广泛用于不同化学和生物学体系中的分子识别[8a, b, 9, 13, 19],在这些分析中 $T\Delta S^{\circ}$ 值与 ΔH° 具有如方程(5-36)所示线性关系

$$T\Delta\Delta S^{\circ} = \alpha\Delta\Delta H^{\circ} \tag{5-36}$$

积分后得到

$$T\Delta S^{\circ} = \alpha\Delta H^{\circ} + T\Delta S_0^{\circ} \tag{5-37}$$

将方程(5-34)与方程(5-36)联合,得到方程(5-38)

$$\Delta G^{\circ} = \Delta\Delta H^{\circ} - \alpha\Delta\Delta H^{\circ} = \Delta\Delta H^{\circ}\left[1 - \alpha\right] \tag{5-38}$$

方程(5-37)中 $T\Delta S^{\circ}$ 对 ΔH° 作图的斜率(α)表明由于主体、客体、溶剂改变引起焓增益($\Delta\Delta H^{\circ}$)被伴随的熵失($\Delta\Delta S^{\circ}$)抵消的程度。也就是说,只有($1-\alpha$)部分的焓增益对络合稳定性有贡献。截距 $T\Delta S_0^{\circ}$ 代表在 $\Delta H^{\circ}=0$ 时的固有络合稳定性(ΔG°),意味着如果 $T\Delta S_0^{\circ}$ 为正,不存在焓稳定作用时复合物的稳定性。

在上述原则的基础上,用方程(5-37)作图、计算回归线的斜率(α)和截距($T\Delta S_0^{\circ}$),定量判断构象变化和复合时主、客体去溶剂化的限度。著者和Inoue[8a,b]合作用量热滴定技术系统地研究 CD 和修饰 CD 识别各种有机小分子的焓－熵补偿

效应,分析了修饰基团与结合选择性的关系,所有测定的冠醚、窝穴体、环糊精、杯芳烃在均相溶液和溶剂萃取方法测得的热力学数据,其 $T\Delta S^{\circ}$-ΔH° 回归线都有良好的线性关系。结果列于表5-4。

表 5-4　焓-熵补偿分析

主体	络合物化学量	均相				萃取			
		α	$T\Delta S_0^{\circ}$	使用数据的数目 n[19]	相关系数 r[22]	α	$T\Delta S_0^{\circ}$ /(kcal·mol^{-1})	使用数据的数目 n[19]	相关系数 r[22]
冠醚	1:1	0.76[19,22]	2.4kcal·mol^{-1}	—	0.99	0.73[22]	2.6	8.9	0.91
	1:2	0.71[19]	2.7kcal·mol^{-1}	16		0.98[23]	3.0	13	0.99
		0.96[23]	3.3kcal·mol^{-1}	77	0.98				
双冠醚	1:1	1.16[20,23]	7.1kcal·mol^{-1}	16	0.99				
	1:1	1.03[21]	4.6kcal·mol^{-1}[21]	41	0.99				
窝穴体	1:1	0.51[19]	4.0kcal·mol^{-1}	—					
抗生素	1:1	0.95[19,20]	5.6kcal·mol^{-1}	—					
glyme/podand	1:1	0.86[19]	2.3kcal·mol^{-1}	—					
环糊精(CD)		0.88[9]	12kJ·mol^{-1}	1070	0.92				
α-CD		0.79[9]	8kJ·mol^{-1}	524	0.90				
β-CD		0.80[9]	11kJ·mol^{-1}	488	0.89				
γ-CD		0.97[9]	15kJ·mol^{-1}	58	0.93				
修饰环糊精		0.99[9]	17kJ·mol^{-1}	128	0.99				
环瑶/杯芳烃		0.78[8b]	3.4kcal·mol^{-1}	75	0.921				
金属卟啉		0.61[8b]	1.6kcal·mol^{-1}	33	0.972				
醌-受体卟啉		0.60[8b,29]	0	13	0.952				

　　著者在 Danil de Namor[30] 提供杯芳烃结合客体热力学数据(表5-5)的基础上绘制了杯芳烃结合阳离子的 $T\Delta S^{\circ}$-ΔH° 图,结果显示对于特丁基杯[4]芳烃酯系列(**9~13**)[图5-2(a)],离子半径小的 Li$^+$、Na$^+$ 多位于 $T\Delta S^{\circ}$-ΔH° 线上,与溶剂无关,K$^+$、Rb$^+$、Cs$^+$ 数据点则很分散。冠醚环杂化杯芳烃的体系(**14~17**)[图5-2(b)],其 $T\Delta S^{\circ}$-ΔH° 的斜率和截距都偏离特丁基杯[4]芳烃酯系列的 $T\Delta S^{\circ}$-ΔH° 关系。截距($T\Delta S^{\circ}$)更负,斜率(α)更大,表明键合冠醚环后增加了主体构象变化和去溶剂化程度。杯[4]芳烃键合双15CE5 或双18CE6 环的主体,在 MeCN 中半径大的 Cs$^+$ 均偏离焓-熵补偿关系,但 lg$K$ 却均大于 Na$^+$、K$^+$、Rb$^+$,暗示存在不同的作用机理,形成络合物的构象不同[图5-2(a)、(b)]。

表 5-5　低边衍生化杯芳烃与阳离子在非水介质中结合的热力学参数(298K)[30]

主体	M^{n+} $n=1$	$\lg K_s$	ΔG° /(kJ·mol^{-1})	ΔH° /(kJ·mol^{-1})	ΔS° /(J·mol^{-1}·K^{-1})	$T\Delta S^\circ$ /(kJ·mol^{-1})	溶剂
9	Li	6.2	−35.39	−48.78	−44.9	−13.38	MeCN ○
$n=4$,	Na	7.77	−44.36	−69.20	−83.3	−24.82	
$R_1=t\text{-Bu}$	K	4.04	−23.06	−45.75	−76.1	−22.68	
$R_2=CH_2CO_2Et$	Rb	2.05	−11.70	−23.34	−39.0	−11.62	
	Cs	2.80	−15.98	−11.48	15.1	4.499	
	Li	2.60	−14.84	5.05	66.7	19.88	MeOH △
	Na	5.0	−28.50	−45.60	−57.2	−17.05	
	K	2.4	−13.70	−14.22	−1.7	−0.51	
	Rb	—	—	—	—	—	
10	Li	≥8.5	≥−48.4	−55.0	≥−22	−6.556	MeCN ○
$n=4$,	Na	≥8.5	−48.4	−79.0	−103	≥−30.69	
$R_1=t\text{-Bu}$	K	≥8.5	−48.4	−64.0	−52	−15.496	
$R_2=CH_2CONEt_2$	Rb	5.7	−32.5	−37.2	−17	−5.066	
	Cs	3.5	−19.9	−26.0	−20	−5.96	
	Li	4.10	−22.20	−7	50	14.90	MeOH △
	Na	7.90	−45.00	−50.60	−20	−5.96	
	K	5.80	−33.10	−42.40	−31	−9.24	
	Rb	3.80	−21.60	−17.50	13	3.87	
	Cs	2.50	−14.00	−9.0	17	5.07	
11	Li	5.61	−32.02	−37.80	−19.4	−5.78	MeCN ○
$n=4$ $R_1=t\text{-Bu}$	Na	6.97	−39.79	−63.0	−77.8	−23.18	
$R_2=CH_2CO_2Me$	K	4.01	−22.89	−40.63	−59.4	−17.70	
12	Li	6.21	−35.45	−46.30	−36.4	−10.85	MeCN ○
$n=4$ $R_1=t\text{-Bu}$	Na	7.67	−43.78	−67.80	−80.6	−23.84	
$R_2=CH_2CO_2\,n\text{-Bu}$	K	2.05	−11.67	−26.91	−51.0	−15.19	
13	Li	3.00	−17.10	6	77	22.95	MeOH △
$n=4$	Na	7.20	−41.00	−34.40	23	6.85	
$R_1=t\text{-Bu}$	K	5.40	−30.80	−32.60	−6.0	−1.79	
$R_2=CH_2CON(CN_2)_4$	Rb	3.10	−17.10	−11.00	20	5.96	

主体	M^{n+} $n=1$	$\lg K_s$	ΔG° /(kJ·mol^{-1})	ΔH° /(kJ·mol^{-1})	ΔS° /(J·mol^{-1}·K^{-1})	$T\Delta S^\circ$ /(kJ·mol^{-1})	溶剂
14	Na	3.5	−19.9	−4.56	51	15.19	MeCN ○
	K	4.47	−25.5	−59.00	−114	−33.97	
	Rb	4.61	−26.3	−57.00	−104	−30.99	
	Cs	5.4	−30.8	−40.50	−37	−9.54	
	K	4.76	−27.1	−57.00	−100	−29.80	MeOH △
	Rb	4.80	−27.0	−61.00	−114	−33.97	
	Cs	5.10	−29.1	−44.00	−50	−14.90	
15	K	4.10	−23.4	−31.70	−28	−8.34	MeOH △
	Rb	4.30	−24.5	−52.00	−92	−27.42	
	Cs	4.80	−27.00	−56.20	−98	−29.20	
	K	4.12	−23.5	−17.0	23	6.85	MeCN ○
	Rb	4.41	−25.1	−25.2	0	0	
	Cs	4.90	−27.9	−29.7	−6	−1.788	
16	Rb	4.39	−25.0	−12.6	42	12.52	MeCN ○
	Cs	4.90	−28.0	−11.4	57	−16.98	
17	Rb	4.40	−25.1	−12.5	42	12.52	MeCN
	Cs	4.90	−28.0	−11.0	57	−16.99	

注：为简化计算，表中原误差范围值被省略。作标记数据(○,△)是选择用以分析 $T\Delta S\text{-}\Delta H$ 补偿关系的数据。

量热滴定法测定 18CE6（**18**）和 B18CE6（**19**）在甲醇溶液中结合质子化氨基酸甲酯（L-Ala OMe、L-Val OMe、L-Leu OMe、L-Phe OMe、L-Ser OMe、L-Ile OMe、L-Cys OMe）和氨基醇（含质子化氨基醇）及氨基化合物（α-氨基异戊酸、异丙胺、正丁胺）的 $T\Delta S^\circ$ 和 ΔH°[31]，都有满意的线性关系，反映构象变化的 α 值，18CE6＞B18CE6，去溶剂化程度几乎相等。NH_4^+、质子化氨基酸甲酯与 18CE6 和 B18CE6 结合的 ΔH° 相差不大，但 NH_4^+ 的 $\lg K$ 都大于质子化氨基酸甲酯，反应焓接近相等，差别主要由熵引起，说明络合稳定性主要由氨基取代基的立体几何形状决定。实验结果显示除质子化 L-异亮氨酸和亮氨酸甲酯（L-Ile OMe、L-Leu OMe）之外，与 B18CE6 结合的反应焓均小于 18CE6，反应熵也是 B18CE6 小于 18CE6。两者空腔尺寸接近相等，其原因可能是苯基减少了醚氧原子的碱度和配体柔性。

测定冠醚 **18**、**19**、**20**、窝穴体 **21** 甲醇中 25℃ 结合氨基酸的 $\lg K$（L·mol^{-1}），

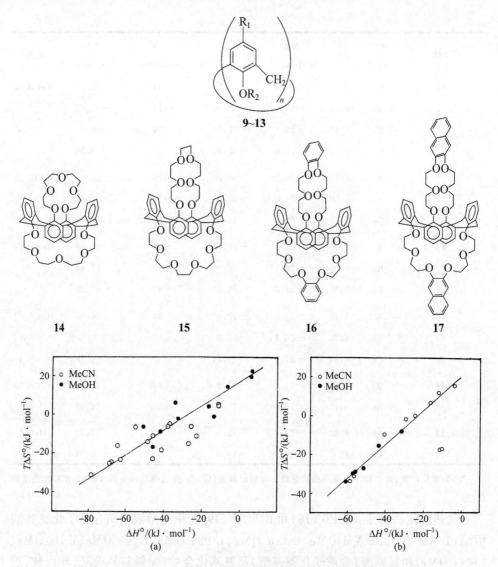

图 5-2 杯芳烃在有机溶剂(MeCN、MeOH)中结合碱金属离子的熵-焓补偿图(298K)[30]

ΔH° 和 $T\Delta S^\circ$(kJ·mol^{-1})数值,作焓-熵补偿图[32],图 5-3(a)、(b),图 5-4(a)、(b)都有良好的线性关系。比较结果发现与结合质子化氨基酸甲酯相同,用于测定的大环主体在甲醇中结合 NH_4^+ 的稳定常数均高于其他客体氨基酸;相反,结合氨基酸的反应焓均大于结合 NH_4^+ 的反应焓。把甘氨酸作为基本结构,在 CH$_2$ 基上引入不同基团得到用于测试的各种氨基酸,不同取代对于 18CE6 结合的稳定性没有影响,但 18CE6(18)结合甘氨酸的反应焓最高。反应焓值的减少被反应熵补偿,所以得到的稳定常数相当。冠醚环上的一个氧原子被一个氮原子替代(20)也没有影响到测定的稳定常数,然而反应焓却比 **18** 和 **19** 低,络合物的形成受到熵的驱动。18CE6(**18**)的一个氧原子被氮原子替代(**20**)后两者的 $T\Delta S$-ΔH 关系明显偏离[图 5-4(a)]。当两个氧原子被氮替代(**21**)时,稳定常数下降,18CE6 与窝穴体(2,2,2)比较,两者的稳定常数值相当,但 2,2,2 与氨基酸的结合是由熵驱动。以上结果说明主体中的给体原子对结合反应焓、熵起重要作用。

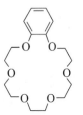

18　X=Y=O　　　18CE6
20　X=O,Y=NH　MA18CE6
21　X=Y=NH　　(**22**)

19　B18CE6

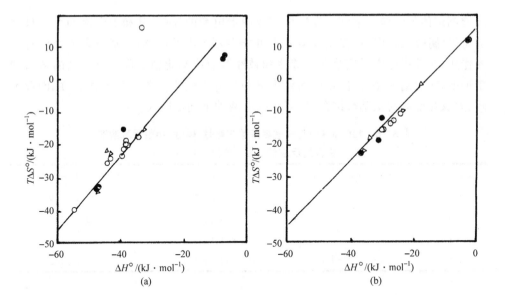

(a)　　　　　　　　(b)

图 5-3　18CE6(**18**)、B18CE6(**19**)结合铵离子和质子化氨基酸甲酯(○)、氨基醇(●)

和氨基化合物(△)的焓-熵补偿图[31](25℃,MeOH)

(a) 18CE6　(b) B18CE6

已有研究结果证明在甲醇溶液中,氨基酸以双离子[R—CH₂—(NH₃⁺)COO⁻]形式存在,表 5-6 比较了酸性、碱性和中性甲醇溶液中几个氨基酸与 18CE6 的络合作用[32]。酸性溶液中,氨基酸应当完全质子化,反应焓最高。在碱性溶液中,反

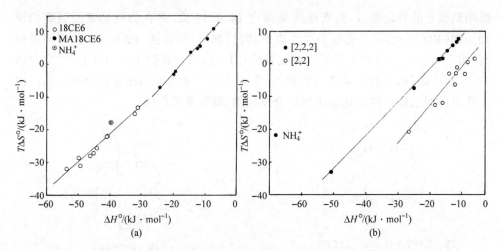

图 5-4　18CE6(**18**)和 MA18CE6(**20**)、[2,2,2]**8** 和[2,2]**21** 结合 α-氨基酸的焓-熵补偿图

(基本数据取自参考文献[31,32])

(a) 18CE6 和 MA18CE6　(b) [2,2,2]-1 **8** 和[2,2]**21**

应焓测定值低于酸性溶液。在酸性溶液中带电荷的 NH_3^+ 基和冠醚之间存在最强的离子-偶极互相作用,在碱性溶液中可能在不带电荷的 NH_2 基与配体之间有互相作用,在纯甲醇中反应焓介于酸性和碱性溶液中测定值之间。反应焓的数值清楚证明,在双离子型之外,甲醇溶液中还应当有中性的 α-氨基酸形式存在,因此大环、大双环配体与氨基酸结合,应当至少有两种不同反应式。

表 5-6　18CE6(**18**)与一些氨基酸在酸性、碱性、中性甲醇溶液中
25℃络合的反应焓 $\triangle H^\circ$(单位:$kJ \cdot mol^{-1}$)[32]

氨基酸	$NH_3^+-CHR-COOH$	$NH_3^+-CHR-COO^-$	$NH_2-CHR-COO^-$
L-Ala	−47.9±1.8	−46.2±2.6	−34.1±2.0
Gly	−59.6±2.4	−49.8±2.1	−40.2±1.7
L-Ser	−47.9±1.8	−41.1±2.5	−40.5±1.9
L-Val	−35.1±1.6	−32.2±0.9	−32.2±1.3

以上列举由各种大环主体、环糊精、冠醚、杯芳烃与相应离子、中性分子和氨基酸结合的热力学数据,证明其焓-熵间均存在线性关系,可以认为这是一个带有普遍性的实验规律[5b, 8a,b, 9, 10a,b, 20~25, 33~38]。从 $\triangle H^\circ$-$T\triangle S^\circ$ 线性关系,计算得到母体 CD 结合客体的斜率约为 0.9。表明仅有焓增益的 10% 反映在结合稳定性($\triangle\triangle G^\circ$)的净增加。α 值小意味着主体结构刚性大,反之,α 值大表明环形氢键网络重排和伴随产生骨架有较大的构象变化。截距 $T\triangle S^\circ$ 的差别反映由客体引起的去溶剂化导致熵增益。这种明显大的熵增益是释放最初位于空腔内水分子和成环

形排布羟基去溶剂化综合效应的结果。以上观点同样适用于其他大环主体。从有限数据分析表明,这种热力学基础以外的 ΔH° 和 $T\Delta S^\circ$ 间关系,可以作为了解 CD 和修饰 CD 结合性质的全分析。同样可以推广至离子载体、环蕃、杯芳烃、卟啉衍生物以及其他生物超分子体系[39,40]。

3) 手性识别热力学

最近 Rekharsky 和 Inoue[9,10a,b]连续撰文论述 β-CD 和修饰 β-CD 在分子识别过程中的手性识别热力学。实验表明绝大多数手性客体对映体在与母体环糊精结合时其热力学量只有很小差别,其中 α-、β-CD 和有些正链烷基仲醇[40]、正缬氨酸、正亮氨酸[41]结合热力学量的差别没有达到可评价的程度,有些芳香客体给出相当明显的差别。其中 α-甲基苄基胺对映体与 α-CD 结合的热力学量有明显差别[42,43]。其原因可能是因为绝大多数客体在结合到 α-、β-CD 空腔时仅由无方向性的范德华力和疏水作用驱动,在空腔内没有精密地固定构象和旋转。热力学量上出现最大差别的例子是联萘化合物 (R)-、(S)-1,1′ 联萘-2,2′-diyl 磷酸氢[44,45]位阻异构体(atropoisomeric)[①] 的 β-CD 包结物。(S)-异构体的 $\lg K$ 是 (R)-异构体的 1.3 倍,ΔG° 差 $(\Delta\Delta G^\circ = 0.7 \text{kJ}\cdot\text{mol}^{-1})$ 多半来自熵增益 $(T\Delta\Delta S^\circ = 1.8 \text{kJ}\cdot\text{mol}^{-1})$,而同样的位阻异构体对子 1,1′ 联萘-2,2-二羧酸与甲基 β-环糊精结合时手性区别分别增加 4.9 倍和 6.1 倍[44,45],其稳定性的增加 $(\Delta\Delta G = 3.9 \text{kJ}\cdot\text{mol}^{-1}$ 和 $4.5 \text{kJ}\cdot\text{mol}^{-1})$ 也是由很大的熵增益引起的 $(T\Delta\Delta S^\circ = 5.1 \text{kJ}\cdot\text{mol}^{-1}$ 和 $14.1 \text{kJ}\cdot\text{mol}^{-1})$,完全抵消了伴随而来的焓的丢失。Rekharsky 和 Inoue 因而提出,优先结合的对映体对子具有很大的正熵值,构象自由度和更广的去溶剂化是判断与 CD 结合时对映选择性的决定因素[9]。Rekharsky 和 Inoue[10b]随后用量热法研究了缓冲水溶液中 β-CD 和 43 个对映异构体结合时客体的立体化学、骨架、链长、客体功能基和结合模式。用手性识别平衡的差热力学参数(differential thermodynamic parameter,$\Delta\Delta H^\circ$,$\Delta T\Delta S^\circ$)作焓-熵补偿图,并由此计算等动力学(isokinetic)或等对映辨识温度(isoenantic differentiating tempenature),讨论 CD 对客体手性识别的机理和热力学起因。在讨论手性识别热力学时,首先评述了手性客体与 CD 结合热力学数据的准确度。在具体分析实验数据基础上提出,由于引入亚甲基或手性而导致的总体结合热力学差 $(\Delta\Delta G^\circ$ 和 $\Delta\Delta H^\circ)$,比使用原始参数 $(\Delta G^\circ$ 和 $\Delta H^\circ)$ 所得结果的波动要小得多。

客体分子中更具疏水性部分与 CD 结合,而更亲水部分,通常是带电荷基团将

---

① 位阻异构(atropoisomeric)一词曾被推荐用于描述直接由这种受阻旋转所产生的立体异构体(对映异构体或非对映异构体)的特性。原则上讲,位阻异构指的是旋转障碍(扭转异构现象"torsional isomerism");但有时这个词扩展到没有不对称原子而又因手性构象的稳定性而可拆分的环状分子。如反式环辛烯是张力很大的化合物曾被拆分过,这种空间张力阻滞了平面构象(Kagan H.有机立体化学.庞开圻译.长春:吉林人民出版社,1983.125)。

留在空腔外的大体积水中,这是广为接受的观点。研究进入空腔模式和手性识别关系,假设具有相同绝对构型的客体,改变不对称中心附近疏水取代基的位置,将优先结合客体的对映体。氨基酸可能是证明这种观点的最好客体。O-苄基丝氨酸、分子中苄基和带电荷 NH_3^+ 基间距离,由于增加了 C—O 键比苯丙氨酸长,虽与 β-CD 结合 K 值从 $3L \cdot mol^{-1}$ 增至 $70L \cdot mol^{-1}$,但没有手性识别($K_D/K_L = 1.02$),原因是进入基团离不对称中心远,不明显地参予包结。但 N-乙酰化苯丙氨酸增强了疏水性,其 D 和 L-异构体的 K 值分别为 $61L \cdot mol^{-1}$ 和 $68L \cdot mol^{-1}$,对映体选择性 K_L/K_D 达到 1.11。显然,手性识别归结为不对称碳原子应位于羧基周围,被破坏水壳的边界。测定各种修饰氨基酸证实了上述理论。引入疏水性低的取代基不改变手性识别,用最具疏水性的 Cbz 或 Boc 基替换 NH_3^+,这时 α-碳绝对构型不变,这些氨基酸的疏水性进入基不在 β-碳而是在氨基的 N 原子上。实验结果如所预想的,N-t-Boc-alanine (**22**)、N-t-Boc-serine (**23**)、N-t-Boc-alanine methyl ester (**24**),有明显的手性识别,优先结合 D-异构体,K_D/K_L 分别为 1.07、1.14、$1.07^{[10b]}$,前者起源于熵驱动,而后两者是焓驱动过程。不幸的是相应由 Cbz 修饰的丙氨酸(**25**)与 β-CD 结合,对映体焓差仅约为 $1kJ \cdot mol^{-1}$,焓变完全被熵变抵消,没有手性识别。

对于手性中心带烷基的客体,如(R)-、(S)-3-溴-2-甲基丙醇,与 β-CD 结合,虽然有非常大的负焓和中等强度的平衡常数,但(R)-、(S)-异构体的焓、熵变化差别却完全互相抵消,实际上不存在手性识别。基于上述研究结果,将热力学性质划分为两类:① $\Delta H_R^{\ominus} = \Delta H_S^{\ominus}$,$\Delta S_R^{\ominus} = \Delta S_S^{\ominus}$,$\Delta G_R^{\ominus} = \Delta G_S^{\ominus}$;② $\Delta H_R^{\ominus} \neq \Delta H_S^{\ominus}$,$\Delta S_R^{\ominus} \neq \Delta S_S^{\ominus}$,但 $\Delta G_R^{\ominus} = \Delta G_S^{\ominus}$。对于第一类客体,每对对映体的 ΔH° 和 ΔS° 值相等,从而可以有理由假定由于不对称中心临近亲水基,CD 空腔不能识别客体的立体化学。困难的是合理说明第二类客体的热力学性质,尽管如此,在主客体化学中频繁出现的熵-焓抵消效应仍是令人感兴趣的。对于 β-CD 的手性识别在于不对称中心距亲水性基要尽可能远,另外,具有刚性进入基团的手性客体可能有较好的手性识别。这一观点在 1-环已基乙胺($\mathbf{26}$)和 N, N-二甲基-1-二茂铁基乙胺($\mathbf{27}$)与 β-CD 结合的热力学性质上得到证实。显然,环已基是小体积柔性基,在与 β-CD 形成复合物时,对映体中的每个都能容易地调整在空腔内的几何形状和位置,因而减少结构上的差别,而刚性的二茂铁基则很少有这种可能,其结果是尽管手性中心贴近氨取代基,β-CD 对 $\mathbf{27}$ 仍然具有高手性识别能力($K_S / K_R = 1.19$)。这种情况可归于 3 个烷基(甲基)连在氮原子上,使水合壳与—NH_3^+ 相比结合不强,促进了中心的对映差向互相作用。β-CD 结合 O, O'-二对甲苯甲酰基酒石酸($\mathbf{28}$)和 O, O'-二苯甲酰基酒石酸($\mathbf{29}$)的热力学性质进一步证实了上述观点。二苯甲酰基酒石酸的手性识别相当高 $K_D / K_L = 1.6$,而二对甲苯甲酰基酒石酸的 K_D / K_L 仅为 1.1,二者结构上的差别仅仅是对位上的甲基。甲基使 D-、L-异构体的 $T\Delta S^\circ$ 都增加了 $4.2\text{kJ}\cdot\text{mol}^{-1}$,但 ΔH° 的增益则出现差别,分别为 $1.2\text{kJ}\cdot\text{mol}^{-1}$ 和 $0.3\text{kJ}\cdot\text{mol}^{-1}$,甲基引入使 K 提高,但对映体选择性大幅度下降,说明进入基位置和旋转自由度的增加是对映体选择性下降的原因。

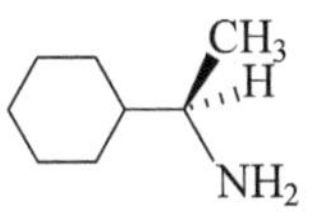

$\mathbf{26}$

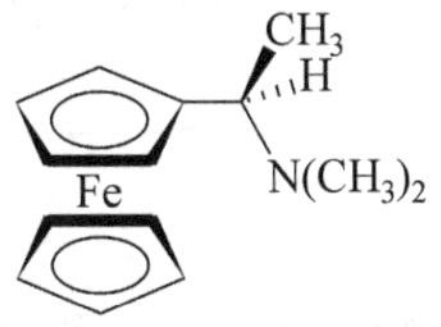

$\mathbf{27}$

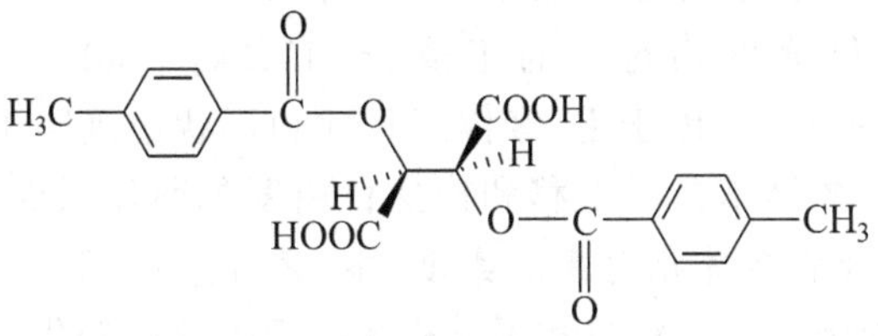

$\mathbf{28}$

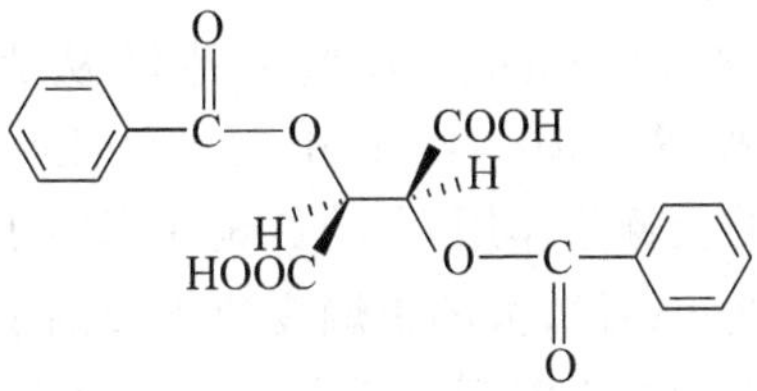

$\mathbf{29}$

如上所述,CD 与客体在空腔内的互相作用应当用非典型疏水模型来描述,在其中结合的熵变和焓变有正有负,而典型的疏水作用模型的 ΔH°、ΔS° 均为正[8, 9, 10a]。在 CD 空腔内各点的疏水性程度并不相同,不像在大体积非极性有机溶剂中那样,分子是自由移动的。在空腔内的结合更明显的可能是范德华作用,而且更多地观察到放热效应。CD 结合无机离子(PF_6^-、ClO_4^- 或 SCN^-)[46],中性易极化和带电荷芳香化合物(取代酚)[9]时,偶极–偶极、偶极–诱导偶极、离子–偶极间互相作用是关键性的,表现为很大的负焓,另外还有客体与 CD 间的氢键。所有这些都是在空腔内产生的互相作用,由于只在短距离接触时发生,称为"短程"(short range)力或"空腔内引力"。分析前述 CD 结合客体热力学性质,令人感兴趣的是,仅进入客体部分与母体 CD 空腔的互相作用对总的结合热力学做贡献,而那些留在空腔外带电荷基团的化学性质、结构、乃至带电基团的符号不起任何明显的热力学作用,从常规溶质-溶剂互相作用观点来看,这是一种非典型热力学性质。

为了进一步证明带电荷基团在 CD 结合过程的热力学性质,研究 β-CD 和 6-氨基-6-去氧-β-CD(am-β-CD)(**30**)对带电荷客体的手性辨识热力学[10a],并称这种热力学为"长程"(long-range)库仑作用。关于氨基修饰 CD 这类主体,对阴离子客体的有效手性识别,已由实验结果证实是由协同库仑作用和其他与包结有关的弱互相作用的临界抗衡(critical counterbalance)操控[47]。绝大多数情况下改变客体结构都会导致与 β-CD 结合的增强同时损失手性识别能力。实际上在所有情况下,都是不希望在结合过程附加进弱互相作用[10b]。

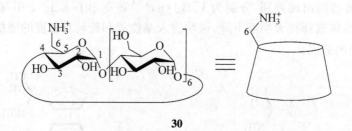

30

通过对 β-CD、am-β-CD 结合多于 50 个手性、非手性带电荷和中性客体热力学数据分析[10a, b],可以得出一个结论,焓变始终是负的($-25.5\text{kJ·mol}^{-1} < \Delta H^{\circ} < -3.5\text{kJ·mol}^{-1}$),熵变范围从大的负值到相对大的正值($-19.2\text{kJ·mol}^{-1} < T\Delta S^{\circ} < 10.7\text{kJ·mol}^{-1}$)。已证明大的负焓起因于主-客体间尺寸和形状精确匹配的范德华作用,大的负熵变起因于主-客体结合时平移和构象自由度的明显减少。换句话说,大的正熵变应当归因于结合后客体相对高的柔度、主-客体亲水部分的大面积去溶剂化或者是在空腔内和周围水分子释放和再结构化。根据这些变化按主要热力学参数 ΔH°、ΔS° 符号和大小,对主体 β-CD、am-β-CD 分类比较。

(1)与负电荷客体结合伴随适宜焓变和不适宜熵变($\Delta H^{\circ} < 0$,$T\Delta S^{\circ} < 0$),这种焓、熵性质通常主要归于由主、客体巧妙尺寸和形状匹配,伴随产生明显的平移和结构自由度的减少。绝大多数这类客体与氨基化 CD 结合,焓的增益都减少,这是由于偏离最佳拟合。客体在母体 β-CD 空腔内的构象,使原来最优化范德华接触或多或少被附加的静电互相作用挠动。D-、L-体焓丢失的明显差别几乎完全被熵的增益补偿,结果只得到中等程度的对映体选择性,β-CD、am-β-CD 大多数偏爱 L-型对映体。

(2)与负电荷客体的结合主要由焓驱动,熵辅助($\Delta H^{\circ} < 0$,$T\Delta S^{\circ} > 0$,$|\Delta H^{\circ}| > |T\Delta S^{\circ}|$)的过程,具有这种热力学性质的主、客体结合,表现为有适

宜的焓变和熵变,优先起作用的是焓。与第一类客体不同,全部给出正的熵变,表明结合很少明显的构象限制,可能在空腔内位置的可变通性,允许客体减少由于位置偏离而引起的焓失,甚至还会有一些焓的增益,这些都来自与 am-β-CD 的强静电作用。通过对这类客体的手性识别比较,发现空腔内范德华作用在手性识别过程起主要作用。通过客体分子三维形状差别区分有关对映体,而附加的静电或任何其他空腔内互相作用都将起辅助作用,增强或减少母体 β-CD 原有的亲和力和对映体选择性。除个别例外,母体 β-CD 和 am-β-CD 都偏爱同一个对映体。这一点很重要,在设计高手性识别能力的修饰 β-CD 时,可以自由地引入"功能化"或"非功能化"部分。

(3) 与负电荷客体结合优先由熵驱动,同时有中等程度的焓驱动($\Delta H^{\circ} < 0$,$T\Delta S^{\circ} > 0$,$|T\Delta S^{\circ}| > |\Delta H^{\circ}|$),这类客体与第二类不同之处在于与 β-CD 或 am-β-CD 结合时表现为高的正熵变和相同或不那么有利的焓变($|\Delta H^{\circ}| \leqslant |T\Delta S^{\circ}|$),当客体从 β-CD 空腔转为与 am-β-CD 结合时增加熵的增益,一种可能的解释是更广范围的主/客体去溶剂化同时伴有离子对互相作用。绝大多数这类客体具有双电荷或中等亲水基,离子对互相作用可与常规空腔内互相作用协同,通过强静电作用提供更负的焓变,或通过对最初存在的范德华接触的明显挠动,提供更少的焓变。

如果一个手性单阴离子含有疏水部分,其尺寸和形状与空腔相匹配,则外部的静电互相作用将引起客体内对映体之间构象/或位置变化上的差异,使对映体选择性增强。一些结构上相关的化合物:苯乙醇酸(**31**)、六氢化苯乙醇酸(**32**)、甲氧基苯基乙酸(**33**)与 β-CD 或 am-β-CD 结合的热力学性质对于讨论上述机理是有价值的。事实上,**31** 的羟基甲基化导致结合热力学和手性辨识发生明显变化,am-β-CD 结合 **33** 的亲和力比 **31** 明显低,可能是由于附加甲基带来立体障碍。但明显的后果是 am-β-CD 结合对映体的选择性(K_R/K_S)从 **31** 的 1.25 提高到 **33** 的 2.75。**31** 的苯基氢化之后(**32**),选择性从,1.07 提高到 1.54。

31　　　　　　　　　　**32**　　　　　　　　　　**33**

am-β-CD 之所以比母体 β-CD 有较高的对映体选择性,其中一个主要原因是在 am-β-CD 分子中葡萄糖单元的排布因引入—NH_2 而降低对称性,同时也引入了形成氢键的基团[48]。但应当避免客体多个离子对的互相作用,它常会抵消对映体的热力学性质的差别。截至目前,通过对结合热力学性质的分析,可以确定低对称度修饰 CD 有更好的手性识别,这一规律从双取代 CD 的实验结果得到证实。双

(6-三甲氨基-6-去氧）β-CD 比 β-CD 更好地区别 2-氨基戊二酸，K_D/K_L 顺序为 A, D(1.14)＜A, C (1.18)＜A, B(1.40)。已建立的 β-CD 结合芳香氨基酸的手性识别和进入模式间的关系[10b]，同样适用于 am-β-CD[10a]。井上佳久等将从 β-CD、am-β-CD 结合带阴离子基团、正电荷基团、中性和可极化分子的热力学性质测定结果，归纳成可作为参考的手性识别模式与识别热力学间的关系。

（1）从 β-CD、am-β-CD 结合对映体热力学数据，归纳出的结合模式与手性识别间的直接关系，是用于各种 CD 包结过程的普遍规律。修饰 CD 能保留母体 CD 的初始优选对映体倾向，这种现象叫"手性模板"或"手性记忆"。

（2）低对称性、含非极性进入基团以及手性中心和最亲水（通常是带电荷基团）基团间距离大的手性客体，有更明显的手性识别。阴离子客体与 am-β-CD 结合的手性辨识作用高于 β-CD，柔性、小体积客体其亲和力可以增加 3～5 倍，而 β-CD 对体积大、刚性客体的亲和力仅稍高，甚至与 am-β-CD 有相同亲和力。阴离子客体与 am-β-CD 结合手性识别大于 β-CD，重要原因在于二者在使静电互相作用最大化过程中调节区域、位置和在手性空腔构象上存在差别。如羟基甲基化 **33** 后导致与 am-β-CD 亲和力降低，可能是由于 CH_3 的引入增加了立体障碍，但对映体选择性（K_R/K_S）却由 β-CD 的 1.10 增至 am-β-CD 的 2.75。中性、阳离子客体与 am-β-CD 手性识别未观察到明显增强。

（3）客体分子任何结构变化提高与 β-CD 亲和力的同时都将损失手性识别，这是因为在几乎所有情况下，在手性客体和 CD 空腔间的结合过程，附加弱相互作用都是不被赞许的。

（4）对于各种对映体对子，用热力学参数差值，而不是用原始参数，作焓一熵补偿图都能得到最好相关性。都可以获得关于 am-β-CD 和 β-CD 在结合客体时构象变化的类似证明。

5.2　热　分　析

热分析（thermal analysis)[15,49,50]是一种在很宽温度范围内对物质进行定性、定量表征的方法。历史上首次由 Tammann 于 1903 年提出这一术语（Tammann G Z. Z Anorg Chem., 1903, 37：303; 1905, 45:24)。此后由本多光太郎奠定了现代热重法的初步基础，并提出热天秤一词（Keattch C J. Heat Temperature Measurements and Thermal Analysis. J. Soc. Thermal Analysis and Calorimetry. Tokyo ed. Science Technology Publisher CO, 1977, 65)。经过长时间工作积累，各国都规定了热分析标准，如美国的 ASTM（American Society for Testing Material)、日本的 JIS（Japanese Industrial Standard)、德国的 DIN（Deutsche Industrial Normal)和中国的国家标准 GB。这些标准已先后被 IUPAC、ISO、ASTM 和各国热分析工作者采纳。

热分析和量热法国际联盟(ICTAC)将热分析定义为:"在特定气氛中,样品温度进行程序变化时,监测样品性质随时间或温度变化的一组技术。温度程序可以包括以一定的温度变化速率加热或冷却,或者保持温度不变,或者这些温度变化方式的任一组合"。表 5 - 7 中列出与超分子化学研究相关的主要热分析技术,给出它们经 ICTAC 批准的名称和缩写,以及所监测的随时间或温度变化的样品性质。有些技术已存在几百年,如 TG、DTA 和膨胀计测定法,有一些是近年为解决材料研究的特殊问题开发的。

表 5 - 7　主要的热分析技术

测定的物理量	技术名称	可采用的缩写符号
质　量	热重分析法或热重分析(thermogravimetry)	TG、TGA
挥发物	释出气体分析(evolved gas analysis)	EGA
温　度	差热分析(differential thermal analysis)	DTA
热或热辐射	差示扫描量热法(differential scanning calorimetry)	DSC
机械性质	热力学分析(thermomechanical analysis)	TMA
	动力学分析(dynamic mechanical analysis)	DMA

5.2.1　热重分析法

热重分析法(TG)是基本热分析法之一,仪器中心是一个加热炉,样品池位于加热炉内并以机械方式与分析天秤相连。天秤所需灵敏度一般在微克级,大多数情况下 TG 实验所用样品量为 $10\sim50\,mg$。目前微型计算机已与市售仪器联用,用于加热和冷却循环、数据存储和处理。如用微型计算机计算 $\Delta m\text{-}T$ 曲线(m 是质量,T 为温度)。用微机计算 $\Delta m\text{-}T$ 曲线(TG)的一阶导数,得到导数热重(DTG)曲线。TG 能给出样品的水含量,或区分吸收水和结合水,因为它们释出温度不同。由受体和底物以非共价互相作用组成的体系通过 TG 测定在较低温度下释放某些组分,如挥发性客体,TG 因而可以定量确定主、客体的化学量。从 CD 包结物中客体分解峰的变化,可以判断包结对客体热稳定性的影响[51]。

5.2.2　差示扫描量热和差热分析

与 TG 法不同,差示扫描量热(DSC)和差热分析(DTA)技术是涉及能量变化的测定,DTA 技术是测定样品和参比物间的温度差异,而 DSC 技术则是保持样品与参比物的温度一致,测定保持温度一致所需能量的差别。

1) DSC

顾名思义,DSC 方法是测量样品和参比物之间差异,进行无需建立平衡的扫描,以及量度热量(测量热和能量)。如对少量样品(10~30mg)加热(或冷却),则温度是时间的函数(典型加热速率为每分钟几开)。参比室内参比物与样品量接近相等,但在感兴趣的温度内没有热效应。参比物与样品以同样速率加热或冷却,因此样品温度 T_S 与参比物温度 T_R 差为零($\Delta T = T_S - T_R = 0$)。DSC 仪器中测定的是能量差 ΔQ,即是样品能量 Q_S 和参比物能量 Q_R 的差,可以是相反符号。实验中测定的 ΔQ 是温度的函数(温度正比于时间),图 5-5 是典型的 DSC 结果。实际测定结果基线并非都是如图 5-5 所示的平滑直线。X 时间吸热峰面积与过程的熔变(ΔH)有关,因此可以用 DSC 测定熔。

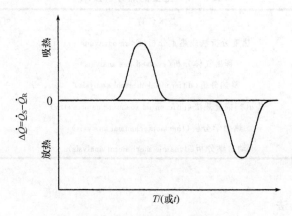

图 5-5　典型的 DSC 结果[15]
吸热过程(即熔点),放热过程(放热分解反应)

与温度和熔有关的热过程,其 DSC 实验可以给出样品热容的信息,但必须小心处理才可能得到准确热容值。现在市售有作为 DSC 的标准物质(SRM)。其温度校准范围为-32~925℃。用这些材料在一定温度下的突变校准温度。用高纯度金属如铟、锡、铅、锌、铝的熔融校准熔,覆盖的温度范围是 156~660℃,较高温度校准可以用银或金。测定样品热容值 C_p 用蓝宝石(单晶 Al_2O_3)作为基准。

DSC 测定中重要的是温度标定,通常温度校准的标准是用铟和有机物 N-乙酰苯胺,对于超分子物种由于热阻性质相近偏向使用有机材料,但必须纯度高。在 DSC 实验中,热起始点温度 $T_{起始}$(onset temperature, T_{onset})的确定如图 5-6 所示。$T_{起始}$(T_{onset})点由热过程前基线与峰起始处最陡斜率正切的交点确定。体系的热滞后与扫描速率有关,因此,选择适当的扫描速率是 DSC 实验成功的基础。

(1)用 DSC 实验测定熔,尽管已知熔 ΔH 正比于峰面积,而面积的确定与基线有关。ΔQ 随温度变化,仪器的计算机程序通常包括外推的几种可能性:倾斜基线,阶梯式基线,S 形基线,但必须做出合适的选择。所测定的熔变 ΔH($J \cdot g^{-1}$)正比于峰面积[50]

$$\Delta H = Ak / m \qquad (5-39)$$

方程中：A 为面积；k 为校准因子；m 为样品质量。

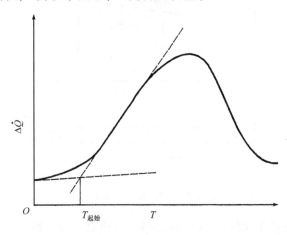

图 5-6　DSC 的热起始温度[15]

（2）DSC 可用于测定超分子材料的热容。从 DSC 仪器获得的信号直接正比于样品和参比物热容的差，具体测定用扫描法[1,2]。通常以已知热容的蓝宝石为基准，设定仪器的起始温度 T_i 和终止温度 T_f。先做空白实验，在 T_i 恒温 1min，然后以 $5\sim10K\cdot min^{-1}$ 速率升温，最后在 T_f 温度下恒温 1min，分别得到直线 Ⅰ、Ⅱ 和曲线 Ⅲ（图 5-7）。调节仪器使等温线 Ⅰ、Ⅱ 处于同一条线上。按上述步骤和条件对精确称取的 $10\sim30mg$ 蓝宝石（精确至 0.01mg）扫描，得到曲线 Ⅳ。称取 10mg 样品（精确到 0.01mg），以 $20K\cdot min^{-1}$ 速率升温至仪器设定的终止温度（T_f），在此温度保持 10min，再以 $20K\cdot min^{-1}$ 速率降温至仪器设定的起始温度（T_i），保持 10min，按与测定曲线 Ⅳ 相同条件测定得到曲线 Ⅴ，重复调整使 Ⅲ、Ⅳ、Ⅴ 3 条线在 T_i 和 T_f 处交于一点，利用方程（5-40）计算

$$c_{px} = (h / H) \cdot (M_s' / M_x) c_{ps}' \qquad (5-40)$$

方程中：c_{px} 为试样的比热容；c_{ps}' 为标准物的比热容；M_x 为试样质量；M_s' 为标准物质量；h 和 H 由图 5-7 中查找。

（3）为使观察到的热效应与微观现象联系（特别是相转变）。通常考虑与熵变 ΔS 结合。在常压下 ΔS 与热容有关。

总括起来，DSC 可以表征各种情况下的热效应。从 DSC 测定可以获取以下信息。

（1）超分子材料常由一些物种以分子间互相作用构成。热能明显影响分子间氢键，为此在超分子体系中温度变化将导致固体-固体、有序-无序、晶体-液晶相的转变。从一种凝聚相转变为另一种凝聚相总是与熵变，因而也与焓变有关。DSC

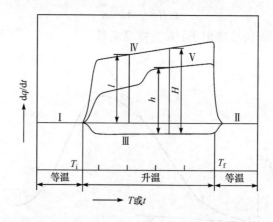

图 5-7　计算 c_p 的 DSC 曲线示意图[49]

适宜用于表征这些相变,用相对少的样品(10 mg 或更少些),而且可以在加热、冷却循环中重复使用,提供相变信息。

物质在玻璃化转变温度 T_g 前后发生热容变化,在 DSC 曲线上通常出现向吸热方向转折,或称阶段状变化(有时呈较小吸热峰),按经验法确定玻璃化转变温度(图 5-8):① 中点玻璃化转变温度(T_{mg}),即在纵轴方向与前、后基线延长线成等距离的直线和玻璃化转变阶段状变化部分曲线的交点温度;② 外推玻璃化转变起始温度(T_{ig}),即将低温侧基线向高温侧延长的直线,和通过玻璃化转变阶段状变化部分曲线斜率最大点所引切线的交点温度;③ 外推玻璃化转变终止温度(T_{eg}),即高温侧基线向低温侧延长的直线和通过玻璃化转变阶段状变化部分曲线斜率最大点所引切线交点温度。另外,在阶段状变化高温侧出现峰时,外推玻璃化转变终止温度(T_{eg})取高温基线向低温侧延长的直线和通过峰高温侧曲线斜率最大点所

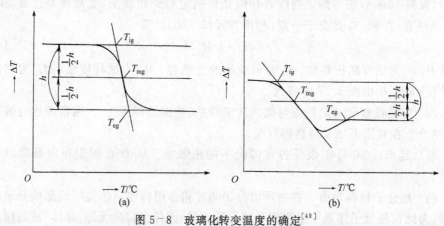

图 5-8　玻璃化转变温度的确定[49]

(a)阶段状变化的情况　(b)阶段状变化在高温侧呈现峰的情况

引切线的交点温度。

（2）材料熔点是非常重要的相变，一种材料的重要性质，不仅熔点值本身，其范围也是重要的表征。许多超分子材料是二元体系（双组分），熔融可以是叠合的（congruent），也可以是非叠合的（incongruent）。对于叠合熔融过程，一个可辨认的性质是在一点温度下固－液共存，而对于非叠合过程，在一个温度范围内固－液共存；另一个可辨认的性质是，加热叠合熔融化合物导致二元固体同一成分成为液体，而加热非叠合熔融化合物导致不同成分成为液体和固体［即加热一个非叠合熔融包结化合物，将导致形成固相"未占有"（或空着的）主体晶格和含客体及溶解主体的液相］。用 DSC 研究包结化合物有助于认识包结化合物和主体晶格的相对稳定性。

DSC 定熔点的特征是可以在加热也可以在冷却模式下进行实验，其优点是可以研究热处理对于熔融/结晶化性质的影响。另外，可以借助 DSC 原位研究特殊热处理和最终热效应。

对于单组分材料，DSC 可以确定很标准化的 DSC 熔点（DSC 熔融起始温度），这对已知和新化合物都是非常有用的。熔点测定从熔点值本身或熔融区域都可以提供化合物纯度的信息，对此曾有专题评述[52]。

（3）许多超分子材料欲形成完美有序的结构，需要克服很大的动力学壁垒，因而并非是一个完全的晶体，这种状态叫非晶，或无定形，或玻璃体。玻璃体具有特征转化温度，叫玻璃转化温度（T_g）。在此温度下，材料从刚性玻璃体转变为超冷液体，在 DSC 曲线上表现为一步明显的热容，或者 DSC 曲线显现出一个小隆起。结晶化程度和玻璃转化温度直接与材料的机械性质有关。借助 DSC 实验可以确定相图，显示熔点、共晶体、包晶体、玻璃体转化、固－固转化、液晶相变、熔变以及外消旋晶体化合物的形成等[15]。

混合物在超分子材料应用中特别重要，其中关于这些混合物是否是均相的？通过热分析，通过玻璃转化温度位移或变宽，可以判断。相分离也可以用热处理研究，高聚物混合物具有相近的 T_g 值，DSC 的熔弛豫法可以证明影响相分离的因素。包结化合物也可以看成是混合物，其均匀性表征非常重要，特别对于那些通过研磨方法得到的包结化合物尤其重要，可以用 DSC 方法表征[53]。DSC 也可用于研究沸石中的担载问题[54]。

DSC 实验由于可以记录热量随时间的变化，因而可以用于表征动力学性质[2]。

2）DTA

DTA 与 DSC 在技术上有许多相似的地方，它们都属于温度扫描技术。在 DTA 技术中，样品 S（温度 T_S）与参比物 R（温度 T_R）都加热（或冷却），它们的温度差（$\Delta T = T_R - T_S$）作为温度的函数记录。DSC 实验对标准物质、实验准确度和精密度的要求,在 DTA 实验中同样适用。典型 DTA 技术的主要优点是仪器简单,可以只用一个热电偶(一端连到样品,另一端连到参比物)。DTA 的另一个优点是,首先与温度变化有关,对实验附属部分热漏损不敏感,对于高压热分析特别适宜。

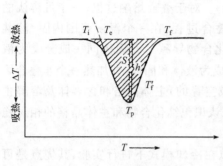

图 5 - 9　DTA 模式曲线[49]

DTA 与 DSC 曲线同属微商型,可以从起始温度 T_i,外推起始温度 T_e、峰温度 T_p 和终止温度 T_f(图 5 - 9)。由于过程的热迟滞,真正的终止温度是 T_f'。通常 T_e、T_p 重现性好,更具特征性。峰高 h,峰面积 S 分别与反应速率、反应热成正比。提高升温速率,使反应在更高温下快速进行,表现为峰高增大,峰宽变窄。从 DTA 曲线如何判断反应终点可参阅化工分析手册[49]。

5.2.3　热分析技术的联合

联合技术,可以包括用两个或更多热分析技术原位分析。许多商业仪器都有这种功能,最有用的是将 TG 与 DTA(或 DSC)联合。如用 TG-DTA 确定杯芳烃[55]、环糊精复合物的化学量[56]。确认环糊精包结物的形成和纯度,辅酶 α-硫辛酸(LP)的 TG(一)和 DTA(一)曲线[57]在 53℃出现的吸热峰是 LP 相变温度,因为相应的 TG 曲线在该温度没有失重。这个相变峰在 α-、β-CD 与 LP 包结物的热分析曲线中消失,证明 CD 空腔的包结改变了 LP 的热性质(图 5 - 10)。DTA-TG 对于表征热效应互相覆盖的过程很有效,Werner 包衣化合物 $Ni(NCS)_2(4\text{-phpy})_4 \cdot 4C_6H_6$[58]的第一个热效应是失去包入的客体,第二、第三个热效应是分步失去 4-phpy(图 5 - 11)。

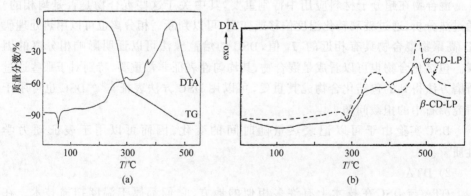

图 5 - 10　LP 与 α-CD(β-CD)·LP 的 TG、DTA 曲线[57]

(a) LP　(b) α-CD(β-CD)-LP

释出气体分析(EGA)是一种可与热分析联合的技术,最常用的是与 TG 联合的气体分析技术,如用 FTIR 和 MS 进行释出气体分析(EGA),研究包含气体物质的反应机理。

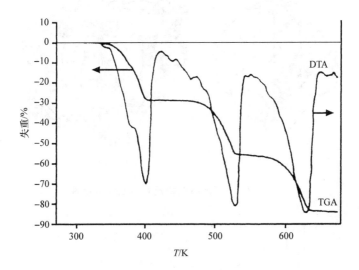

图 5 - 11　　Ni(NCS)$_2$(4-phpy)$_4$ · 4C$_5$H$_6$ Werner
包衣化合物的 DTA-TG 曲线[58]

Coker 等利用 TGA 和 DSC 技术[59],结合^{13}C 固体核磁共振谱及 TPD-MS(程序升温脱附-质谱)技术,以 1,3,5-三叔丁基苯(Ⅰ)及 1,3,5-三乙基-2,4,6-三溴苯(Ⅱ)为探针分子,研究了 NaX 沸石硅铝骨架结构的柔性性质。一般认为,由硅氧四面体和铝氧四面体结构单元构成的沸石骨架结构是刚性的,因此一般认为分子直径分别为 0.90nm 和 0.95nm 的探针分子Ⅰ和Ⅱ难以通过直径为 0.74nm 的 NaX 型沸石的孔口进入其超笼(直径为 0.74nm)。图 5 - 12 为 X 型沸石结构及其超笼的示意图。但 Coker 等的工作更正了这一观点,他们发现经过真空处理的 NaX 型沸石在 180℃和探针分子Ⅰ或Ⅱ的气体充分接触后,再用梭式萃取器以溶剂抽提萃取的方法彻底除去沸石外表面吸附的探针分子,所得 2 个样品(分别以 NaX＋Ⅰ和 NaX＋Ⅱ表示)的 TGA 谱如图 5 - 13 所示。TGA 曲线表明,NaX 的热失重脱附(脱去吸附水)在 350℃已经完成,而 NaX＋Ⅰ和 NaX＋Ⅱ除了水脱附外,分别在 340～500℃及 360～600℃还表现出热失重。根据样品 NaX＋Ⅰ失去的质量可以推算出相当于每一个 NaX 的超笼失去了 0.86 个探针分子Ⅰ。由于样品 NaX＋Ⅱ的 TGA 曲线不易区分,联合 TPD-MS 技术指认了样品 NaX＋Ⅱ在 360℃以上温度所失去的质量相当于每一个 NaX 的超笼失去了 1.08 个探针分子Ⅱ。如果先将样品 NaX＋Ⅰ和 NaX＋Ⅱ在 180℃真空处理 7h,则没有出现类似的 TGA 曲线,表明 180℃真空处理已把包结吸附于 NaX 超笼中的探针分子除去,探针分子不仅可以进入,而且还可以再离开沸石的超笼。

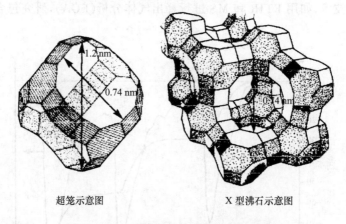

超笼示意图　　　　　　　　　　　　　X 型沸石示意图

图 5-12　X 型沸石结构及其超笼的示意图

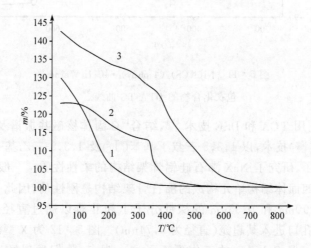

图 5-13　NaX(1)、NaX+Ⅰ(2)及 NaX+Ⅱ(3)的 TGA 曲线

在氧化条件下进行 DSC 分析(流动的空气气氛中分析样品),图 5-14 显示,在室温至 400℃范围内 NaX 的 DSC 谱线表现出一个很宽的吸热峰,与水从管道体系中逐步脱附相符。而 NaX+Ⅰ及 NaX+Ⅱ样品因吸附水较少仅表现出微弱的吸热峰。但样品 NaX+Ⅰ在 270~400℃表现出强放热尖峰,这归因于 1,3,5-三叔丁基苯(Ⅰ)探针分子的氧化分解放热。其峰位温度对应于 330℃,与 TGA 曲线的峰位(2)对应。

样品 NaX+Ⅱ的 DSC 曲线较为复杂,在 250~450℃及 450~570℃表现出两个放热峰,暗示 1,3,5-三乙基-2,4,6-三溴苯(Ⅱ)在 NaX 的超笼中存在两种包结状态,或处于两个包结部位,其氧化分解需要经过两个阶段。这与探针分子Ⅱ在

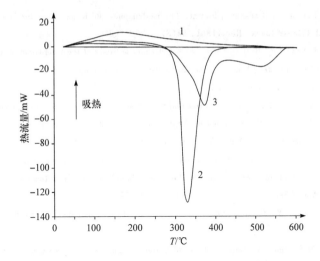

图 5‑14　NaX(1)，NaX＋Ⅰ(2)及 NaX＋Ⅱ(3)的 DSC 曲线

TGA 图(图 5‑13)中复杂的热失重曲线相对应。根据 TGA 和 DSC 分析，得出结论是：在升高温度时，分子直径较大的探针分子可以通过 NaX 较小的孔口吸附扩散进入超笼，这得益于探针分子和沸石骨架结构的柔性或称之为相互适应性。

参 考 文 献

1　de Jong F，Reinhoudt D N. Stability and Reactivity of Crown Ethers Complexes. Adv. Phys. Org. Chem.，1980，17：279～443

2　Franke J，Vogtle F. Complexation of Organic Molecules in water Solution. Top. Curr. Chem.，1986，132：135～170

3　(a) 施建平，刘育，孙来成. TP-801 单板机在精密滴定量热计上的应用. 分析仪器，1988，2：42～44

　　(b) Wadso I. Science Tools，1966，13(3)：33

　　(c) 刘育，胡靖. 冠醚配位作用的热力学性质——水溶液中 1,4,7,10,13,16-六氧杂环十八烷与若干钾盐配位作用的负离子效应. 物理化学学报，1987，3(1)：11～15

　　(d) 刘育，王义康，郭志全等. 几种双冠醚 Schiff 碱与钾离子配位作用的热量滴定. 化学学报，1986，44：22～26

　　(e) 刘育，童林荟，孙小强等. 双冠醚配位作用的热力学性质Ⅲ. 醚型和酯型双冠醚与金属阳离子配位作用的量热滴定. 化学学报，1991，49：220～224

4　罗勤慧，冯旭东，屠庆云等. 冠醚配合物热力学性质的研究Ⅷ无水硝酸镧与若干冠醚在乙腈中的量热滴定. 物理化学学报，1988，4(2)：212～215

5　(a) Eftink M R，Harrison J C. Calorimetric Studies of p-nitrophenol Binding to α-and β-cyclodextrin. Bioorganic Chemistry，1981，10：388～398

　　(b) Bertrand G L，Faulkner J R，Han S M Jr et al. Substitution Effects on the Binding of Phenols to Cyclodextrins in Aqueous Solution. J. Phys. Chem.，1989，93：6863～6867

6　Izatt R M，Bradshaw J S，Pawlak K et al. Thermodynamic and Kinetic Data for Macrocycle Interaction with Neutral Molecules. Chem. Rev.，1992，92：1261～1354

7　(a) Izatt R M, Pawlak K, Bradshaw J S et al. Thermodynamics and Kinetic Data for Macrocycle Interaction with Cations and Anions. Chem. Rev.,1991, 91(8):1721~2085

　　(b) Izatt R M, Nelson D P, Rytting J H et al. A Calorimetric Study of the Interaction in Aqueous Solution of Several Uni- and Bivalent Metal Ions with the Cyclic Polyether Dicyclohexyl-18-Crown-6 at 10, 25, 40℃. J. Am. Chem. Soc., 1971, 93:1619~1623

8　(a) Inoue Y, Hakushi T, Liu Y et al. Thermodynamics of Molecular Recognition by Cyclodextrins. 1, Calorimetric Titration of Inclusion Complexation of Naphthalenesulphonates with α-, β- and γ-cyclodextrins: Enthalpy-entropy Compensation. J. Am. Chem. Soc., 1993, 115:475~481

　　(b) Inoue Y, Liu Y, Tong L H et al. Calorimetric Titration of Inclusion Complexation with Modified β-cyclodextions. Enthalpy-entropy Compensation in Host-guest Complexation: From Ionophore to Cyclodextrin and Cyclophane. J. Am. Chem. Soc., 1993, 115:10 637~10 644

9　Rekharsky M V, Inoue Y. Complexation Thermodynamics of Cyclodextrins. Chem. Rew., 1998, 98(5):1875~1917

10　(a) Rekharsky M V, Inoue Y. Complexation and Chiral Recognition Thermodynamics of 6-amino-6-deoxy-β-cyclodextrin with Anionic, Cationic and Neutral Chiral Guests: Counterbalance between van der Waals and Coulombic Interactions. J. Am. Chem. Soc., 2002, 124(5):813~826

　　(b) Rekharsky M V, Inoue Y. Chiral Recognition Thermodynamics of β-cyclodextrin: The Thermodynamic Origin of Enantioselectivity and the Enthalpy-entropy Compension Effect. J. Am. Chem. Soc., 2000, 122:4418~4435

11　董元彦,李宝华,路福绥. 物理化学. 北京:科学出版社,1998, 4~74

12　山道茂. 生物热力学导论. 屈松生,黄素秋译. 北京:高等教育出版社, 1987

13　Inoue Y, Hakushi T, Liu Y. Cation Binding by Macrocycles. Inoue Y, Gokel G W (Eds). Marcel Dekker: New York, 1990

14　Tsukube H, Furuta H, Odani A et al. Determination of Stability Constants in Comprehensive Supramolecular Chemistry. Davies J E D, Ripmeester J A (eds) Oxford: Pergamon Press, 1996, 8:426~482

15　White M A. Thermal analysis and Calorimetry Methods in Comprehensive Supramolecular Chemistry. Davies J E D, Ripmeester J A (eds). Oxford: Pergamon Press, 1996, 8:180~223

16　(a) Smithrud D B, Wyman T B, Diederich F. Enthalpically Driven Cyclophane-arene Inclusion Complexation: Solvent Dependent Calorimetric Studies. J. Am. Chem. Soc., 1991, 113:5420~5426

　　(b) Stauffer D A, Barrans R E, Dougherty D A. Concerning the Thermodynamics of Molecular Recognition in Aqueous and Organic Media. Evidence for Significant Heat Capacity Effects. J. Org Chem., 1990, 55:2762~2767

17　陆明刚,吕小虎. 分子光谱分析新法引论. 合肥:中国科学技术大学出版社,1992

18　(a) Morel-Desrosiers N, Morel J P. Heat Capacitive and Volumes of Mono-protonation and Diprotonation of Cryptand 222 in Water at 298.15K. J. Phys. Chem., 1984, 88:1023~1027

　　(b) Morel-Desrosiers N, Morel J P. Heat Capacities of Alkali and Alkaline-earth 222-cryptates in Water and Methanol at 298.15K. J. Phys. Chem., 1985, 89:1541~1546

　　(c) Morel-Desrosiers N, Morel J P. Study of Cryptate-cryptate Interactions in Water from Excess Enthalpies. Volumes and Heat Capacities. J. Phys. Chem., 1988, 92:2357~2361

19　Inoue Y, Hakushi T. Enthalpy-entropy Compensation in Complexation of Cations with Crown Ethers and Related Ligands. J. Chem. Soc., Perk Trans. 2, 1985, 935~946

20　Inoue Y, Hakushi T, Liu Y et al. Complexation Thermodynamics of Bis (crown ether)s, 2, Calorimetric Titration of Complexation of Potassium Ion with Bis (benzocrown ether)s: Enthalpy-entropy Compensation. J. Phys. Chem., 1988, 92:2371~2374

21　Liu Y, Tong L H, Huang S et al. Complexation Thermodynamics of Bis(crown ether)s, 4, Calorimetric Titration of Intramolecular Sandwich Complexation of Thallium and Sodium Ions with Bis (15-crown-5)s and Bis(12-crown-4)s: Enthalpy-entropy Compensaion. J. Phys. Chem., 1990, 94:2666~2670

22　Inoue Y, Amano F, Okada N et al. Thermodynamics of Solvent Extraction of Metal Picrates with Crown Ethrs: Enthalpy-entropy Compensation, Part 1, Stoichiometric 1:1 Complexation. J. Chem. Soc., Perkin Trans. 2, 1990, 1239~1246

23　Liu Y, Tong L H, Inoue Y et al. Thermodynamics of Solvent Extraction of Metal Picrates with Crown Ethers: Enthalpy-entropy Compensation, Part 2, Sandwiching 1:2 Complexation. J. Chem. Soc., Perkin Trans. 2, 1990, 1247~1253

24　Harata K. Complex Formation of Hexakis(2,6-di-O-methyl)-α-cyclodextrin with Substituted Benzenes in Aqueous Solution. J. Inclusion Phenomena and Molecular Recognition in Chemistry, 1992, 13:77~86

25　Rekharsky M V, Goldberg R N, Schwarz F P et al. Thermodynamic and Nuclear Magnetic Resonance Study of the Interactions of α-and β-cyclodextrin with Model Substances: Phenethylamine, Ephedrines and Related Substances. J. Am. Chem. Soc., 1995, 117:8830~8840

26　Leffer J E. The Enthalpy-entropy Relationship and Its Implications for Organic Chemistry. J. Org. Chem., 1955, 20:1202~1231

27　(a) Leffer J E, Grunwald E. Rates and Equilibria of Organic Reactions. New York: Wiley, 1963

　　(b) Grunwald E, Steel C. Solvent Reorganization and Thermodynamic Enthalpy-entropy Compensation. J. Am. Chem. Soc., 1995, 117: 5687~5692

　　(c) Danil de Namor A F, Tanaka D A P, Regueira L N et al. Effect of β-cyclodextrin on the Transfer of N'-Substituted Sulfonamides from Water to Chloroform. J. Chem. Soc., Faraday Trans., 1992, 88:1665~1668

　　(d) Linert W, Han L F, Likovits I. The Use of the Isokinetic Relationship and Molecular Mechanics to Investigate Molecular Interactions in Inclusion Complexes of Cyclodextrins. Chem. Phys., 1989, 139:441~455

28　Searle M S, Westwell M S, Williams D H. Application of a Generalized Enthalpy Entropy Relationship to Binding Co-operativity and Weak Associations in Solution. J. Chem. Soc., Perkin Trans. 2, 1995, 141~151

29　Aoyama Y, Asakawa M, Matsui Y, Ogoshi H. Molecular Recognition of Quinones: Two-point Hydrogen-bonding Strategy for the Construction of face-to-face Porphyrin-quinone Architecture. J. Am. Chem. Soc., 1991, 113:6233~6240

30　Danil de Namor A F, Cleverley R M, Zapata-ormachea M L. Thermodynamics of Calixarene Chemistry. Chem. Rev., 1998, 98:2495~2525

31　Buschmann H J, Schollmeyer E, Mutihac L. Complexation of Amino Acid Methylesters and Amino alcohols by 18-crown-6 and Benzo-18-crown-6 in Methanol J. Inclusion phenomena and Macrocyclic Chemistry, 2001, 40:199~202

32　Buschmann H J, Schollmeyer E, Mutihac L. The Complexation of Amino Acids by Crown Ethers and Cryptands in Methanol. J. Inclusion phenomena and Molecular Recognition in Chemistry, 1998, 30: 21~28

33 Guo Q X, Zheng X Q, Luo S H et al. Enthalpy-entropy Compensation in Inclusion of 1-substituted Naph-
thalenes by β-Cyclodextrin in Water. Chin. Chem. Lett., 1996, 7:357~360

34 Guo Q X, Zheng X Q, Ruan X Q et al. Substituent Effect and Enthalpy-entropy Compensation on the Inclu-
sion of β-CD with 1-substituted Naphthalenes. J. Inclusion Phenomena Molecular Recognition in Chemistry,
1996, 26:175~183

35 Godinez L A, Schwartz L, Criss C M et al. Thermodynamic Studies on the Cyclodextrin Complexation of
Aromatic and Aliphatic Guests in Water and Water-urea Mixtures, Experimental Evidence for the Interaction
of Urea with Arene Surface. J. Phys. Chem. B, 1997, 101: 3376~3380

36 Ikeda K, Uekama K, Otagiri M. Chem. Pharm. Bull., 1975, 23: 201~208

37 Yoshida N, Seiyama A, Fujimoto M. Compensation Effect in Host-guest Interactions. The Activation Para-
meters for the Inclusion Reactions of α-cyclodextrin with Hydroxyphenylazo Derivatives of Naphthalene Sul-
fonic Acid. J. Phys. Chem., 1987, 91: 6691~6695

38 Hirsch W, Muller T, Pizer R et al. Complexation of Glucose by α-and β-cyclodextrin. Can. J. Chem.,
1995, 73:12~15

39 Inoue Y, Wada T. In Advances in Supramolecular Chemistry. Gokel G W (eds). JAI Press: Greenwich,
CT, 1997, 4:55~96

40 Rekharsky M V, Schwarz F P, Tewari Y B et al. A Thermodynamic Study with Primary and Secondary
Aliphatic Alcohols with D-and L-phenylalanine and with L-phenylalanineamide, J. Phys. Chem., 1994, 98:
10282~10288

41 Barone G, Gastronuovo G, di Ruocco V et al. Inclusion Compounds in Water: Thermodynamics of the Inte-
raction of Cyclomalto-hexaose with Amino Acids at 25℃. Carbohydr. Res., 1989, 192:331~341

42 Y Inoue, T Wada. In Molecular Recognition Chemistry. Tsukube H (eds). Sankyo Shuppan: Tokyo,
Japan, 1996

43 Cooper A, MacNicol D D. Chiral Host-guest Complexes: Interaction of α-cyclodextrin with Optically Active
Benzena Derivatives. J. Chem. Soc., Perkin Trans. 2, 1978, 760~763

44 Kano K. Chiral Recongition by Oligosaccharides. 油化学 (J. Jpn. Oil Chem. Soc.), 1994, 43:868~877

45 Kano K, Kato Y, Kodera M. Mechanism for Chiral Recognition of Binaphtyl Derivatives by Cyclodextrins.
J. Chem. Soc., Perkin Trans. 2, 1996, 1211~1217

46 Connors K A. The Stability of Cyclodextrin Complexes in Solution. Chem. Rev., 1997, 97: 1325~1358

47 Kitae T, Takashima H, Kano K. Chiral Recognition of Phenylacetic Acid Derivatives by Aminated Cyclodex-
trins. J. Inclusion Phenomena Macrocyclic Chemistry, 1999, 33: 345~359

48 Rekharsky M V, Yamamura H, Kawai M et al. Critical Difference Chiral Recognition of N-Cbz-D/L-aspartic
and Glutamic Acid by Mono and Bis (Trimethylammonio) β-cyclodextrin. J. Am. Chem. Soc., 2001, 123:
5360~5361

49 刘振海,富山立子. 分析化学手册(第二版)第八分册. 热分析. 北京:化学工业出版社,2000

50 Kellner R, Mermet J M, Otto M et al. 分析化学,李克安,金钦汉等译. 北京:北京大学出版社,2001,
293~306

51 童林荟. 环糊精化学——基础与应用. 北京:科学出版社,2001, 219~223

52 Ramsland A. Absolute Purity Determination of Thermally Unstable Compounds by Differentia Scanning
Calorimetry. Anal. Chem., 1988, 60:747~750

53 (a) Nakawa T, Yonemochi E, Oguchi T et al. Thermal Behavior of Ground Mixtures of Heptakis (2,6-di-

O-methyl)-β-cyclodextrin and Benzoic Acid. J. Inclusion Phenomena Molecular Recognition in Chemistry, 1993, 15:91

(b) Redenti E, Pasini M, Ventura P et al. The Terfenadine/β-cyclodextrin Inclusion Complex. J. Inclusion Phenomena and Molecular Recognition in Chemistry, 1993, 15:281~292

54　Ferraris J P, Balkus K J, Jr Schade A. A DSC Study of Intrazeolite Copper (Ⅱ) Phthalocyanine Formation. J. Inclusion Phenomena and Molecular Recognition in Chemistry, 1992, 14:163~169

55　Perrin M, Gharnati F, Oehler D et al. Complexation of p-xylene with p-isopropyl Calix[4]arene: Crystal Structures and Thermal Analysis of the Empty Form and the (1:1) and (2:1) Complexes. J. Inclusion Phenomena and Molecular Recognition in Chemistry, 1992, 14:257~270

56　Kohata S, Jyodoi K, Ohyoshi A. Thermal Decomposition of Cyclodextrins (α-, β-, γ- and Modified β-Cyd) and Metal-(β-Cyd) Complexes in the Solid Phase. Thermochim. Acta, 1993, 217:187~198

57　Tong L H, Pang Z Z, Yi Y. Inclusion Complexes of α- and β-cyclodextrin with α-lipoic Acid. J. Inclusion Phenomena and Molecular Recognition in Chemistry, 1995, 23:119~126

58　Lavelle L, Nassimbeni L R, Niven M L et al. Acta Crystallogr., Sect. C, 1989, 45:59

59　Coker E N, Roelofsen D P, Barrer R M et al. Sorption of Bulky Aromatic Molecules into Zeolite NaX. Microporous and Mesoporous Materials, 1998, 22:261~268

第6章 电子显微技术

6.1 引　言

　　固态高度精密组织的超分子建筑由于和分子器件、材料科学、纳米科学有密切关系,有关的研究方法显得十分重要。电子显微技术不同于其他的固态分析技术,如热分析、振动光谱和固体核磁共振,它是一种表面分析技术,研究物质的组织形貌、表面结构和缺陷,揭示微观结构与性能的联系。早期的分析电子显微镜(analytical electron microscopy),包括反射电子显微镜(reflection electron microscopy, REM)和透射电子显微镜(transmission electron microscopy, TEM),最高分辨率达到 $0.1\sim0.4$nm,能够观察一定的微观形貌和结构变化,得到高分辨率的 TEM 像,其中扫描电子显微镜(scanning electron microscopy, SEM)成像高倍清晰;背散射电子像(backscatteret electron image, BEI)分辨率为 10nm,层次分明,可给出结构、组成及元素分布图等信息[1]。

　　对于超分子体系,那些表现出惊人精确自组装的超分子本体则需要更高层次的显微镜来表征。其中扫描隧道显微镜(scanning tunnelling microscopy, STM)是1982 年由 Binnig、Rohrer、Gerber 和 Weibel[2a, b, c]发展起来的一种用于研究物质表面的新技术,他们利用量子隧道机理研制出第一架扫描隧道显微镜,能够实时观察到单个原子在基底表面的排列状态和与表面电子行为有关的物理性质,给出表面局域电子态密度和功函数等信息,借助针尖推力能观察到分子的移动、再定位,是表面科学、纳米技术、化学与生物学研究的有力工具,因此获得 1986 年诺贝尔物理学奖。STM 的探测原理是用几个原子直径大小的针尖扫描试样表面,通过计算机记录表面原子间距离和结构,经过处理在荧光屏上显示表面图像。最高放大倍数可达到 3000 万倍,垂直于表面的分辨率达到 0.01nm,横向分辨率 $0.1\sim0.2$nm,表面深度为 0.9nm,足以显示原子的分布。由于探测到的是费米能级附近样品和针尖偶合体系的电子结构信息,而不是直接给出原子形貌图,因而需要选用一定的理论和模型来解释 STM 图像。

　　此后,Binnig 等[2a, d]于 1986 年又推出了原子力显微镜(atomic force microscopy, AFM),有时写成扫描力显微镜(scanning force microscopy, SFM)。AFM 的工作原理是利用探针尖端原子与试样表面的电子云相重叠时所产生的作用力,在恒定范德华力 $10^{-9}\sim10^{-7}$N 和计算机控制下一个点一个点,一条线一条线地扫描,用所得数据建立表面形貌。除观察原子级表面结构外,AFM 还成功地用于观察生物样品、巨大分子聚集体、LB 膜和观察中性分子、离子在沸石表面的吸附,进而可能阐明无机超分子主体筛网内外表面化学性质。

另外,扫描近场光学显微镜(scanning near-field optical microscopy,SNOM)在自集单分子层中超分子列阵和有机晶体光学研究中的应用也是令人感兴趣的。用自组单分子膜、生物分子或电化学方法和纳米碳管材料修饰各种显微镜针尖,进一步丰富、拓宽化学力显微镜的应用,是另一个重要研究方向[2e]。

6.2　表 面 形 态

6.2.1　自集单分子层

有机分子自装配(self-assembled)的单层,是新一类稳定、均匀的强薄膜材料,适于在微电子体系和保健科学中应用。

在反复用硅处理的疏水性水表面铺展二十烷酸盐 LB 膜,AFM 探针扫描证明得到双层,膜厚相当于 2 倍二十烷酸长度(∼54Å),重复铺展得到厚度约为 108Å 的复双层膜(图 6‑1)。平面在 $100\mu m$ 范围扩展,在平台上有孔,同时硅基底上有"岛",膜边缘有"地形图"(图 6‑2)。大平台膜表面的这些孔,处于无规则分散状态,用其他分析方法很难发现[2a, 3]。

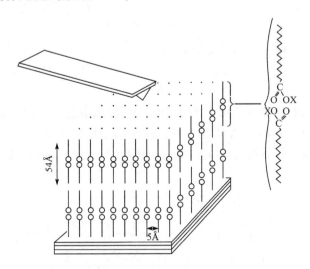

图 6‑1　AFM 探针扫描二十烷酸 LB 膜的表达式

接近单分散的银纳米晶体在化学吸附十二烷基硫醇(85%)和键合二苯并-24CE8(DB24CE8)的十二烷基硫醇(1)(15%)混合物单层后稳定。用扫描电子显微镜(SEM)观察,成像尺寸与单纯用十二烷基硫醇单层稳定的纳米晶体比较没有什么不同。接近单分散的银纳米晶体为球形,自组装形成六角形紧密堆积阵势。

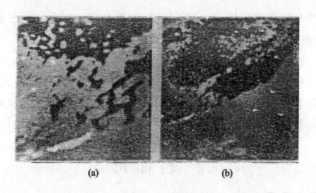

图 6-2　复双层二十酸镉的 AFM 像

在氯仿/乙腈溶液中这种经过修饰的纳米晶体与双二苄基铵双阳离子形成准轮烷，连接两个纳米晶体(图 6-3)。动态光散射(dynamic light scattering, DLS)法证实了只有当 DB24CE8 位于银纳米晶体表面,溶液中存在双二苄基铵双阳离子的情况下才发生纳米晶体聚集。当存在过量的受体和底物时将对纳米晶体的聚集产生抑制作用[4]。实验结果不仅揭示了纳米晶体聚集的机理,同时提示人们这种基于分子识别诱发的聚集,是溶液中自组装复杂纳米晶体结构必不可少的。

1

金、银、铜表面(例如在云母上的 100nm 涂层)从溶液中吸附长链烷基硫醇并且形成自集单层(**2**、**3**、**4**)。STM 测定确认这种紧密堆集的单分子烷硫基金,像刚性棒倾斜 $26°\sim30°$,每条链占据 $0.216nm^2$,相邻空间是 $0.5nm$,空气中稳定。STM

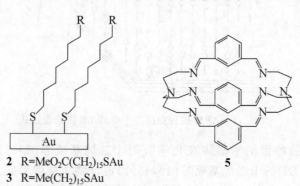

2　R=MeO₂C(CH₂)₁₅SAu

2　$R=MeO_2C(CH_2)_{15}SAu$

3　$R=Me(CH_2)_{15}SAu$

4　$R=CF_3(CF_2)_n(CH_2)_2SAu(n=5,7,11)$

5

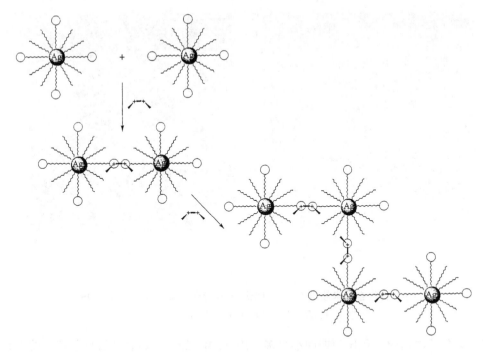

图 6-3 两个银纳米晶体形成准轮烷产生聚集现象

不能测定 **2**、**3** 链高度,但能用 AFM 分析到空缺结构(~2.0nm 宽,~0.1nm 深),和烷硫基金本体在阶梯边缘有扭转移动,也能实时观察到烷硫基的交换。另外用 AFM 可以直接观察层内缺陷,如阶梯和空洞,以及存在不同大小的有序区域[2a, 5, 6]。

芳香坑坛(aromatic cryptand,**5**)含 3 个分离的 π 体系,沉积到高度定向的热解石墨上,可以自组装成一维和二维纳米簇(nanocluster)[7]。这种有机分子具有很高结晶温度,被认为是一种"准富勒烯分子"(pseudo fullerene molecule),具有超导性质。STM 像显示每个纳米簇由 6~7 个分子组成,呈六角构型。分子间距离为 1.5~4nm,由于分子是不对称橄榄球形,使簇内分子间距离不规则。每个分子为一纳米数量级[图 6-4(a)]。同时也观察到另一种由平行分子链自组装的二维分子列阵[图 6-4(b)],它比前面的由簇构成的分子链更加紧密、更有规则。这种由卧状分子形成的纳米簇与按范德华力互相作用和静电场所做的理论计算结果相符。

富勒烯 C_{60} 是由 12 个五元环和 20 个六元环组成的对称球形结构,曾用制备 LB 方法将其二维组织化,它受 C_{60} 本身互相作用和 C_{60} 与亚相间互相作用的影响。

测定 C_{60} Langmuir(L)膜的表面压-表面积曲线,发现从 $0.1g \cdot L^{-1}$ 溶液制得的

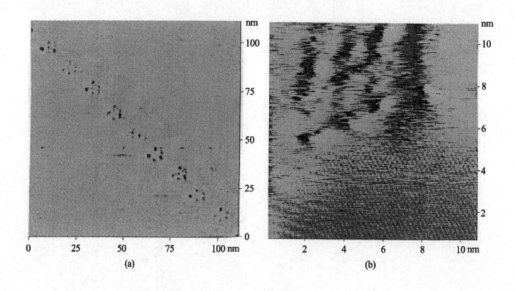

图 6-4　自组合纳米簇链的 STM 图像(a)和分子二维列阵(50nm×50nm)的
局部放大图像(10nm×10nm)(b)

L 膜,分子占据的面积比预期的小得多。用 AFM 观察 C_{60} 转移到云母基底上的 LB
膜像,发现粒子直径约 1300Å,高约 150Å,粒子聚集成絮状物,研究不同表面压
$(0、1、7、20mN \cdot m^{-1})$ 下制备 LB 膜的 AFM 像(膜转移至云母基底,针尖为
$Si_3 N_4$)[8],发现从 $0.05g \cdot L^{-1}$ 甲苯溶液 $\pi = 0mN \cdot m^{-1}$ 制备的 LB 膜,在 AFM 像上
可以观察到少量粒子,表面压增加粒子数增加,但类似大小的粒子并未均匀分散,
而是聚集成絮,这种情况相当于 C_{60} “岛”的二维部分聚集。当溶液浓度提高到
$0.1g \cdot L^{-1}$ 时 $\pi = 0mN \cdot m^{-1}$ 时,在 LB 膜中先出现 C_{60} “岛”。表面压增加聚集数增
加“岛”的尺寸并没有变大,但出现更大的粒子($\sim 2\mu m$),认定这是由“岛”凝结而成
(图 6-5)。通过 AFM 像分析,证明 C_{60} LB 膜在表面压增加时形成结晶“岛”,当表
面压继续增加时,“岛”的数目增加并互相聚集,这种现象可以解释占有面积过小的
问题。形成结晶“岛”,这些“岛”部分聚集和高度有序的凝结,证明 C_{60} 分子间互相
作用强于和亚相间的互相作用,它在用稀溶液铺膜的初始阶段并不存在。图 6-6
展示在稀溶液中铺展和溶剂蒸发的初始一步是 C_{60} 在亚相(水)以分子状态分散形
成单分子膜,在压缩这个膜时,C_{60} 分子结晶化并组建结晶“岛”,随后通过分部聚
集,进行“岛”的较高层次的凝结。另外,从浓溶液制备 L 膜时,在溶剂蒸发后结晶
“岛”就已经形成。应该注意到用 LB 膜法不能形成 C_{60} 均匀多层膜。

6.2.2　其他类型的自组装体系

树状物(dendrimer)是纳米级超分枝大分子,具有可预测的三维形状和适宜的

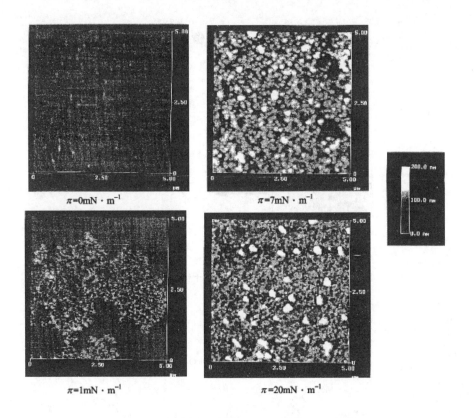

$\pi=0\mathrm{mN}\cdot\mathrm{m}^{-1}$

$\pi=7\mathrm{mN}\cdot\mathrm{m}^{-1}$

$\pi=1\mathrm{mN}\cdot\mathrm{m}^{-1}$

$\pi=20\mathrm{mN}\cdot\mathrm{m}^{-1}$

图 6-5 不同表面压制备 C_{60} LB 膜的 AFM 照片

甲苯溶液 $0.1\mathrm{mg}\cdot\mathrm{cm}^{-3}$；$\pi=0,1,7,20\mathrm{mN}\cdot\mathrm{m}^{-1}$

结构单元,可以用来组建功能材料。目前树状物以氢键、金属结扎(metalligating)、范德华力、静电力作为驱动力自组装的现象受到极大注意。

最新研究动向是二肽⁻核心多苄基醚树状物在有机溶剂(丙酮、乙酸乙酯、氯仿等)中通过自组装形成树状物理凝胶[9]。其中一种由纳米级树状纤丝形成的微米级纤维状组装体,是由树状物($R_1=L4$, $R_2=H$)中二肽⁻核心的氢键互相作用组装成的凝胶(图 6-7),当向此乙腈凝胶中加入几滴 DMSO 后立即变成流体。凝胶化的样品($CHCl_3$:苯,1:1)减压干燥后的 SEM 图像(图 6-8)表明是直径为 $1\sim 2\mu\mathrm{m}$ 的纤维束。更有趣的是每根纤维由更细的直径大约为 20nm 的纤丝组成。

计算机计算分子结构,认定每单个纤丝在交联部位含 15 个树状楔(dendritic wedge),这是一种借助氢键作用由分子结合成等级森严的纳米级结构,进而由范德华力再组建成微米组装体的例子,由于酷似生物组织而引起人们极大的兴趣。合成新的有广泛应用前景可控结构的无机材料,目前采用的新方法是选择尺寸适宜的有机超分子结构,将它分散到溶胶中合成中空纤维或球状结构的二氧化硅材

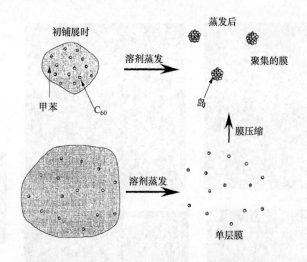

图 6 - 6　C₆₀ L 膜的形成过程依赖于铺膜浓度的表示式

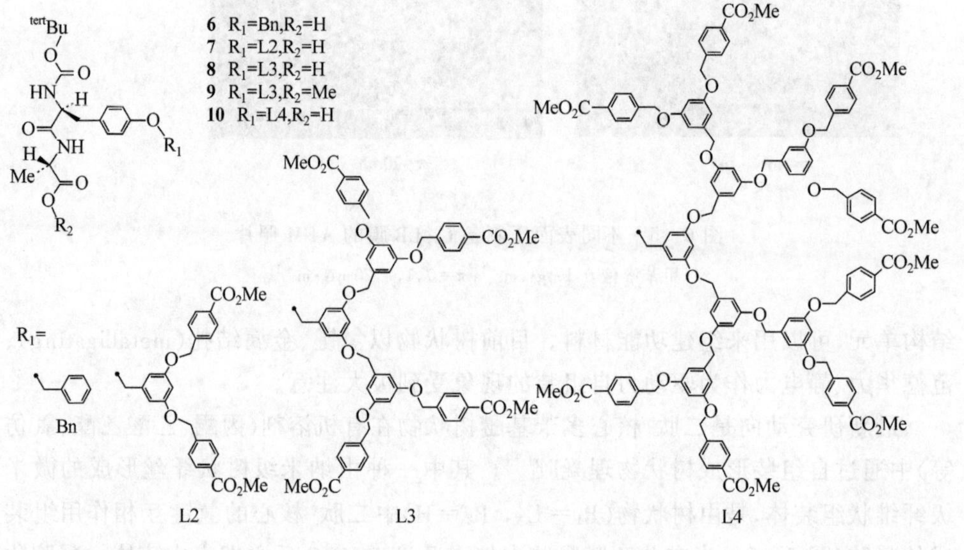

图 6 - 7　二肽 核多苯基醚树状物

料。各种有机凝胶的超结构好似溶胶复制过程必需的模板,这种很有序的无机材料溶胶合成可能提供具有可控构筑,跨越很长范围多孔结构的一种新的有广泛应用前景的材料。其中糖基胶凝剂可以提供各种各样形态新颖的超结构如线、螺旋、束、多层、雪茄烟状和小囊状结构[10]。化合物 **11 ～14**能使许多有机溶剂形成胶体,二硫化碳、四氯化碳、甲苯、乙醇等被看成是通用有机溶剂胶体化剂。**11、13、14**分子内的氨基不仅能加强凝胶化剂内部氢键使有机凝胶稳定,而且通过氢链互相

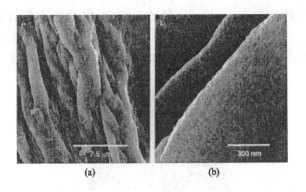

图 6–8　**10** 干凝胶的 SEM 图像
(a) 4000×　(b) 100 000×

作用能结合低聚二氧化硅粒子。设计通过溶胶聚合将这些含糖的有机凝胶超结构组进二氧化硅,TEM 和 SEM 图像证明在特定聚合条件下,可以成功地达到复制目的。为了形象地观察聚集模式,用 TEM 和 SEM 观察 **11**、**13**、**14** 的乙醇(或水)有机凝胶的干胶结构,发现 **11** 形成 5～20nm 卷曲纤丝的三维网络,**13** 形成大而直的直径为 50～150nm 的纤维结构,α-半乳糖型的有机凝胶 **14** 在乙醇中呈纤维结构而在水中呈外径为 200～350nm 的球状结构(图 6–9)。为证实这些有机凝胶纤维是否确实可以作为模板生长管状二氧化硅,将它们煅烧后再观察 SEM 和 TEM 图像,得到令人惊喜的结果。由 TEM 图像可见,从 **11** 得到外径为 20～30nm,长 350～700nm 管状结构的二氧化硅[图 6–10(b)],它的内径与纤维状有机凝胶的外径相当,证明低聚二氧化硅粒子通过氢键吸附到中性有机凝胶纤维上。相反,TEM 图像证明从 β-葡萄糖型有机凝胶 **13** 得到管状纤维内径为 50～100nm,外径为150～200nm 的 SiO_2[图 6–10(c)、(d)]。为了证明为什么 **13** 可以得到直径更大的管状二氧化硅,TEM 图像[图 6–10(d)]分析结果证实它的内管是由 5～10nm 直径的微管组成,总体呈莲藕结构(lotus-like)。同样 SEM 图像证实由 **14**＋乙醇得到的二

11　R=NH₂
12　R=NO₂

13

14

氧化硅是直径大约为 1400nm 的中空纤维。相反,从 **14**＋水得到是内径为 500～1000nm,壁厚 200～300nm 的中空球形结构。TEM、SEM 成像技术证明糖作为模板并入二氧化硅溶胶制备纤维和球形二氧化硅中空材料的可行性。

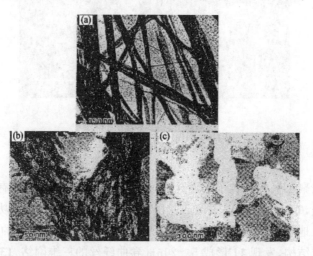

图 6-9　干胶的 TEM[(a)、(b)]和 SEM(c)图像

(a)、(b) **13**＋乙醇　(c) **14**＋水,在纤维生长前用 OsO₄ 污染有机凝胶

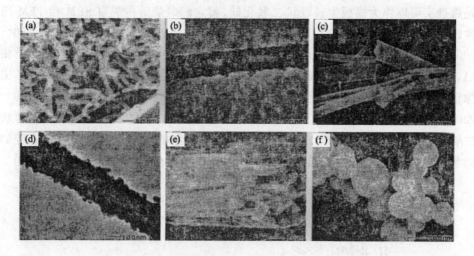

图 6-10　有机凝胶煅烧后的 SEM、TEM 图像

(a)、(b) **11** 的 SEM 和 TEM 图像　(c)、(d) **13** 的 SEM 和 TEM 图像

(e)、(f) **14** 在水和乙醇中的 SEM 图像

6.2.3　基底上有机吸附物的超分子式样

STM 是研究导体或半导体表面超分子吸附物薄层最适宜的工具。自组合的

分子顺序可以在分子或亚分子规模上实时地将"岛屿"、多层、区域结构、纹理、缺陷、基底对形貌的影响和吸附动态成像。一些直链烷烃、环烷烃、长链醇、羧酸及其盐、芳烃、嘌呤、液晶等在石墨上，以及金属处理的云母，金属处理的玻璃、金、银、铜、铂等表面实现超分子组装已有许多研究，而且可以用 STM 技术形象地描写分子间互相作用。

　　烷基腈基联苯（**15～19**）在石墨上的分子排列是最早用 STM 研究的工作[11,12]。扫描区域为 25Å×25Å 时 STM 图像集中到头基互相作用，直接提供交错对插的像，腈基以不同方向肩并肩地排列，这种排列将减少极性腈基间的斥力（图 6-11）。通过系列液晶分子在基底上排列的 STM 图像研究，除观察到上述排列形式与分子性质有关外，还发现基底（如石墨和二硫化钼）影响排列样式。比较式中的分子（$n=7$）在上两种基底上的 STM 图像，惊奇地发现有明显的差别。在石墨基底上分子排列成长线，线中分子全以头对头方式排列，而在二硫化钼上则是变化的头对头和尾对尾平行二聚体。从而提出底物与基底间的互相作用与分子间的互相作用相比，前者处于支配地位。观察吸附物的 STM 图像，偶然发现有区域边缘（domain boundary）出现，区域边缘一词是从传统表面科学中借用的，它可能是基底或吸附物的不同相、不纯物或不同有序度造成的。

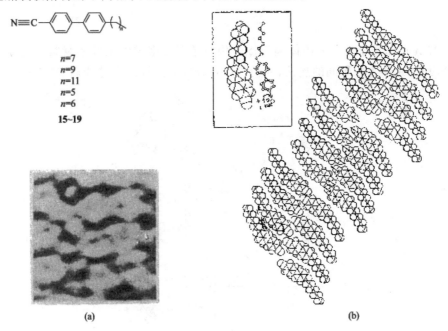

$N\equiv C$—

$n=7$
$n=9$
$n=11$
$n=5$
$n=6$

15~19

(a)　　　　　　　　　　　　(b)

图 6-11　**15** 在石墨基底上的 STM 图像（a）和草图（b）

6.3　膜表面结构和性质

6.3.1　单层和多层

氟代羧酸(**20**)在亚相(**21**)上组装的 LB 膜,用 AFM 研究应答情况与脂肪酸在同样亚相上的 LB 膜比较,AFM 图像显示氟代脂肪酸膜平面结合紧密度高、抗形变、强度高、相当均匀,而脂肪酸成的膜,有无规则分布的开裂和孔,更易形变[11,13]。将上述两种化合物按 1:1 混合,在 N-甲基化的聚乙烯吡啶亚相上铺膜,这个混合单层由两种分子物种组成。混合 LB 膜用 AFM 观察发现有可辨认的区域边缘。其 AFM 像表现出明显的相分离区。AFM 针尖在碳氢区压痕与氟碳区相比明显形变。侧向力测定氟碳区的耐摩擦性比碳氢区高 4 倍。结果进一步说明 AFM 和由它派生出的测定方法对于膜表面研究提供了恰当的结论性的结果。

20　　　　　　　　　　　　　　　　　**21**

DNA 可以用于控制在固体表面逐步构筑单层或多层纳米粒子材料。最新发展是用 DNA 作为粒子间的连接,人们可以在合成上按计划通过选择 DNA 序列安

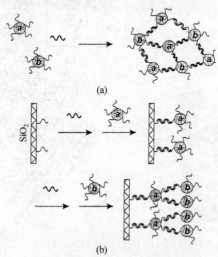

22　5′ HS(CH₂)₆O(PO₂⁻)O-CGC-ATT-CAG-GAT 3′

23　3′ HS(CH₂)₃O(PO₂⁻)O-ATG-CTC-AAC-TCT 5′

24　5′ TAC-GAG-TTG-AGA-ATC-CTG-AAT-GCG 3′

图 6-12　形成超分子两层纳米粒子结构示意图

排粒子间距离、粒子的周期性和粒子组成,此法也可
以用来评价纳米粒子聚集体尺寸和由 DNA 连接的聚
集结构的熔点、光学性质间的关系。用带有 5′-己硫
醇(5′-hexanethiol)的低聚核苷酸(**22**)和带有 3′-丙基
硫醇(3′-propanethiol)的低聚核苷酸(**23**)处理,分别
得到 Au 纳米粒子 a 和 b。首先用 12-链节低聚核苷
酸(**23**)将玻璃载片功能化,在建构纳米粒子层之前此
基底首先于 24-链节低聚核苷酸(**24**)的 $10\mathrm{nmol \cdot L}^{-1}$

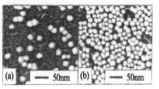

图 6 – 13　铟-氧化锡(IrO)载
片上的 FE-SEM 像
(a) 一层　(b) 二层

溶液中浸 4h 进行杂化,随后用清洁的缓冲液冲洗,再用 $2\mathrm{nmol \cdot L}^{-1}$ 粒子 a 溶液杂
化接上第一个粒子层。用同样方法将表面暴露于连接物 **24** 和粒子 b 的溶液中以
便在第一粒子层上沉积第二层,此杂化步骤可重复进行得到多层,层间用 **24** 连接。
低吸附状态粒子层示意图如图 6 – 12(b)所示,分别被 1 个粒子层和 2 个粒子层覆
盖表面的场发射扫描电子显微镜(field-emission scanning electron microscope,
FESEM)像如图 6 – 13 所示。说明发明的方法可以得到有 DNA 参与通过杂化形
成层状纳米粒子材料[14]。

6.3.2　囊泡

上面提到树状物通过自集形成微米级纤维组装体的例子,这里再给出一种由
偶氮基功能化的树状物自组装成的超分子结构[15][图 6 – 14(a)],透射显微像
(TEM)证明是巨大囊泡。TEM 图像显示尺寸分布与溶液 pH 有关。由 **25** 和 **26**
生成的囊泡绝大多数是均匀的,而且不含亚结构(substructure),但少数>5µm,只
含偶氮基的囊泡有不同折射区。此分散囊泡用低温透射电镜(TEM)、扫描电镜
(SEM)和共激光扫描显微镜(confocal laser scanning microscopy,CLSM)研究,表明
这些树状聚集体的水分散液形成巨大囊泡,这些微米大小物体的稳定因素是树状
物质子化核心之间的氢键(pH<8)和偶氮苯的 π-π 堆积。囊泡发射证实这后一状
态。发射强度均匀分布到巨大囊泡,得到荧光像,其中含亚结构的像显示在囊泡中
心是一个荧光区。确认此巨大囊泡是由多层结构组成,像一个充满的球,其中双层
是由树状物端基交错对插而成[图 6 – 14(b)]。

6.3.3　固体表面

小分子薄膜形成组装体或在各种载体上成高度有序排列,在 20 世纪后期成为
备受关注的研究项目,它与纳米材料科学和发展新的电子、光电器件密切相关。近
年来这些超分子体系结构单元的尺寸逐渐加大,从相对小的烷基硫醇盐发展到更
大的分子,其发展趋势预示将达到几百纳米乃至几微米,化学家面临如何选择复杂
的生物组织,如细菌、细胞,作为结构单元,来构筑超分子建筑的难题。但是这种大

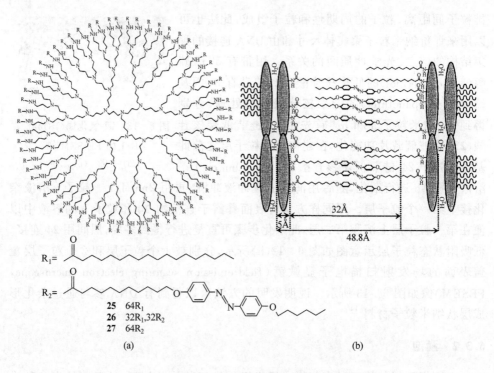

$R_1 =$

$R_2 =$

25 $64R_1$
26 $32R_1, 32R_2$
27 $64R_2$

(a)　　　　　　　　　　　　　　　　(b)

图 6-14　含偶氮苯基囊泡

(a) 囊泡结构(图中 R 可以是 R_1 或 R_2)　(b) 形成双层的表达式

而复杂的结构单元,在自组装时存在如何控制方向的问题,通常这些微米尺寸的物质在任何溶剂中都不稳定。为解决这一难题,提出的方案是将大的结构单元与较小、更具活性的"分子线"(molecular wire)或"分子串绳"(molecular string)交错纺织。实现上述设想的例子是晶体沸石作为典型的结构单元,用一种连接基将它的组装体有规则地在玻璃或云母基底上排列,最先用 β-羟基亚胺基作为连接基,按式 6-1 方式制备有规范单层的沸石晶体组装体[16]。控制沸石晶体在单层中的方向十分重要,此后又用共价键连的胺-富勒烯-胺作为连接基制备了在基底上自发紧密堆积的组装体[17],以下是合成路线(式 6-2)。

式 6-1

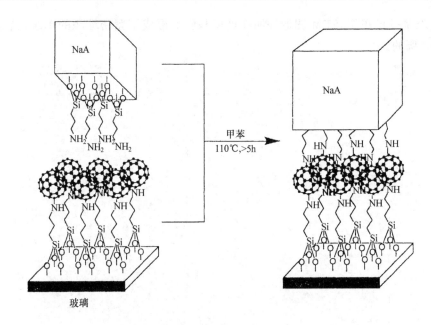

式 6 - 2

已知烷基胺很易与富勒烯(C_{60})上的双键反应,饱含 3-氨丙基三乙氧基硅烷(APTES)的玻璃基底在 100℃炉内加热 15min 后将 3-氨丙基硅基(APS)系到玻璃板上。预处理过沸石的甲苯浆液与 3-氨丙基三乙氧基硅烷反应,同样制得在表面上系有 APS 基的沸石,由于丙基三乙氧基部分大于 ZSM-5 的孔径,它只在表面反应。氨基化的玻璃板与 C_{60} 反应得到键合 C_{60} 的基底,将此键合在玻璃板上的 C_{60} 与表面氨基化的沸石反应后得到沸石晶体在玻璃板上的单层组装体,SEM 图像显示 A 型沸石晶体按面指向基底平面方式排列。观察低放大倍数下的 SEM 图像,证明整个玻璃板都被均匀的 A 型沸石单层覆盖,只有少数缺陷。此单层在甲苯中经过声处理(sonication)5min 没有受到损伤,表明每个 A 型沸石晶体与玻璃基底间的结合都很强,足以耐受由超声产生的晶体振动,每个沸石晶体与基底间都生成了大量胺-富勒烯-胺键(图 6 - 15)。形成明显对比的是在未加入富勒烯的玻璃板上即使在同样条件下也只能形成不均匀覆盖层,而且仅 10s 的超声处理,沸石晶体也会脱落。详细检查键合在玻璃板上的 A 型沸石晶体单层,发现将均匀组装的 A 型沸石单层上的不规则聚集体移出后,SEM 图像进一步证明 A 型沸石单层实际上是由许多小区域组成。其中不仅呈现紧密堆积状态而且有三维取向,即是每个沸石晶体的 a、b、c 轴都分别指向同一方向。SEM 图像显示在区域内三维堆积晶体的平均数约为 110。这个数值相当于先前用 β-羟基亚胺键连单层的 5 倍,由此可以得出胺-富勒烯-胺键合更适于制备高度三维取向的 A 型沸石单层,图 6 - 15(d)为倍数更大的 SEM 图像,明显可见三维定向局域之间的边缘。用上述方法同样制得 ZSM-5 的单层,SEM 图像证明在玻璃基底上形成了紧密堆积的单层,其晶体边缘是圆的。

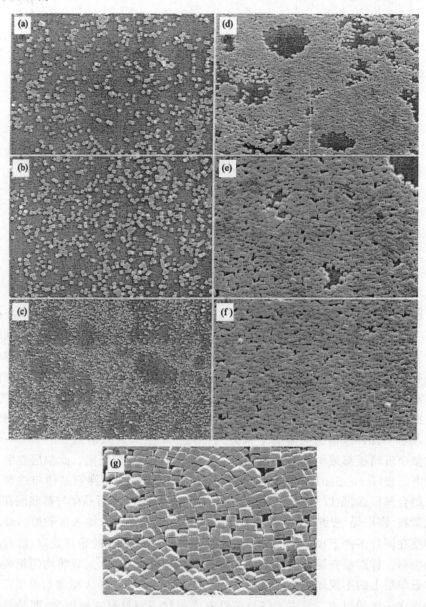

图 6-15　A 型沸石晶体部分覆盖玻璃板带有各种疵点的 SEM 图像[17]
放大倍数为 3(a)、4(b)、15(c)、3(d)、6(e, f);20 K(g)

关于紧密排列沸石-晶体单层的形成机理曾有两种推测:晶种机理(seed

mechanism)和表面移动机理(surface migration mechamism)(图 6-16)。详细分析不同放大倍数带有各种疵点的 SEM 图像,发现:

(1) 即便在低覆盖情况下已经出现以堆积形式存在的 2～3 个晶体,当覆盖面增加时仅增加单个沸石晶体,而紧密堆积的晶体保持不变,这样就排除了晶种机理;

(2) 覆盖面继续扩大,出现了一种有趣的环状图形,直径大约为 15μm,通常在整个玻璃基底上都能发现这种现象,而且沸石晶体开始沿环形边缘聚集,但环内部仍然是空着的[图 6-15(c)];

(3) 表面覆盖度继续增加时,环状图形明显减小,从 SEM 图像分析得到的上述结果,说明在玻璃基底上沸石晶体通过移动达到紧密堆积组装成单层。

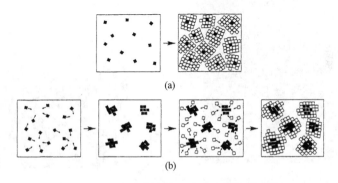

图 6-16　沸石晶体单层的两种形成机理
(a) 晶种机理　(b) 表面移动机理

沸石是由硅氧四面体和铝氧四面体结构单元组成的具有均一、规则孔道结构的结晶性多孔材料,是分子筛材料的重要组成部分。人工合成的沸石分子筛材料典型的粒子尺寸范围一般为 0.1～10μm,其内表面积远远大于外表面积,每克分子筛的表面积从几百到一千多平方米不等。由于沸石分子筛具有丰富的孔道结构和大比表面,同时通过调控分子筛材料骨架构成(如调控硅铝比,从而改变沸石表面的极性),或对其表面进行化学修饰改性,此类材料能结合多种小的和中等尺寸的有机分子。这种无机超分子主体近些年来不断有新的研究结果发表,合成出百多种各种类型的沸石分子筛,客体结合到内表面,或客体在晶体内扩散到沸石分子筛晶体的孔道和腔笼,客体分子与沸石分子筛主体的结合与其他超分子体系一样,也是借助非共价互相作用和静电力等弱相互作用。采用传统的技术很难合成孔直径大于 1.0nm 的分子筛材料,为了增大孔道的空间,发明了一种利用表面活性剂构成的液晶模板(liquid crystal template)体系作为支撑模板合成介孔分子筛的新方法[18],为了掌握这种材料性质,采用了电子衍射(electron diffraction, ED)和高分辨电子显微镜(high resolution electron microscope, HREM)结合研究这类固体材料和表面精细结构的方法[19]，即是做成电子透镜，使对于同一个晶体通过改变电子显微镜的电子激发，既可以观察到 ED 也可以观察到 HREM 像。

　　沸石是一种完美的、有周期性结构的晶体，但 ED 和 HREM 的测定结果表明通常合成的沸石含有各种缺陷。从 HREM 图像可以探查出分子筛的晶体形貌、堆积状态甚至是孔道结构。钛硅酸盐 ETS-10 是新合成的微孔材料，但它的晶体含有许多缺陷。图 6–17 是 ETS-10 的 HREM 图像，图 6–18 是 ETS-10 的三维素描 (three-dimensional drawing)，这种描绘是合情理的，一维的棒相当氧化钛链 (—O—Ti—O—Ti—)$_n$，另外显示出含 Si 的三元环。在 HREM 像中用箭头标示出许多比较大的花生状孔道是由缺陷形成的[19]。

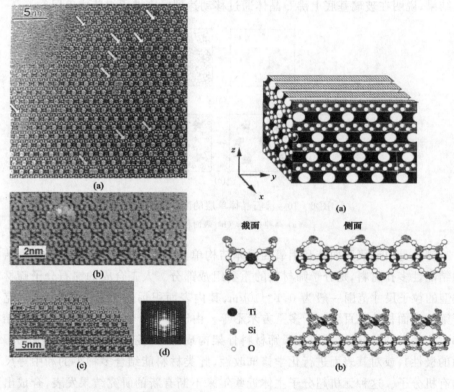

图 6–17　ETS-10 的 HREM 图像
(a) ETS-10 的 HREM 图像　(b) 薄处的 EM
图像　(c) 小丘处的 EM 图像　(d) 相应的
ED 图形

图 6–18　ETS-10 的三维素描

　　在沸石制备过程中，必须证明水凝胶的结构单元对晶体表面生长的作用，因此需要在原子规模上对生长一步进程连同晶体形态进行观察。用 (100) 晶面得到的 LTL(管道型) 和相应的投影网络结构一并示于图 6–19(a)，在 EMT/FAU(EMT

和 FAU 分别代表 IUPAC 推荐的两种分子筛的骨架类型符号)共生材料的 HREM 图像中可以看到在一个晶体中有 FAU 和 EMT 两种结构[图 6－19(b)]，所有表面结构都由双六角环[double-hexagonal ring(D6R)]终止。证明 D6R 是所有 LTL、FAU 和 EMT 关键性的结构单元，必须考虑使 D6R 起作用，控制他们在凝胶中形成的动力学，以便得到一定类型的沸石[19]。

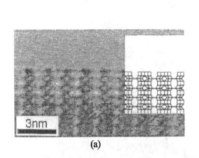
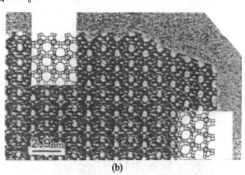

图 6－19　LTL 的表面 HREM 图像(a)和 FAU/EMT 表面 HREM 图像(b)

沸石的纳米晶体由于以下原因备受关注：①认识沸石晶体生长，特别是成核与生长过程的基础知识；②内表面远大于外表面，以及扩散时间短可开拓新应用；③重复处理的表面活性，如再生长/煅烧以制成较大晶体或薄膜。HREM 是表征这种纳米晶体精细结构的最好技术。FAU 和 LTL 纳米晶体的 HREM 图像清楚地显示它们具有完好的结晶形态，可以说具有非常高的结晶性(图 6－20)。

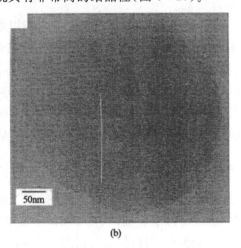

图 6－20　FAU 沿(110)(a)和 LTL 沿(001)(b)的纳米晶体 HREM 图像

沸石可以看成是个容器，向其中组入金属簇或化合物以制备新材料，但重要的是确定这些簇在沸石中的尺寸和位置，同时要检测组入簇后沸石的结晶性。铂球沉积到 LTL 晶体,借磁控管喷渡(溅射)到微格栅,HREM 像表明簇位于(001)晶面的孔道开口处(图 6－21)和侧壁上的不完整孔道(incomplete channel)处。Pt 的直径尺寸分布很窄,在(001)处是(13.4±2.1)Å,侧壁是(17.8±2.5)Å,其排列可用图6－21(b)表示。金属簇状态与表面和凝聚能(cohesive energy)的比例有很大关系。以上结果表明电子显微镜对于认识晶体多相性是一个十分重要的工具。

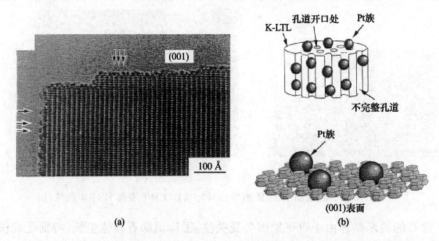

图 6－21　Pt/LTL 沿(100)晶面的 HREM 图像(a)和 Pt 簇在 LTL 表面位置的表示式(b)

6.4　分子识别

随着扫描探针技术的发展,有可能用力显微镜方法(force microscopy)进行 pN (piconewton, 10^{-12}N)力的测定和实空纳米级结构的表征。这里将介绍 AFM 和扫描近场光学显微镜(scanning near-field optical microscopy, SNON)研究独立的超分子互相作用和探索生物材料如 DNA 序列、蛋白、酶、抗体、全细胞的超分子识别。预期生物分子和活细胞的 AFM、SNOM 成像研究继续下去将在短时间内做到形象地认识各种类型的分子识别现象,从而在生命科学中开创出新的生长点。

6.4.1　超分子主-客体互相作用

合成如 28 所示的修饰 β-CD,60℃下在金表面铺展成高度有序的单层,试验证明单层很易为水润泡,表明 β-CD 空腔曝露在单层表面。AFM 图像揭示单层中 β-CD 空腔呈有序排列状态,由图可辨认出 2.1nm 周期性的准六角形晶格。用动态力光谱(dynamic force spectroscopy)证明 28 单层的结合性质[20]。AFM 的三角形氮化硅(silicon nitride)悬臂和针尖涂以 50～70nm 金,针尖用 2-羟基乙硫醇和6-二茂铁基硫醇(99:1)混合物的混合 SAM 修饰[2e]。分离循环伏安(separate cyclic voltammetry)实验表明二茂铁信号积分证实混合单层中含 1‰～2‰的二茂铁基己硫醇,这部分单层由于有一个长的间隔基具有柔性,像液态一样。用此功能化的针尖测定浸在超纯水中原子级平坦 Au(Ⅲ)表面上 **28** 单层的力-距离曲线(force-distance curve),结果如图 6-22(a)中所示为多脱经历(multiple pull-off event)。当用含 1,8-ANS 的水溶液代替水进行上述测定时,此关键性的脱力变小,而且脱次数也明显减少,在用水将 1,8-ANS 冲掉之后重又出现多脱过程。以上所观察到的现象表明客体 1,8-ANS 可逆地嵌入 β-CD 空腔。用 2-羟基乙硫醇修饰的针尖在 **28**

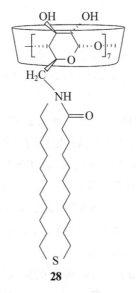

28

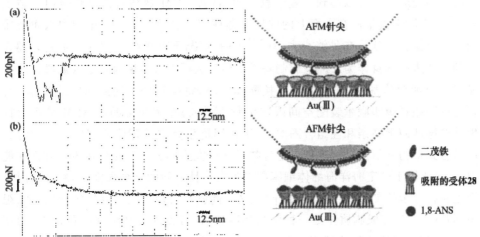

图 6-22　针尖和 28 之间互相作用的力-距离曲线和表达式

(a) 加入 1,8-ANS 之前　(b) 加入 1,8-ANS 之后

单层上(无客体)进行 AFM 实验,与用 2-羟基乙硫醇和 6-二茂铁基己硫醇混合物修饰的针尖在 2-羟基乙硫醇单层(无主体)上的 AFM 实验结果对比,发现相应的力-距离曲线都是单脱,说明不存在特异的互相作用。实验结果显示固载在 AFM 针尖上混合单层中的二茂铁与吸附在 Au(Ⅲ)表面高度有序的受体(七硫醚修饰 β-CD)单层之间的互相作用可以用动态力光谱法研究,结果证明单个二茂铁-β-CD 包结物的破裂力(rupture force)是(56±10)pN。此释放力(unbinding force)不受退出速率(unloading rate)的约束,应当归因于主客体复合物的解离动力学相当快。

6.4.2　生物体内的分子识别

20 世纪 90 年代之后,扫描电镜研究开始面对包括活细胞在内的生物材料,有很好的分子分辨。目前主要集中在研究 DNA 序列和蛋白、酶、抗体和细胞的超分子识别。

最早用 AFM 和 STM 将 DNA 的碱基对和螺旋体成像[21],随后用 AFM 研究 DNA 序列。DNA 链的干样品在天然石墨上用 STM 在真空下成像,有望识别 DNA 序列。其他制备 DNA 样品的方法有:将 DNA 锚定到云母表面,用 AFM 使单个 DNA 分子成像[22];用硫修饰 DNA 核苷酸,将自身结合到云母上的 Au(Ⅲ)膜[23];也可以将金表面用 2-氨基乙基硫醇修饰,通过离子互相作用在一定 pH 固载 DNA[2a]。此后进一步发展为将针尖涂以 DNA 碱基作为纳米传感器,即可以进行互补 DNA 碱基的表面化学灵敏的识别作用[2a]。这些进展使电子显微技术有可能用于国际人类基因组(human genome)课题的庞大工作。非接触式 AFM 用于生物材料如胶原蛋白可以得到一般信息。用 AFM、STM 观察时需要将蛋白固载到载体上,水溶性铁蛋白在水面上的硅表面形成有序二维列阵,AFM 像中六角形排列和单个铁蛋白分子在足够小力(10^{-11} N)的情况下有很高重现性。研究兴趣在于利用铁蛋白本身作为反应空腔制备无机纳米粒子[24],结果确实令人鼓舞。此后又提出更理想的基底,通过共价连接配体中心,将生物分子固载到二维载体[25]。首先用照相平版印刷术装配空间限定生物素排列,并用非接触式 AFM 检测对抗生蛋白链球菌素高亲和性结合图案,结果证明抗生蛋白链球菌的密集"草坪"特异地结合到生物素衍生化的区域。这种技术在研究生物分子互相作用方面有潜在能力。AFM 用于测定海洋海绵体细胞黏着蛋白多糖之间的结合强度,结果表明两个细胞黏合分子的黏合力可达到 400pN,这种高黏合力很可能是维持多细胞海绵组织的基础[26]。合成脂质体是一种生物相容材料,可作为药物缓释的赋形剂、细胞黏合抑制剂,能将遗传物质引入细胞的载体,可用 AFM 在水环境中探测[27]。此外,酵母细胞的生长在 7h 内成功地用 AFM 成像[28],上述成功的应用成为生命科学中突破性研究结果。

6.5　分子器件

　　制备分子器件是科学家最感兴趣的研究课题,至今已设计合成出多种功能具有纳米结构的超分子聚集体,如分子梭(molecular shuttle)、分子项圈(molecular necklace)、分子算盘(molecular abacus)等,它们结构上的共同特点是有一个可移动部分,在外界光、热、电的刺激下发生往复运动,这种结构变化可以用 UV-vis、NMR 等证实,但仍存在如下问题:① 如何在预定时间刺激梭的移动,或令其终止移动;② 如何控制移动方向;③ 如何读出梭的位置。先期的研究结果证明,STM 和 AFM 是两个认定原子、分子活动的最有力工具。Jung 等[29]首次利用 STM 针尖对未受损的单个分子施以侧向推力,在室温下实现二维定位。设计方略是向一个刚性分子键合 4 个大体积碳氢基(29),分子中二叔丁基苯基(DTP)垂直于卟啉分子平面,氢原子与卟啉和苯基的立体排斥阻碍了 DTP 取代基的旋转。在 Cu-TBP-卟啉单个分子的像中,4 个亮点相当于 4 个 DTP 取代基,首先在确定样品区重复成像,以保证在操作条件下不发生分子移动使热流为最小,将一个分子转移到预先选定的方位,也可以移动一些分子组成更复杂的图形。用 STM-ESQC 分子力学技术模拟移动选择快拍(图 6‒23),最初分子松弛地位于接近针尖的位置(上),当针尖横向移动接近 TBP-卟啉分子时由于排斥力增加,分子开始歪扭(中),由针尖施加的力使分子构象发生很大的变化,这种变化首先发生在 TBP 基围绕苯基卟啉 σ 键的旋转。用机械运动的语言表述为靠近 TBP 侧基的旋转受到针尖的阻拦,使前面的旋转 TBP 侧基表现出不相宜的侧面振荡和扭转运动。前一项运动导

29

致在前的 2 个 TBP 基之间的角度从 90°张开至 115°,结果使平移运动变为类似于单个 TBP 侧基与表面呈滑－黏型的活动。这种单个取代基不相宜的滑－黏活动与刚性分子比较,降低了侧面移动的势垒,这是分子纳米机械运动的关键问题。控制内部分子力学和分子与表面之间的互相作用是选择定位和装配的必要前提。研究结果证明连在刚性平面分子上的功能基可以保证热稳定结合,足够满足针尖引起的平移,不使分子内键破裂。这种特殊功能化分离基底和分子间互相作用的构思,是进入现代方法之外分子规模工程的重要一步。此后发现沿着金属铜表面的轨迹将 C_{60} 分子再定位,有可能开发出分子计算器[30]。

图 6－23　模拟移动选择快拍像

　　还有一个众所周知的研究成果是 Harada[31]等合成的分子项圈(图 6－24),用 STM 操作此环糊精分子项圈并发展为分子算盘,能满足上面提出的 3 个问题[32]。所有操作都是在室温下进行,将样品配制成 $1\mu\text{mol}\cdot\text{L}^{-1}$ 的氢氧化钠溶液,滴加到新切的 MoS_2 表面,于室温下蒸发去掉液体。分子项圈在 MoS_2 表面上的典型 STM 像(样品偏压＋200mV,隧道电流 900pA,针尖为 Pt/Ir)[图 6－25(a)],可清晰地看到规则排列的 α-CD。模拟式展示沿基底表面伸展的聚乙二醇(PEG)链,以及 α-CD 的取向是其长轴平行于基底表面[图 6－25(b)]。上述类似分子项圈的轮烷结构在原子水平上清晰可见,值得注意的是在室温、空气中成像稳定。随后用针尖操纵考察原子/分子在基底表面的移动情况,图 6－26(a)中箭头所指是设定的靶α-CD,当用针尖从右向左猛拉时,α-CD 沿 PEG 倾斜链方向,移动了 2.4nm,这是一个沿着连锁分子链操作环移动的例子,此时其他链上的 α-CD 都保持原状不动[图 6－26(b)]。在向反方向拉动时 α-CD 折回到原始位置[图 6－26(c)]。如此可使 α-CD 重复地往复移动。不要求基底有什么特殊表面结构即可使梭进入指令状态。按上述操作可以同时移动一对相邻 α-CD(图 6－27),可逆操作而保持彼此构象完整无损。进而当用针尖侧面垂直方向推动分子项圈的主链,同时定位几个α-CD,可使主链变成钩形(hook-shape),而且可以稳定重复这种大幅度的形变(图6－28)。

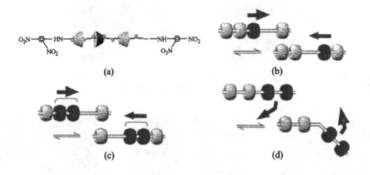

图 6－24　分子项圈结构及 STM 操纵梭的 3 种模式
(a) 分子项圈　(b) 单梭　(c) 对梭　(d) 弯曲

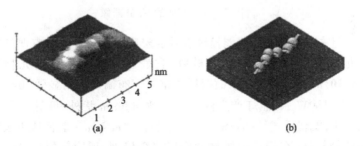

图 6－25　分子项圈在 MoS_2 表面上的 STM 像
(a) 典型的 STM 像　(b) 结构模型

以上列举的两个例子表明,用 STM 或 AFM 技术表征分子结构和性质,无需特殊严格控制基底条件(超高真空、低温),在室温下即可进一步发展这个体系。将3 种模式的平移结合起来,或向 CD 接上其他功能基(如光应答、氧化还原活性基团),用 SXM(指感觉各种力的扫描显微镜,如横向的磁或静电力)方法研究开发各种各样新的分子器件。

有机光致变色(photochromic)元件和分子被看成是光驱动纳米分子机械。这

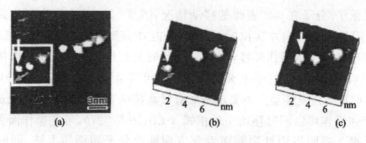

图 6－26　简单梭的 STM 图像

图 6－27　对梭的 STM 图像

图 6－28　弯曲的 STM 图像

样的分子一旦在表面排列，即能提供有效的宏观物理应答。带有偶氮苯侧链的两亲高分子是观察这种效应的适宜材料，它表现出明显的可逆光物理应答[33]。6Azn-PVA(**30**)的氯仿溶液在水面铺展成单层。布儒斯特角显微(BAM)观察形成的单层，在用 150W 汞-氙灯产生的 365nm 和 436nm 紫外-可见光局部照射后诱导的形貌变化，发现反式结构(图 6－29)单层在 0 mN·m^{-1}表面压下表现为冰山状固体界面的结构区，在用针尖机械划伤时出现碎裂，证明单层是刚性的，类似固体。在表面压增加至 2～3mN·m^{-1}时，此像冰山样区域结构开始互相融合，形成均匀单层直至坍塌压，有趣的是顺式 6Azn-PVA(n＝10)单层一直保持均匀形貌并增加光反射，说明是流动的非晶单层。将 6Azn-PVA 形成的单层转移至云母表面用 AFM 图像记录，条件是：室温 120℃，相对湿度为 30％～40％，发现此单层膜出现微米级很大的特征性 2D、3D 形貌变化，这是第一次在固体表面观察到单分子层光致变色高分子发生的光物理应答。拍摄 6Azn-PVA 在云母上的低覆盖(B)和高覆盖(A)LB 膜的 AFM 地貌像，按横向堆积密度，单层在亚微米范围表现出很大的光驱动和 2D、3D 形貌变化特征，表明 B 膜在暗处 4d 后膜呈网络形态，但强紫外光

CH_3

$(CH_2)_5$

6Azn-PVA
$n=1(0.29)$
$n=5(0.42)$
$n=10(0.24)$

$(CH_2)_n$

C=O

OH

ca.500

30

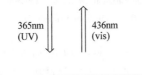

图 6-29　光诱导 6Azn-PVA 膜变形的表达式

照射 7h 后此网络形膜明显膨胀,接近维持原来的厚度。此膨胀形态于高湿度环境中放置 4d 又回复到原来状态,也就是观察到 B 膜显示出维持单层状态的 2D 膨胀和收缩。同样方法处理 A 膜,在第一次暗中放置后得到的是海绵形膜,紫外光照射后形貌完全变化,膜中缺陷完全消失,代之以巨大的盘状隆起物,直径在 200～300nm,高度大约有 10nm,推测是光驱动单层膨胀填满了缺陷,过剩的横膜压使结构发生隆起,此 3D 形态上的变化也接近可逆过程。实验结果在宏观现象与纳米水平分子活动之间建立联系,从这个简单 2D 膜获得的基础知识有助于设计和装配分子器件。

参 考 文 献

1　赵家政,徐洮. 分析电子显微实用手册. 银川:宁夏人民教育出版社,1996

2　(a) Kaupp G. Supermicroscopy: AFM, SNOM and SXM, in Comprehensive Supramolecular Chemistry. Davies J E D, Ripmeester J A (eds). Oxford:Pergamon Press, 1996, 8:382～423

　　(b) Binnig G, Rohrer H, Garber C et al. Surface Studies by Scanning Tunneling Microscopy. phys. Rev. Lett., 1982, 49(1):57～60

　　(c) 李群祥,杨金龙,赵瑾等. STM 图像的理论模拟.物理学进展,2000, 20(3):234～242

　　(d) 马金红,赵冰,张征林等. 原子力显微镜中探针与样品间作用力及 AFM 的应用. 大学化学,2000,15(5):33～36

　　(e) 彭章泉,唐智勇,汪尔康. 化学力显微镜针尖修饰技术研究新进展. 分析化学,2000, 28(5):644～648

3　Frommer J. Scanning Tunneling Microscopy and Atomic Force Microscopy in Organic Chemistry. Angew. Chem. Int. Ed. Engl., 1992, 31:1298～1328

4　Ryan D, Rao N, Rensmo H et al. Heterosupramolecular Chemistry: Recognition Initiated and Inhibited Silver Nanocrystal Aggregation by Pseudorotaxane Assembly. J. Am. Chem. Soc., 2000, 122:6252～6257

5　(a) Thomas R C, Houston J E, Crooks R M et al. Probing Adhesion Forces at the Molecular Scale. J. Am. Chem. Soc., 1995, 117:3830～3834

　　(b) Noy A, Frisbie C D, Rozsnyai L F et al. Chemistry Force Microscopy: Exploiting Chemically Modified Tips to Quantify Adhesion Friction, and Functional Group Distribution in Molecular Assembles. J. Am. Chem. Soc., 1995, 117:7943～7951

6　Alves C A, Porter D M. Atomic Force Microscopic Characterization of a Fluorinate Alkanthiolate Monolayer at Gold and Correlation to Electrochemical Infrared Reflection Spectroscopic Structural Descriptions. Langmuie, 1993, 9:3507～3512

7　Markey L, Stievenard D, Devos A et al. STM Observations of Self-assembled 1D and 2D Nanoclusters of Aromatic Cryptand Molecules Deposited on Highly Oriented Pyrolytic Graphite. Supramolecular Seience, 1997, 4, (3～4):375～379

8　Imae T, Ikeo Y. Investigation of Fractal Aggregation of C_{60} Islands on LB Films by AFM. Supramolecular Science, 1998, 5(1～2):61～65

9　Jang W D, Jiang D L, Aida T. Dendritic Physical Gel: Hierarchical Self-organization of a Peptide-core Dendrimer to Form a Micrometer-scale Fibrous Assembly. J. Am. Chem. Soc., 2000, 122:3232～3233

10　Jung J H, Amaike M, Shinkai S. Sol-gel Transcription of Novel Sugar-based Superstructures Composed of

Sugar-integrated Gelators into Silica: Creation of a Lotus-Shaped Silica Structure. Chem. Commun., 2000, 2343~2344

11　Frommen J. Scanning Tunneling Microscopy and Atomic Force Microscopy in Organic Chemistry. Argew. Chem. Int. Ed. Engl., 1992, 31:1298~1328

12　Foster J, Frommer J. Imaging Liquid Crystals Using a Tunnelling Microscope. Nature, 1998, 333:542~545

13　(a) Meyer E, Overney R, Lüthi R et al. Friction Force Microscopy of Mixed Langmuir Blodgett Films. Thin Solid Films, 1992, 220:132~137
　　(b) Overney R, Meyer E, Frommer J et al. Friction Measurements on Phase-separated Thin Film with a Modified Atomic Force Microscope. Nature, 1992, 359:133~135

14　Taton T A, Mucic R C, Mirkin C A et al. The DNA-mediated Formation of Supramolecular Mono- and Multilayered Nanoparticle Structures. J. Am. Chem. Soc., 2000, 122:6305~6306

15　Tsuda K, Dol G C, Gensch T et al. Fluorescence from Azobenzene Functionalized Poly(Propylene imine) Dendrimers in Self-assembled Supramolecular Structures. J. Am. Chem. Soc., 2000, 122:3445~3452

16　Kulat A, Lee Y J, Park Y S et al. Orientation-controlled Monolayer Assembly of Zeolite Crystals on Glass and Mica by Covalent Linkage of Surface-bound Epoxide and Amine Group. Angew. Chem. Int. ED. Engl., 2000, 5:950~953

17　Choi S Y, Lee Y J, Park Y S et al. Monolayer Assembly of Zeolite Crystals on Glass with Fullerene as the Covalent Linker. J. Am. Chem. Soc., 2000, 122:5201~5209

18　(a) Kresge C T, Leonowicz R W J, Vartuli J C et al. Ordered Mesoporous Molecular Sieves Synthesized by a Liquid-crystal Template Mechanism. Nature, 1992, 359:710~712
　　(b) Beck J S, Vartuli J C, Roth W J et al. A New Family of Mesoporous Molecular Sieves Prepared with Liquid Crystal Templates. J. Am. Chem. Soc., 1994, 114:10 834~10 843
　　(c) Inagaki S, Koiwai A, Suzuki N et al. Synthesis of Highly Ordered Mesoporous Materials from a Layered Polysilicate. J. Chem. Soc., Chem. Commun, 1993:680~682
　　(d) Inagaki S, Koinai A, Suzuki N et al. Synthesis of Highly Ordered Mesoporous Materials FSM-16 Derived from Kanemite. Bull. Chem. Soc. Jpn., 1996, 69: 1449~1457

19　Terasaki O, Sakamoto Y, Yu J et al. Structural Characterization of Micro-and Mesoporous Materials by Electron Microscopy. Supramolecular Science, 1998, 5(3~4):189~195

20　Schönherr H, Beulen M W J, Bügler J et al. Individual Supramolecular Host-guest Interactions Studied by Dynamic Single Molecular Force Spectroscopy. J. Am. Chem. Soc., 2000, 122:4963~4967

21　Driscoll R J, Youngquist M G, Baldeschwieler J D. Atomic-scale Imaging of DNA Using Scanning Tunnelling Microscopy. Nature, 1990, 346:294~296

22　Jelen F, Vetterl V, Schaper A et al. Two Dimensional Condensation of Benzalkonium Chloride at the Mercury Electrode and Its Relation to DNA Imaging Using Scanning Force Microscopy. J. Electroanal. Chem., 1994, 377:197~203

23　Leavitt A J, Wenzler L A, Williams J M et al. Angle-dependent X-ray Photoelectron Spectroscopy and Atomic Force Microscopy of Sulfur-modified DNA on Au(Ⅲ). J. Phys. Chem., 1994, 98:8742~8746

24　Ohnishi S, Hara M, Furuno T et al. Imaging the Ordered Arrays of Water-soluble Protein Ferritin with the Atomic Force Microscope. Biophys. J., 1992, 63:1425~1431

25　Mazzola L T, Fodor S P A. Imaging Biomolecule Arrays by Atomic Force Microscopy. Biophys. J., 1995,

　　68：1653～1660

26　Dammer U, Popescu O, Wagner P et al. Binding Strength Between Cell Adhesion Proteoglycans Measured by Atomic Force Microscopy. Science, 1995, 267：1173～1175

27　Storrs R W, Tropper F D, Li H Y et al. Paramagnetic Polymerized Liposomes：Synthesis, Characterization, and Applications for Magnetic Resonance Imaging. J. Am. Chem. Soc., 1995, 117：7301～7306

28　Gad M, Ikai A. Method for Immobilizing Microbial Cells on Gel Surface for Dynamic AFM Studies. Biophys. J., 1995, 69：2226～2233

29　Jung T A, Schlittler R R, Gimzewski J K et al. Controlled Room-temperature Positioning of Individual Molecules：Molecular Flexure and Motion. Science, 1996, 271：181～184

30　Cuberes M T, Schlittler R R, Gimzewski J K. Room Temperature Repositioning of Individual C_{60} Molecules at Cu Step：Operation of a Molecular Counting Device. Appl. Phys. Lett., 1996, 69：3016～3018

31　(a) Harada A, Li J, Kamachi M. The Molecular Necklace：A Rotaxane Containing Many Threaded α-cyclodextrin. Nature, 1992, 356：325～327
　　(b) Harada A, Li J, Kamachi M. Double-Stranded Inclusion Complexes of Cyclodextrin Threaded on poly (ethylene glycol). Nature, 1994, 370：126～128

32　Shigekawa H, Miyake K, Sumaoka J et al. The Molecular Abacus：STM Manipulation of Cyclodextrin Necklace. J. Am. Chem. Soc., 2000, 122：5411～5412

33　Seki T, Sekizawa H, Tanaka K et al. Photoresponsive Monolayers on Water and Solid Surfaces. Supramolecular Science, 1998, 5(3～4)：373～377

第 7 章　振 动 光 谱

7.1　引　言

分子振动光谱（molecular vibrational spectroscopy）包括红外（infrared spectroscopy）和拉曼光谱（Raman spectorscopy）[1,2,3]。大多数红外光谱记录的都是固体、液体、气体样品吸收 $2.5\sim25\mu m$（$400\sim4000cm^{-1}$）范围内入射单色光，引起振动和转动能级的跃迁，在红外光谱区测得的图谱是分子振动与转动运动的加和表现。实际应用时按红外光波长的不同，将红外和拉曼光谱划分为 3 个区域（表 7-1）。

表 7-1　红外及拉曼光谱区

区　　域	$\lambda/\mu m$	ν/cm^{-1}
近红外区（NIR）	$0.8\sim2.5$	$4000\sim12\,500$
中红外区（MIR）	$2.5\sim25$	$400\sim4000$
远红外区（FIR）	$25\sim1000$	$10\sim400$

光谱有以下特点：① 可提供分子中官能团的内在信息，包括种类、相互作用和定位；② 指纹区对异构体的辨识有选择性；③ 可进行定量和无损分析（液滴、溶液）；④ 可用于气、液、固体和表面分析。其中红外光谱早已在超分子体系中应用，特别是当样品用结晶学方法不适宜时，是固体样品很好的分析工具。拉曼光谱由于背景有强荧光，应用上受到限制。近年来用傅里叶变换拉曼光谱，以近红外激光作为激发源，可以拓宽应用。将特殊的光学显微镜与拉曼光谱组合成共焦拉曼光谱仪，具有三维分辨能力。傅里叶变换近红外激光拉曼光谱仪的出现，消除了荧光对拉曼测量的干扰。近年来在超分子体系研究中陆续有新的研究成果报道[3]。振动光谱与固体 NMR 谱共同发展成为对于不适宜用晶体学研究的体系的有效光谱技术。

7.2　基 本 概 念

7.2.1　原理

分子吸收红外光发生振动和转动能级跃迁，必须满足的条件是：① 红外辐射

　　光量子具有的能量等于分子振动能级能量差 ΔE；② 分子振动时必须伴随偶极矩变化。具有偶极矩变化的分子振动是红外活性振动，否则是非红外活性振动。

　　拉曼光谱与红外光谱的区别在于信号产生方式不同，它是一种散射技术，要求使用可见或 NIR 区的单色激光作为激发光源。当频率为 ν 的单色辐射照射到物质上时，大部分入射辐射透过物质或被物质吸收，只有一小部分辐射被样品分子散射。入射光子和物质分子发生弹性碰撞时，光子和分子间不发生能量交换，光子只改变运动方向而不改变频率（ν_0），这种散射过程叫弹性散射，也叫瑞利散射（Rayleigh scattering）。在发生非弹性碰撞的过程中，光子和分子间发生能量交换，光子不仅改变运动方向，还放出一部分能量给予分子或从分子吸收部分能量，这就改变了光子的频率。这种由非弹性散射引起含有其他频率散射光的现象叫拉曼效应，这种散射过程叫拉曼散射（Raman scattering）。比入射辐射频率 ν_0 低的散射线（$\nu_0 - \nu_1$）叫斯托克斯线（Stokes line），高于入射辐射频率的散射线（$\nu_0 + \nu_1$）叫反斯托克斯线（anti-Stokes line）。斯托克斯、反斯托克斯线与入射辐射之间频率差 ν_1 叫拉曼位移（图 7-1）。

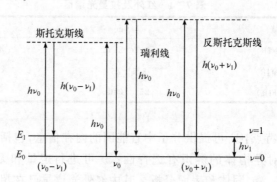

图 7-1　拉曼散射和瑞利散射能级图[1]

$$\nu_1 = \left[\nu_0 + \nu_1\right] - \nu_0 = \nu_0 - \left[\nu_0 - \nu_1\right] = \frac{E_1 - E_0}{h} \qquad (7-1)$$

方程中：E_1 和 E_0 分别是两个高低不同振动能级的能量。由此可见，拉曼位移与入射光频率无关而与分子的振动能量有关。拉曼散射效应是光子撞击分子产生极化造成的，这种极化是分子内核外电子云的变形。如 E 为入射辐射电场，则产生的诱导偶极矩 μ 为

$$\mu = \alpha E \qquad (7-2)$$

方程中：α 为分子极化率，反映电场引起电子云变形程度。偶极矩随 3 个频率（ν_{vib}：基频振动频率；$\nu_0 - \nu_{vib}$：斯托克斯线；$\nu_0 + \nu_{vib}$：反斯托克斯线）的改变而变化，若振动未引起分子极化率改变，无诱导偶极矩，则没有拉曼效应产生，只有瑞利散射。能引起分子极化率改变的振动是拉曼活性振动。由此可见，拉曼谱线的频率

虽然随入射光频率而变化,但拉曼散射光的频率和瑞利散射光频率之差基本上不随入射光频率而变化,而与样品分子的振动和转动能级有关,在此基础上建立了拉曼光谱法。

7.2.2　简正振动

多原子分子被激发至不连续的振动态,分子质心保持不变,整体不转动,每个原子都在其平衡位置附近进行简谐振动,其振动频率和位相都相同,即每个原子都在同一瞬间通过其平衡位置而且同时达到最大位移值。分子中任何一个复杂振动都可以看成是简正振动的叠加。电磁场激发简正振动存在严格的选律,即当由于分子振动而产生的振动偶极矩与红外光束的振动电矢量相互作用时,就发生红外吸收。决定此相互作用是否发生并因而导致光吸收的简单规则,是在一个振动末端的偶极矩必须与在另一振动末端的偶极矩是不同的。在拉曼效应中,相应的相互作用是在光和分子可极化性之间发生,这导致了不同的选律。选律的结果是,在一个具有中心对称的分子中,对于中心对称的振动在拉曼光谱中具有有效吸收,而在红外光谱中无吸收;至于那些非中心对称的振动则在拉曼光谱上无吸收,而在红外光谱有吸收。这两种情况都有用,它意味着两种光谱是互补的。大多数官能团不是中心对称的,因而在红外光谱中将能提供更多信息。这种严格的选律导致只有那些伴有分子偶极矩发生变化的振动,才能被红外光激发,即红外是活性的,而具有拉曼振动的条件是,相应化学键的极化率在振动中必须发生变化。

表 7-2 中的数据说明分子对称性在决定红外和拉曼活性振动的数目方面起重要作用,对称振动是红外禁阻的,但是拉曼活性的。分子的对称性越高,可观察到振动带的数目就越少。这是因为几种简正振动正好频率相同,叫振动的简并。中心对称分子的简正振动要么是红外活性,要么是拉曼活性,其中存在互相排斥原理。对于含有 N 个原子的分子需要 $3N$ 个自由度来描述它在空间中的实际位置,其中描述分子平动的有 3 个自由度,整个分子转动有 3 个自由度。对于非线性分子剩下 $3N-6$ 个自由度描述 $3N-6$ 个简正振动,而对于线性分子因为绕分子轴的转动没有意义,所以有 $3N-5$ 个振动。双原子线性分子的振动数目为 $3\times2-5=1$,三原子线性分子为 $3\times3-5=4$,而三原子非线性分子为 $3\times3-6=3$ 个振动。从定性的角度来看,多原子分子的振动光谱有其特征性,每一种分子都有其指

表 7-2　多原子分子中简正振动的红外与拉曼活性[2]

分　子	类　型	红外活性振动的数目	拉曼活性振动的数目
$S=C=S$	线性($3N-5$)	2	1
$H-C\equiv N$	线性($3N-5$)	4	4
$H-O-H$	弯曲($3N-6$)	3	—

纹型振动光谱,即便在红外与拉曼都是活性的情况下,两种谱带强度也明显不同,如 O—H 带在红外谱中是强带,在拉曼谱中却是弱带。

7.2.3　基团频率

通过对许多含相同官能团的不同有机分子比较,在所有的谱图中都可观察到该官能团特定的吸收带,而与分子其他部分的化学结构无关,这种吸收即是在引起这种基团频率的简正振动中,原子的平移只限定于构成该特定官能团的原子,基团频率是简正振动基本模式中的特殊情况。能引起重要基团频率的官能团一般含有氢原子或孤立的双键或三键,基团频率高于 $1300cm^{-1}$ 而含重核原子的官能团在低于 $400cm^{-1}$ 的 FIR 区有吸收,中间区域的振动吸收带则不能简单地归结为某一官能团的吸收。表 7-3 列出振动的基团频率区和指纹区。如 α-蒎烯与 β-蒎烯在基团频率区的振动谱峰相同,但在指纹区有明显的差异,可见指纹区的解析对化合物的确认有极高价值。

表 7-3　振动的基团频率区和指纹区[2]

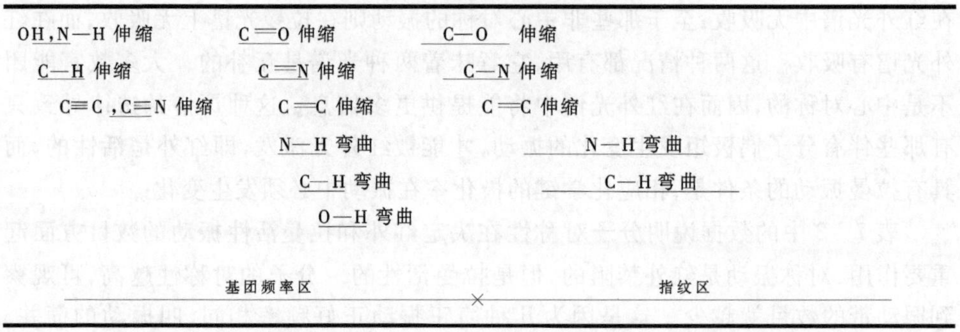

OH,N—H 伸缩	C＝O 伸缩	C—O　伸缩
C—H 伸缩	C≡N 伸缩	C—N 伸缩
C≡C,C≡N 伸缩	C＝C 伸缩	C＝C 伸缩
	N—H 弯曲	N—H 弯曲
	C—H 弯曲	C—H 弯曲
	O—H 弯曲	

基团频率区　　　　　　　　　　　×　　　　　　　　　　　指纹区

7.2.4　谱带强度

振动带强度与偶极矩(红外)和极化率(拉曼)在振动中的变化之间存在比例关系。傅里叶变换光谱仪的问世,使振动光谱可以用于定量分析,方法与紫外-可见光谱雷同。LBB(Lamber-Bouguer-Beer)定律可用于大多数情况,尽管拉曼谱带的产生是基于散射,也能得到线性工作曲线。各光谱区域最重要的官能团信息可查阅有关专著[1,2]。

7.3　应用示例

从超分子体系的振动光谱可能得到的有效信息主要包括以下 3 个方面。

7.3.1　证明形成包结物

1) IR 谱的差减

证明主体晶格与客体是否形成了包结物,从产物谱图中存在两个吸收带可以得到证实,反过来不能因为观察不到属于客体的吸收带,而否定包结物的生成。这是因为这些带很可能被主体晶格带掩盖,或被主体晶格带搞得模糊不清。这种情况在测环糊精包结物的红外谱图时最为明显,因为环糊精分子本身的红外吸收谱覆盖整个 MIR 区。仅在 $1700\sim2900\text{cm}^{-1}$ 间是透明的[4]。采用谱的差减技术有助于解决这个问题[5]。

β-CD 与 1,3-顺,顺-环辛二烯和 1,5-顺,顺-环辛二烯的固体包结物,经元素分析和 X 射线粉末衍射图证明生成了 1:1 包结物[6]。用红外差谱技术(分辨率 2cm^{-1})将透射谱转换为吸收谱,通过计算机处理自动差减,从包结物的谱图中减去 β-CD 的谱峰,为便于查对,峰位重新转换为透射谱。包结物常规红外谱图上 β-CD 的 O—H 伸缩振动、O—H 平面弯曲振动和偶合 C—C/C—O 伸缩振动分别由 3373.0cm^{-1}、1414.7cm^{-1}、1028.3cm^{-1} 位 移 至 3384.1cm^{-1}、1412.7cm^{-1} 和 1029.2cm^{-1}。1,3-顺,顺-环辛二烯的 C═C 伸缩振动(1628.7cm^{-1})在包结物差谱中位移至 1631.4cm^{-1},峰形变宽;顺式烯烃的骨架振动(670.8cm^{-1})和 CH_2 中的 C—H 变形振动(1448.5cm^{-1})被 β-CD 峰覆盖,未出现在包结物的 IR 和 IR 差谱图谱中。同样,1,5-顺,顺-环辛二烯的 C═C 伸缩振动和顺式烯烃的骨架振动也未出现在包结物的 IR 和 IR 差谱中,但在 3008cm^{-1}、2936cm^{-1}、2882cm^{-1} 处的烯烃伸缩和变形振动在包结物的差谱中出现并明显位移至 3006.8cm^{-1}、2920.9cm^{-1} 和 2879.8cm^{-1},表明在 β-CD 空腔内双键原子沿键轴伸缩振动和变形振动受到微扰。在 1,5-顺,顺-环辛二烯 β-CD 包结物的 IR 差谱中,β-CD 3373cm^{-1} 处分子间 OH 缔合氢键宽峰明显变为一组窄峰。IR 差谱显示的差别说明两种包结物结构上的差别,以及 1,5-顺,顺-环辛二烯与 β-CD 羟基间的相互作用更强。

2) FT-Raman

CD 结合 o-、m-、p-硝基酚的 FT-Raman 光谱,o-、p-硝基酚的苯基特征振动频率 ν(C═C)带在形成 α-、β-CD 包结物后向高波数位移,m-硝基酚 ν(C═C)带则向低波数位移。o-硝基酚 3049cm^{-1}、3072cm^{-1} 和 3093cm^{-1} 的 3 个带分别为 ν(C—H)、环 ν(C—H)、不对称 ν(C—H)振动带,其中环 ν(C—H)振动带在 α-CD 和 HP-β-CD 包结下分别移向 3087cm^{-1} 和 3078cm^{-1}。m-、p-硝基酚的环 ν(C—H)峰却向较低波数位移。位移大小是 α-CD > β-CD[7]。FT-Raman 追踪苯基的特征 ν(C═C)和环 ν(C—H)变化,根据选律极性键 C═C 在红外光谱中只是弱吸收而在拉曼光谱中有强吸收的实验结果,测定 α-、β-CD 和修饰 β-CD(式 7-1)结合硝

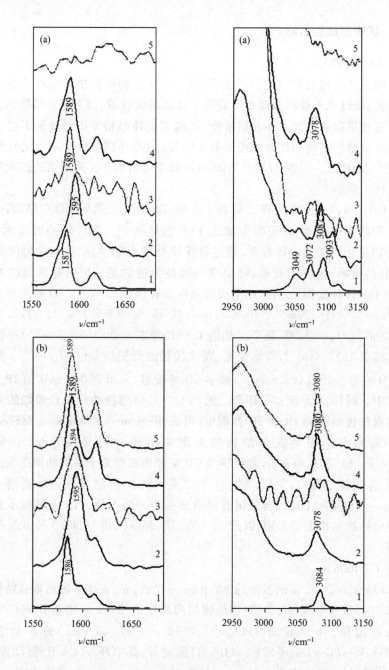

图 7-2 α-CD（2）、β-CD（3）、HP-β-CD（4）、Sulfated-β-CD（5）
结合 *o*-硝基酚（a）和 *p*-硝基酚（b）的 FT-Raman 光谱图[7]

1 为纯 *o*-、*p*-硝基酚的光谱

基酚,形成主、客体复合物时 FT-Raman 光谱 $1550\sim1680cm^{-1}$ 和 $2950\sim3150cm^{-1}$ 区域峰的变化,判断苯环是否进入了 CD 空腔。

1 $R_1 = H(\alpha\text{-CD})$ $R_2 = —CH_2CH_2CH_2OH$ (HP-β-CD)

2 $R_1 = H(\beta\text{-CD})$ $R_2 = —SO_3H$ (sulfated-β-CD)

式 7-1

图 7-2 结果表明几种主体中均以 α-CD 诱导的位移最大,顺序为 α-CD>HP-β-CD>β-CD。Sulfated-β-CD 只有结合 p-硝基酚在 FT-Raman 光谱中诱导位移。

同样,用 FT-Raman 光谱研究 α-、β-CD 和 β-CD 硫酸酯(sulfated-β-CD),α-、β-CD 甘油醚对 2-、3-或 4-氯苯乙烯的结合[8]。跟踪液体 2-、(3-或 4-)氯苯乙烯 FT-Raman光谱中苯基 ν(C=C)、环 ν(C—H)和乙烯基 ν(C=C)带面积,以及半峰高处全宽(full width at half maxium,FWHM)在制成包结物后的变化,分析判断 CD 在 3 个异构体中的包结部位和可能性。

7.3.2　有机自集体系

1) 氢键组成的纳米管

目前对纳米技术的兴趣转入要求推出有机/无机纳米管。纳米管列阵(nanotube array)可以在许多感兴趣的纳米体系中得到应用,如利用具有新金属离子纳米管的氧化还原反应制作银纳米导线列阵,将可能用于分子电子器件。

杯[4]氢醌(CHQ)3[9](式 7-2)由 4 个氢醌部分组成,含 8 个—OH。4 个内—OH基形成氢键的环形质子隧道共振使锥体稳定,另外余下的 4 个—OH 基导致具有分子间氢键的自集结构。根据分子间作用力借助于计算机分子设计,研究聚集的各种可能结构,提出在有水分子作为桥的情况下,在管形 8 聚体重复单元之间形成氢键,使线形管状聚集物结构得到稳定。FT-IR 数据进一步证实了这种一维氢键列陈纳米管的存在,CHQ 单体的—OH 基拉伸振动模式由游离—OH 振动($3422cm^{-1}$)和四元氢键合环锥体中的环形氢键—OH 基振动($3204cm^{-1}$)组成。在管状结构中,单体的游离—OH 基与相邻单体的游离—OH 基和水分子形成分子间氢键,游离—OH 的拉伸峰减弱,H—键合—OH 的拉伸峰增强,键合氢后的—OH 基拉伸峰强度增加并位移至 $3189cm^{-1}$,游离—OH 拉伸峰减少,表明形成了短 H—键一维列阵。另外,锥体中协同—OH 基的弯曲模式振动是在 $1649cm^{-1}$ 的尖峰,它在管形结构中蓝移至 $1692cm^{-1}$(图 7－3)。图中水悬浮液光谱中的纳米管—OH 的特征尖峰出现在 $1699cm^{-1}$,证明水溶液中存在纳米管结构。这种无限长的 ID H—键列阵,一定会在质子/电子隧道现象中呈现有趣的物理化学性质。

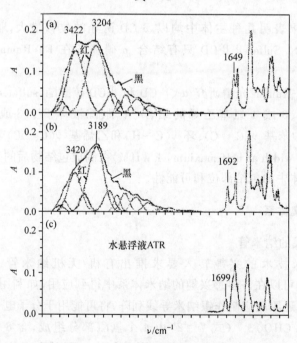

式 7－2

图 7－3　CHQ 单体(a)、纳米管束(b)的固体 KBr 压片的 FT-IR
(黑)和去卷积(红)以及纳米管水悬浮液(c)的 FT-IR 谱
(衰减全反射法)[9]

2) 固载在自集单层中小分子的结构

烷基硫醇(RSH)衍生物在金属电极表面的自集单层(SAM),提供了为数众多、可能用于固载氧化还原蛋白的基材。近年来这种器件在纳米生物技术方面的介入引起了人们更多的兴趣,尤其在固载酶发展生物传感器、生物电系统或生物催化细胞方面,促使人们开展更多的实验。但是表征这类单层的性质和动态,对于分析工具的灵敏度、选择性有很高的要求。绝大多数情况下采用显微镜,电化学方法如原子力显微镜和环电流法,但它们不能提供氧化还原过程中有关分子结构的信息。振动光谱中的时间分辨表面增强共振拉曼光谱(TR-SERR)技术能全部探测氧化还原位的振动光谱,选择地分析吸附酶的分子结构和动态。

将血红素(heme)蛋白细胞色素 c(Cyt c)固载到涂有 11-巯基十一烷酸(MUDA)自集单层的 Ag 电极上,Ag 电极事先需用电化学法使表面粗糙[10],将电极浸入含 $2\mu mol \cdot L^{-1}$ 纯蛋白(horse heart sigma)以及 $12.5mmol \cdot L^{-1}$ 氯化钾、$12.5mmol \cdot L^{-1}$ 磷酸缓冲液(pH=7.0)中 30min,然后用此缓冲液洗去电极上未结合的 Cyt c,再将电极放入 SERR 池,内中盛有含同样电介质和游离 Cyt c 的溶液,用 413nm 光激发测定 SERR 光谱,使用自制旋转 Ag 电极以防止激光诱导脱吸附和蛋白降解。TR-SERR 谱是在时间间隔 Δt(典型例子是 $500\mu s$)下,经过延迟时间 δ 相当蛋白从初电位 E_i 跳跃至终电位 E_f 情况下测定,记录 TR-SERR 谱[11]。实验发现在SAM 修饰 Ag 电极上 Cyt c 的静态 SERR 谱强度比裸电极低不到 2 倍,证明表面增强信号依距离衰减,当 Cyt c 与电极距离达到 19Å 时仍可以得到高质量的 SERR谱。实验中发现 SERR 强度降低少于 10%,表明 Cyt c 通过蛋白曝露的血红素端附近的富赖氨酸区域结合到 SAM 的羧基上。集中在 $1300 \sim 1700cm^{-1}$ 间包含的振动带分析 SERR 谱,这一区域的谱峰与氧化反应、自旋和 Cyt c 的系缚状态有关,并与不同活性位的结构有关。除谱峰稍变宽之外,在 +0.05V 和 -0.4V 测定的SERR 谱和 Cyt c 溶液的氧化、还原 SERR 谱相同,表明血红素口袋在结合到 SAM之后其结构没有变化。这一结果与 Cyt c 结合到裸 Ag 电极相反。在裸电极,静电互相作用诱导发生天然 Cyt-c(B_1 状态)和新态(B_2 状态)之间与电位有关的构象平衡。为使涂有 11-MUDA 的 Ag 电极上氧化还原过程简单化,只需考虑两个不同物种即氧化、还原型的谱峰,而这两个组成峰的叠加得到清晰的,以及在所有+0.05V 和 -0.4V 间测定结果都得到拟合的 SERR 谱,这样就可以高准确度的确定依赖电位的氧化还原平衡,其能斯特(Nernst)图显示,斜率为 $n=0.96$,线性相关非常好(图 7-4)。

对于电位从 $E_i=-0.074V$ 跃迁到 $E_f=-0.031V$,$\delta=8.5ms$(δ 为延迟时间)记录的 TR-SERR 实验,可以按一步弛豫过程分析浓度随时间的变化,此过程与吸附 Cyt c 和 Ag 电极间多相电子转移(ET)有关。用 TR-SERR 谱得到的数据作偏离平衡浓度对延迟时间 δ 的半对数图,有非常好的线性关系,截距接近理论零值

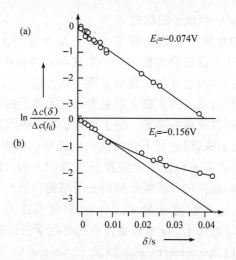

图 7-4　还原型 Cyt c 浓度变化作为延迟时间函数
的半对数图[10]

δ 为 TR-SERR 光谱确定的延迟时间；$\Delta c(\delta)$ 和 $\Delta c(t_0)$
分别为 $t = \delta$、$t = 0$，$E_f = -0.031V$ 对平衡浓度的偏离
(a) 从 $E_i = -0.074V$ 到 $E_f = E_0$ 的电位跳跃
(b) 从 $E_i = -0.156V$ 到 $E_f = E_0$ 的电位跳跃

[图 7-4(a)]。从斜率可以确定多相速率常数是 43s^{-1}。当使用较大的电位跃迁从更负的电位开始 $E_i = -0.156V$ 时，此时 ET 动态变得更为复杂。但当延迟时间少于 7ms 时，浓度变化的半对数图显示与 $E_i = -0.074V$ 的斜率相同。延迟时间延长时对线性偏离增大，说明在大电位跃迁时有第二个和相对慢的非法拉第过程干扰吸附 Cyt c 的 ET。通过分析 SERR 谱和理想的 Nernst 性质，判断过程涉及的构象变化，包括血红素口袋的结构变化以及氧化还原电位的变化。可以总结为在吸附 Cyt c 之间存在依赖于电位的平衡，这个差别可能因 Cyt c 相对 SAM 不同方向而引起，反过来也可以是在结合 Cyt c 区域内通过静电作用结合不同赖氨酸残基的结果。可以不必改变氧化还原中心距 Ag 电极的距离，容易地做到 Cyt c 方向变化。这项实验结果表明 TR-SERR 光谱的基本特点，适于追踪氧化还原蛋白吸附过程对时间的关系。可以选择地、同时提供有关各种物种的活性位结构，TR-SERR 光谱用于分析固相酶复杂的界面过程机理和动态，进而成为生物技术中检测纳米器件和研究分子结构的重要工具。

共振拉曼光谱研究四(4-磺酸苯基)卟啉二酸(H_4TSPP^{2-})(**4**)聚集体的激发态结构[12]。记录在近激子吸收带 489nm(J_B 带)和 421nm(H_B 带)激发的 H_4TSPP^{2-} 聚集体的共振拉曼(RR)光谱，聚集体和分离单体的 RR 强度用时间相关共振拉曼式计算。研究基态和激发态结构和 H_4TSPP^{2-} 聚集体的分子堆积，由实验结果提

出了 H_4TSPP^{2-} 聚集体的结构模型(图 7−5)。在静电互相作用模型的基础上曾假定聚集 H_4TSPP^{2-} 的分子堆积是一维线性链。由于 H_4TSPP^{2-} 是一个双离子分子,它的正电荷中心吸引相邻分子周围的带有负电荷的外部取代基,从而构筑了 H_4TSPP^{2-} 线形聚集体。过剩阳离子(H^+、Na^+ 或 K^+)屏蔽相邻分子磺酸基阴离子静电斥力。模型中标准的几何参数是从 H_4TSPP^{2-} 单晶数据中提取到的。H_4TSPP^{2-} 聚集体的链式模型,有分子激发理论和 RR 强度分析作为基础,从中可以提取聚集体在激发态的性质,这对于了解一些诸如在摄影科学和光合成体系中能量传递等重要过程十分有价值。

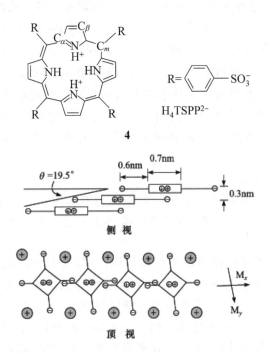

图 7−5　H_4TSPP^{2-} 聚集体的结构模型[12]

暗圈表示外部阳离子

用傅里叶红外反射光谱探明[13]在磷灰石上油酸盐自集单层中的分子取向和厚度。使用备有 MCT 检测器的 Breker IF588 FTIR 光谱仪,在施加 P-或 S-偏振光前将样品放进网栅视偏振器(wire-grid polarizer),选用不同入射角的偏振光可得到吸附单层的反射谱。单元强度定义为 $-\lg(R/R_0)$,R_0 和 R 为体系无研究介质或有研究介质的反射系数(反射比),样品和参比谱都是 $200\sim3000$ 次扫描的平均值,分别测定了油酸盐在磷灰石上吸附 10min、1h、4h 自集层的反射光谱,分析不同入射角 70°、40°、20°的 P-偏振光测定谱带的位置和强度,判断吸附特殊分子集团跃迁矩方向。

单层膜由于其良好微结构的清晰性,具有新的性质和特征。这种性质使有可能研究分子微结构和性质间的关系,如膜的微电子性质,而 FTIR 光谱是表征微结构的主要工具。衰减全反射谱(ATR)也称多次内反射谱[1, 2],要求特殊的制样技术,将样品与用高折射率材料制成的棱镜表面接触,光线由光密介质射入,当射角足够大时就会在界面发生全反射。将 ATR 装置放入红外光谱仪样品室中的适当位置,如果样品发生红外吸收(光衰减),则可观察到类似透射的红外光谱图。商品 ATR 装置常采用含梯形或棒状反射元件的多重反射池,以增强灵敏度。应用 ATR 技术时基质的选择很重要,如将十八烷酸吸附在玻璃上或溶于正十六烷的溶液,于铝表面蒸发沉积,结果在铝上沉积的样品谱图中存在 CO_2 的对称和不对称伸缩模式,表明完全去质子,而在玻璃基质上出现的 $1730cm^{-1}$ 带,说明存在 CO_2^-、CO_2H 两种基团[2, 15]。FTIR ATR 谱也曾用于研究十八烷基氯硅烷在锗表面自集单层动力学[3, 16]。LB 膜和自集技术都可以在基材上沉积单层,研究两者的区别很有意义。研究结果认为在 Al 表面自集构筑的单层比 LB 膜单层显得无序[14a],但随后对于结构类似的两种单层研究结果显示自集单层具有更有序的晶体结构[14b]。

3) 溶液中聚集状态

分子聚集体不仅在自然界中有重要作用,也具有重要的技术上的应用。如染料分子聚集体作为光谱增感剂、有机光导体、生物和合成膜体系中的光学探针以及非线性光学器件。

菁染料(NTC)**5** 在均相溶液中的聚集体,用拉曼光谱扫描[17]使拉曼扫描增强。表面增强拉曼光谱法(SERS)[1,18],在粗糙化金属表面产生表面增强效应,可使拉曼散射截面积增大 5～6 个数量级。使保持浓度为 $5×10^{-6}$ mol·L^{-1} 的单体菁染料,不发生聚集。测定时浓度增至 $(1～2)×10^{-4}$ mol·L^{-1},从图谱中出现窄的红移吸收带判断聚集体的生成,证明存在聚集增强拉曼扫描 AERS 机理。并通过从类似结构染料得到的对 NTC 归属,排除了由于分子间互相作用使结构变形导致的拉曼谱增强,而仅与聚集体构筑振动模式有关。图 7-6 提供了各种物理状态下

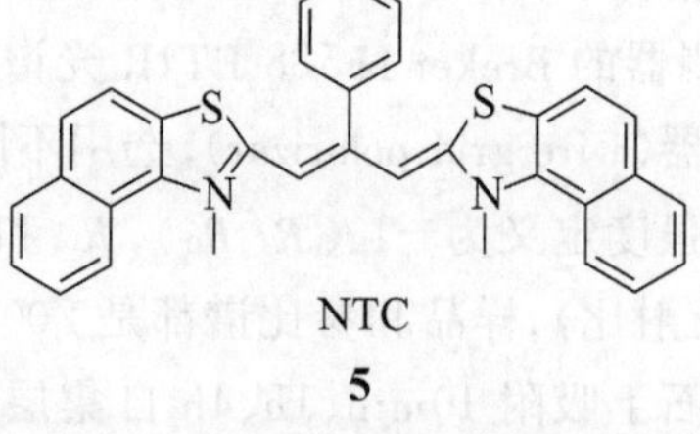

NTC

5

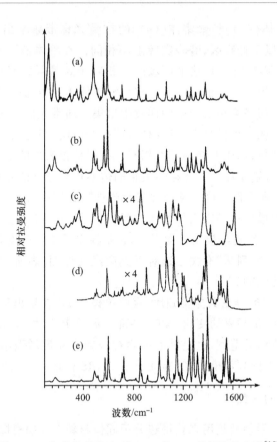

图 7‐6　各种物理状态下 NTC 的 Off‐共振拉曼光谱[17]

(a) 聚集的 10^{-4} mol•L^{-1} NTC 在 730nm(甲醇‐H_2O,1:9)激发的 Off‐共振拉曼光谱　(b) NTC 吸附在光滑银电极表面[在甲醇‐H_2O (1:9)溶液中电位$-0.6V/vs.$ SCE,激发波长 514.5nm,KCl 浓度 0.1mol•L^{-1}]的 Off‐共振拉曼光谱　(c) NTC 吸附在粗糙银电极上的表面增强拉曼光谱(电位$-0.6V/vs.$ SCE, 0.1mol•L^{-1} KCl 作为支撑电极,1200cm^{-1} 以下谱峰增强 4 倍,$+4000cps^{①}$补偿),电极抛光及超声波处理,然后在$+0.6V/vs.$ SCE 氧化电极加染料,SERS 激发波长 514.5nm,功率 50mW　(d) 1064nm 激发多晶 NTC FT‐拉曼光谱,1100cm^{-1} 以下增强 4 倍补偿$+1000cps$　(e) 单体 NTC 10^{-4}mol•L^{-1}在 514.5nm 激发的 Off‐共振拉曼谱(甲醇中)

NTC 的 Off‐共振拉曼光谱,由图可见,NTC 吸附在光滑银电极上的谱峰与甲醇水均相溶液中聚集的 NTC 谱很相似[(a),(b)],仅在 200cm^{-1} 以下两带相对强度明显不同。(c)是染料吸附在粗糙银电极表面上的谱($\lambda_{ex}=514.5$nm),电极在浸入电化学池前作预处理。(d)为多晶 NTC($\lambda_{ex}=1064$ nm)的 FT‐Raman 谱,e 为甲醇中单体($\lambda_{ex}=514.5$nm)的 Off‐共振拉曼谱谱图作为参考,结果表明在高频区

────────────

① cps 代表强度,无单位。许多光谱测定中都使用,如 UV‐vis。

（600cm^{-1}以上）单体[（e）]和聚集体[（a）]的拉曼光谱带频率出现的区域接近相同，但在 600cm^{-1}以下低频区，谱峰实际上不相同。在单体谱[（e）]中这个区域的带很弱，而在均相溶液中[（a）]这个区域的带相对于高频区则明显增强，这种情况与吸附到光滑银电极表面类似[（b）]，与在均相单体体系中的谱峰不同。表明吸附到光滑银电极表面与在均相溶液中同样发生聚集。通常人们预测这两种聚集体结构可能会不同。如在二维排列上，特别是对第一个单层，但这两种环境的拉曼谱带位置几乎相同，表明扫描体的结构基本相同。在粗糙银表面的谱带[（c）]明显不同于单体和聚集体，特别是那些已知存在聚集的体系得到增强的并非是同一个带，而且此 SERS 谱总体强度低。这一发现与实验中观察到的一致。曾发现在光滑银电极上的增强拉曼扫描比粗糙表面信号强，这种差别可以归于存在 AERS（即是聚集增强拉曼扫描 AERS），它与拉曼强度无关，它是独立于拉曼强度增强的机理，而与在界面上分子存在的"列队"有关。这对于充满隆起界面，表面增强拉曼光谱活性表面特征是不易达到的。

Off-共振拉曼研究导出共振带归属，表明单体 NTC 在聚集环境下完整的保持其结构，仅发生拉曼带频率的变化，NTC 各部分振动带移动，提供了一个讨论聚集环境影响相关带位移的范例，也提供了推测对振动带强度增强给予的关键性作用的信息，特别是对于低频带模式，实验证明了 AERS 机理存在的可行性。

7.3.3　沸石体系的研究[2, 14, 19]

沸石的最新应用领域是用来获得超分子固体材料[20]，如模拟生物氧载体或光合成体系。红外光谱是表征沸石吸附剂的有用工具，其网络的不同建筑单元、羟基、阳离子以及多孔固体的内表面吸附分子的性质，都可以用红外光谱进行解析。尽管吸附、扩散、磁法、热分析、X 射线衍射、电子显微镜、EXAFS、光电子谱、NMR、ESR、UV-vis、IR、Raman、无伸缩性中子扫描、慕斯贝尔谱等都可以提供平行或补偿信息，但对于表面研究，振动光谱将提供主要的结构数据，如分子对称性、几何学和结合，在时间分辨实验中可跟踪表面物种的瞬间应答。振动光谱与上述方法相关联，为研究在固体表面进行的单元过程提供有价值信息，因而对动力学研究非常重要。

用于表征沸石的有以下 4 种实验技术。

1）红外透射光谱

红外透射光谱（infrared transmission spectrosopy）是一种表面研究中广为应用的光谱，借助简单测量，通过样品红外辐射完成的技术。实验用沸石样品压片厚度为 5～8mg·cm^{-2}。

2）傅里叶变换扩散反射红外光谱

当考虑分析强扫描样品时适合采用傅里叶变换扩散反射红外光谱（diffuse-reflected infrared by Fourier-transform spectroscopy，DRIFT)。在这种情况下入射束(入射光线)重复扫描，并被粒子传导。如用 DRIFT 谱跟踪低羟基含量样品 HZSM-5 的 OH 区域，在 22℃和 200℃间谱峰的变化。

3) 红外发射光谱

红外发射光谱(infrared emission spectroscopy)的原理是被加热样品可以发射红外线，波长等于常温下吸收的红外光波长，适用于研究物体表面、强腐蚀样品、远距离加热或燃烧样品的定性和定量分析。如利用红外望远镜勿需现场采样，即可对远距离烟囱中潜在有毒物质的释放进行检测。

系列报道表明红外发射光谱是表面物种特性、结构和定量分析的较好方法。发射光谱研究催化剂，可作为高温下原位观察过程中化学变化的有效方法，提供表面物种、催化剂的热分解特性。此法之所以没有推广，原因是实验中存在困难，如能量非常低、假辐射、温度梯度等。这些困难可以部分地用 FTIR 光谱技术克服。实验中必须满足的两个重要条件是：光谱仪和检测器的温度应明显低于样品温度；升高温度时样品应稳定。

4) 红外光声光谱

光声效应最早发现于 1880 年，在近一个世纪之后的 1991 年利用连续可调红外激光器与高灵敏度微音器组合成光声光谱装置。20 世纪 70 年代末在将傅里叶技术引入光声光谱后，红外光声技术取得突破。红外光声光谱(infrared photoacoustic spectroscopy，FT-IR-PAS)可用来测定传统光谱法难以测定的光散射强或不透明样品，如凝胶、溶胶、粉末、生物试样等各类凝聚相样品，特别适于鉴定样品表面物种。

光声效应和光声光谱的基本原理可用简图(图 7-7)表示[21]。放在密闭容器里的试样，当用经过斩波器调制的、强度以一定频率周期变化的光照射时，容器内能产生与斩波器同频率的声波，这就是光声效应。在光声效应基础上建立的光声光谱，其作用原理是当物质吸收光激发后，通过辐射或无辐射跃迁返回初始态。前一过程产生荧光或磷光，后一过程产生热。由于吸收光的强度呈周期性变化，所以密闭容器内的热也呈周期性变化，压力涨落也呈周期性。当试样为气体或液体时，试样本身就是压力介质；试样为固体时与固体接触的气体为压力介质。由于调制光的频率一般位于声频范围内，使压力涨落成为声波，可以被声敏元件感知。声敏元件感知的声波信号同步放大得到电信号，此即为光声信号。将光声信号作为入射光频率的函数记录下来，得到光声光谱。光声光谱能反映物质与光互相作用的特性，波长范围包括紫外、可见和红外区，可作为吸收和荧光光谱的补充。在用振动光谱测定固体样品时，最常用的是研磨技术，对于稳定性低的超分子体系不适于用研磨处理，这时需要有替代方法：其一是用扩散反射技术(DRIFT)；其二是光声光谱(PA)。图 7-8 是光声池的交叉部位图。辐射被样品吸收并通过非辐射过程转化为热,再借热扩散传递给周围气体,气体膨胀在密封池内产生压力波,压力波被传声器检测,产生一个与吸收能量成正比例的信号。样品不要求制备,也不要求稀释[21]。此法用于研究其他方法不能获得光谱图的不透明、不反光样品。PA 用于研究含 X $=$ O(X$=$P,S,Se)基团的分子,表明互相作用与使用的黏土有关。如用 DRIFT 和 PA 研究在阳离子交换蒙脱土上的甲基膦酸二甲酯,表明 P $=$ O 基结合在阳离子上[3, 22a],而四亚甲基亚砜的 S $=$ O 基也是配位在过渡金属阳离子,而不是物理吸附的结果[3, 22b]。

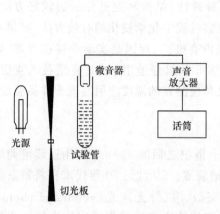

图 7-7　光声效应示意图[21]

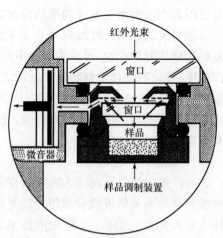

图 7-8　光声池的交叉部位图[2, 3]

　　振动光谱在表征沸石和沸石界面吸附的分子方面有显著的效果,特别是对于沸石体系中的主-客体互相作用的研究是一项有用的技术。

　　拉曼光谱研究有机模板与 ZK-4、ZSM-5、丝光沸石中铝硅的互相作用。如丝光沸石结晶化不同阶段框架模式频率区 ν_s(T-O-T)的 Raman 光谱,其未加热凝胶在418cm^{-1} 和 387cm^{-1} 带是模板 TEA$^+$ 的振动带。加热 24h 后在 387cm^{-1} 和467cm^{-1} 开始出现丝光沸石的振动带。XRD 检测表明热处理 168h 形成了丝光沸石晶体,TEA$^+$ 明显地稳定了丝光沸石的结构单元。否则在使用高 Si/Al 值时是不稳定的[3, 23]。用振动光谱研究沸石 NaY 固态离子交换,要求使用适宜的探针分子如吡啶,它与不同阳离子之间有特异的互相作用。1444cm^{-1}Py/Na$^+$ 的特征带,当在 400K 热处理 BeCl$_2$/NaY 混合物后由于吡啶配位到 Be^{2+} 而消失,代之以Py/Be^{2+} 特征带 1453cm^{-1}。当温度增加到 725K 时两带再次出现,表明 Na$^+$ 从外表面又重迁移回到沸石结构内[3]。

　　沸石曾作为纳米尺度金属、金属离子、半导体簇新应用的主体,自从 20 世纪80 年代之后又开展用振动光谱研究作为太阳能转化、化学传感器、光学开关、数据存储的材料性质。设计"分子导线",用于信号处理和信息存储,以组建商业器件是具有挑战性课题。一种途径是在沸石孔道中用适宜氧化剂从单体合成高共轭有机导电分子,如吡咯;另一种途径是从高分子热介获得类石墨材料[3,23],可制备纳米导电纤维。丙烯腈可以在沸石 Y、丝光沸石和新中孔主体 MCM-41 的孔道中进行游离基聚合合成聚丙烯腈(PAN),提取出来的高分子红外光谱与大体积中聚合的高分子没有区别。通过氰基环化热介生成梯形高聚物,此 PAN/MCM-41 在较高温(800℃)下热介 24h,发生石墨化,这可以从拉曼光谱中 1582cm^{-1}、1336cm^{-1}带得到认证,此纳米碳纤维由于去定域电子的贡献而表现出更强的类似石墨的导电性。

测定的红外光谱范围和得到的信息有相关性,按常规再细分为近、中、和远红外区,由此可以得到有关羟基、吸附分子、框架和电荷‾补偿阳离子的信息,归纳于表 7‾4。

表 7‾4　与 OH 基、吸附分子、骨架振动和阳离子有关信息相关的红外光谱范围[19]

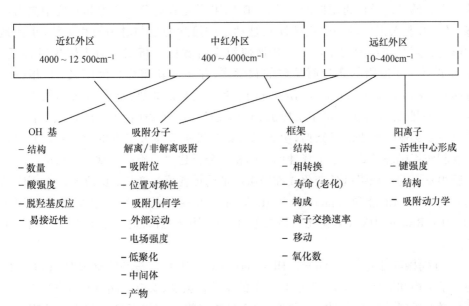

红外光谱是通过对功能基的检定表征沸石的最好工具。红外光谱法可以用于研究沸石表面功能基,如表面羟基、表面酸度以及骨架振动和阳离子振动。红外光谱在研究沸石稳定吸附复合物的一些最重要性质,如双原子吸附状态、三原子吸附状态、吸附位和互相作用位、吸附复合物的位置对称性和几何学、表面结合类型、吸附物分子性质的变化、吸附位的电场强度、吸附状态下吸附物的外部移动和阳离子的氧化态等,都是最有效的工具[19]。

以上列出了这么多可以用于沸石分析的红外光谱技术,究竟采用哪一种? 回答是没有一种光谱技术可以解决所有问题。应当按实验条件,样品类别和描述的信息来选择方法,而互补方法联合应用是最佳选择。

用红外光谱研究表面有以下特点：①可以在广泛范围压力下进行实验；②红外光谱有相当高能量分辨，能测定小频率位移和带形分析；③吸附物种的振动频率对于表面结合有高灵敏度；④吸附物种的光谱间存在很强相关性。

7.4　振动光谱新技术

7.4.1　二维相关谱[24]

1986 年，Noda 提出 2D 红外相关谱的概念，成功地用于模拟被机械或电子微扰小振幅体系的研究。最初用于分析高分子膜被小振幅振荡应变扰动的流变双折射光学动态 IR 二色性测定。用 2D 相关式分析高分子链段对亚分子水平再定向的应答而引起的 IR 二色性动态波动。同样 2D 相关分析用于揭示液晶样品对于使用电场诱导的类似再定向的应答。2D IR 相关谱在高分子和液晶研究中应用最多。但 2D 相关近似的一个主要缺点是动态谱强度变化与时间的相关性（也就是波形），必须是正弦曲线，以便有效地使用原始数据分析式。为克服这种性质，Noda 设计了更通用的合理而简单的数学式，并将此新谱命名为广义 2D 相关谱（generalized 2D correlation spectroscopy）。各种物理源如热、光学、机械微扰以及正弦曲线波型、脉冲等扰动可用于构筑 2D 相关谱。广义 2D 相关谱的优点是：① 简化由许多交盖峰组成的复杂谱，由于峰向第二维扩展增大了谱的分辨；② 通过各种互相作用机理导致谱带选择性偶合的相关分析建立明确的归属；③ 探测在测定过程中发生的谱峰强度的变化或控制影响谱的可变值的变化；④ 研究两个不同谱间的相关，如 IR 带和 Raman 带和 IR 带与 NIR 带间的相关。2D 相关谱可用于 IR、NIR、Raman、UV-vis，荧光和圆二色谱，不仅限于光谱范围，也用于 X 射线扫描和质谱。

2D 偏振红外光谱（polarized IR spectroscopy）研究含萘环铁电液晶（FLC）（**6**）的分子结构和取向。式 7-3 是 FLC-1 的相转移温度，铁电液晶（FLC）作为铁电家族材料的最新一员而受到极大关注，它们在高分辨平面嵌板显示和光学处理器件

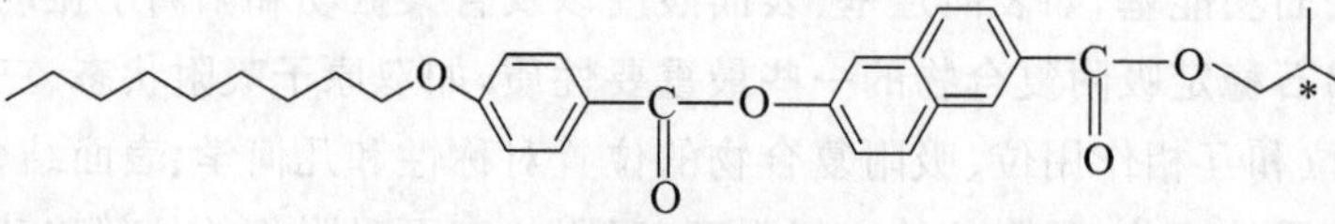

FLC-1　　　**6**

$$\text{Iso} \underset{102\text{°C}}{\rightleftharpoons} \text{Sm·A} \underset{67\text{°C}}{\rightleftharpoons} \text{Sm·C}^* \underset{60\text{°C}}{\rightleftharpoons} \text{晶体}$$

式 7-3

方面将得到有效应用。尽管 FLC 已经研究得很多,但是仍不清楚场诱导 FLC 不同链段再定向的机理。时间分辨 FT-IR 和偏振 IR 光谱曾用于研究电场诱导 FLC 开关的动态,偏振 IR 由于能给出每个功能基与极化角相关的信息,可以用于研究分子结构和 FLC 的"队列",但极化角和 IR 带强度的关系并不总是直接的,Nagasaki 等[26]证明 2D 相关谱可以有效地分析偏振角相关性。从偏振角得到同步、非同步 2D 相关谱,在同步 2D 谱中 auto 峰(autopeak)位于对角线上,代表在不同波数下谱强度动态变化的范围(程度)。如果动态变化的基本趋势在两个不同波数下交盖峰谱坐标相似,则同步交盖峰(cross peak)出现在非对角线(off-diagonal)位置。正交盖峰表明在两波数下的强度一起增加或一起减少,而负交盖峰(通常明显被隐蔽)表明一个强度增加而另一个减少。非同步 2D 相关谱只有非对角线峰,而且与对角线外于不对称位置,为同步谱提供补偿信息。其强度代表在 ν_1 和 ν_2 下测定光谱强度的有顺序或连续的变化。非同步交盖峰只有动态变化基本趋势在两个不同波数下交盖峰谱坐标不相似时出现非同步谱的这种性质在提升高覆盖谱带的分辨率方面有特殊用途。隐蔽的非同步交盖峰表示在 ν_1 波数下观察到的强度增加比 ν_2 观察到的迟。非同步谱的未隐蔽区的情况则相反。60℃ FLC 的偏振红外光谱显示从吸收带的二色性比 $D(D = A_{/\!/} / A_\perp)$ 和带归属发现在 1736cm^{-1}(C═O 伸缩,中心处)和 1721cm^{-1}(C═O 伸缩,手性)峰有交盖(表 7-5)。1736cm^{-1}带

表 7-5 Sm·C* 相 FLC 红外光谱相关峰振动带的归属和二色性比 D[24, 26]

波数/cm^{-1}1)	$D(A_{/\!/} / A_\perp)$	归 属2)
2960 (m)	0.8	CH$_3$, asym, st
2928 (s)	0.6	CH$_2$, antisym, st
2874 (m)	0.8	CH$_3$, sym, st
2856 (m)	0.5	CH$_2$, asym, st
1736 (s, sh)	0.8	C═O st (核心处)
1721 (s)	0.6	C═O st (手性)
1606 (m)	9.5	环 C═C st
1510 (m)	6.8	环 C═C st
1475 (m)	3.2	
1274 (m)	6.3	C—O—C antisym, st
1257 (m)	8.0	C—O—C antisym, st
1192 (m)	9.0	
1170 (m)	9.8	环 CH def
1150 (m)	6.5	
1096 (m)	5.8	C—O—C sym, st
1065 (m)	2.7	C—O—C sym, st

1) w 弱,m 中等,s 强,sh 肩。

2) sym 对称的,asym 不对称的,antisym 反对称的,st 拉伸,def 变形。

对偏振角依赖性与其他带不同。这两个 C═O 拉伸带非常重要,因为羰基有很大的偏振作用,它与铁电性有关。从常规吸光系数对偏振角变化图,看到两个羰基带与其他带不同,由于他们分别与苯或萘基相连,两个羰基受阻旋转对两芳环性质将有明显影响。

　　图 7－9 的(a)、(b)是分别从偏振角得到的同步、非同步 2D 相关谱。$1606cm^{-1}$ 的强 auto 峰与苯和萘环的振动模式有关,表明由于振动模式引起带强度改变,明显与极化角有关,$1736cm^{-1}$、$1606cm^{-1}$ 和 $1721cm^{-1}$、$1606cm^{-1}$ 的负交盖峰,表明两个 C═O 伸伸带和环伸缩带强度变化对偏振角的依存方向相反。在非同步谱[图 7－9(b)]中却出现 3 个交盖峰($1608cm^{-1}$、$1736cm^{-1}$,$1608cm^{-1}$、$1728cm^{-1}$,$1608cm^{-1}$、$1715cm^{-1}$),清楚证明有 3 个 C═O 伸缩带。由于手性 C═O 产生的 $1721cm^{-1}$ 附近带的分裂,可以描写为 C—O 带的旋转异构,即在 C—O 带附近存在两种构象。

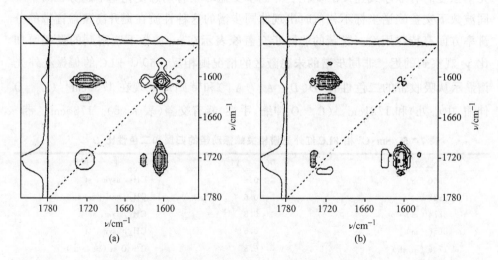

图 7－9　同步(a)与非同步(b)2D 红外相关谱在 $1550 \sim 1780cm^{-1}$ 区 FLC 偏振光谱
依赖偏振角的变化[24,26](90°和90°之间)

　　除此以外,利用对牛奶的 2D NIR 相关分析,确定蛋白和脂肪的浓度。最近 Šašić 等[25a,b]正在设计开发样品 样品相关谱,可以设置任何一种挠动变化,如温度、浓度、压力和时间。

7.4.2　表面等离子体振子共振

　　表面等离子体振子共振(SPR)成像是一种表面敏感光学技术,成像设备使用的是从一个不连续白光源发出的近红外激发,通过改进用于 2D DNA 杂化列阵的测定。检测未标记生物分子对于在化学修饰金表面分子列阵的结合亲和性。由聚二甲基硅氧烷(PDMS)构筑的微液管道(microfluidic channel)用于表面等离子体振子共振成像实验,检测DNA和RNA对化学修饰金表面的吸附[27]。PDMS微管道用于:①组建"1D"单股DNA(ss DNA)线形列阵,测定低聚核苷酸杂化吸附的SPR成像实验;②创建"2D"DNA杂化列阵。2D DNA列阵实验可以检测20fmol样品,这些样品是在体外从转基因 *Arabidopsis thaliana* 植物的 *uida* 基因转录的RNA。将由PDMS制成的微薄器件附在玻璃或金表面,作为简单、快速、低价的组建方法。这种微液管可与许多不同检测方法如荧光显微镜、激光诱导荧光、质谱、电化学检测、SPR质谱联合应用,广义2D相关谱开创了光谱分析的新领域。

7.4.3 时间分辨 IR / Raman 光谱

时间分辨光谱技术(或动态时间光谱技术)测定样品随时间变化的红外谱图。根据变化的快慢分为:①假稳定测定,适于慢变化过程;②快扫描测定,适于变化范

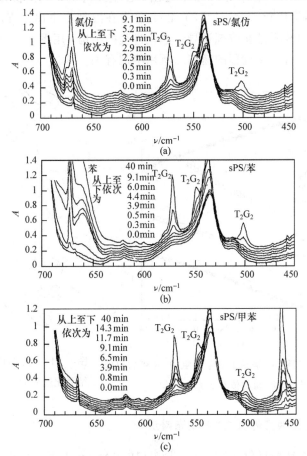

图7-10 sPS玻璃化样品室温下暴露在溶剂氯仿中IR谱随时间的变化[28]

(a)氯仿 (b)苯 (c)甲苯

围在秒数量级(1s＜ t ＜6000s)的样品；③变化是瞬态的,可得到瞬态分辨率小于 $100\mu s$ 的光谱。

　　时间分辨 FT-IR 和 Raman 光谱用于跟踪溶剂诱导间同立构聚苯乙烯(sPS)玻璃状样品结晶化的结构变化[14,28]。Kobayash 等[29]提出临界序列长度(criticar sequence length)概念,用于测定各种带的不同灵敏度,由测定不同带的出现时间,评定无定形状态的结构。当玻璃状样品暴露在有机溶剂如甲苯、苯、氯仿的气氛中时,IR、Raman 光谱中 T_2G_2 型有规螺旋构象特征带强度随时间的延长增加(图 7-10)。但卷绕带强度因注入溶剂随时间减少,450～600cm^{-1} 频率区发生交盖峰带的去卷绕作用。分别将在甲苯和苯中测定的具有不同 m 的 T_2G_2 带的积分强度对时间作图(图 7-11)。由图 7-11 可见,虽都是 T_2G_2 构象特征带,但其积分强度随时间变化却不相同,$m=7\sim12,549$cm^{-1} 的带在甲苯出现 2min 后出现,而 $m=20\sim30,572$cm^{-1} 带却在 3min 后检出。由上述情况可以评价无定形状态的结构,可以说短螺旋片断($m=7\sim12$)549cm^{-1} 带在溶剂带生出后强度增加,因而可以判断玻璃状 sPS 样品在溶剂诱导结晶化过程的结构,用图 7-12 表示分子构象和链聚集结构。有序化过程的速率与所用溶剂有关。

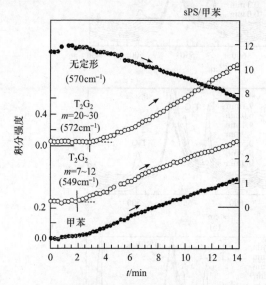
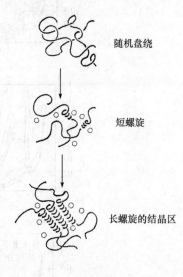

图 7-11　sPS 玻璃样品暴露于甲苯气氛中 IR 带的积分强度对时间的依存关系[28]

图 7-12　溶剂诱导 sPS 玻璃体结晶化过程的结构评价表达[28]

7.4.4　傅里叶变换红外反射-吸收光谱法

　　傅里叶变换红外反射-吸收光谱法(FTIR-RAS)在入射角接近 $90°(\approx 88°)$ 时,吸收强度达到最大,所以用 RA 光谱测量时,IR 光束多以掠角方式入射到样品获得 IR 谱。在 RA 光谱中 S 偏振光(入射光电矢量与入射角垂直的偏振光)对 RA 谱的吸收贡献很小,因此只考虑 P 偏振光(入射光电矢量与入射面平行的偏振光)产生的吸收。根据电场与偶极跃迁矩平行时才能产生红外吸收的原理,在掠角反射吸收测量中,只有振动跃迁矩在表面垂直方向上有分量的振动模式才能被激发产生吸收光谱,这就是"金属–表面"选择定则,故 RA 谱特别适用于研究跃迁矩垂直于表面的基团的振动情况[1]。

采用 FTIR-RAS 反射模式(入射角 80°)并用具有 Mattson Infinity Series,60AR P–偏振光[30]光谱仪,以干燥氮气净化,液氮冷却的汞–镉–碲(MCT)检测器进行反射测定。裸金表面作为参比,测定前用乙醇清洗。由于 FT-IR 是在偏振光瞬间入射情况下测定的,对于表面聚集单层(SAM)的分子取向敏感,因此,可以得到分子相对基质的倾斜角[31, 32]。在石英载片上沉积厚度为 200nm 的金膜,将它浸入含有血红素衍生物 TEH (7)和 TDH (8)的乙醇溶液中,室温下 24h,基质用乙醇淋洗 2 次后干燥。7、8 SAM 的 FTIR-RAS 谱(图 7–13)有 2 个酰胺特征带,酰胺 I ($1650cm^{-1}$)和酰胺 II ($1540cm^{-1}$)。这两个峰在 KBr 压片的透射光谱中,分别出现在 $1644cm^{-1}$ 和 $1547cm^{-1}$ 处。两峰强度比的差别,可以解释金基质表面血红素衍生物中肽键的方向。在 FTIR-RAS 实验中,跃迁矩垂直于表面的吸收带将加强。血红素衍生物酰胺 I 带的跃迁矩指向垂直于分子轴,相比之下血红素衍生物中酰胺 II 的跃迁矩是指向平行于分子轴,因此当酰胺 I 对于酰胺 II 的强度比较小时,血红素衍生物的指向,相对于常规表面具有较小的离去角。THE 的 SAM 谱显示酰胺 I 带没有明显吸收,可以认为 THE 分子像常规表面吸附那样,具有非常小的倾角,但 TDH 谱则既有酰胺 I 带也出现酰胺 II 带,表明 TDH 分子在金表面

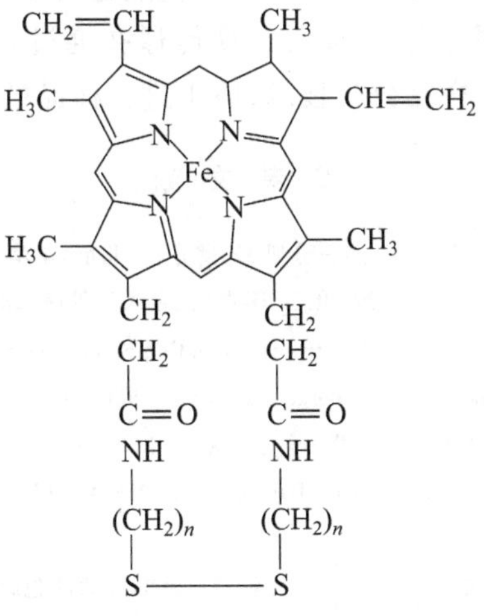

7 $n=2$,TEH
8 $n=10$,TDH

呈现具有一定倾角的吸附状态,由于酰胺Ⅰ和酰胺Ⅱ的吸收来源于肽键,因而可以借助 FTIR-RAS 测定,推测血红素分子中肽键附近吸附的分子结构。

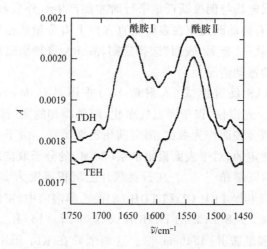

图 7-13　THE 和 TDH 在金基质单层的 IR-RAS 扫描

1450~1750cm^{-1}, 23℃, 24h[30]

7.4.5　红外显微镜[33]

时间分辨 FT-IR 显微镜研究甲苯在具有不同完整程度的 ZSM-5 晶体上的传递和吸收。结果表明甲苯在 ZSM-5 沸石孔隙中的传递速率与晶体的交互生长(共生)速率密切相关。用单晶观察到的扩散系数比多晶样品得到的扩散系数高 3 个数量级。红外显微镜(infrared microscopy)的优点是可以将分析体积限定在单个样品上或这个样品的一小部分上,这样可以使传递在通过特定的分子筛晶体方向上进行。红外显微镜是微区样品分析技术,适于进行样品的微区分析[1]。

参 考 文 献

1　柯以侃,董慧茹.分析化学手册.第二版.第三分册.光谱分析.北京:化学工业出版社,1998,866~1183

2　Kellner R, Mermet J M, Otto M et al.分析化学.李克安,金钦汉等译.北京:北京大学出版社,2001,478

3　Eric J, Davies D, Förster H. Vibrational Spectroscopy, in Comprehensive Supramolecular Chemistry. J Eric D Davies, John A Ripmeester (eds). Oxford:Pergamon Press, 1996, 8:34~120

4　童林荟.环糊精化学——基础与应用.北京:科学出版社,2001,214

5　Davies J E, Inclusion Compound. Atwood J L, Davies J E D, MacNicol D D (eds). London:Academic press, 1984, 3:37~68

6　郑培清,杨敏,童林荟等.红外差谱技术研究 β-环糊精与环辛二烯的包结作用.分析化学,2002,30(10):1277

7　Choi S H, Ryu E N, Ryoo J J, et al. FT-Raman Spectra of o-, m-, p-nitrophenol Included in Cyclodextrins.

J. Inclusion Phenomena and Macrocyclic Chemistry, 2001, 40: 271~274

8 Choi S H, Seo J W, Nam S I et al. FT-Raman Spectra of 2-, 3-, and 4-chlorostyrene Molecules Included in cyclodextrins. J. Inclusion Phenomena and Macrocyclic Chemistry, 2001, 40: 279~283

9 Hong B H, Lee J Y, Lee C W et al. Self-assembled Arrays of Organic Nanotubes with Infinitely Long One-dimensional H-bond Chains. J. Am. Chem. Soc., 2001, 123: 10 748~10 749

10 Murgida D H, Hildebrandt P. Active-site Structure and Dynamics of Cytochrome c Immobilized on Self-assembled Monolayers—A Time— Resolved Surface Enhanced Resonance Raman Spectroscopic Study. Angew. Chem. Int. Ed., 2001, 40(4): 728~731

11 (a) Wackerbarth H, Klar U, Günther W et al. Novel Time-resolved Surface-enhanced(Resonance) Raman Spectroscopic Technique for Studing the Dynamics of Interfacial Processes: Application to the Electron Transfer Reaction of Cytochrome c at a Silver Electrode. Appl. Spectrosc., 1999, 53: 283~291

(b) Lecomte S, Wackerbarth H, Soulimane T et al. Time-resolved Surface-enhanced Resonance Raman Spectroscopy for Studing Electron-transfer Dynamics of Heme Proteins. J. Am. Chem. Soc., 1998, 120:7381~ 7382

12 Chen D M, He T J, Cong D F et al. Resonance Raman Spectra and Excited-state Structure of Aggregated Tetrakis (4-sulfonatophenyl) porphyrin Diacid. J. Phys. Chem. A., 2001, 105: 3981~3988

13 Mielczarski J A, Mielczarski E. Determination of Molecular Orientation and Thickness of Self-Assembled Monolyers of oleate on Apatite by FTIR Reflection Spectroscopy. J. Phys. Chem., 1995, 99: 3206~3217

14 (a) Golden W G, Snyder C D, Smith B. Infrared Refleetion-absorption Spectra of Ordered and Disordered Arachidate Monolayer on Alumina. J. Phys. Chem., 1982, 86: 4675~4678

(b) Ahn S J, Son D H, Kim K. Self-assembled and Langmiur-Blodgett Stearic Acid Monolayers on Silver: A Comparative Reflection-absorption Fourier Transform Infrared Spectroscopy study. J. Mol Struct., 1994, 324:223~231

15 Chen S H, Frank C W. Infrared and Fluorescence Spectroscopic Studies of Self-assembled n-alkanoid Acid Monolayers. Langmuir, 1989, 5: 978~987

16 Cheng S S, Scherson D A, Sukenik C N. In-situ Observation on Monolayer Self-assembly by FTIR/ATR. J. Am. Chem. Soc., 1992, 114:5436~5437

17 Akins D L, Özcelik S, Zhu H R et al. Aggregation-enhanced Raman Scattering of a Cyanine Dye in Homogeneous Solution. J. Phys. Chem. A., 1997, 101: 3251~3259

18 程微微,唐延吉. 表面增强拉曼光谱及分析应用. 分析化学, 1992,20(12):1458~1467

19 Förster H. Infrared Studies of Zeolite Complex in Spectroscopic and Computational Studies of Supramolecular Systems, Topics in Inclusion Science. Davies J E D (eds). Dordrecht/Boston/London Printed in the Netherlands: Kluwer Academic Publishers. 1992, 29~60

20 Bein T. In Supramolecular Architecture: Synthetic Control in Thin Films and Solids. Bein T (eds). ACS Symposium Series, American Chemical Sciety. Washington D C, 1992, 499: 274~293

21 陆明刚,吕小虎. 分子光谱分析新法引论. 北京:中国科学技术大学出版社,1992,205

22 (a) Bowen J M, Compton S V, Blanche M S. Comparasion of Sample Preparation Methods for the Fourier Transform Infrared Analysis of An Organo-clay Mineral Sorption Mechanism. Anal. Chem., 1989, 61: 2047~2050

(b) Lorprayoon V, Condrate R A. Sr., Clays Clay Miner., 1983, 31: 43

23 Dutta P K. In Proceedings of the 9th International Zeolite Conference, Montreal. Von Ballmoos R., Higgins

J B, Treacy M M J, (eds) Boston: Butterworth-Heinemann, 1992, I: 181

24　Ozaki Y, Šašić S, Tanaka T et al. Two-dimensional Correlation Spectroscopy: Principle and Recent Theoretical Development. Bull Chem. Soc. Jpn., 2001, 74: 1~17

25　(a) Šašić S, Muszynski A, Ozaki Y. A New Possibility of the Generalized Two-dimentional Correlation Spectroscopy. 1. Sample-sample Correlation Spectroscopy. J. Phys. Chem. B., 2000, 104:6380~6387
　　(b) Šašić S, Muszynski A, Ozaki Y. A New Possibility of the Generalized Two-dimentional Correlation Spectroscopy. 2. Sample-sample and Wavenumber-wavenumber Correlations of Temperature-dependent Near-infrared Spectra of Oleic Acid in the Pure Liquid State. J. Phys. Chem. B., 2000, 104: 6388~6394

26　Nagasaki Y. Yoshihara T, Ozaki Y. Polarized Infrared Spectroscopic Study on Hindered Rotation Around the Molecular Axis in the Smoctic-C * Phase of a Ferroelectric Liquid Crystal with a Naphthalene Ring Application of Two-dimenstional Correlat Ion Spectroscopy to Palarization Angle Dependent Spectral Variations. J. Phys. Chem. B., 2000, 104: 2846~2852

27　Lee H J, Goodrich T T, Corn R M. SPR Imaging Measurements of 1D and 2D DNA Microarrays Created from Microfluidic Channels on Gold Thin Films. Anal. Chem., 2001, 73:5525~5531

28　Tashiro K, Ueno Y, Yoshioka A et al. Molecular Mechanism of Solvent-induced Crystallization of Syndiotactic Polystyrene Glass. 1. Time-resolved Measurements of Infrared/Raman Spectra and X-ray Diffraction. Macromolecules, 2001, 34:310~315

29　Kobayashi M, Akita K, Tadokoro H. Infrared Spectra and Regular Sequence Lengths in Isotactic Polymer Chains, Die Makromoleculare Chemie, 1968, 118: 324~342

30　Kobayashi K, Imabayashi S, Fujita K et al. Self-assembled Monolayers of Heme Derivatives on a Gold Surface. Bull. Chem. Soc. Jpn., 2000, 73:1993~2000

31　Tamada K, Nagasawa J, Nakanishi F et al. Structure and Growth of Hexyl Azobenzene Thiol SAMS on Au (Ⅲ). Langmuir, 1998, 14: 3264~3271

32　Fujita K, Bunjes N, Nakajima K et al. Macrodipole Interaction of Helical Peptides in a Self-assembled Monolayer on Gold Substrate. Langmuir, 1998, 14: 6167~6172

33　Müller G, Narbeshuber T, Mirth G et al. Infrared Microscopic Study of Sorption and Diffusion of Toluene in ZSM-5. J. Phys. Chem., 1994, 98: 7436~7439

第 8 章　结合动力学

8.1　引　　言

从热力学数据如稳定常数可以预计化学反应的结果,但这些数据不能告诉我们一个反应或过程怎样随时间演化。例如一个反应物在动力学上是迟缓的,其结果将很慢达到平衡,热力学不能表达全部过程。在溶液中大的主体分子为了与客体分子(或离子)结合,其构象改变的速率可以从已确定速率常数、尺寸和其他性质相似的分子来推测。同样方式,准备进入一个主体分子结合位的客体分子或离子的可能去溶剂化速率,在许多情况下也可以从已有的动力学数据判断。在少数情况下已经在很大温度和(或)压力范围内研究这些速率和过程,使我们可以比较活化参数 $\Delta H^{\neq}$、$\Delta S^{\neq}$ 和 $\Delta V^{\neq}$。没有这些活化参数的知识我们很难推测出主、客体结合作用或解离反应的内在机理。

主-客体系的尺寸和复杂性随着对主体分子区别相似客体分子能力的要求而增加,结果必然要求结合有较高稳定常数和较小的解离速率常数 k_d。现代物理化学流行使用的快速动力学测定方法,如飞秒脉冲激光技术(femtosecond pulsed laser technique),将对认识超分子体系中主-客体互相作用动力学机理提供有用知识。合成化学家热衷于自身的动力学分析方法,有时借助优良的 NMR 光谱仪,包括可以在 150 MPa 下操作的停-流光谱仪,偶尔也用超声吸收法。关于主-客体超分子体系动态的理论计算,尽管数字超级计算机,在记忆大小和速率方面都有惊人的快速发展,但在最近尚未能介入动力学实验。可以确信在下一个十年里,将发展主-客体互相作用速率和机理的检测技术,传统动力学测定方法面对结构更加复杂,特别是分子聚集体形成过程的研究变得相形见绌。但在目前,有关动力学的测定方法相对迅速增长的五彩缤纷的超分子结构和体系简直无法在一个层次上评议。从事超分子化学和物理化学以及新技术开发的人们应当看到这个重要的切入点,迅速介入以填补空白。

8.2　概念和基本方程

超分子化学研究的范围(体系)从最简单溶液中的均相体系发展到两相和多相体系,如在金属表面形成自集单分子层和分子筛(如沸石)。在分子筛笼内进行的特殊化学反应速率,将这个速率与同一反应在其他介质中进行的速率比较,研究这个速率的目的是证明分子筛笼的性质,这个笼适合一些特殊化学反应。可以预言,研究在分子筛内部反应的动力学,将鼓舞其他具有同样目的的探索。虽然不能确定但仍有吸引力的是,在一些溶液中超分子如 CE、窝穴体、CD 等的动力学研究中获得的观点,将在分子筛上的结合速率乃至反应速率的研究中得到应用。

随着主-客体系结构尺寸和复杂性的不断增加,结果必然是稳定常数增大而解离速率常数 k_d 变小,在物理化学家中盛行的用飞秒脉冲激光技术测定快速反应动力学对发展超分子体系主-客体互相作用动力学知识有直接影响。本章主要介绍包括压力在 150MPa 下的停-流光谱技术,电导停-流和超声吸收技术在均相主-客体系动力学测定中的应用。

8.2.1　过渡态理论[1~3]

过渡态理论是在量子力学和统计力学基础上提出的。该理论的表述是:在反应物和产物之间能量壁垒的顶部存在一个过渡态(transition state),也叫活性复合物(actived complex),与反应物处于一种准平衡状态(quasi-equibrium)。反应物吸收能量成为过渡态,反应的活化能即是翻越壁垒所需的能量。过渡态理论假设过渡态分解为生成物的步骤,控制整个反应速率,可以用假想方程来表征

$$A + B \Longleftrightarrow AB^{\neq} \longrightarrow C + D \qquad (8-1)$$

方程中:$AB^{\neq}$ 表示过渡态或活化复合物。前进方向的反应速率常数可以用方程(8-2)表达

$$k = \frac{k_B T}{h} K^{\neq} \qquad (8-2)$$

方程中:k_B 为玻耳兹曼常量;T 为热力学温度;$K^{\neq}$ 为生成过渡态的平衡常数。根据量子力学理论,导致过渡态分解为生成物的键振动频率 $\nu = k_B T / h = RT / Lh$,$h$ 为普朗克常量,R 为摩尔气体常量,平衡常数 $K^{\neq}$ 用方程(8-3)给定

$$K^{\neq} = \frac{r^{\neq}}{r_A r_B} \cdot \frac{[AB^{\neq}]}{[A][B]} \qquad (8-3)$$

方程中,r 为活度系数。

在缩合相和溶液中,各种分配函数值对于强互相作用分子来说是未知的(移动、振动、电子和旋转形式),$K^{\neq}$ 的热力学描述有一推荐式。对于低渗透介质的离子体系,通过分配函数计算 ΔS,从系列热力学方程(8-4)、方程(8-5),平衡常数 $K^{\neq}$ 可改写为方程(8-6)

$$\Delta G = RT\ln K \qquad (8-4)$$

$$\Delta G = \Delta H - T\Delta S \qquad (8-5)$$

$$K^{\neq} = \exp\left[\frac{-\Delta G^{\neq}}{RT}\right] = \exp\left[-\frac{H^{\neq}}{RT}\right]\exp\left[+\frac{S^{\neq}}{R}\right] \qquad (8-6)$$

方程中,$\Delta H^{\neq}$ 和 $\Delta S^{\neq}$ 分别为活化焓和活化熵。速率常数 k 可用方程(8-7)[1]表示

$$k = \left[\frac{k_B T}{h}\right] \exp\left[-\frac{\Delta H^{\neq}}{RT}\right] \exp\left[+\frac{\Delta S^{\neq}}{R}\right] \tag{8-7}$$

方程(8-7)的线性表达式是

$$\ln\left[\frac{k}{T}\right] = -\frac{\Delta H^{\neq}}{RT} + \frac{\Delta S^{\neq}}{R} + \ln\frac{k_B}{h} \tag{8-8}$$

用 $\ln(k/T)$ 对 $1/T$ 作图,计算出斜率($-\Delta H^{\neq}/R$)和截距($\Delta S^{\neq}/R$)$+\ln(k_B/h)$,得到的 $\Delta S^{\neq}$ 可用于判断反应机理。如果 $\Delta S^{\neq} < 0$,反应质点自由度减少,结合到一起形成过渡态。如果用有机金属动力学语言描述溶剂化金属原子或离子与新配体的液相反应,当 $\Delta S^{\neq} < 0$ 时,大概是众所周知的络合机理;如果 $\Delta S^{\neq} > 0$,则暗示解离反应机理。

原则上只要知道过渡态结构即可根据方程(8-8),运用光谱学数据及统计力学和量子力学方法计算 $\Delta S^{\neq}$ 和 $\Delta H^{\neq}$,从而求得反应的速率常数 k。

以上主要说明的是过渡态理论,实际上最先提出的碰撞理论,其根据是在气体反应中把分子看成刚性小球,分子必须碰撞才可能发生反应,而且不是每次碰撞都能发生反应。体系中少数分子能量很高,超过一定能量在碰撞时才会发生反应。不仅如此,分子实际上有一定几何形状和空间结构,因此在碰撞时还要考虑分子的空间方位。Connors[2]详细评述了过渡态理论。

8.2.2 反应速率和速率方程[3, 4]

反应速率定义为某一反应在单位时间、单位体积内消耗或产生物质的量,或单位体积内反应进度随时间的变化率。反应速率的定律也叫速率方程,它描述一个反应中任一时刻的速率与所有相关化合物浓度关系的方程。对于一个简单反应

$$A + B \longrightarrow P \tag{8-9}$$

其中,P 代表产物,其速率方程为

$$\text{速率} = -\frac{d[A]}{dt} = -\frac{d[B]}{dt} = \frac{d[P]}{dt} = k[A][B] \tag{8-10}$$

比例常数 k 称速率常数,只与温度、压力有关,代表单位浓度反应物的反应速率。速率方程(8-10)等式右边所有浓度项指数之和称为一个反应的总级数,因此反应方程(8-9)的反应级数为 2,也称二级反应。若使反应方程(8-9)中某一反应物(如 B)大量过量,在反应中其浓度的变化就可以忽略,方程(8-10)中的浓度项[B]可并入速率常数 k 中,这样该反应对反应物 A 来说称假一级反应,对反应物 B 为假零级反应,其速率方程可写为

$$-\frac{d[A]}{dt} = k'[A] \tag{8-11}$$

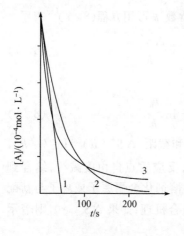

图 8 - 1　反应物 A 在不同反应级数条件下浓度随时间变化[3]
1. 零级；2. 一级；3. 二级

方程中：$k' = k[B]$，叫 A 的假一级速率常数，有时写成 k_{obs} 或 k_{app}（表观一级速率常数）。由图 8 - 1 可见，除零级反应的速率不随反应过程及反应物 A 浓度的变化而变化呈一条直线外，其余各级反应均按指数曲线衰减，曲线上某点的斜率即为反应速率。

反应接近终了时，随反应物 A 浓度减小，假一级（图 8 - 1 中 2）和假二级（图 8 - 1 中 3）反应的斜率趋近于零。

速率常数 k 的单位与反应级数有关，由相应速率方程和量的单位决定，浓度为 $mol \cdot L^{-1}$，时间为 s 时零级反应速率常数单位为 $mol \cdot (L \cdot s)^{-1}$，一级反应单位为 s^{-1}，二级反应单位为 $L \cdot (mol \cdot s)^{-1}$。一级反应是最有价值的，应用最多，实验中使一种反应物外的其他反应物过量，反应速率只与这一种反应物浓度相关，这时反应相对于这种反应物为假一级反应，便于研究。在超分子化学中研究主体与客体结合的动力学时即采用这种方法[2,3]。

建立一个指定体系的速率方程，用来评估指定条件下反应的速率，反应到某一程度所需时间，也可以通过决定速率一步和其他快反应步骤，了解反应怎么样，为什么和为什么这样发生。通过研究速率方程和化学反应机理，基元反应（一步完成的反应）速率方程和化学结构的相关，获知产生活性结合体（过渡态）的步骤。微分形式的假一级速率方程中

$$速率 = \tan \alpha = -\frac{d[A]}{dt} = k_A [A]^n \qquad (8 - 12)^{[3]}$$

方程中：A 为分级级数待测组分；k_A 为假 n 级速率常数。分级级数 n 可通过对方程（8 - 12）求对数得到

$$\lg(\tan \alpha) = \lg k_A + n\lg[A] \qquad (8 - 13)$$

通过用 $\lg(\tan \alpha)$（$\tan \alpha$ 为初始反应速率）对不同反应物 A 的初始浓度下得到的 $\lg[A]$ 作图测定分级级数 n。实验中通常使其他反应物浓度大大过量以保持恒定，只改变某一反应物浓度的方法测定反应级数。用不同时刻浓度对时间作图可测出初始速率（曲线开始段直线部分的切线）。

在动力学研究中一个经常遇到的概念是半衰期或半时间，用 $t_{1/2}$ 代表，定义为反应物质的浓度降至其初始浓度一半时所需的时间。对于可逆反应，在达到平衡前正反应速率不断降低，逆反应速率不断增加，达到平衡时净反应速率为零。对于一级反应 A $\longrightarrow$ P，A 的起始浓度为 a，产物 P 的起始浓度为 0，t 时间 A 的浓度为

$c_A = a - x$，P 的浓度为 x，速率方程(8-11)积分得到浓度-时间关系，图形更直观[方程(8-14)]

$$\ln(a - x) - \ln a = - k_A t \qquad (8-14)^{[4]}$$

表明反应物浓度的对数与时间 t 之间有线性关系。设 $a - x = a/2$，解方程得到一级或假一级反应半衰期 $t_{1/2}$ 与反应速率的关系式，反应物消耗一半的时间 $t_{1/2}$ 为

$$t_{1/2} = \ln2(1/k_A) = 0.693/k_A \qquad (8-15)$$

一级或假一级反应半衰期 $t_{1/2}$ 与反应物浓度无关。

8.2.3 活化能 E_a

很少有两个反应物质点每次碰撞都立即反应生成产物，在超分子主、客体结合反应中，最早 Cram[5] 用温度跳跃法测定 α-CD 与硝基酚在酸、碱性介质中形成 1:1 复合物的反应速率是 $10^8 s^{-1}$，几乎是扩散速率。

在动力学术语中反应分为两大类，即慢反应(半衰期＞10s)和快反应(半衰期＜10s)。动力学分析的大多数体系都受温度的影响，随着温度的增加反应物质点的动能相应增加，引起移动速率和碰撞频率增加，增加动能为形成活性复合物提供了活化能(activation energy)。活化能是另一个重要的动力学参数，其数值大小对反应速率影响很大。反应速率和温度的关系可以用阿伦尼乌斯经验公式表示

$$\ln k = - E_a / R \cdot (1/T) + B \qquad (8-16)^{[4]}$$

方程中：B 是积分常数；E_a 是活化能；R 是摩尔气体常量(8.3143J·K^{-1}·mol^{-1})。表明 $\ln k$ 和 $1/T$ 之间有线性关系，或用其指数式表示

$$k = Ae^{-E_a/RT} \qquad (8-17)$$

除活化能 E_a(kJ·mol^{-1})、热力学温度 T(K)之外，A 含两个因子：频率因子 Z(与碰撞频率有关，也叫指前因子)和空间因子 P(代表可以形成活性复合物的反应物碰撞数在总碰撞中所占的比例，它与速率常数 k 量纲一致)。温度对反应速率的影响用对数式表示时

$$\ln k = \ln A - E_a / RT \qquad (8-18)$$

或

$$\lg k = \lg A - E_a/2.303RT \qquad (8-19)$$

E_a 值愈小反应速率愈大，室温下的瞬时反应 $E_a ＜ 63$kJ·mol^{-1}。活化能不同的反应其速率常数受温度影响不同，由方程(8-18)可得出不同温度下速率常数和温度的关系

$$\ln k_{T_2} = \ln k_{T_1} - \frac{-E_a}{R}\left[\frac{1}{T_2} - \frac{1}{T_1}\right] \qquad (8-20)$$

8.3 快反应和反应技术

有些反应太快以致很难用常规混合技术进行研究。如质子转移、酶反应和共价络合物的形成以及 CD 对有机小分子的结合是快反应中的重要示例，这类反应也叫瞬间反应，现在可以测定这些反应速率，它们的反应最快时半衰期可以达到 $10^{-9} \sim 10^{-7}$ s。由于快反应动力学要求商业上提供特定的仪器，在一般化学实验室不具备，它仍然被看成是一个特殊的领域。截至目前，近代新技术能测量的反应半衰期已达到 10^{-15} s。

8.3.1 弛豫动力学[4]

对于已经达到平衡的化学反应体系，在突然受到外界的扰动后，偏离平衡状态，再趋向平衡状态的过程叫弛豫过程。

对于一个可逆反应 $A \underset{k_-}{\overset{k_+}{\rightleftharpoons}} P$，规定弛豫速率常数 $k_R = k_+ + k_-$，弛豫时间

$$\tau_R = k_R^{-1} = (k_+ + k_-)^{-1} \tag{8-21}$$

k_R 的倒数为弛豫时间 τ_R，弛豫时间即是反应体系从偏离平衡为初始状态的 $1/e$ 处回到平衡状态所需的时间。例如，对于已达到平衡的可逆反应体系，在极短时间内（$1 \sim 5\mu s$）温度上升 $5℃$，由于升温极快浓度来不及改变，在这样扰动下体系偏离了平衡。设 c_{Ae} 为温度升高后 A 的平衡浓度，扰动开始时（$t=0$）A 的浓度与 c_{Ae} 的偏差为 $\triangle_0 = c_{A0} - c_{Ae}$。在弛豫过程中某一时刻 t，A 的浓度与 c_{Ae} 的偏差 $\triangle = c_A - c_{Ae}$，按可逆反应达到平衡时的方程（8-22）（x 为 t 时刻产物浓度，x_e 为平衡时产物浓度）

$$\ln \frac{x_e}{x_e - x} = (k_+ + k_-) t \tag{8-22}$$

t 时刻产物浓度 x 和平衡时浓度均可测得，$k_+ / k_- = K$，平衡常数 K 可用热力学方法测定。

将 $\triangle$ 与 $\triangle_0$ 代入方程（8-22），得到方程（8-23）

$$\ln \triangle = \ln \triangle_0 - (k_+ + k_-) t \tag{8-23}$$

$$\triangle = \triangle_0 \cdot \exp[-t/\tau_R] \tag{8-24}$$

测得 $\triangle$ 与 t 的关系即可求出弛豫时间 τ_R，再测得体系平衡常数 K 即可求出 k_+ 和 k_-，这种方法叫弛豫法。

扰动体系的方法很多，如温度扰动称温度跳跃（temperature-jump，T-jump）；压力扰动称压力跳跃（pressure-jump，P-jump）；稀释扰动叫浓度跳跃（concentration-jump);此外有声波吸收、电场脉冲等扰动方法。在弛豫方法中所施用的扰动通常很小,体系偏离平衡不远,所以不论反应级数是多少,向平衡态的弛豫都可以认为是一级的,Δ 仍呈指数性衰减。

8.3.2 快速混合法

1) 一浴法(batch method)

对于溶液动力学,一般实验室操作是用移液管将一个溶液加到烧瓶中的另一溶液中,摇动烧瓶使均匀,在分析时间取样,或连续地在一定时间间隔内用分光光度计观察。仔细分析以上过程包含 3 步:① 加溶液 t_{add};② 混合溶液 t_{mix};③ 取样或观察 t_{obs}。这个过程,对某些测定大体需要:$t_{add}=3\sim5s$, $t_{mix}=2\sim4s$, $t_{obs}=3\sim5s$。简单的改进可以减少死时间。有些专门设计的用于光度滴定的反应烧瓶,也是一种有用的研究动力学工具,在光池单元有一个长方形透明容器,反应液在其中可以在任一时间测定,这种情况下死时间可减少到 $3\sim8s$。

2) 流动法(flow method)

反应物以一定流速通过一个特定反应区,从流进与流出的流体组成和浓度的变化求出反应级数和速率。两个或两个以上不同溶液可以在特殊的混合器中 $10^{-3}s$ 以内完全混合,配以适当流动方式(连续流动或间歇流动方式)用灵敏的仪器(分光光度法或量热法)检测。

(1) 反应液 A、B 由活塞顶入混合室,快速混合的溶液进入观察室,d 是混合点到观察点的距离。连续注入反应液,在观察室可以达到稳定状态(图 8−2)。如流速为 v,距离为 d,反应时间为 $t=d/v$。当流速为 $10m\cdot s^{-1}$ 时距离为 1cm,反应时间相当于 1ms。连续流动装置的改进,使在 1ms 之内混合完全,可以测定半衰期为 1ms 的反应。有两种不同注射方法:第一种是反应溶液以高速射流进入第二个溶液片或膜,注射速率为 $40m\cdot s^{-1}$,混合时间为 $1\mu s$;第二种方法是两种微液滴流(当直径大约为 $100\mu m$ 时,频率 40kHz,流速为 $15m\cdot s^{-1}$),冲撞后形成一个液滴流,用 Raman 光谱检测,混合时间为 $200\mu s^{[2]}$。

(2) 停−流光度计(stopped-flow spectrometer)是研究快反应使用最多的方法。图 8−3 是停−流动力学体系图示。反应液混合后的液流进入观测室,但在几毫秒之后液流突然被停止阀止住,用快速应答分析法(分光光度计或荧光光度计)检测吸收或发射强度作为时间函数记录。典型死时间是 $3\sim5ms$。

停−流法测定的反应速率没有连续流动法快,但要求样品量低于 1mL。

3) 激光闪光光解技术(laser flash photolysis)

用一支能瞬间产生高能量、强闪光的石英闪光管,对反应体系照射突发的强光,产生一种极强的扰动,这就是闪光光解技术。使反应体系在 $10^{-6}\sim10^{-4}s$ 内吸收 $10^{2}\sim10^{5}J$ 的能量,引起电子激发和化学反应,产生相当高浓度的激发态物种,

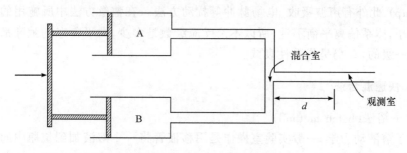

图 8−2　连续流动装置原理

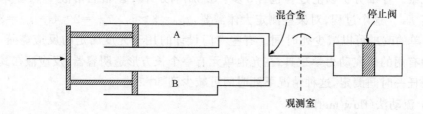

图 8−3　停−流动力学体系图示

如自由基、自由原子等。用核磁共振、紫外光谱等技术检测体系动态随时间的变化。闪光光解技术可用于研究反应速率大到 10^5s^{-1} 的一级反应和大到 10^{11} $\text{L·mol}^{-1}\text{·s}^{-1}$ 的二级反应,当用超短脉冲激光器代替石英闪光管时可检测半衰期为 $10^{-9}\sim10^{-2}\text{s}$ 的自由基[4,7]。

4) 荧光猝灭(fluorescence quenching)

发荧光分子吸收能量后被迅速激发到较高能级,并且是被激发到电子激发态的几个振动能级上,激发态通常经过非辐射的"振动弛豫"迅速衰变,回到基态的任一振动能层时,就会发生荧光。激发态物质与其他分子碰撞,将导致荧光猝灭。

对于稳态荧光,具有动态和静态猝灭组分的体系曾推出如下的 Stern-Volmer (SV)关系[6]

$$\frac{I_0}{I} = (1 + K_\text{b}[Q])(1 + \tau_0 k_\text{q}[Q]) = 1 + (K_\text{b} + \tau_0 k_\text{q})[Q] + K_\text{b} \tau_0 k_\text{q} [Q]^2$$

$$(8-25)$$

方程中:I_0 和 I 分别代表猝灭剂(Q)不存在和存在下的荧光强度;k_q 为双分子猝灭常数;τ_0 为猝灭剂不存在时的荧光寿命;K_b 是超分子结合常数。方程(8−25)预示,当[Q]接近零时极限斜率是结合常数(K_b)和动态 Stern-Volmer 常数($\tau_0 k_\text{q}$)的总和。高浓度[Q]时,图形向上偏离直线,低浓度[Q]时,Stern-Volmer 曲线是一条斜率为 $K_\text{b} + \tau_0 k_\text{q}$ 的直线。

$$\frac{I_0}{I} = 1 + (K_b + \tau_0 k_q)[Q] \tag{8-26}$$

如果研究的体系只有动态猝灭时,通常用方程(8-27)的 Stern-Volmer 关系

$$\frac{I_0}{I} = 1 + \tau_0 k_q[Q] \tag{8-27}$$

5) 其他

瞬变吸收光谱[8]和电化学法都可以用于研究快反应。

8.4　应用示例

8.4.1　弛豫法

1) 温度跳跃(temperature-jump)弛豫法

温度跳跃弛豫法研究主、客体结合反应速率有许多报道[9~13]。温度跳跃法研究 CD 结合有机小分子和简单偶氮染料动力学,从得到的动力学数据判断结合力、结合部位、结合过程的动态和构象变化,可以提供有关反应机理的有用信息。Robinson[11]用焦耳-热双光束温度跳跃仪配有分光检测装置的仪器研究主、客体结合动力学。反应体系的离子强度($I = 0.1 \text{mol} \cdot \text{L}^{-1}$,NaCl)用 NaCl 调节,因为 Cl^- 和 α-CD 结合很弱,可以减少实验误差。实验中以含不同取代基的单偶氮染料为对象,与双偶氮染料比较测定结合动力学的各种参数[11,14]。原则上客体分子结合进 CD 空腔,取代空腔内原有的水分子,并调整分子取向以达到热力学上最适宜的位置,而且母体 CD 分子也同时调整其水合外壳,形成最终复合物。这一过程应当包含许多小步骤,每一个步骤都与能量壁垒有关,同时将在实验选用的动力学技术的时间范围内引起光谱或其他物理性质的变化。但实际上只有 1 个或 2 个步骤能检测出来。根据这种情况,提出一个简化了的反应过程表达式,在 CD 与客体形成 1:1 复合物,而且是在 CD 过量的情况下,主要有两步反应

$$CD + G \underset{k_{-1}}{\overset{k_{+1}}{\rightleftharpoons}} CD \cdot G^* \underset{k_{-2}}{\overset{k_{+2}}{\rightleftharpoons}} CD \cdot G \tag{8-28}$$
$$\text{(快)} \qquad\qquad \text{(慢)}$$

方程中:$K_1 = k_{+1}/k_{-1}$;$K_2 = k_{+2}/k_{-2}$。对于 1:1 包结反应的总平衡常数 K_t 可用方程(8-29)讨论

$$K_t = K_1 + K_1 K_2 = k_{+1}/k_{-1} + (k_1 k_2)/(k_{-1} k_{-2}) \tag{8-29}$$

在上述设定条件下,测定 α-CD 结合 **1** 的动力学,当 R_1 由 H 变为 Me、Et,R_2 为 OH 或 O^- 时,温度跳跃光谱只观察到单弛豫过程,从方程(8-28)可以判断 k_{+1}/k_{-1} 平衡过程的动力学特征太快,因而只有慢 k_{+2}/k_{-2} 过程可以定量讨论。立体障碍增加,k_{+2} 和 k_{-2} 两个过程同时变慢,结果对 K_t 影响不大。按以往实验

结果和观点,α-CD 结合 **1** 只可能从苯环一侧进入空腔,因而测定的速率常数无疑受苯环取代基结构影响[14]。Yoshida 等[9]用温度跳跃弛豫法证明 α-CD、β-CD 包结 5-(m-或 p-硝基苯基)偶氮水杨酸(m-或 p-NPAS)的反应与质子转移反应偶合。在波长 350～500nm 范围内测定中性和碱性水溶液中的包结反应动力学。对于一步反应,观察到弛豫时间 τ,τ 与 k 有如方程(8‑30)所示的关系

$$\tau^{-1} = k_+ [\alpha\text{-CD}] + k_-$$ (8‑30)

实验结果显示,τ^{-1} 对[α-CD]作图得到一直线,从斜率和截距可以计算出 k_+ 和 k_- 值。

1　　　　　　　　　　　　　　　　　　**2**

类似的实验是用温度跳跃实验在 480nm 研究 CD 结合金橙 Ⅱ(TR)**2** 的动力学[12a],温度跳跃在加热 5μs 情况下是 8.9K,观察温度是(298.2±0.1)K。收集到的数据用计算机处理,从 TR 本身和 TR/CD 溶液的温度跳跃光谱,在仪器加热时间(约为 5μs)内显示一个快弛豫过程,导致吸光度下降的大小与[TR]成正比例。随后出现的是慢弛豫,使吸光度增加。α-CD/TR 体系没有观察到变化,但 β-CD 存在时慢弛豫增大,而 γ-CD 在整个浓度范围内增大很多。在 β-、γ-CD 存在下的慢弛豫比 TR 单独存在时的慢弛豫快许多。从得到的 1/τ 随[γ-CD]的变化,判断包结反应过程存在 3 个平衡

$$\left.\begin{array}{l} \text{TR} + \gamma\text{-CD} \underset{}{\overset{K_1}{\rightleftharpoons}} \text{TR} \cdot \gamma\text{-CD}(\text{快}) \\[2mm] \text{TR} + \text{TR} \cdot \gamma\text{-CD} \underset{k_{-2}}{\overset{k_2}{\rightleftharpoons}} (\text{TR})_2 \cdot \gamma\text{-CD}(\text{慢}) \\[2mm] (\text{TR})_2 \cdot \gamma\text{-CD} + \gamma\text{-CD} \overset{K_3}{\rightleftharpoons} (\text{TR})_2 \cdot (\gamma\text{-CD})_2(\text{快}) \end{array}\right\}$$ (8‑31)

用 Bernascom[12b]或 Czerlinski[12c]方法推出的方程(8‑32)拟合方程(8‑31)中所列的偶合反应

$$\frac{1}{\tau} = k_2\left[\frac{[\text{TR}]([\text{TR} \cdot \gamma\text{-CD}]) + [\text{TR}] + 4[\gamma\text{-CD}]}{[\text{TR}] + [\gamma\text{-CD}] + 1/K_1}\right]$$
$$+ k_{-2}\left[\frac{[(\text{TR})_2 \cdot \gamma\text{-CD}] + 1/K_3}{[\gamma\text{-CD}] + [(\text{TR})_2 \cdot \gamma\text{-CD}] + 1/K_3}\right]$$ (8‑32)

1/τ 数据对方程(8‑32)的非线性回归曲线拟合,得到系列参数 K_1、K_2、K_3、k_2 和 k_{-2},由此可以认为对于 TR/γ-CD 体系的包结反应确实存在 3 个平衡。简化方程(8‑32),将等号右面第二项用 k_{-2} 代替,对于 TR/γ-CD 体系的 1/τ 数据拟合时误

差很大,而对 TR/β-CD 体系拟合所得结果误差相对要小。

2) 超声弛豫

像 α-、β-、γ-CD 这样尺寸的空腔,结合简单染料分子的动力学,用焦耳热温度跳跃弛豫法以分光光度计检测是合适的,简单阴离子(ClO_4^-、SCN^-、I^-、NO_3^-、Br^-、Cl^-)与 β-CD 结合速率很快,应当选用超声弛豫法(ultrasonic relaxation)。超声弛豫技术在 20 世纪 70 年代即已用于研究 CD、CE 结合离子的动力学[15],近年来该技术用于研究 CD 对有机小分子醇和氨基酸识别动力学[16, 17],确定平衡的正、反速率常数、平衡常数、标准体积变化,判断结构对结合的影响和客体自主体空腔的离去过程。

冠醚 **3** 和 **4** 在甲醇中 25℃ 与 NaClO₄ 反应的超声弛豫吸收谱(图 8 - 4、图 8 - 5)[18]的操作可参考有关文献[19],用 Tektronix-2465 有游标的示波器捕获数据,记录第一超声脉冲回波电压,将这一电压值输入计算机。每个频率下数字化的数据用数据捕获程序,从分贝对距离线性回归中得到衰减系数(α)。衰减系数的精确度在频率 50～300MHz 范围是 1%,在 500～300MHz 和 10～30 MHz 则退到2%。

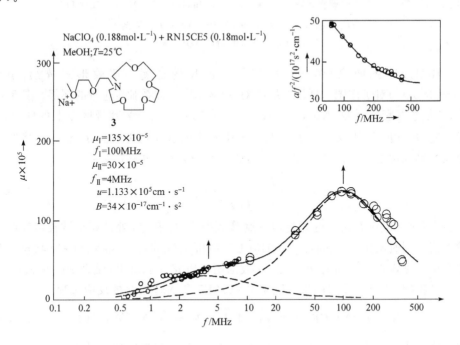

图 8 - 4　每个波长下的过剩声吸收 μ 对 NaClO₄($0.19mol \cdot L^{-1}$)＋RN15CE5 (**3**)

($0.18mol \cdot L^{-1}$)体系频率 f 的关系[18]

实线是 2 个德拜弛豫过程的总和(MeOH, 25℃)

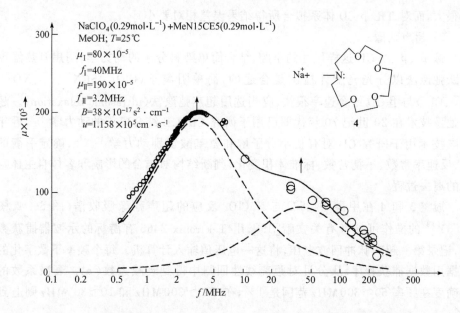

图 8-5　每一波长的过剩声吸收 μ 对 $NaClO_4$（$0.29\,mol\cdot L^{-1}$）＋ MeN15CE5（**4**）

（$0.29\,mol\cdot L^{-1}$）在 MeOH 溶液中频率 f 的关系[18]

实线是 2 个德拜弛豫过程的总和

典型超声弛豫谱（图 8-4）用每一波长的过剩声吸收形式描绘 [$\mu=$ $(\alpha-Bf^2)\,\mu/f$ 对 f 作图]，插图（a/f^2 对 f）显示同一体系弛豫过程的尾部。图 8-4 中，α 为超声衰减系数（$Np\cdot cm^{-1}$），$B=(\alpha/f^2)_{f\gg f_I,\,f_{II}}$ 为弛豫区以上的频率，u 指声速，λ 为波长，则 $\lambda=u/f$。图 8-4 中实线表示分别集中在 f_I 和 f_{II}（虚线）2 个德拜单弛豫过程的总和，实线对映方程（8-33）所示的函数关系

$$\mu = 2\mu_I\,\frac{f/f_I}{1+(f/f_I)^2} + 2\mu_{II}\,\frac{f/f_{II}}{1+(f/f_{II})^2} \qquad (8-33)$$

方程中，μ_I 和 μ_{II} 是两个弛豫过程在弛豫频率为 f_I 和 f_{II} 处的每个波长声吸收的最大值。同时测定 $0.2\,mol\cdot L^{-1}$ RN15CE5（**3**）和 $0.2\,mol\cdot L^{-1}$ MeN15CE5（**4**）自身的超声谱。测定得到的所有 μ、f、B、u 数据用于研究 RN15CE5 结合 Na^+ 的机理。

方程（8-34）是设想的带臂冠醚 RN15CE5 和 Na^+ 结合的反应过程。

$$Na^+ + RN15CE5 \underset{k_{-1}}{\overset{k_1}{\rightleftharpoons}} Na^+,RN15CE5 \underset{k_{-2}}{\overset{k_2}{\rightleftharpoons}} (Na^+\,RN15CE5) \qquad (8-34)$$

中间络合质点表示 Na^+ 在冠醚环外，最终产物 Na^+ 在空腔内。从方程（8-34）的两个松散偶合步骤导出以下关系式

$$\tau_I^{-1} = (2\pi f_I) = k_{-1} + k_1(2\sigma c) \qquad (8-35)$$

$$\tau_{II}^{-1} = (2\pi f_{II}) = k_{-2} + k_2 K_1(2\sigma c) \qquad (8-36)$$

方程中：$K_1 = k_1/k_{-1}$、$K_2 = k_2/k_{-2}$ 分别为第一、第二步的平衡常数；$K_\Sigma = K_1(1 + K_2)$ 为总平衡常数；浓度 c 为 c_1（Na^+ 或 CE）、c_2（Na^+，RN15CE5 或 Na^+，MeN15CE5）、c_3（Na^+RN15CE5 或 Na^+MeN15CE5）的总和。解离度 σ 与总平衡常数 K_Σ 有如下关系

$$K_\Sigma = (1 - \sigma)/\sigma^2 c \qquad (8-37)$$

式 8-1 为按两步方程（8-34）描绘的快（a）、慢（b）弛豫过程。由图 8-6 和方程（8-35）、方程（8-36）通过线性回归给出 k_1、k_{-1}、$k_2 K_1$，由此得出 k_2 值。从计算得到的 k_2 可以容易的算出 k_{-2}[图 8-6 的 τ_{II}^{-1} 对 $2\sigma c$ 直线截距为零，由于 τ_{II}^{-1} 对 $2\sigma c$ 直线截距接近零，从方程（8-36）可以容易地计算出 k_{-2} 值]。

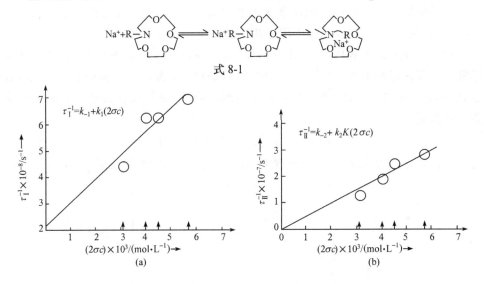

式 8-1

图 8-6 $NaClO_4$ ＋RN15CE5 在 MeOH（25℃）中的体系，按二步络合方程（8-34）的快（a）、慢（b）弛豫过程[18]

按反应方程（8-34）得到甲醇中 Na^+ 与 RN15CE5、Na^+ 和 NH_4^+ 与 MeN15CE5 二步络合反应的速率常数和平衡常数（k_1、k_{-1}、K_1、k_2、k_{-2}、K_2、K_Σ），以及平衡中各物种的浓度分配。数据显示 RN15CE5 结合 Na^+ 的速率常数和平衡常数都比 MeN15CE5 大一个数量级，中间络合物和最终络合物的浓度均明显高于冠醚的初始浓度。由此可以得出结论，侧臂的作用在于提高了络合中间物和最终产物的稳定性，RN15CE5 的 K_1 和 K_2 分别比 MeN15CE5 大 3～5 倍，进一步证实了这一判断。RN15CE5 结合 Na^+ 的速率常数，$k_1 = 9 \times 10^{10}$ $L \cdot mol^{-1} \cdot s^{-1}$，与扩散控制速率常数接近。

为找到证据确认方程（8-34）展示的机理，作 RN15CE5 与 MeN15CE5 自身在甲醇中每个波的过剩声吸收 μ 对频率 f 关系图，均得到单德拜弛豫过程。发现

MeN15CE5 的弛豫慢于 RN15CE5,原因是 MeN15CE5 被大量溶剂化,而且发现冠
醚异构弛豫 f 的相对位置和同一冠醚络合 Na^+ 的第一上弛豫频率 f_1 位置相当。
MeN15CE5 的 f 比 RN15CE5 慢 2～3 个因子(factor),而且在异构化和络合过程
中 f_1 的绝对位置相当。从而发展了新观点:环上 N 独占电子对的旋转是产生异
构弛豫的原因,在甲醇中络合 Na^+ 过程,同样的旋转引起上弛豫。超声弛豫研究
结果得出的结论是冠醚环(RN15CE5)中的侧链提高了第一步络合 Na^+ 的向前速
率,并极大地增加了络合物的稳定性。看来向前与 Na^+ 络合过程的决定速率步骤
是金属离子进入大环空腔。

　　Nishikawa 等[16, 17]做了系列工作,用超声弛豫法研究环糊精结合氨基酸、有
机小分子的动力学。使用 5MHz 基频石英晶体(X-cut fundamental quartz crystal,
直径 2cm)在 25～95MHz 范围内用脉冲法测定超声吸收系数 α。

　　已有的研究结果表明当 β-CD 浓度为 0.013mol·L^{-1} 时有弛豫吸收,但在更稀
溶液中不存在过剩吸收[17b, 20]。实验选择 β-CD 浓度为 0.0087mol·L^{-1},当 β-CD
加到 L-异亮氨酸(L-Ile)水溶液中时出现过剩吸收,频率与吸收关系用 Debye-型弛
豫方程检定

$$\alpha/f^2 = A/[1+(f/f_r)^2] + B \tag{8-38}$$

方程中：A 为弛豫振幅；f_r 为弛豫频率；B 为其他因素的贡献。由图 8-7、

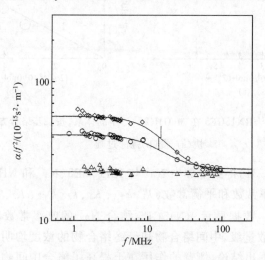

图 8-7　中性 pH L-异亮氨酸(L-Ile)和中性 β-CD
水溶液(25℃)的超声吸收谱[17a]

○ 0.075mol·L^{-1} L-Ile +0.0087mol·L^{-1} β-CD

◇ 0.15mol·L^{-1} L-Ile +0.0087mol·L^{-1} β-CD

△ 0.10mol·L^{-1} L-Ile

图 8－8、图 8－9 可见 L-异亮氨酸（L-Ile）、甘氨酸（Gly）自身在 $0.1\text{mol} \cdot L^{-1}$，中性、pH 为 1.8、pH 为 9.8 的水溶液中吸收系数被频率平方除（α / f^2）都与测定频率无关。用非线性最小二乘法拟合，图中实线是从所得超声参数绘出的超声谱，计算曲线与实验值拟合很好。表明只有当 β-CD 与客体共存时才出现弛豫，推测超声弛豫方法的机理是由超声波扰动以下平衡而引起的弛豫过程

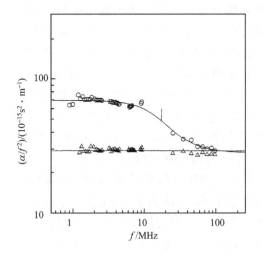

图 8－8 pH 为 1.8 的水溶液中 L-Ile 和 β-CD 的超声吸收谱[17a]

○ $0.10\text{mol} \cdot L^{-1}$ L-Ile $+0.0087\text{mol} \cdot L^{-1}$ β-CD

△ $0.10\text{mol} \cdot L^{-1}$ L-Ile

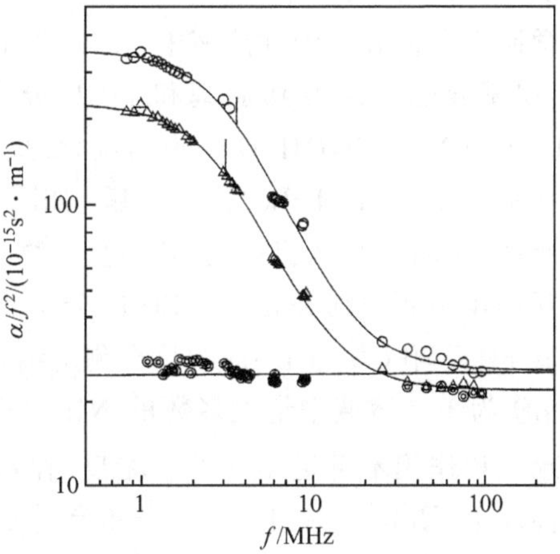

图 8－9 pH 为 9.8 的 L-Ile、Gly 与 β-CD 水溶液中的超声吸收谱[17a]

○ $0.10\text{mol} \cdot L^{-1}$ L-Ile $+0.0087\text{mol} \cdot L^{-1}$ β-CD

△ $0.10\text{mol} \cdot L^{-1}$ L-Ile

● $0.10\text{mol} \cdot L^{-1}$ Gly$^+$ $+0.0087\text{mol} \cdot L^{-1}$ β-CD

$$CD + Ile^{\pm} \underset{k_b}{\overset{k_f}{\rightleftharpoons}} CD \cdot Ile^{\pm} \tag{8－39}$$

方程中：CD 是 β-CD；$Ile^{\pm}$ 是 L-Ile；$CD \cdot Ile^{\pm}$ 是复合物；k_f 和 k_b 是前进和返回方向的速率常数。在中性 pH 绝大多数氨基和羧基都已解离，上述反应的速率方程中的每个反应物质用活度计算。假定 $Ile^{\pm}$ 的活度系数与 $CD \cdot Ile^{\pm}$ 相当，CD 活度假定为 1，上述反应的速率方程可以用以下简化式表达[17a]

$$\frac{d[CD \cdot Ile^{\pm}]}{dt} = k_f[CD][Ile^{\pm}] - k_b[CD \cdot Ile^{\pm}] \tag{8－40}$$

平衡常数 K 定义为 $K = k_f / k_b = [CD \cdot Ile^{\pm}] / [CD][Ile^{\pm}]$ 也是近似的。可以推导出弛豫时间 τ，或弛豫频率与反应物浓度的关系

$$\tau^{-1} = 2\pi f_r = k_f\{[CD] + [Ile^{\pm}]\} + k_b$$

$$= k_b \sqrt{(c_{CD} K + c_{Ile} K + 1)^2 - 4 c_{CD} c_{Ile} K^2} \tag{8－41}$$

方程中：c_{CD} 和 c_{Ile} 是 β-CD 和 L-Ile 的分析浓度。当 β-CD 浓度固定时 f_r 仅为 L-Ile 浓度的函数，同时参数 K 和 k_b 可用非线性最小二乘法确定。

为了进一步了解分子中电荷对反应的影响，测定在不同 pH 下的超声吸收（图 8-7、图 8-8、图 8-9）。结果表明 β-CD 与 L-Ile 和其他有机小分子如正丁醇等的 k_f 很相近（$\sim 3 \times 10^8$ $L \cdot mol^{-1} \cdot s^{-1}$），相反，$k_b$ 则明显地与客体结构有关，说明含有小疏水基团的客体，形成复合物的稳定性由客体分子从空腔离去的速率控制。动力学研究数据表明中性溶液中（L-Ile 等电点为 6.04，在中性溶液中以两性离子存在）氨基酸的亲水性功能基和 β-CD 分子边缘的羟基间存在互相作用。甘氨酸 [$H-CH(NH_2)COOH$, Gly] 没有疏水基团，L-异亮氨酸 [$L-CH_3CH_2-CH(CH_3)-CH(NH_2)COOH$, L-Ile] 有异丁基，如图 8-9 所示，在 β-CD/Gly 水溶液中没有过剩吸收，说明疏水基团对主、客体复合物形成起重要作用。但 L-Ile 的脱出又因亲水互相作用而得到补偿。β-CD 的分子识别作用对于客体分子结构是很敏感的。在低 pH 下 β-CD 与 L-Ile 的超声测定结果与中性溶液中相同（图 8-7、图 8-8），在 pH 为 1.8 溶液中绝大多数的 NH_2 是离子化的 NH_3^+，表明在 β-CD 和 L-Ile 间亲水互相作用不再是主导的。相反，在高 pH 下 L-Ile 是阴离子型 COO^-，不再是两性离子，图 8-9 中 L-Ile 本身和有 β-CD 存在的溶液中得到的超声光谱都比中性和低 pH 溶液中更强，说明其中可能有其他反应在进行，如 $R-NH_3^+ + OH^- \longrightarrow R-NH_2 + H_2O$ 在无 β-CD 时 L-Ile 的高 pH 溶液中。L-Ile 溶液中不存在 β-CD 时的弛豫振幅小于两者共存的溶液，反映两者间发生了复合作用。

超声弛豫吸收谱也用于研究 CD 结合小分子，如正丙醇和小阴离子如 ClO_4^-、I^-、SCN^- 等的结合动力学[15, 16]。

8.4.2　停-流技术

快速混合法中的停-流技术是目前动力学研究中应用得较多的方法，如光学检测停-流技术[21~27]、电导检测停-流技术[28~33] 等。分别用于测定 CD/染料互相作用的动力学和冠醚（或窝穴体）/碱金属（或碱土金属）离子结合的动力学数据。

用光谱检测停-流技术研究 CD 结合偶氮染料的动力学，探索反应机理对结合的动力学分析和相应方程已在温度跃迁弛豫法中介绍。下面介绍用停-流法测 α-CD 结合金橙 Ⅱ (2)、3-异丙基-4-羟基偶氮苯磺酸(5e)、3-仲丁基-4-羟基偶氮苯磺酸(5f)和甲基橙(MO, 6)的动力学结果，以此为例详细说明实验方法[24, 26, 27]。

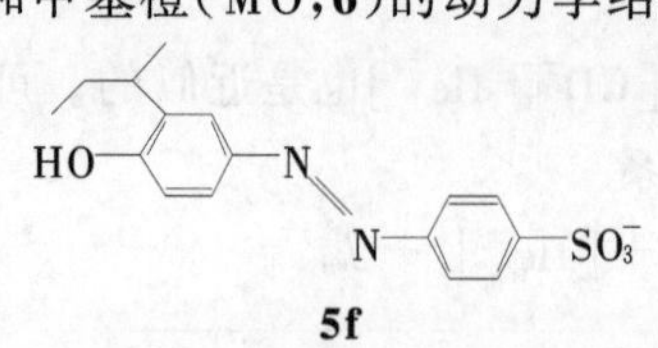

5f 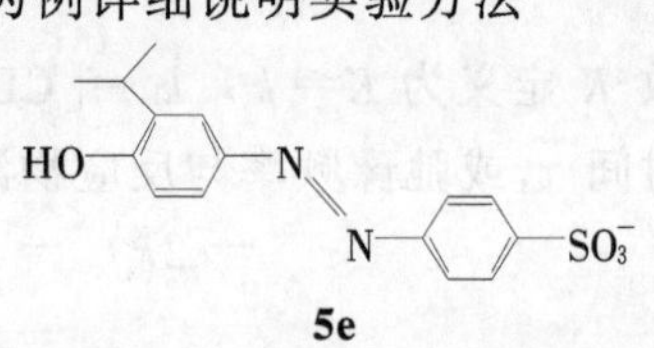　　　　　　　　　　　　　　5e

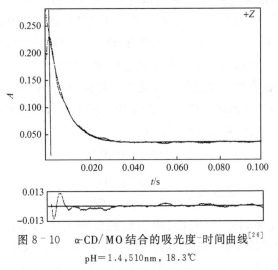

在配有 OPI-4 选择单元的岛津 UV-240 紫外可见分光光度计上测定不同 pH (8.5,1.4,5.4)水溶液中 α-CD 对甲基橙(1.2×10^{-5} mol·L^{-1})光谱的影响(α-CD: **6**=1～100,物质的量比),发现 pH 为 1.4 时 505nm 的最大吸收峰变化最为明显,并存在 2 个等吸收点,表明形成了 1:1 包结物。反应的动力学曲线是在 DX-17 MV型连续停-流分光荧光仪(biosequential stopped-flow ASVD spectro-fluerimeter, DX-MV)上测定的。停-流分光仪主要由氙灯光源、光谱仪、数据采集系统和停-流装置 4 部分组成,在两组分反应中将反应液分别放入两个针筒中,8 个压力的气缸将反应液上推至检测池内,迅速混合后立即停止。数据采集和反应液混合同步进行,在几毫秒内完成,仪器可以测定 0.05s 内的光谱变化,所采集的数据经自动分析、处理后绘制出吸光度-时间曲线。pH=1.40,**6**(1.62×10^{-5} mol·L^{-1})与 α-CD (1.62×10^{-5} mol·L^{-1})体系在 510nm 处的吸光度-时间曲线如图 8-10 所示。

图 8-10　α-CD/MO 结合的吸光度-时间曲线[26]

pH=1.4,510nm, 18.3℃

由图 8-10 可见,从两组分混合开始体系的吸光度即迅速下降,到达吸光度约 0.043 时稳定在一定值不变。通过计算机对单指数曲线拟合得拟合方程(8-42)

$$P(1)^* EXP[- P(2) X] + P(3) \qquad (8-42)$$

方程中:$P(1)$ 为反应体系起始吸光度与到达平衡时吸光度之差;$P(2)$ 为反应速率常数(k_{obs});$P(3)$ 为反应到达平衡时体系的吸光度。实验中固定 **6** 浓度为 2.93×10^{-5} mol·L^{-1},令 α-CD 浓度在 8.0×10^{-4}～4.0×10^{-3} mol·L^{-1} 范围内变化。5 次测定的平均值用准一级反应方程对[α-CD]作图有很好的线性关系,由斜率和截距求得 k_f 和 k_b 分别为 3.215×10^4 L·mol^{-1}·s^{-1} 和 60.59 s^{-1},并计算得到动力学平衡常数 K_{kin} 等于 530.6 L·mol^{-1}。用同样方法和仪器测定不同 pH 下 α-、β-CD 结合 **2** 的动力学[27],固定 **2** 浓度为 1×10^{-5} mol·L^{-1},改变 CD 浓度($1\times10^{-4}\sim1.8\times10^{-3}$ mol·L^{-1}),测得 α-、β-CD 在中性水溶液(pH=7)中的停-流信号为单指数曲线,说明只能观察到一步过程,速率常数与[CD]相关。用方程(8-42)处理数据,对于 α-、β-CD,k_+、k_- 分别是 5×10^3 L·mol^{-1}·s^{-1}、7.7 s^{-1} 和 1.32×10^3 L·mol^{-1}·s^{-1}、9.7 s^{-1};同时测得在碱性溶液(pH=9.4)中其值为 1.39×10^3 L·mol^{-1}·s^{-1}、12.4 s^{-1} 和 2.14×10^3 L·mol^{-1}·s^{-1}、11.0 s^{-1}。以上 2 个实验表明其表观速率常数与[CD]均符合准一级反应动力学方程[方程(8-43)]。

另外,在配备有数据处理器的停-流分光仪(union giken stopped-flow spectrometer model RA-401)上,测定存在过量 α-CD 的准一级反应条件下结合 **5f** 的动力学[24],在 400 nm 处 $0.06\sim6$ s 的时间范围内观测到快、慢两个典型的单指数曲线(25℃,pH=11.3,I=0.1 mol·L^{-1} NaCl,[**5f**]=3.0×10^{-5} mol·L^{-1},[α-CD]=1.2×10^{-3} mol·L^{-1})。在相同的反应条件下 α-CD 结合 **5e** 的时间分辨差吸收谱,随时间增加明显呈现对应快、慢过程的两套等吸收点(图8-11),暗示实验条件下设定体系的包结反应含方程(8-28)所示的两步过程,将观测到的快、慢速率常数 k_{obs} 对[α-CD]($0\sim4\times10^{-3}$ mol·L^{-1})作图,得到图8-12所示结果。对于快过程,k_{obs}(快)与[α-CD]存在线性关系。对于慢过程,由图8-12(b)可见在高[α-CD]情况下 k_{obs}(慢)达到饱和值。如果第一步反应非常快,k_{+1}[α-CD]+k_{-1} >> k_{+2}+k_{-2},则第一步和第二步的准一级反应表观速率常数 k_{obs},可以用方程(8-43)和方程(8-44)计算,方程中,$K_{-1}=k_{-1}/k_{+1}$

$$k_{obs}(快) = k_{+1}[\alpha\text{-}CD] + k_{-1} \tag{8-43}$$

$$k_{obs}(慢) = \frac{k_{+2}[\alpha\text{-}CD]}{K_{-1}+[\alpha\text{-}CD]} + k_{-2} \tag{8-44}$$

这样处理的结果,图8-12(a)中直线的斜率为 k_+,截距为 k_{-1}。根据图8-12(b) k_{obs} 对浓度的关系,以 $1/(k_{obs}(慢)-k_{-2})$ 对 $1/[\alpha\text{-}CD]$ 作图[改进的方程(8-44)],得到斜率为 K_{-1}/k_{+2},截距为 $1/k_{+2}$ 的直线。两步反应的动力学形成常数分别为 $K_{+1}=k_+/k_{-1}$,$K_{+2}=k_{+2}/k_{-2}$。重复计算机程序实际上可达到最好拟合,反应的动力学平衡常数 $K_{f(kin)}$ 可以用方程(8-45)计算

$$K_{f(kin)} = K_1[1 + K_2] \tag{8-45}$$

一般情况下,由动力学和平衡测定得到的平衡常数基本上一致。当光谱法确定的平衡常数与动力学法相差很大时,暗示可能存在比 1:1 复合作用更复杂的机理。分析所得动力学数据,可能改变已往概念,提出新观点。α-CD 结合不同结构

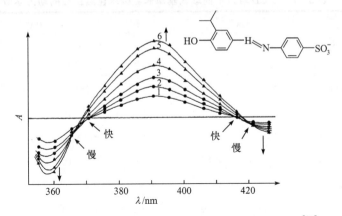

图 8-11　由停-流曲线衍生的两步过程时间分辨差吸收光谱[24]

1. 0.04s；2. 0.08s；3. 0.24s；4. 0.8s；5. 2.4s；6. 4.0s

$[5e]=3.3\times10^{-5}\,mol\cdot L^{-1}$，$[\alpha\text{-}CD]=1.0\times10^{-3}\,mol\cdot L^{-1}$，$I=0.1\,mol\cdot L^{-1}(NaCl)$，pH$=4.7$，25℃

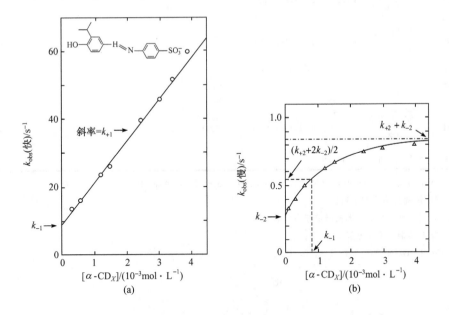

图 8-12　α-CD 结合 **5e** 的快、慢速率常数 k 对主体浓度作图[24]

$I=0.1\,mol\cdot L^{-1}(NaCl)$，pH$=4.7$，25℃

单偶氮染料的部分动力学数据列于表 8-1。

表 8⁻1　α-CD 与含不同取代基单偶氮染料包结反应的动力学数据[1]

客体	HA⁻				HA²⁻				参考文献
	k_1 /(L·mol⁻¹·s⁻¹)	k_{-1} /s⁻¹	k_2 /s⁻¹	k_{-2} /s⁻¹	k_1' /(L·mol⁻¹·s⁻¹)	k_{-1}' /s⁻¹	k_2' /s⁻¹	k_{-2}' /s⁻¹	
5a	$>10^7$	$>10^3$	[2]	[2]	$>10^7$	$>10^3$	[2]	[2]	[24]
5b	7.0×10^5	77	[2]	[2]	9.3×10^3	2.0	[2]	[2]	[24]
5c	2.1×10^4	6.5	[3]	[3]	8.1×10^3	2.1	[3]	[3]	[24]
5d	2.0×10^4	6.0	0.87	0.55	6.9×10^3	3.6	0.25	0.08	[24]
5e	1.2×10^4	9.4	0.58	0.26	9.0×10^3	15.0	1.47	0.10	[24]
5f	1.1×10^4	14.0	0.80	0.16	7.0×10^3	20.0	1.67	0.08	[24]
5g	4.6×10^2	0.55	[3]	[3]	3.4×10^2	0.41	[3]	[3]	[24]
5h	5.4×10^2	0.7	[2]	[2]	3.5×10^2	0.5	[2]	[2]	[24]
5i	$(1.36\pm0.01)\times10^4$	13.3 ± 0.2	0.7 ± 0.02	0.22 ± 0.01	—	—	—	—	[28][4]
5j	$(1.22\pm0.02)\times10^4$	1.84 ± 0.1	0.2 ± 0.02	$(9.3\pm0.12)\times10^{-2}$					[28][4]
5k	$(1.67\pm0.15)\times10^5$	380 ± 3.0	38 ± 4.0	4.8 ± 5.0					[28][4]
5l	$(1.52\pm0.03)\times10^4$	25.4 ± 0.5	1.83 ± 0.04	0.17 ± 0.02					[28][4]
6	3.215×10^4	60.59							[26][5]

1) 水溶液 $I=0.1$ mol·L⁻¹(NaCl),25℃(pH = 4.6 磷酸缓冲液和 pH=11.8～12 NaOH)。

2) 停-流光谱检测不到。

3) 吸光度变化太小无法确定速率常数。

4) 双蒸馏水不含电解质,25℃。

5) H_2SO_4/Na_2SO_4,pH=1.4, 18.3℃。

5

	R_3	R_4	R_5	Y		R_3	R_4	R_5	Y
5a	H	OH	H	SO_3^-	**5h**	iPr	OH	iPr	SO_3^-
5b	Me	OH	H	SO_3^-	**5i**	Me	OH	Me	SO_3^-
5c	Et	OH	H	SO_3^-	**5j**	H	$N(Et)_2$	H	SO_3^-
5d	Pr	OH	H	SO_3^-	**5k**	Me	OH	COO^-	SO_2NH_2
5e	iPr	OH	H	SO_3^-	**5l**	Me	OH	COO^-	SO_3^-
5f	*s*-Bu	OH	H	SO_3^-	**6**	H	$N(Me)_2$	H	SO_3^-
5g	*t*-Bu	OH	H	SO_3^-					

以上用停-流技术测定的动力学参数,用来阐明 α-CD 结合单偶氮染料时速率常数和取代基结构的关系,从中获得有益的启示。即 α-CD 对客体的结合是有方向性的,结合反应速率随分子形状、取代基大小和亲水性而改变,苯环上烷基取代基的形状和尺寸对控制反应速率、包结物结构和机理至关重要。**5a**、**5b** 这类细长结构分子立体障碍小,可以容易地穿过 α-CD 空腔,不存在调整方位的第二步反应过程,反应速率很高。碱性溶液中速率常数下降($k_1 \rightarrow k_1'$, $k_{-1} \rightarrow k_{-1}'$)反映进入位 OH 基周围水合程度在解离为 O^- 时的变化,α-CD 结合 **5b**～**5d** 的速率大幅度下降,暗示这些客体的头基是酚基。在高 pH 水溶液中 α-CD 的羟基发生解离,与带负电荷客体间的斥力也是导致结合速率下降的原因。α-CD 结合 **5g**、**5h** 的反应速率比 **2** 低近 1 个数量级,表明结合位不在苯磺酸基一侧,OH 基邻位的烷基阻碍了向 α-CD 空腔的进入速率。

8.4.3　变温变压停-流技术

为了进一步确定包结反应机理,设计在高压下研究主、客体互相作用的热力学和动力学方案[28]。选择二苯偶氮染料作为客体,设定浓度范围在 $2.5 \times 10^{-5} \sim 5 \times 10^{-5}$ mol·L^{-1},α-CD 浓度为 $0.3 \times 10^{-3} \sim 5 \times 10^{-3}$ mol·L^{-1},溶剂为不含电解质的双蒸馏水。使 α-CD 过量不低于 10 倍,在准一级反应条件下进行停-流实验。压力变化的动力学测定在 200MPa 自制高压停-流仪上进行。与温度有关的动力学用 applied photophysics SX.18MV 停-流光谱仪,温度范围在 274～318K 之间测定,每一实验在同样条件下重复 2～4 次。

α-CD 滴定客体 **5k** 的紫外-可见(UV-vis)光谱变化(图 8-13),表明为 1:1 化学量的复合模式。100MPa 压力下 **5k**/α-CD 在 350nm 5℃ 的时间分辨 UV-vis 谱(插图)发生裂分,总第一时间在 0.03s,总第二时间在 1.4s,对客体 **5i**、**5j**、**5k**、**5l** 测定结果均观察到如图 8-13 所示的两步包结过程。结果表明第一步快反应的表观速率常数 $k_{1, obs}$ 与 α-CD 浓度呈线性关系[图 8-14(a)],第二步慢反应速率常数 $k_{2, obs}$ 随 α-CD 浓度增加而增加,在高浓度时达到饱和值[图 8-14(b)]。测得的动力学数据表明,反应过程可以用方程(8－46)解释。

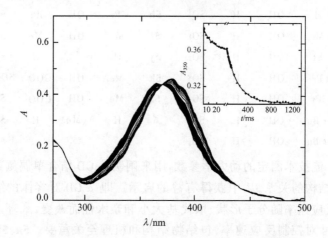

图 8－13　350nm　α-CD/**5k** 包结反应的时间分辨光谱[28]

（100MPa，278K，$c_{\alpha\text{-}CD} = 5.05 \times 10^{-4}$ mol·L^{-1}，$c_{5k} = 2.50 \times 10^{-5}$ mol·L^{-1}，

$I = 0$ mol·L^{-1}，插图表示裂分时间内 350nm 吸光度变化）

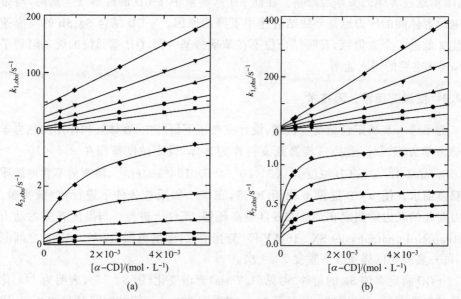

图 8－14　α-CD 结合 **5i** 的 $k_{1,obs}$ 和 $k_{2,obs}$ 与温度(a)、压力(b)的关系图[28]

(a) [**5i**]$= 2.5 \times 10^{-5}$ mol·L^{-1}；$I = 0$ mol·L^{-1}；T：278K(■)，288K(●)，298K(▲)，308K(▼)，318K(◆)

(b) [**5i**]$= 2.5 \times 10^{-5}$ mol·L^{-1}；$I = 0$ mol·L^{-1}；$T = 288$K；p：2MPa(■)，50MPa(●)，100MPa(▲)，

150MPa(▼)，200MPa(◆)

$$G + \alpha\text{-CD} \underset{k_{1,r}}{\overset{k_{1,f}}{\rightleftharpoons}} G \cdot \alpha\text{-CD}^{*} \underset{k_{2,r}}{\overset{k_{2,f}}{\rightleftharpoons}} G \cdot \alpha\text{-CD} \tag{8-46}$$

$$\text{快} \qquad\qquad\qquad \text{慢}$$

在 $c_{\alpha\text{-CD}} \gg c_G$ 时表观速率常数由方程(8-47)和方程(8-48)计算

$$k_{1,\text{obs}}(\text{快}) = k_{1,f}\, c_{\alpha\text{-CD}} + k_{1,r} \tag{8-47}$$

$$k_{2,\text{obs}}(\text{慢}) = k_{2,f}\, \frac{c_{\alpha\text{-CD}}\, K_1}{(1 + c_{\alpha\text{-CD}}\, K_1)} + k_{2,r} \tag{8-48}$$

方程(8-47)、方程(8-48)分别与方程(8-43)、方程(8-44)等同，$k_f(k_{+1})$ 为前进方向的速率常数，$k_r(k_{-1})$ 为返回方向的速率常数。

在不同温度下测得的 $k_{1,\text{obs}}$ 和 $k_{2,\text{obs}}$ 用方程(8-47)、方程(8-48)、方程(8-49)解析

$$k = \frac{k_B T}{h} \exp\left[\frac{\Delta S^{\neq}}{R} - \frac{\Delta H^{\neq}}{RT} \right] \tag{8-49}$$

$$k = k_0 \exp\left[-\frac{\Delta V^{\neq}\, P}{RT} \right] \tag{8-50}$$

在 200MPa 以下确定压力与动力学的相关性，$k_{1,\text{obs}}$ 和 $k_{2,\text{obs}}$ 同时用方程(8-50)拟合，k_0 为零压力下的速率常数。测定结果得到以下热力学参数：$\Delta S_{1,f}^{\neq}$（或 $k_{1,f}^{298}$）、$\Delta S_{1,r}^{\neq}$（或 $k_{1,r}^{298}$）、$\Delta S_{2,f}^{\neq}$（或 $k_{2,f}^{298}$）、$\Delta S_{2,r}^{\neq}$（或 $k_{2,r}^{298}$）、$\Delta H_{1,f}^{298}$、$\Delta H_{1,r}^{298}$、$\Delta H_{2,f}^{298}$、$\Delta H_{2,r}^{298}$，同时得到相应的 K_1^{298}、K_2^{298}、ΔH_1°、ΔH_2°、ΔS_1°、ΔS_2°。

如上所述，表8-1中所列单偶氮染料从结构上来看，偶氮基两边的苯环都可以是进入基，苯环上取代基的结构和几何形状明显影响结合速率常数 k_1、k_{-1}、k_2、k_{-2}。在 **5a~5j** 系列中 B 环上取代基同为—SO_3^-，速率常数 k_1 随取代基 R_3 尺寸的增大而下降。R_3 由 H 改变为 t-Bu，减少了 5 个数量级，二异丙基（**5h**）比二甲基（**5i**）下降了近 2 个数量级，二甲基（**5i**）比一甲基（**5b**）低近 2 个数量级。对于 **5a**、**5b**、**6**，只有单速率过程，说明这类分子几何形状细长，通过克服一个能量壁垒即可接近最适结合位。那些有两步结合过程的客体 **5d~5f**、**5i~5l**，其结合过程需要克服两个主要能量壁垒，它们都在 A 环上有大体积取代基，这些客体在更深进入空腔达到最佳结合位时需要通过挪动或旋转过程。有些带有大体积或多取代基客体如 **2**、**5h**、**5g** 只有一个结合过程，这是由于取代基限制了客体向空腔内深入。**2** 与 α-CD 的结合只有一个过程，然而其 k_1 却很高（$5.0 \times 10^3\, L \cdot mol^{-1} \cdot s^{-1}$），由此可以判断进入基不是苯磺酸基，而是 α-CD 第二面结合部分萘环形成的包结物[27]，这一点是对以往观点的发展。α-CD 与染料 **5i** 包结反应的动力学与压力的关系图如图8-14(b)。α-CD 结合 4 个染料（**5i**、**5j**、**5k**、**5l**）第一步反应的体积图表明，前进方向活化体积 $\Delta V^{\neq}$ 均为负（**5i**、**5j**、**5l** 的 $\Delta V_{1,f}^{\neq} \approx -24 \sim -21\,mL \cdot mol^{-1}$），唯独 **5k** 较

小($\Delta V_{1,f}^{\neq} \approx -8\text{mL} \cdot \text{mol}^{-1}$),在基态和相应中间态($\text{G} \cdot \alpha\text{-CD}^*$)之间表现出类似的收缩($\Delta V_1^0 \approx -11 \sim -4\text{mL} \cdot \text{mol}^{-1}$)。这种收缩现象可解释为:① 在包结客体时从空腔内释放出两个未完全配位的活化水分子,使与大体积水形成全氢键,因而导致体积收缩;② 增加客体分子进入主体空腔时位于其分子外部水分子的再识别,也就是减少客体骨架和大体积水分子间的疏水互相作用,以有利于客体和主体在疏水空腔内更紧密的非极性互相作用。通过计算机分子动态,电子密度计算和从方程(8-50)得到的体积变化,推测第一步的可能机理是主体伯羟基与磺酸基之间有互相作用。可以判断第一步反应的过程是:① α-CD 分子与客体分子相遇;② 当客体分子最初结合进空腔时发生 $\text{SO}_3^-/\text{SO}_3\text{NH}_2$ 的去溶剂化;③ 在过渡态可能存在进入基(SO_3^- 和 SO_2NH_2)与空腔内两个未完全配位的“活化”水分子间的互相作用,客体进入与在窄口处取代 2 个水分子,使其转移到大体积水相有关;④ 在中间过渡态($\text{G} \cdot \alpha\text{-CD}^*$),$\text{SO}_3^-$ 或 SO_2NH_2 由大体积水部分再溶剂化,并与窄口处的 OH 以氢键互相作用。后一步反应与客体尾部和 α-CD 仲羟基互相作用同时存在,使在第二个过渡态主体处于不同程度的拉紧构象,在最终包结物中客体头基完全再水合,处于放松构象。以上对反应机理表述的依据是结构类似 4 个客体(5i、5j、5k、5l)的 $k_{1,f}$ 顺序:$\text{5j}(\text{SO}_3^-) \approx \text{5i}(\text{SO}_3^-) \approx \text{5l}(\text{SO}_3^-) < \text{5k}(\text{SO}_2\text{NH}_2)$。这个顺序反映阴离子取代基周围的水合结构明显影响进入和脱出空腔的速率。电子密度计算表明 SO_3^- 较之 SO_2NH_2 处于更大的水合状态。从高压停-流动力学获得体积变化的观点,可以作为进一步了解 CD 分子识别现象的起点。

随后 Saudan 等[29]用变温、变压停-流光谱仪研究了双偶氮染料(mordant orange 10)7 与 α-CD 结合的热力学和动力学。结果表明,不管浓度、温度、压力如何,7 穿入 α-CD 空腔都存在 3 步过程,在仪器混合时间内不存在特别快的过程。

7

图 8-15($c_{\alpha\text{-CD}} = 0.74 \times 10^{-3}\text{mol} \cdot \text{L}^{-1}$,$c_7 = 2.54 \times 10^{-5}\text{mol} \cdot \text{L}^{-1}$,$I = 0\text{mol} \cdot \text{L}^{-1}$,$\lambda = 375\text{nm}$)中的残差(residual)表明需要用 3 个指数函数拟合动力学数据。3 个指数曲线的速率常数和相对振幅是:$k_{1,\text{obs}} = 6.31\text{s}^{-1}$,$A_1 = 0.54$;$k_{2,\text{obs}} = 0.072\text{s}^{-1}$,$A_2 = 0.33$;$k_{3,\text{obs}} = 0.011\text{s}^{-1}$,$A_3 = 0.13$。图 8-15 的轨迹说明快过程先于两个慢过程。改变染料浓度(令 α-CD 至少过量 10 倍)证明符合假一级反应条件。$k_{1,\text{obs}}$、$k_{2,\text{obs}}$ 都存在线性关系,但 $k_{2,\text{obs}}$ 在 α-CD 浓度很低时稍弯曲,这是由于结合

反应的连续性引起的。第三步是异构反应,在 α-CD 浓度增加时趋向饱和,而在高浓度时速率常数下降(图 8－16)。前述在二苯偶氮染料与 α-CD 的结合动力学过程中出现表观速率常数对浓度的饱和型曲线,也是起因于异构化过程。

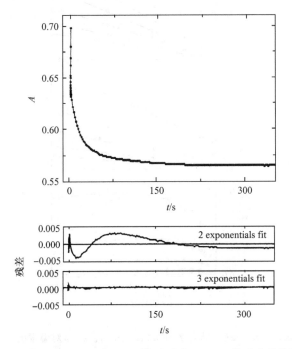

图 8－15　**7** 与 α-CD 在 278K 穿过反应,375nm 的动力学轨迹[29]

(上图指快过程,下图指两个慢过程。exponentials fit 为指数拟和)

测定高到 200MPa 的表观速率常数对压力的关系,发现 3 步变化的 k_f 和 k_r 都与压力成线性关系,证明在实验条件下活化体积与压力无关(图略)。

实验数据表明 1 个和 2 个 α-CD 与染料 **7** 的穿过反应过程存在 4 种不同的包结物(图 8－17)。

从 2D NMR,停-流实验测定得到 4 步反应的 k_f、k_r、K 值以及体积图,反应过程包括 3 个主要效应:① α-CD 穿过 **7** 时主要发生自由度的变化;② 当 α-CD 穿过 **7** 时,强迫 α-CD 从一个位置移动到下一个位置;③ 伴随①和②发生水合作用的变化。在高压下测定 α-CD 结合染料分子的连续过程,发现 **7** 结构在决定 α-CD 位置以及稳定性、穿入和脱出动力学方面起主要作用。形成 **7**·α-CD* 和 **7**·α-CD 2 个 1:1 异构复合物,在 **7**·α-CD 中的 **7** 比起在 **7**·α-CD* 中进入更深,被包埋在 α-CD 空腔内,两者都可串上第二个 α-CD 形成 **7**·(α-CD)$_2^*$ 和 **7**·(α-CD)$_2$,但异构复合物并不直接互相转化,两者都各自脱去一个 α-CD 形成 **7**·α-CD* 或 **7**·α-CD,此后它们先异构化穿入第二个 α-CD,再形成 **7**·(α-CD)$_2^*$ 和 **7**·(α-CD)$_2$。定量基态和活

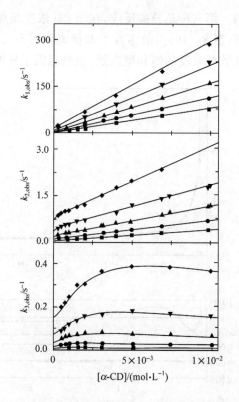

图 8⁻16　α-CD 结合 **7** 的 $k_{1,obs}$、$k_{2,obs}$、$k_{3,obs}$ 对温度的
依存关系[29]

$[\mathbf{7}] = 1.5 \times 10^{-5} \sim 5.0 \times 10^{-5} \, \text{mol} \cdot \text{L}^{-1}$, $I = 0$, $T = 278\text{K}(\blacksquare)$、
$288\text{K}(\bullet)$、$298\text{K}(\blacktriangledown)$、$308\text{K}(\blacktriangle)$、$318\text{K}(\blacklozenge)$

化焓、熵、体积变化,表明水合作用、范德华作用和可能的 **7** 和 α-CD 构象变化决定体系的平衡和动力学性质。

（1）方向问题对于阐明反应机理十分重要,由于 **7** 的尾部体积过大不能进入 α-CD 空腔,而是 SO_3^- 为头从仲羟基侧进入 α-CD 空腔,形成 **7**·α-CD*,此过程由焓驱动($H_1^\circ = -26.2\text{kJ} \cdot \text{mol}^{-1}$)。过程熵变($\Delta S_1^\circ$ 为 $-24\text{J} \cdot \text{mol}^{-1} \cdot \text{K}^{-1}$)反应结合使 **7** 和 α-CD 失去自由度,这一步的 $k_{1,f}$ 值与那些结构类似,分子较短的二苯偶氮染料(**4i**、**4j**、**4k**、**4l**)接近[24, 28]。这一结果表明:$k_{1,f}$ 值反映头基去水合作用,以及头基与主体空腔内结合水分子的互相作用;而 $k_{1,r}$ 值由未进入部分的结构决定,$k_{1,r}$ 值很小,反映 **7** 进入 α-CD 空腔很深。

（2）α-CD 与 **7** 结合形成 **7**·α-CD* 后既能异构为 1:1 复合物(**7**·α-CD),也可以再结合一个 α-CD 形成 1:2 过渡态 **7**·(α-CD)$_2^*$,NMR 证明两种复合物的进入方式相似,**7**·α-CD* 和 **7**·(α-CD)$_2^*$ 的分步稳定常数反映熵、焓在实验误差内是相同

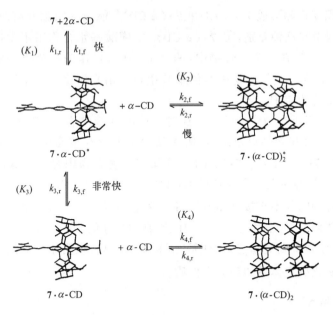

图 8-17　7 穿过 α-CD 反应机理

（根据 2D NMR 数据、α-CD 晶体结构和分子模拟提出图中的假设结构）

的,这表明在两个复合物中的稳定力相似而且都是范德华作用。但第一和第二个 α-CD 的结合和脱去动力学却明显不同,第二个 α-CD 结合到 7 的速率比第一个慢 150 多倍。原因是结合第二个 α-CD 时活化焓增加了($\Delta\Delta H^{\ne} = +13\text{kJ}\cdot\text{mol}^{-1}$)。同样第二个 α-CD 的脱去速率比第一个慢 140 倍,原因也是活化焓($\Delta\Delta H^{\ne}$)明显增加($+10\text{kJ}\cdot\text{mol}^{-1}$)。但相应的穿过和脱出活化熵在实验误差条件下相同,第二个 α-CD 的结合和脱去速率所以慢是由于第一个 α-CD 形成空间障碍所致。

　　(3) 7·α-CD* 和 7·α-CD 的异构平衡过程反映分子穿梭般往复移动过程,平衡常数 $K_3 \approx 1$,说明两个异构体中 α-CD 在 7 分子轴上 2 个占据位置间移动的状态相似。$k_{3,f}$ 和 $k_{3,r}$ 都小于 $k_{1,r}$,其结果是 α-CD 脱去比同温度下的穿梭过程频繁 30 倍,可能 7 构象决定穿梭过程的速率。

　　(4) 实际上第二个 α-CD 穿过结合到 7·α-CD($k_{4,f} \approx 9640\text{L}\cdot\text{mol}^{-1}\cdot\text{s}^{-1}$)比结合到 7·α-CD*($k_{2,f} \approx 98\text{L}\cdot\text{mol}^{-1}\cdot\text{s}^{-1}$)要快,其原因在于第二个 α-CD 结合到 7·α-CD 立体障碍程度小,因为在 7·α-CD 情况下第一个 α-CD 远离头基。α-CD 从 7·(α-CD)$_2$ 脱去也比 7·(α-CD)$_2^*$ 快,但实际上 7·(α-CD)$_2^*$ 是更稳定的复合物。从结构上说,7·(α-CD)$_2$ 的低稳定性归因于穿上去的两个 α-CD 都不如 7·(α-CD)$_2^*$ 深。尽管测得活化参数的误差大,但其趋势是显而易见的,$\Delta H_{4,f}^{\ne}$、$\Delta H_{4,r}^{\ne}$ 大于 $\Delta H_{2,f}^{\ne}$、$\Delta H_{2,r}^{\ne}$,而 $\Delta S_{4,f}^{\ne}$、$\Delta S_{4,r}^{\ne}$ 都比 $\Delta S_{2,f}^{\ne}$、$\Delta S_{2,r}^{\ne}$ 负得少。ΔV_4°($+8.4\text{mL}\cdot\text{mol}^{-1}$)与 ΔV_2°($-7.5\text{mL}\cdot\text{mol}^{-1}$)相反,表明水合、构象、范德华力互相

作用对于体积变化和形成 $7 \cdot (\alpha\text{-CD})_2$、$7 \cdot (\alpha\text{-CD})_2^*$ 能量的贡献上有质的区别。可能有 3 种原因引起这种差别：① $7 \cdot (\alpha\text{-CD})_2$ 中磺酸基水合作用不太明显，第二个 α-CD 离头基近；② 在一个复合物中，两个 α-CD 可以作为一个单一的单元作用，其间有氢键；③ 在一个复合物中客体苯基扭转超出平面比另一个倾向大，表现在焓、熵、体积变化的差别。

总之，通过高压动力学研究 α-CD 对客体的连续结合，发现客体结构在决定 α-CD 位置、方向和稳定性以及结合、脱去动力学方面有重要作用。形成 2 个异构的 1:1 复合物 $7 \cdot (\alpha\text{-CD})^*$、$7 \cdot (\alpha\text{-CD})$，在第二个复合物中客体更深埋在 α-CD 空腔，2 个复合物都再穿上一个 α-CD 形成 1:2 复合物 $7 \cdot (\alpha\text{-CD})_2^*$、$7 \cdot (\alpha\text{-CD})_2$，但这些异构的复合物间并不直接互相转换，各自都能脱去一个 α-CD 形成 $7 \cdot \alpha\text{-CD}^*$ 和 $7 \cdot \alpha\text{-CD}$。它们在穿上第二个 α-CD 之前，异构化，再形成 $7 \cdot (\alpha\text{-CD})_2^*$ 和 $7 \cdot (\alpha\text{-CD})_2$。定量的研究基态、活化焓、熵和体积变化，表明水合作用、范德华力和可能的构象变化决定体系的动力学性质。

8.4.4　电导停-流法

含发色团的冠醚或其他主体可以用分光检测的停-流法测定动力学数据[25]。对于不含发色团的客体，如离子表面活性剂，与 CD 的结合动力学可以用电导停-流法（conductance stopped-flow method，CSF）测定[35]，同样适用于快离子反应如碱金属和碱土金属离子与冠醚、窝穴体结合动力学的测定[30~33]。各种窝穴体（2，1，1；2，2，1；2，2，2；2_B，2，2）与金属离子形成络合物的速率足可以用停-流仪测定（仪器的死时间为毫秒）[31,33,34]。

电导停-流法研究窝穴体 2，2，2（**8**）与碱土金属离子、碱金属离子络合的动力学，以此判断反应历程。使用 CSF 仪[33]的检测部分是将一个白金板（2mm×10mm）固定在环氧树脂制的观测池内对面壁上，两个液体在四喷嘴型聚四氟乙烯混合器内混合，设备的死时间预计为 1ms。单个液流体积为 0.2cm^3，池常数为 1.3cm^{-1}。向维恩（Wien）电桥上加 50kHz 交流电，保持跨池电压为 2V。使用电流平均值为 $100\mu\text{A}$，去离子水用前重蒸，配制 pH $= 11.0$ 的 $[2,2,2]_0$（2×10^{-2} mol·L^{-1}）和 $[\text{Ca}^{2+}]$（1×10^{-3} mol·L^{-1}）以保证 2，2，2 分子完全去质子。两溶液在 CSF 混合器相遇，观察到如图 8-18 所示的 2 个弛豫过程。由 2 种溶液反应产生的浓度突变给出弛豫时间值。图 8-18 表明配位反应只少存在两步过程，用弛豫时间倒数 $1/\tau_1$ 和 $1/\tau_2$ 在 2，2，2 过量情况下对 $[2,2,2]_0$ 作图（图 8-19）。

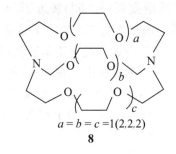

$a = b = c = 1(2,2,2)$

8

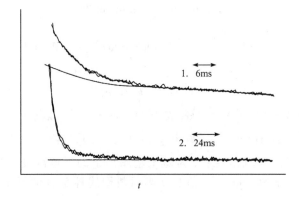

图 8‑18 [2,2,2]和 Ca^{2+} 络合反应的典型轨迹[33a]

1. 快弛豫;2. 慢弛豫

$[2,2,2]_0 = 2 \times 10^{-2} \, mol \cdot L^{-1}$;$[Ca^{2+}] = 1 \times 10^{-3} \, mol \cdot L^{-1}$;pH=11.0

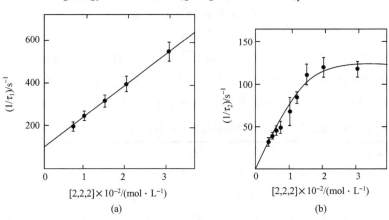

(a)   (b)

图 8‑19 $1/\tau_1$(a)、$1/\tau_2$(b)对$[2,2,2]_0$ 相关图[33a]

25℃,$[Ca^{2+}] = 0.5 \, mmol \cdot L^{-1}$

弛豫时间倒数值 $1/\tau_1$ 和 $1/\tau_2$ 对过量$[2,2,2]_0$ 的相关图如图 8‑19 所示,很明显 $1/\tau_1$ 随$[2,2,2]_0$ 的增加呈线性上升[图 8‑19(a)],而 $1/\tau_2$ 随$[2,2,2]_0$ 增加

达到饱和,表明 τ_2 相当于反应方程(8-52)慢过程,τ_1 相当于快过程。经核对图 [8-19(b)]曲线初始线性段的斜率为 $7.5\times10^3\,\mathrm{L\cdot mol^{-1}\cdot s^{-1}}$,与先前 Loyola 等发表的 2,2,2 络合碱土金属离子表观二级速率常数值$(7.3\times10^3\,\mathrm{L\cdot mol^{-1}\cdot s^{-1}})^{[31b]}$ 很接近。已有研究证明,2,2,2 在溶液中存在方程(8-51)所示的构象变化,此构象变化速率非常快(10^7)。假定方程(8-51)、方程(8-52)代表结合反应过程,而且在 $1/\tau_0\gg1/\tau_1$(或 $1/\tau_2$)条件下(τ_0 相当于窝穴体分子构象变化),得到理论方程(8-53)、方程(8-54)、方程(8-55)

$$\mathrm{exo\cdot exo} \underset{k_b'}{\overset{k_f'}{\rightleftharpoons}} \mathrm{endo\cdot endo} \tag{8-51}$$

$$\mathrm{M^{2+}+endo\cdot endo} \underset{k_{-1}}{\overset{k_{+1}}{\rightleftharpoons}} [\mathrm{M^{2+}(endo\cdot endo)}] \underset{k_{-2}}{\overset{k_{+2}}{\rightleftharpoons}} [\mathrm{M(endo\cdot endo)}]^{2+} \tag{8-52}$$

较快   较慢

$$1/\tau_0 = k_f' + k_b' \tag{8-53}$$

$$(1/\tau_1)+(1/\tau_2) = [k_1(K+1)](\bar c_0+\bar c_a) + k_{-1} + k_2 + k_{-2} \tag{8-54}$$

$$(1/\tau_1)(1/\tau_2) = [k_1(k_2+k_{-2})/(K+1)](\bar c_0+\bar c_a) + k_{-1}k_{-2} \tag{8-55}$$

方程中:$\bar c_0$ 为 2,2,2 平衡浓度;$\bar c_a$ 为碱土金属离子的平衡浓度。慢弛豫一步弛豫时间的倒数值$(1/\tau_2)$由 $\lg(-\Delta K)$ 对 t 半对数图线性部分的斜率确定,$1/\tau_1$ 也由 $\lg(-\Delta K)$ 对 t 的半对数图的斜率确定,动力学常数 k_1、k_{-1}、k_2、k_{-2} 由方程(8-54)、方程(8-55)评价。方程(8-56)中的稳定常数 K_t 可以用理论和实验图经计算机模拟对比方法确定[33a]

$$K_t = \frac{[k_1(K+1)](k_2+k_{-2})}{k_2 k_{-2}} \tag{8-56}$$

在[2,2,2]$(1\times10^{-2}\sim3\times10^{-2}\,\mathrm{mol\cdot L^{-1}})$相对于[$\mathrm{M^{2+}}$]$(0.5\,\mathrm{mmol\cdot L^{-1}})$完全过量情况下测定,以$(1/\tau_1)+(1/\tau_2)$和$(1/\tau_1)(1/\tau_2)$对[2,2,2]作图,络合碱土金属离子 $\mathrm{Ca^{2+}}$、$\mathrm{Sr^{2+}}$、$\mathrm{Ba^{2+}}$ 的反应速率常数值列于表 8-2。

表 8-2 　碱土金属离子-2,2,2 络合的反应速率常数($\mathrm{H_2O}$,25℃,pH=11.3)[33a]

离子	离子半径 /Å	$k_1/(K+1)$ /(L·mol⁻¹·s⁻¹)	k_{-1} /s⁻¹	k_2 /s⁻¹	k_{-2} /s⁻¹	k_2/k_{-2}	K_t /(L·mol⁻¹)
$\mathrm{Ca^{2+}}$	0.99	$(1.8\pm0.1)\times10^4$	12±1	120±2	10±2	12±3	$(1.8\pm0.2)\times10^4$
$\mathrm{Sr^{2+}}$	1.13	$(2.2\pm0.1)\times10^4$	37±5	120±5	2.5±1	48±4	$(2.0\pm0.2)\times10^4$
$\mathrm{Ba^{2+}}$	1.35	$(1.6\pm0.1)\times10^4$	100±10	500±10	$\approx10^{-3}$	10^6	$\approx10^9$

注:2,2,2 空腔尺寸是 1.4Å。

从测得的动力学数据证明较快一步反应速率常数由于 K 值与金属离子无关,k_1 应与 $k_1(K+1)$ 具有相同数量级,并随离子半径减小而下降:$\mathrm{Ba^{2+}>Sr^{2+}>}$

Ca^{2+},结果暗示配位水分子的去水合作用是快反应的决定速率一步,因为溶剂化强度随离子半径的增加而减小。对于慢反应一步,考虑到空腔尺寸大概能接受一个水分子,而且与空腔内反应位的氢键作用不强,从中驱逐水分子将不会影响到慢反应一步过程,因此慢反应过程的决定速率步骤应该是将金属离子捕获进空腔,随后与空腔内的反应位发生强结合,表 8 - 2 中的 k_2 按以下顺序递减:$Ba^{2+} > Sr^{2+} > Ca^{2+}$,说明在快反应一步之后仍有一些配位水分子留在空腔内。按以上分析提出窝穴体 2,2,2 与碱土金属离子络合的反应机理如图 8 - 20。

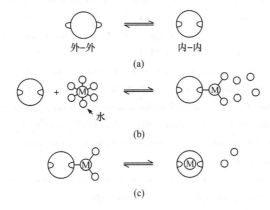

图 8 - 20　窝穴体 2,2,2 与碱土金属离子络合反应机理
（a）第一步　　（b）第二步（较快）　　（c）第三步（较慢）

参 考 文 献

1　Petrucci S, Eyring E M, Konya G. Kinetic of Complexation in Comprehensive Supramolecular Chemistry. Davies J E D, Ripmeester J A (eds). Oxford：Pergamon Press, 1996, 8：483～497

2　Connors K A. Chemical Kinetics——the Study of Reaction Rates in Solution. New York：VCH Publishers, 1990, 5：187

3　Kellner R, Mermet J M, Otto M et al. 分析化学. 李克安, 金钦汉 等译. 北京：北京大学出版社, 2001

4　董元彦, 李宝华, 路福绥. 物理化学. 北京：科学出版社, 1998

5　Cramer F, Saenger W, Spatz H C. Inclusion Compounds ⅩⅨ The Formation of Inclusion Compounds of α-cyclodextrin in Aqueous Solution. Thermodynamics and Kinetics. J. Am. Chem. Soc., 1967, 89：14

6　(a) 柯以侃, 董慧茹. 光谱分析. 分析化学手册. 第二版第三分册. 北京. 化学工业出版社, 1998, 1184～1293

(b) Wang Y H, Zhang H M, Liu L et al. Photoinduced Electron Transfer in a Supramolecular Species Building of Mono-6-p-nitrobenzoyl-β-cyclodextrin with Naphthalene Derivatives. J. Org. Chem., 2002, 67：2429～2434

(c) Yorozu T, Hoshino M, Imamura M. J. Photoexcited Inclusion Complexes of β-Naphthal with α-, β-and γ-CD in Aqueolls Solution Phys. Chem., 1982, 86：4422～4426

7　Ros T D, Prato M, Guldi D M et al. Efficient Change Separation in Porphyrin-fullerene ligand Complexes.

Chem. Eur. J., 2001, 7(4): 816~827

8　Merrins, A Kleverlaan C, Will G, et al. Time-resolved Optical Spectroscopy of Heterosupramolecular Assemblies Based on Nanostructured TiO$_2$ Films Modified by Chemisorption of Covalently Linked Ruthenium and Viologen Complex Components. J. Phys. Chem. B., 2001, 105(15): 2998~3004

9　Yoshida N, Fujimoto M. Proton-transfer Reactions of 5-(*m*- and *p*-nitro-Phenylazo)salicylic Acids Coupled With Inclusion Reactions With α- and β-cyclodextrins. Bull. Chem. Soc. Jpn., 1982, 55: 1039~1045

10　Schiller R L, Coates J H, Lincoln S F. Kinetic and Equilibrium Studies of Crystal Violet-cyclodextrin Inclusion Complexes. J. Chem. Soc., Faraday Trans. 1, 1984, 80: 1257~1266

11　Hersey A, Robinson B H. Thermodynamic and Kinetic Study of the Binding of Azo-dyes to α-cyclodextrin. J. Chem. Soc., Faraday Trans. 1, 1984, 80: 2039~2052

12　(a) Clarke R J, Coates J H, Lincoln S F. Complexation of Tropaeolin 000 No. 2 by β-and γ-cyclodextrin. J. Chem. Soc., Faraday Trans. 1, 1984, 80: 3119~3133

　　(b) Bernasconi C F. Relaxation Kinetics. New York: Academic Press, 1976

　　(c) Czerlinski G H. Chemical Relaxation. New York: Marcel Dekker, 1966

13　Schiller R L, Lincoln S F, Coates J H. The Inclusion of Pyronine B and Pyronine Y by β-and γ-cyclodextrin. A Kinetic and Equilibrium Study. J. Inclusion Phenomena, 1987, 5: 59~63

14　Easton C J, Lincoln S F. Modified Cyclodextrins, Scaffolds and Templates for Supramolecular Chemistry. London: Imperial College Press, 1999, 18~41

15　Rohrbach R P, Rodriguez L J, Eyring E M et al. An Equilibrium and Kinetic Investigation of Salt-cycloamylose Complexes. J. Phys. Chem., 1977, 81(10): 944~948

16　Nishikawa S, Yamaguchi S. Kinetics of Complexation between β-cyclodex trin and 1-propanol in Aqueous Solution by Ultrasonic Relaxation Method. Bull. Chem. Soc. Jpn., 1996, 69:2465~2468

17　(a) Ugawa T, Nishikawa S. Kinetic Study for Molecular Recognition of Amino Acid by Cyclodextrin in Aqueous Solution. J. Phys. Chem., 2001, 105(17): 4248~4251

　　(b) Nishikawa S, Ugawa T. Dynamic Interaction Between Cyclodextrin and Nonelectrolytes in Aqueous Solution by Ultrasonic Relaxation Method. J. Phys. Chem. A., 2000, 104: 2914~2918

　　(c) Nishikawa S, Kotegawa K. Structure and Kinetics in Aqueous Solution of Butyl Cellosolve from the Temperature Dependence of Ultrasonic Properties. J. Phys. Chem., 1985, 89: 2896~2900

　　(d) Kuramoto N, Veda M, Nishikawa S. Solvent Effect on Proton Transfer Reaction Rate by Utrasonic Absorption Method. Bull. Chem. Soc. Jpn., 1994, 67: 1560~1564

18　Echegoyen L, Gokel G W, Kim M S et al. Mechanism of Complexation of Na$^+$ with *N*-pivot-lariat 15-crown-5 Ethers in Methanol at 25℃. J. Phys. Chem., 1987, 91(14): 3854~3862

19　Delsignore M, Farber H, Petrucci S. Molecular Relaxation Dynamics and Ionic Association of LiBF$_4$ in Dimethoxymethane. J. Phys. Chem., 1986, 90: 66~72

20　Kato S, Nomura H, Miyahara Y. Ultrasonic Relaxation Study of Aqueous Solution of Cyclodextrins. J. Phys. Chem., 1985, 89:5417~5421

21　Yoshida N, Seiyama A, Fujimoto M. Rate Constants and Thermodynamic Parameters for the Inclusion Reactions of Some *p*-hydroxyphenylazo Derivatives of Sulfanilic Acid with α-cyclodextrin. Chemistry Letters, 1984, 703~706

22　Yoshida N, Seiyama A, Fujimoto M. Thermodynamic Parameters for the Molecular Inclusion Reactions of Some Azo Compounds with α-cyclodextrin. J. Inclusion Phenomena, 1984, 2: 573~581

23　Yoshida N, Fujimoto M. Compensation Effect in Host-guest Interactions, the Activation Parameters for the Inclusion Reactions of α-cyclodextrin with Hydroxyphenylazo Derivatives of Naphthalenesulfonic Acids. J. Phys. Chem., 1987, 91: 6691~6695

24　Yoshida N, Seiyama A, Fujimoto M. Dynamic Aspects in Host-guest Interactions. Mechanism for Molecular Recognition by α-cyclodextrin of Alkyl-substituted Hydroxyphenylazo Derivatives of Sulfanilic Acid. J. Phys. Chem., 1990, 94: 4246~4253

25　Schroeder G, Leska B. Kinetics and Mechanism of Reactions between Tetranitrodibenzo Crown Ethers and Alkali Metal Hydroxides. Supramolecular Chemistry, 1998, 9: 17~24

26　鲁润华,夏春谷,汪汉卿等. 电子光谱及动力学方法研究环糊精包结体系. 化学(Chemistry, The Chinese Chem. Soc., Taipei), 1998, 56(2): 89~94

27　Zheng P Q, Li Z, Tong L H et al. Study of Inclusion Complexes of Cyclodextrins With Orane Ⅱ. J. Inclusion Phenomena and Macrocyclic Chemistry, 2002, 43: 183~186

28　Abou-Hamdan A, Bugnon P, Saudan C et al. High-pressure Studies as a Novel Approach in Determining Inclusion Mechanisms: Thermodynamics and Kinetics of the Host-guest Interactions for α-cyclodextrin Complexes. J. Am. Chem. Soc., 2000, 122: 592~602

29　Saudan C, Dunand F A, Abou-Hamdan A et al. A Model for Sequential Threading of α-cyclodextrin onto a Guest: A Complete Thermodynamic and Kinetic Study in Water. J. Am. Chem. Soc., 2001, 123: 10 290~10 298

30　Cox B G, Garcia-Rosas J, Schneider H. Kinetics and Equilibria of Cryptate Formation in Propylene Carbonate. J. Phys. Chem., 1980, 84: 3178~3183

31　Cox B G, van Truong Ng, Schneider H. Alkaline Earth Cryptates: Dynamics and Stabilities in Different Solvents. J. Am. Chem. Soc., 1984, 106: 1273~1280

32　Cox B G, van Truong Ng, Garcia-Rosas J et al. Kinetics and Equilibria of Alkaline-earth-metal Complex Formation With Cryptands in Methanol. J. Phys. Chem., 1984, 88: 996~1001

33　(a) Kitano H, Hasegawa J, Iwai S et al. Kinetic Study of the Complexations of Cryptand 222 With Alkaline Earth Ions by the Conductance Stopped-flow Method. J. Phys. Chem., 1986, 90: 6281~6284

　　(b) Loyola Y M, Pizer R, Wilkins R G. The Kineics of Complexing of the Alkaline-earth Ions with Several Cryptands. J. Am. Chem. Soc., 1977, 99: 7185~7188

　　(c) Schneider H, Pauh S, Petrucci S. Kinetic of Conformation of Cryptand 2, 2, 2 in Water. J. Phys. Chem., 1981, 85: 2287~2291

34　Cox B G, Firman P, Schneider I et al. Rates and Equilibria of Alkaline-earth-metal Complexes With Diaza Crown Ethers in Methanol. Inorg. Chem., 1988, 27: 4018~4021

35　Okubo T, Maeda Y, Kitano H. Inclusion Process of Ionic Detergents with Cyclodextrins As Studied by the Conductance Stopped-flow Method. J. Phys. Chem., 1989, 93: 3721~3723

第9章 其他分析方法

9.1 衍 射 技 术

所有结构衍射法的基础都是辐射和样品间的互相作用。如欲研究原子结构，则辐射波长必定是附和分子内原子间距离，大约是100pm(10^{-8}cm)。电磁辐射属于硬X射线范围，X射线通过晶体时产生衍射现象，从衍射的方向决定晶胞的形状和大小，从衍射花样的强度决定晶胞中原子的分布。与X射线衍射法相似，中子衍射法也需要晶体样品，X射线被电子散射而中子则被原子核所散射，由这两种衍射技术得到高质量数据的结合就能得到有关晶体内分子中电子密度分布的信息。在固体物理中所用的中子是非相对论性的，可以作为具有速率和能量的粒子，也可以作为具有波向量、波长和能量的平面波考虑。用中子谱仪可以测定由于和样品原子核互相作用，被靶散射的中子能量和方向。散射函数包含这些核的位置和动态。中子被原子核衍射或者更精确地说被核自旋衍射，有利于区别原子，特别是氢和氘，它们的扫描因子符号相反。问题是中子衍射要求价格昂贵的核反应器，在一些特殊情况下如区分同位素和确定氢还是很需要的。除此之外，电子衍射存在的问题是穿透性差并且有相当大的辐射伤害，特别是对生物样品。实际上仅在研究非常小的气体分子样品时应用，或用于研究膜和薄层。由单个分子产生的衍射很弱，在样品完全破坏之前不能记录明显信号。这3种类型粒子/辐射，在原子分辨水平成像性质上明显不同，显然，X射线优先被选用。衍射技术是用以证明分子结构的最精确的工具，所有衍射技术的突出优点是证明所有特征性的距离和角速度等。衍射法与光谱法如NMR的区别在于NMR可以给出精确的短程距离（信息），但对整个分子来说会产生误差[1,2]。

9.1.1 单晶X射线衍射技术

单晶X射线衍射技术要求样品空间有序，以使能从样品的不同部分观察到辐射干涉，只有晶体才可以满足这个条件。晶体中包含大量的晶胞，每个晶胞都是由一些一定排列的原子组成，具有重复的结构图案。样品中高度有序性可得到准确的结构描述。

超分子如低聚物、维生素B_{12}、维生素D_2、环糊精、富勒烯、杯芳烃，由于其分子尺寸较大，在晶体中不能紧密堆积，因而在空隙中将充入溶剂（通常情况下是水），在结构的裂缝处也可以接纳客体。另外，这些化合物本身常常带有一定柔性，结构柔性与一定含量溶剂导致晶体内出现无序状态区域,使原子平均温度因子增加,致使高分辨数据相对弱,如果这种无序完全由热引起,在低温下影响将减少。采用二维检测器连同同步加速器束和收集低温数据,提高了观察晶体的分辨能力。

环糊精是一类系列环状低聚糖,含一些 1,4-键连 α-D-吡喃葡萄糖单元[3],分子形状如无底水桶形,内部空腔可以容纳相当广类别的分子形成复合物,环糊精因而成为研究分子间互相作用的模型。最早应用 patterson 法确定了环糊精碘包结物的同晶型混合物所有原子位置[4]。此后在室温下用成像板扫描仪(imaging plate scanner)作为检测器,结合同步加速器和适宜的辐射源测定 β-CD 水合物的结构,得到高质量数据。用这些数据确定了所有非氢原子包括 O-6 原子 2 个位置的精确定位。每个 β-CD 结构中含 12 个溶剂水分子,分布在 20 个以上位置,几乎可以认定结构中的所有原子和氢键中氢原子统计学的无序状态[1],在 flip-flop(突然转向反向)氢键中的变动氢位清楚可见。最近有报道在低温下用适宜的和同步加速器辐射收集 β-CD 数据,总体结构还是相同的,增加了有序性。明显无序的 C-6 位键改呈单一构象,水分子位也从 20 个减为 15 个。与室温情况下比较,在糖 OH 基间的 flip-flop 氢原子取单一位置。单晶 X 射线衍射技术证明了 α-、β-、γ-CD 各种水合物和修饰 CD 的晶体结构。许多有机小分子和环糊精、修饰环糊精包结物的晶系类型、原子间距和空间排布得到证实。从环糊精包结对映体的晶体结构分析中获得有关对映体选择分离的信息[3]。

在超分子化学中杯芳烃的一个最重要性质是可以在其尺寸和形状的基础上识别有机分子,也可以通过进一步修饰由此获得更复杂的功能分子。由于它们不完全是刚性分子,其形状和柔性也随溶剂、温度和进一步功能化而变化。控制构象因

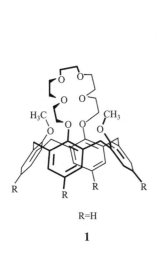

R=H

1

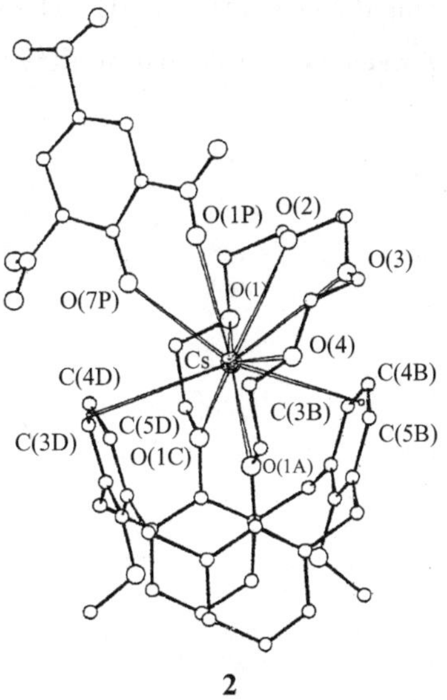

2

而成为在超分子化学中应用的重要前提,如环四聚体杯-[4]-芳烃有如下准三维表达式(图 9-1)。

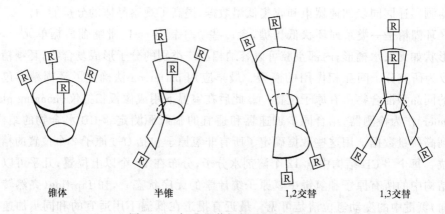

　　　　锥体　　　　　　　　半锥　　　　　　1,2交替　　　　　　1,3交替

图 9-1　杯-[4]-芳烃的准三维表达式

　　1,3-二甲氧基杯-[4]-芳烃冠醚主体 **1** 在 CDCl₃ 溶液中其游离配体主要以锥体构象存在,晶体结构证明 **1** 在固态也以锥体结构存在。**1** 与 K⁺ 配位后设想将改变为半锥结构,但晶体结构证明与 Cs⁺ 配位(**2**)却转变为 1,3 交替构象,构象重排结果使阳离子与杯的芳香核以阳离子-π 电子互相作用,实现结构稳定化[5]。杯-[4]管道是一类新型钾离子选择性载体[6],单晶 X 射线衍射证明这种对称结构含有晶体中心。杯芳烃大环 **3** 中每个苯环与 4 个亚甲基碳原子的平面交叉,交替环可以描写为竖式或半竖式,杯-[4]芳烃中的 4 个乙烯键取 2 种不同构象。其一,对角为类反式(*trans*)构象,O—C—C—O 扭转角为 ±161.2(6)°,而其余的 2 个呈邻位交叉式(*gauche*)构象,O—C—C—O 扭转角为 ±47.8(8)°。所以构象为 tgtg(t = trans,g = gauche),这种 gauche 扭转角与 2 个竖立苯环相配合的特殊构象,使由 8

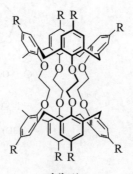

对称型
a　R=*t*-Bu
b　R=*t*-Oct
c　R=H

3

个氧原子组成的中心笼由于有 2 个反式排列而不能形成复合物。但 **3a** K$^+$ 复合物的晶体结构确定为是含有沿主轴方向近似对称非晶体 C$_4$ 单元。所有乙烯链节为 gauche 型构象,4 个扭转角为 68.2°、59.8°、52.3°、61.9°,其结构构象因而可以描写为 gggg。苯环与 4 个亚甲基碳的平均平面在 64.6 (2)°和 67.9(2)°之间非常近似的变化。钾原子位于稍变平的 8 个氧原子立方体中心,K—O 间距离在 2.759 (6)Å 到 2.809(6)Å 之间,碘阴离子在晶格中但不与 K$^+$ 有互相作用,最近距离为 6.46Å 和 7.40Å。**3a** 与不同 K$^+$ 盐作用,不同对离子与 **3a·**K$^+$ 络合物百分数明显不同,其中 KI 最有效。

　　超分子化学的目的是设计、合成性能优异的体系,这些体系和它们的天然副本具有类似功能,如在分子水平上的接纳、存储、处理、传递和传播。这些体系可以通过自集过程,自发地组建成具有非常确定,结构更复杂的建筑,收率相当高,模板效应在其中起重要作用。如由以下 3 组分在水中自集成 **4**(式 9-1),**4** 的晶体结构由 X 射线晶体衍射证实[7a, b]。

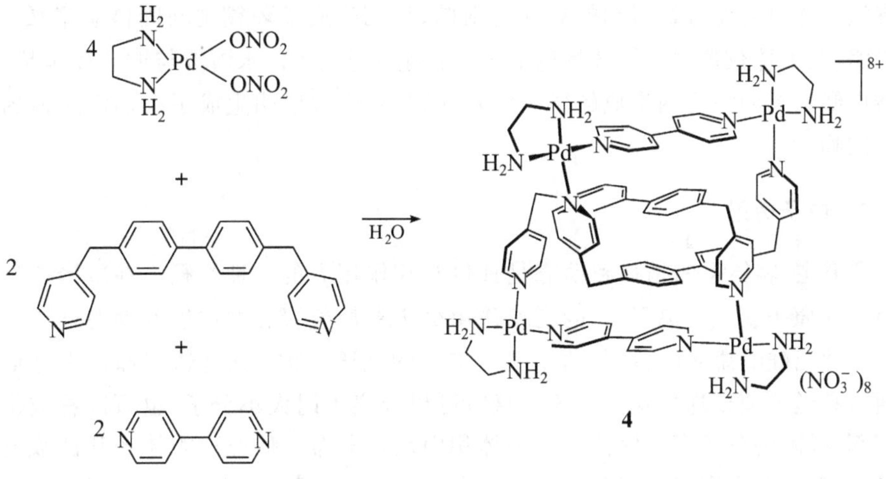

式 9-1

9.1.2　X 射线粉末衍射

　　由单晶法导出的理论对于多晶(粉末)样品有效,区别在于单个晶体可以在不同方向衍射,因而反射不是单一的点而是一套同心环,其 θ 角相应等于布拉格反射[1, 8]。此法适用于小分子或基本结构已知,但需小部分修改的分子,如沸石。对于大的超分子,由于结构限制,不可能从一维图获得上千个三维 X 射线反射。粉末法在沸石和确定形成主-客体复合物方面可以提供定性结果[3, 9, 10, 11]。

　　许多新硅基沸石结构是在结晶产物中使用有机阳离子作为客体衍生出来的,

这些有机阳离子能有效地稳定无机结构中的空穴,被称为"模板分子"或结构导向剂(SDA)。Wagner、Zones 等[12]采用大体积刚性球形含氮有机阳离子作为 SDA,得到新的开架沸石,分析同步加速器粉末 XRD 参数,获得产物的结构信息。比较用不同结构导向剂制备新沸石的 X 射线粉末衍射图,找到最适宜的 SDA。从粉末 X 射线数据可以指认材料的缺欠。

近年来,有一些关于以 XRD 为表征手段之一来研究分子筛(沸石)为主体、有机分子为客体的超分子化学性质的报道。由于分子筛孔道大小的限制,进入分子筛孔道结构的有机客体分子难以形成具有足够大小的粉晶,即用于和 X 射线发生衍射作用的样品厚度不够,从而使人们难以观察到衍射信号,也就无法得到此类超分子体系中有机分子的衍射谱。但有机分子(包结)进入分子筛的孔道后,根据分子形状、功能基团的不同,会对分子筛本身的 XRD 衍射谱的谱峰之间的相对峰强度产生影响。

X 射线粉末衍射技术是判断是否生成了环糊精固体包结物和包结物纯度的有用方法。通过对比分析得到的粉末衍射图,证明生成了环糊精与固体硫辛酸[11]、苯甲醛[9]、液体玫瑰油①的微晶包结物。有趣的是 γ-CD 水溶液与顺式环辛烯、苯甲酸甲酯在封闭空间内生成的微晶粉末、峰形和峰位证明生成了有确定晶型的三元包结物②。

9.1.3　中子衍射

研究主-客体系的拓扑和动态是评价互相作用力的一种途径。在凝聚态物质中,粒子(原子、分子、离子)间的互相作用决定平衡位置和方向以及动态性质。沸石是一种铝硅酸盐晶体,在晶格中具有丰富的孔道结构,如管道型和近乎球形空腔通过孔道或窗传递信息等。这些材料可以分离不同大小分子,也可以看成是固体溶剂,吸附的分子穿入固体的整个体积内均匀分布。研究这类体系和被吸收分子的互相作用,有利于获得分子在不同沸石体系中的吸附,反过来可以推导出同一沸石吸附不同分子的规律。中子谱是观察分子间相关的最有力技术。中子与分子的所有自由度相关,很适于研究分子动态。热中子可以容易地穿透进绝大多数材料,被核靶以各种途径散射。测定中不破坏样品结构,也不要求特殊处理。提供同一时间的空间和动态信息,足以表达在主体拓扑中心物种的各种性质。与 X 射线相同,中子衍射可以给出主体和主体内客体的结构。作为 NMR 补偿方法,中子扫

---

①　胡慧珠,童林荟. α-CD 包结玫瑰油之应用. α-CD 研制鉴定会资料. 中国科学院兰州化学物理研究所. 1982

②　童林荟(中国科学院兰州化学物理研究所),井上佳久(日本大阪大学). γ-CD 三元包结超分子体系的自组装. 中国化学会第八届大环化学学术讨论会论文摘要集. 019. 1996,10,郑州

描可以确定客体的扩散,最有希望获得局部移动信息,它能确定吸附分子在沸石网络中是均匀分散还是形成了 10～12Å 直径聚集体的最适宜的技术。但中子衍射技术本身和在沸石中应用的时间和数量都不多。有关详细实验技术可以参阅文献报道[13,14]。

　　X 射线和中子衍射是两个互补技术,前者的散射长度与电子密度有关,后者与核特性有关。中子衍射一方面可以确定轻原子的局域,另一方面可以区别电子密度类似的原子。同时适于在很大温度范围内进行研究,使吸附系数低的材料易于操作。低温测定有利于收集定位客体的数据,然而中子束通量低,需要大单晶,但对绝大多数合成沸石结构不易得到 $1mm^3$ 大小的单晶。事实上除天然沸石,绝大多数实验是在粉状下进行。

　　为比较甲烷在 NaA 沸石中的动态性质[13,14],用从位能计算中得到的信息,采用每个空穴中少于 1 个分子的样品,从室温降到 4K 范围内,以 10Å 入射波和 $25\mu eV$ 的弹性分辨,记录飞行时间谱(TOF)。用此时间分辨,长程移动不能进入,表明客体在时间长于 10^{-10}s 时仍停留在同一个空腔内。最有兴趣的结果是证明了分子在孔道内移动与温度有关。从弹性不相干结构因子(EISF)曲线形状随温度的变化,证明室温下分子在整个孔道体积内移动。在温度下降时轨迹越来越接近壁,伴随而来的是吸附位的诱捕时间增长。由于已有的实验资料太少,还需要更合适的技术,来确定被吸收的分子在沸石网络中分散或聚集的状态。弹性中子扫描给出低频内部振动的信息,这一点在红外、拉曼这样的光谱中是不易观察到的,如在 $1000cm^{-1}$ 以下的沸石振动带。也可以归属相对于内表面的整个分子外部振动,和分子中给定基团的旋转。这种低频移动对局域结构和吸附动态非常敏感,研究低频移动可以获得有关吸附分子方向和微环境的信息,如当温度下降时这种累进的局域化,和给定分子轴的旋转运动。研究 10^{-10}s 内同一沸石 NaA 中甲烷分子,其运动受孔道大小的制约;相反,氢分子在晶体中却表现为准游离粒子。然而这种差别不能归结为主-客体系互相作用的强度,而是与 CH_4 难以跨越连接两个孔道的窗有关。中子实验表明 CH_4 和 H_2 分子尺寸分别为 4Å 和 2.2Å,NaA 沸石中的窗孔为 4Å。两分子局域扩散运动的活化能相近,前者为 700K,后者为 450K。在绝大多数情况下,中子分析依据由其他技术获得的观点,然后提供空间和时间范围的信息。另外,室温下的中子衍射研究证明了 β-CD 中包含于氢键中的氢(D)原子位置[15]。

　　综上所述,使用检测器、强有力的射线源(如同步加速器辐射)和低温,有可能在尽可能高的分辨率下记录数据,在标准近似情况下确定超分子结构,这意味着可以在易控时间内记录原子分辨数据。最近 Hudson[16]详细评述了无弹性中子衍射(INS)技术,指出 INS 是研究低温下固体物质原子振动的技术。联合强有力的计算机工具,使中子衍射在缩合相体系(包括自集体系和纳米结构领域)中使用的兴趣与日俱增,预计由此将形成振动非弹性中子散射领域。

9.2 电化学技术

各种电化学方法很多,通常分为两大类:界面法(interfacial)和体积法(bulk)。前者基于观察在电极-溶液界面发生的现象,伏安技术是界面法最好的示例。与此相反,体积法是那些与样品溶液核心发生的现象相关的技术,电导技术是一例。界面电化学法可以进一步再划分为平衡和动态法,第一类以平衡条件下进行的测定表征,没有电流通过电化学池($i=0$),典型例子是电位技术。动态法中令电化学池处在远离平衡状态,这时测定是在控制电流或控制电位状态下进行,典型例子是在实验条件下有非零电流通过电化学池。

动态电化学技术中的控制电位法是在电池上加一个偏离平衡的电位差,以时间或电位函数测定电流,通过解析所得的电流-电位和电流时间曲线获取溶液组成的信息,包括库伦分析法、伏安法、电流滴定法。在所有动态电化学技术中伏安法最为重要。在过去的 20 年里循环伏安法(CV)或许已成为最普及的电化学技术,因为它可能提供大量信息,例如新合成分子 CV 图将提供所有可接受的氧化态资料、相应氧化还原对的表观电位和电致物种的相对稳定性。CV 对于体系电化学性质的初始检验是特别有用的工具。下面以循环伏安法和电导技术为例,介绍电化学技术在超分子化学研究中的应用。

9.2.1 循环伏安法[17~19]

在电化学分析中有瞬态(动态)分析和稳态(平衡)分析技术。所谓稳态是指在指定时间范围内,电化学系统的参量(电极电势、电流、浓度分布、电极表面状态等)变化甚微,基本上可以认为是不变的状态,称作电化学稳态,未达稳态阶段称瞬时。在稳态,上述参数基本不变,则电极对电层充电状态不变,即双电层电荷不变,此时吸(脱)附引起的电流为零。稳态系统全部电流应是由电极反应产生。如电极上只有一对电极反应则稳态电流代表这一对电极反应的总速率,如有多对电极反应则代表多对电极反应总结果。瞬时分析比稳态分析多考虑了时间因素,因此可以利用各基本过程对时间的不同响应,达到研究控制电极总过程的目的。瞬时分析有许多方法,这里主要介绍循环伏安法。

解释循环伏安法要与线性扫描伏安法(LSV)对比,LSV 法是将线性电位扫描(即 $E\text{-}t$ 为一直线)施加于化学电池的工作电极和辅助电极之间。工作电极是可极化的微电极,而辅助电极和参比电极则具有大表面积,且相对来说是不可极化的。循环伏安法是对指示电极施加三角波电位(图 9-2)。

起始电位 E_i 开始沿某一方向变化,到达终止电位(开始电势)E_s 后又反方向

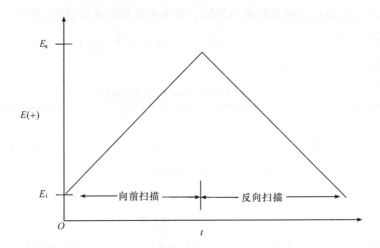

图 9-2　循环伏安法的典型电势激发函数

电势初始正向扫描

回到起始电位,得到的 *i-E* 曲线包括两个部分。如果前半部扫描是在电极上被还原的阴极过程,则后半部扫描过程是还原物又重新被氧化的阳极过程。因此,一次三角波扫描,完成一个还原和氧化过程的循环故称循环伏安法(图 9-3)。循环伏安法曲线的两个峰电流的比值和两个峰电位值是循环伏安法中最重要的参数。

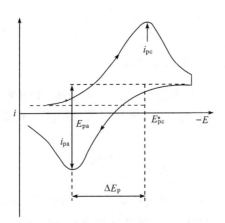

图 9-3　循环伏安曲线[19]

图中符号见表 9-1

循环伏安法可用来判断电极过程的可逆性。如果电极反应的速率常数很大,同一电极反应在阴极和阳极两个方向进行的速率相等,而且符合 Nernst 方程,则得到上下 2 个曲线基本对称的伏安图,两个峰电位之差为 $\frac{58}{n}$ mV,阳极电流和阴极电流之比为 1，这是可逆体系的基本特征。若电极反应速率常数小，偏离 Nernst 方程，两峰电位之差大于 $\frac{58}{n}$ mV，不可逆性增大，两峰电位之差愈大愈不可逆。不同电极过程的判据见表 9-1。

表 9-1　可逆、准可逆、不可逆过程的判据[19]

伏 安 参 数	电 极 过 程 类 型		
	可逆 $O + ne \rightleftharpoons R$	准可逆	不可逆 $O + ne \xrightarrow{k_f} R$
电位响应性质	E_p 与 v 无关，25℃ $E_{pa} - E_{pc} = \frac{59}{n}$ mV，与 v 无关	E_p 随 v 移动，在低 v 时，$E_{pa} - E_{pc}$ 接近 $\frac{60}{n}$ mV，v 增加时，此值也增大	v 增加 10 倍，E_p 移向阴极化 $\frac{30}{n}$ mV
电流函数性质 阳极电流 i_{pa} 与阴极电流 i_{pc} 比的性质	$i_p / v^{1/2}$ 与 v 无关 $i_p / i_{pc} = 1$，与 v 无关	$i_p / v^{1/2}$ 与 v 无关 仅在 $\alpha = 0.5$ 时，$i_p / i_{pc} = 1$	$i_p / v^{1/2}$ 对扫描速率是常数 反扫时没有电流

注：E_p 单位为 V(伏)，峰电位，出现峰电流时指示电极的电位；E_{pa} 氧化峰电位；E_{pc} 还原峰电位；i_p 单位为 A(安)，峰电流，在一次扫描时由于物质 B 的还原与氧化而产生的电流峰的最大值；i_{pa} 氧化峰电流；i_{pc} 还原峰电流；v 电位扫描速率；n 电子转移数；α 电荷转移系数；k_f 正向电极反应速率常数。

9.2.2　应用示例

9.2.2.1　由伏安参数确定结合常数

应用以上各章中讨论的基本公式，在一个由主体(H)和客体(G)构成的平衡体系中如果知道达到平衡时 $[H]_{eq}$、$[G]_{eq}$ 和形成复合物 $[C]_{eq}$ 的浓度，则结合常数与各质点间存在以下关系

$$K = \frac{[C]_{eq}}{[H]_{eq}[G]_{eq}} \qquad (9-1)$$

在伏安法中假定客体和最终形成的复合物是电活性物质，则在同一电位区将进行类似的电极反应(这时假定主体是非电活性物质)。测定溶液中固定一种电活性物质浓度不变，改变伏安电流结果使其扩散系数发生变化。一种物质在给定介质中的扩散系数对分子缔合现象非常敏感。扩散系数可用于确定结合常数，因此，需要精密确定。推荐使用：①旋转盘电极伏安法(RDE voltammetry)[17]，这是一种稳态伏安法常用的普通工作电极。该电极结构是将一个电极材料的盘(通常是玻璃化碳黑、金、铂)堆置到一个绝缘材料(如玻璃或聚四氟)制的圆筒中，电极绕其长轴旋转，用旋转频率 f 或角速度 ω 表征，两者关系为 $\omega = 2\pi f$。旋转电极主要优点是提

取稳态电流,由此很容易以高精度测量,精确测定电流给出精确的扩散系数。
② 半波电位,在极谱法中曾用以确定平衡常数和化学量。在与单齿配体络合的情况下,伏安法既可测定氧化的金属[如 Cu(Ⅱ)],也可测还原金属[如 Cu(Ⅰ)]的结合常数。实验中观察到的 Cu(Ⅱ)/Cu(Ⅰ)对子的半波电位,在增量加入配体 L 时逐渐位移,这种性质可以用方程(9-2)表示[17,20]

$$E_{1/2(L)} = E_{1/2} + \frac{RT}{nF}\ln\frac{1 + K^{\mathrm{I}}[L]}{1 + K^{\mathrm{II}}[L]} \qquad (9-2)$$

方程中：K^{I} 和 K^{II} 表示 Cu(Ⅰ)和 Cu(Ⅱ)络合物的结合常数。

循环伏安法曾用于研究杯芳烃-[60]富勒烯包结过程电化学性质[21],所用杯芳烃结构为

5　　　　　　R=H,Bu^t　　　　　**7**
　　　　　　　6

在甲苯：MeCN = 10∶1(体积比)溶液中,主体杯芳烃不存在时 C_{60} 单电子还原-氧化过程的 E_{pc} 和 E_{pa} 分别位于 -1.15 V 和 -1.02 V,在主体 **5** 存在时分别向负电位位移 -14 mV 和 -16 mV。E_{pc} 负位移不受扫速(sweep spect)变化($10\sim100$ mV·s^{-1})的影响,暗示 C_{60} 处在 **5** 空腔内不易还原,假如 C_{60}-**5** 复合物立即分解为 C_{60} 和 **5**,E_{pa} 将不受影响。E_{pa} 产生负位移说明不存在解离过程,而是 C_{60} 结合在 **5** 空腔时更易被氧化。这一结果支持一种观点,即电荷转移型互相作用对结合有贡献。从方程(9-3)可以计算出 K_1/K_2 值,K_1 是杯芳烃包结 C_{60} 的平衡常数

$$E_{游离} = E_{复合物} + (RT/F)\ln(K_1/K_2) \qquad (9-3)^{[21,22]}$$

K_2 是电化学确定的杯芳烃结合 C_{60}^- 的平衡常数,K_1 由光谱法测定,因而可以确定 C_{60}^- 和杯芳烃结合的 K_2 值,测定结果 $K_1 > K_2$。对于这一结果的合理解释是疏溶剂效应对于 C_{60}^- 要强于 C_{60},反之,与富勒希杯芳烃空腔的互相作用对于 C_{60} 要比 C_{60}^- 有效。$K_1 > K_2$ 表明与电荷转移型互相作用有关的后一种效应在所设计的体系中起主要作用。电化学法可以推广用于其他 C_{60}^- 杯芳烃。

9.2.2.2　研究自组单层的表面性质和分子识别作用

利用自组单层界面上的主-客体作用作定量安培检测[23]。用于测定的电极体系是饱和甘汞电极为参比电极,铂电极为对电极和 β-CD 修饰金盘电极为工作电

极。β-CD 修饰电极的制备方法是将预处理的金电极浸入已除氧的 $20\,mmol\cdot L^{-1}$ 半胱胺溶液得到半胱胺修饰电极。循环伏安法测定二茂铁/Na_2SO_4 溶液的可逆氧化还原峰,结果比在裸金电极测得的对峰低,表明在电极上形成均匀的半胱胺单层阻止了二茂铁分子向电极表面扩散。将此修饰电极浸入含 $0.02\,mol\cdot L^{-1}$ Ts-β-CD (6-对甲苯磺酸基-β-环糊精)水溶液得到 β-CD 单层修饰(SAM-β-CD)电极,测定二茂铁氧化还原峰电流和扫描速率关系(图 9-4)。当扫速在 $100\sim500\,mV\cdot s^{-1}$ 变化时,氧化与还原峰电流同时成线性增加(图 9-4 中插图),峰电位差略有增加,但阳极峰电流与阴极峰电流之比接近 1,表明二茂铁在电极表面吸附,与 β-CD 形成包结物。从二茂铁的阳极电流(i_{pa})与其浓度关系曲线呈 Langmuir 吸附等温线形状,确认二茂铁及其氧化物在 β-CD 界面单层上达到 1:1 包结平衡。根据 Langmuir 吸附等温方程(9-4)测得二茂铁的表面包结常数 K

$$\frac{c}{\Gamma} = \frac{1}{K\Gamma_{max}} + \frac{c}{\Gamma_{max}} \tag{9-4}$$

方程中:c 为溶液中二茂铁浓度;Γ 是二茂铁或其氧化产物在表面上的覆盖度; Γ_{max} 为最大覆盖度,表面覆盖度可通过测定阴极或阳极峰面积得到。以阳极化过程的 c/Γ 对 c 作图,在二茂铁浓度为 $60\sim135\,\mu mol\cdot L^{-1}$ 之间的线性段,由斜率和截距得到二茂铁与 β-CD 表面结合常数为 $(4.20\pm0.02)\times10^4\,L\cdot mol^{-1}$,最大吸附量为 $(8.6\pm0.01)\times10^{-12}\,mol\cdot cm^{-2}$,以阴极化过程的 c/Γ 对 c 作图得到二茂铁氧化产物的表面结合常数为 $(2.8\pm0.8)\times10^3\,L\cdot mol^{-1}$,最大吸附量为 $(4.6\pm0.8)\times10^{-12}\,mol\cdot cm^{-2}$,二茂铁氧化产物与 β-CD 形成包结物的 K 和 Γ_{max} 都比二茂铁小。 在二茂铁溶液中加入非电活性物质间甲苯甲酸(mTA)或 SDS 均导致 SAM-β-CD 修饰电极上二茂铁的峰电流降低,但在裸金电极和半胱胺修饰电极上并没有出现这种情况,说明在表面单层中结合的二茂铁被非电活性物质 mTA 和表面活性剂 SDS 顶替释放,使峰电流降低。在 mTA 浓度小于 $3.0\,\mu mol\cdot L^{-1}$ 溶液中含 100 $\mu mol\cdot L^{-1}$ 二茂铁时,峰电流降低与 mTA 浓度成正比,mTA 线性范围为 $0.8\sim2.7$ $\mu mol\cdot L^{-1}$,检测极限可达到 $0.05\,\mu mol\cdot L^{-1}$。在中性 pH 实验条件下,加入 SDS 对在裸金电极和半胱胺修饰电极上的峰电流没有影响,表明不产生电极吸附,但在 β-CD 修饰电极上加入 $0.025\,\mu mol\cdot L^{-1}$ SDS 后,二茂铁峰电流降低 22%,因此 β-CD 修饰电极也是检测 SDS 的灵敏传感器,在 $5\sim100\,nmol\cdot L^{-1}$ 浓度范围内,检测极限为 $2\,nmol\cdot L^{-1}$ [23]。

　　偶氮冠醚 L13-C_8(**8**)和 L16-t-Bu(**9**)有 E(trans)和 Z(cis)2 个立体异构体,在空气-水界面都能形成稳定 Langmuir 单层。最稳定的 L16 和 L13 的 E 异构体,在单层中的分子面积分别为 $114\,Å^2$ 和 $97.4\,Å^2$,Z 异构体单层中的分子面积较小[24]。在单层堆积紧密并有序但远离坍塌值的情况下(表面压为 $20\,mN\cdot m^{-1}$ 时), 用沉浸提取法将两种异构体单层转移到亲水(汞薄膜电极,TMFE)和疏水(铟-锡

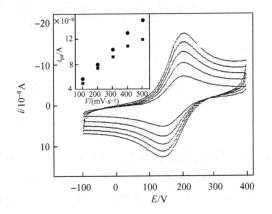

图 9-4　β-CD 修饰电极在 $100\mu mol\cdot L^{-1}$ 二茂铁

$+0.2mol\cdot L^{-1}Na_2SO_4$ 中扫速为 $100mV\cdot s^{-1}$、

$200mV\cdot s^{-1}$、$300mV\cdot s^{-1}$、$400mV\cdot s^{-1}$、$500\ mV\cdot s^{-1}$

时的循环伏安图[23]

插图为裸金(■)和 β-CD 修饰电极(●)在相同条件下

阴极峰电流与扫速的关系

氧化物电极,ITO)电极表面。当用汞代替 ITO 作为电极物质时,电极过程显示出更可逆的循环伏安图(图 9-5)。实验表明过程的可逆性和动力学参数与溶液 pH 有关,在强酸介质中还原最快,且随 pH 增加速率常数下降。经计算偶氮冠醚 **8** (L13)和 **9** (L16)在汞电极上单分子层的反应速度常数 $k(s^{-1})$ 分别为 $26.4s^{-1}$、$2.7s^{-1}$,在 ITO 电极上分别为 $1.9\times10^{-2}s^{-1}$、$1.5\times10^{-2}s^{-1}$[25]。

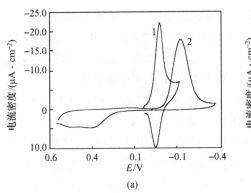

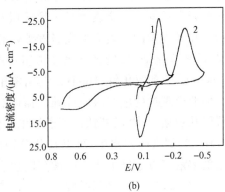

(a)　　　　　　　　　　　　　　(b)

图 9-5　涂有 *E*-**8** (a)、*E*-**9** (b)、L-B 单层的 TMFE(1)和 ITO(2)

电极上记录的循环伏安图[24]

$0.025mol\cdot L^{-1}$ 柠檬酸盐缓冲液,pH$=2.5$, $v=0.1\ V\cdot s^{-1}$

Z-L13-C8 (cis)
8

Z-L16-t-Bu (cis)
9

　　速率常数的差别反映两偶氮化合物在疏水 ITO 和亲水 TMFE 电极表面分子定向不同。在汞表面,疏水链指向电极表面,同时极性头基(这里也是电活性部分)指向溶液。在偶氮化合物还原过程中,包含的电子和质子传递过程将决定整个过程的速率常数,在溶液中头基与质子作用相对疏水电极表面要容易。在 ITO 情况下,极性头基指向电极表面,质子接近冠醚必须通过密集堆积的碳氢链,这样就可以解释为什么用 ITO 电极时观察到的峰电位更负。碱性溶液中由于还原动力学不同伏安法可以识别 E、Z 异构体,Z-型还原速率常数达到 22.6s^{-1},此值与在强酸介质中的数值相当(26.45s^{-1}),E-型则相反,速率常数几乎与中性介质中的速率常数相等(4.3s^{-1})。含氮冠醚单层的 E、Z 异构体在空气-水或电极表面都能被识别,大环偶氮头基的还原动力学参数与分子在电极表面的方向有关。

　　一个有趣的现象是在金表面通过连续两步自集,形成疏水纳米裂缝[26]。在此裂缝中可以锚入一些重要天然产物如纤维二糖,电介质不能穿透这个吸附分子的固定层,因而不发生水溶液中铁氰化物电极反应。仅在加入 1% 麦芽糖到纤维二糖中时才能取消这种堵塞效应。由纤维二糖关闭的裂缝在有二甲基联吡啶存在下进行 CV 实验时可以再打开。可以用 CV 测定表征膜孔的表面区域和性质,以及堵塞和开启过程。在金表面平面状沉积对称四取代卟啉分子的示意图如图 9-6 所示。在其周围的金表面形成竖直排列的十八烷硫氢化物 **10**(ODT)或二酰胺 **11** 单层,前者是流动的,后者是刚性类脂单层。将这样处理的电极插入到铁氰化物($1 \text{mmol} \cdot \text{L}^{-1}$)和氯化钾($1 \text{mol} \cdot \text{L}^{-1}$)溶液中,两者都能记录到循环伏安图。

　　但此处理过的电极吸附纤维二糖(或维生素 C、酪氨酸)后,水洗再测 CV 图,发现膜孔被堵,从电极到铁氰离子的电子传递被切断。加入 >10% 乙醇或一些盐酸(pH<3)到大体积水中,可以在几分钟内打开膜孔。将电极取出水洗后再放入堵塞剂溶液可以重复关闭。向被阻断膜孔电极的水溶液体系中加入浓度为 10^{-3} $\text{mol} \cdot \text{L}^{-1}$ 的 2,2'-二甲基联吡啶,在 +0.5V 和 -0.8V(对 Ag/AgCl)作 CV 图,经过 12 个循环之后,膜孔完全打开。这种现象解释为窄长的 2,2'-二甲基联吡啶分子掉进了没有电介质的孔中,吡啶镓环进行可逆氧化还原反应,在孔中分子总是在改变位置和方向,像一个分子搅拌棒,将被吸附的分子转移到大体积水中。以上实验也证明膜裂缝中的水团不含电解质(图 9-7)。

10
11
12
13
14
15

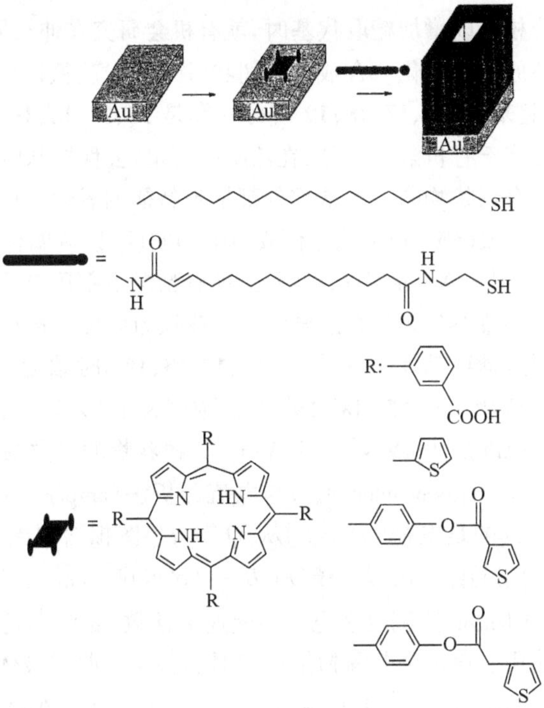

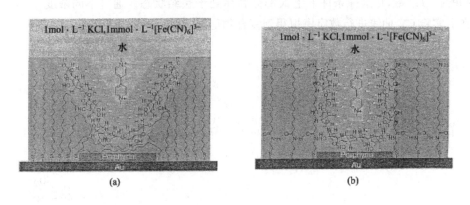

图 9-6　用卟啉和类脂膜通过两步自集过程形成裂峰的表达式

图 9-7　疏水膜裂缝中固载纤维二糖层的水合膜型[26]

9.2.2.3　证明超分子结构

二茂铁是构筑分子或超分子体系(如开关和传感器)的理想结构单元(链节)(building block),可以借外部刺激控制它。为此人们有兴趣合成树状糖类,如将糖残基共价键连到二茂铁的 1 个或 2 个环戊二烯环,使金属茂具有水溶性和生物兼容性。

当引入 1 个或更多分枝点以增加糖取代基时，就有机会研究在伸长周围糖壳情况下，二茂铁核心的氧化还原性质变化。合成 8 个树状"涂糖"二茂铁衍生物按结构[27]分为两类：一类是保护起来的（**16**、**17**、**18**、**19**）；另一类是 **16**、**17**、**18**、**19** 的葡萄糖羟基去保护的结构。第一类溶于有机溶剂，可以在乙腈中测定，去保护基后的糖二茂铁溶于水。在势窗实验中所有树状物的二茂铁部分都呈现特征的氧化过程。在氩气净化的乙腈或水中进行循环伏安（CV）和差脉冲伏安（DPV）实验，以玻璃化碳黑作为工作电极，电极表面在毡面上用 $0.05\mu m$ Al-水糊磨光，所有情况下都用 Pt 导线作为对电极。在 MeCN 中测定时使用准参比电极（Ag 导线），二茂铁为内参。在水中用饱和甘汞电极作为参比电极。测定糖羟基保护化合物（**16**、**17**、**18**、**19**）时浓度为 5.0×10^{-4} mol·L^{-1}，而对去保护基化合物（**16′**、**17′**、**18′**、**19′**）测定浓度为 1.0×10^{-3} mol·L^{-1}。绘制循环伏安图使用的扫速范围是 $20mV\cdot s^{-1}\sim10V\cdot s^{-1}$。树状物的扩散系数用计时电位法 [注：基本上计时电位法（chronocoulometry）与电流分析法（amperometry）是同样技术，但其电流数据积分得到的是电荷（Q）[17]]从 Q 对 $t^{1/2}$ 图拟合得到。电极有效面积 $[(0.096\pm0.004)cm^2]$ 用同样方法以二茂铁（$D_0=2.4\times10^{-5}$ $cm^2\cdot s^{-1}$，MeCN）作为电活性物质确定。用 Nicholson 法测定杂电子传递速率常数（k_0）[28]，此值而后在循环伏安图的数字模拟中使用。通过全范围扫描速率对实验 CV 曲线最优化拟合，得到 k_0 和电荷转移系数 α。加入 β-CD 后用 $50mV\cdot s^{-1}$、$100mV\cdot s^{-1}$、$200mV\cdot s^{-1}$ 扫描速率进行伏安实验，从化合物本身阴极峰电流对过量 β-CD 存在下峰电流的比值确定复合物的扩散系数，在这种条件下绝大部分客体处于包结状态。通过不同浓度 β-CD 存在下实验 CV 曲线进行数字模拟得到复合物稳定常数。

16 (Bz=H, **16′**)

17 (Bz=H, **17′**)

18 (Ac=H, **18′**)

19 (Ac=H, **19′**)

　　测定 β-CD 对去保护衍生物 **16′**、**17′**、**18′**、**19′**（为 **16**、**17**、**18**、**19** 醇解去掉
—OBz、—OAc 保护基,含 1 或 3 个 β-D-吡喃葡糖基的化合物）水溶液的电化学性
质的影响（图 9－8）,清楚地表明单取代二茂铁（**16′**、**18′**）的电化学性质受到 β-CD
影响,但对双取代化合物（**17′**、**19′**）,即使加入饱和 β-CD（10^{-2} mol·L^{-1}）也观察不
到变化。说明只有单取代化合物与 β-CD 结合。化合物 **16′** 在 β-CD 存在下氧化波
依然是可逆的,但电位移向更正,强度减小（图 9－8）。这种现象归因于中性二茂
铁部分在 β-CD 空腔内稳定化,且复合物 **16′**·β-CD 和 **18′**·β-CD 的扩散系数比游离
的 **16′**、**18′** 要小。定量研究电化学性质（扩散系数、氧化还原电位、杂电子传递速
率）结果表明取代基数目和取代基中糖分枝数目,在保护二茂铁核心,不与溶剂发
生互相作用方面有重要作用。电化学证明一种树状物在水溶液中以不同构象
存在。

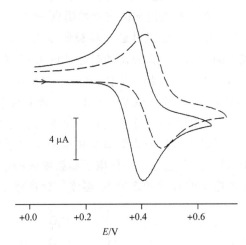

图 9－8　化合物 **16′** 在不存在（—）和存在（－－）
10 当量 β-CD 时的 CV 图[27]

1×10^{-3} mol·L^{-1}, 0.1 mol·L^{-1} NaClO$_4$, 22℃,

水溶液,玻璃化碳黑电极,扫速 100 mV·s^{-1}

　　富勒烯 C$_{60}$、C$_{70}$ 及其 γ-CD 和 DM-β-CD［七(2,6-二甲基)-β-CD］包结物的
C$_2$H$_2$Cl$_4$ 饱和溶液,滴到玻璃化碳电极上,溶剂在红外灯下挥发,得到修饰电极。
比较 CV 性质,发现 CD 包结后极大影响 C$_{60}$ 和 C$_{70}$ 的 CV 性质,同时观察到
DM-β-CD 包结明显不同于 γ-CD[29]。

　　富勒烯(C$_{60}$)与偶氮冠醚、环糊精、杯芳烃以及环三-3,4-二甲氧苯甲基(CTV,
20)包结物,由于在材料、生物和分离科学方面的应用而备受关注[30]并对其固态和
液相电化学性质开展研究,以揭示电化学性质与主－客体复合物结构间的关系。用
X 射线晶体衍射数据(173K)确定了(C$_{60}$)$_x$(CTV)(x=1,1.5)晶体结构(图 9－9)。

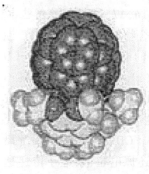

图 9-9 $(C_{60})_x(CTV)$

$(x=1, 1.5)$

球-穴纳米结构的

X 射线结构图[30]

并用电化学法证明主-客体间接触面积、向富勒烯分子加电子过程及之后主体高电子密度区的位置是主-客体复合物稳定的重要因素。由于 $(C_{60})_x(CTV)$ 在甲苯中慢分解，而在二氯甲烷和氯仿中又易降解为其组成，因此将包结物微晶直接黏附到工作电极表面（0.1cm 直径的玻璃化碳电极）。Pt 网和 Ag/Ag^+（0.01mol·L^{-1} $AgNO_3$ 和 0.10mol·L^{-1} Bu_4NClO_4 CH_3CN 溶液）分别为对电极和参比电极。循环伏安实验是将固体 $(C_{60})_x(CTV)$（$x=1$, 1.5）微晶黏附在电极上放入乙腈（0.1mol·L^{-1} Bu_4NClO_4）中进行电化学还原。最初形成 $(C_{60}^-)_x$ (CTV)，随后还原的富勒烯阴离子从 CTV 空腔内释放出来。释放出来的富勒烯阴离子与电解质阳离子 Bu_4N^+ 形成表面禁闭物种 $(Bu_4N^+)C_{60}$，它可以再进一步被还原为固态和/或液相多电荷富勒烯阴离子或氧化成 C_{60}（固体）。脱去富勒烯分子的 CTV 从电极表面扩散到大体积溶液形成 $(Bu_4N^+)(CTV)$ 复合物。固体 $(C_{60}^-)_x(CTV)$ 单电子还原的峰电位比纯 C_{60} 微晶正移了 50mV（$x=1$）或 80mV（$x=1.5$）。晶体结构分析证明在 $(C_{60})_x$ (CTV)（$x=1,1.5$）复合物中富勒烯分子只有一小部分位于空腔内，主体的高电子密度区在复合物被还原过程或还原之后成为电介质阳离子攻击的靶子，实验证明高电子密度区位于 CTV 的上边缘。主体电子高密度区的位置和主-客体分子的接触区域是向富勒烯加电子的过程和之后主-客体复合物稳定的重要因素。

20

9.2.2.4 氧化还原活性受体

超分子化学中，主客体互相作用常导致生成稳定的复合物。如果能调节主体的结合能力，使同一主体具有较高或较低结合态，看起来是很困难的事，但却是极具诱惑力的。目前已有一些成功例子做到控制或转换受体的结合能力，其中最值得深入研究的是建立在氧化还原基础上的控制。发展新的氧化还原可转换配体自然要将超分子化学和电化学联系在一起。

二茂铁窝穴体 **21** 有确定空间并与 Na^+、K^+、Ag^+ 和 Ca^+ 形成稳定的穴状络合物[17,31]。通过解析乙腈溶液中的伏安应答发现由阳离子诱导的氧化还原对子比未结合阳离子时表现出更正的半波电位,说明氧化的二茂铁基和结合阳离子间的库仑排斥作用使络合物更难氧化。斥力减少了阳离子与配体结合的亲和力。Ag^+结合到还原型和氧化型 **21** 的稳定常数分别为 $2.2 \times 10^8 L \cdot mol^{-1}$ 和 1.1×10^4 $L \cdot mol^{-1}$,有趣的是在水溶液中仍可保持这样强的结合作用,这种性质可用于阳离子传感器的活性组分。同一原理可用于设计结合中性分子的氧化还原可开关受体。将含1个或更多氧化还原中心的化合物,醌、二茂铁、二茂钴、联吡啶钌,引入杯芳烃得到氧化还原离子载体,杯[4]芳烃二醌、杯[4]芳烃单醌[32a,b,c]。循环伏安法测定结果表明杯[4]芳烃单醌与1,4-苯醌的氧化还原性质相似,当金属阳离子和铵离子加到醌功能化杯芳烃中后,由于静电作用或氢键作用使向醌的电子转移增强。可以用于组建对气体或重要生物体敏感的化学修饰电极。

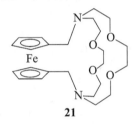

21

9.2.3 电导技术及其他

各种具有配位离子能力的主体,与离子结合后使溶液电导发生明显变化,这种性质用来研究主-客体互相作用的选择性、稳定性、复合物化学量、体系结构和构象变化。如二环己基18-冠-6($Cy_2$18CE6)的甲醇或氯仿-甲醇(90:10)溶液与氯化钾溶液混合后,其电导变化如图9-10所示[33,34]。氯化钾在甲醇中因溶剂化而解离,电导率很大,与冠醚配位后,阳离子体积变大,移动速率减慢,电导率减小(a)。在氯仿-甲醇溶液中,氯化钾几乎不解离,电导为零。形成阳离子配合物后氯化钾逐渐解离使电导上升(b)。已有大量电中性配体作为离子载体用于离子选择性电位分析,如脂肪族化合物、冠醚和杯[4]芳烃衍生物。这些离子载体的共同特征是具有稳定构型,有结合阳离子的极性位(空穴)被亲油性外壳环绕,但欲进行快速交换,离子载体还要有必要的柔性。这种最早使用的方法沿用至今,电导法曾用于研究在大环添加物存在下混合胶束的性质[35]。许多研究发现阳离子-阳离子混合表面活性剂的电导对总浓度作图有2个临界胶束浓度,但一些分析方法如黏度、NMR、超声、热容法的灵敏度不足以在低浓度范围观察到第二个折点。对这种现象的解释是折点相当于发生胶束结构变化,如球状转变为棒状。这种变化将伴随产生对离子结合程度的变化。研究添加冠醚、环糊精对阴离子-阴离子或阳离子-阳离子混合表面活性剂胶束形成的影响。在十二烷基磺酸钠(SDS)和癸基磺酸钠

(SDeS)混合状态下的电导率图只有一个折点，表明由不同单体形成了混合胶束。由癸基三甲基溴化铵（DeTAB）和十四烷基三甲基溴化铵（TTAB）组成的混合体系（10^{-3} mol·L^{-1}），在表面活性剂摩尔分数（α_{DeTAB}）从 $0 \sim 1$ 范围内的电导率 K 对浓度 c（K-c）图也只有一个折点（浓度范围为 $0 \sim 1400 \times 10^{-4}$ mol·L^{-1}），但在添加 $Cy_2 18CE6 + W$（[$Cy_2 18CE6$] = 4 mmol·L^{-1}，α_{DeTAB} = 0.9）或 β-CD + W（[β-CD] = 4 mmol·L^{-1}，α_{DeTAB} = 0.8）情况下，于 $0 \sim 80 \times 10^{-4}$ mol·L^{-1} 浓度范围作 K-c 图，均出现第二个临界胶束浓度的折点（图 9－11），图中标注 CR 表示 18CE6，CYC 表示 β-CD，W 为水。表明在不同单体间形成胶束，第一个折点相当于典型的 TTAB 的 cmc，叫第一 cmc（C_1），第二个折点在 4 倍第一个 cmc 浓度处出现，相当于 DeTAB 的典型 cmc，叫第二 cmc（C_2），它们分别为以 TTAB 或 DeTAB 数量上占优势的不同单体形成的混合胶束。

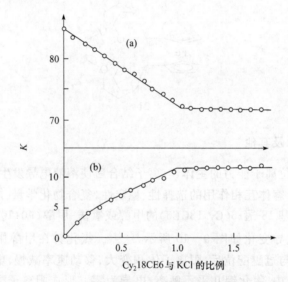

图 9－10　$Cy_2 18CE6$ 滴定 KCl 的电导率滴定曲线[33,34]

（a）甲醇溶液　（b）氯仿-甲醇（90:10）溶液

[KCl]：10^{-3} mol·L^{-1}

　　膜离子选择电极测定大环配体结合阳离子选择性是最早采用的方法[36]。近年来在以各种修饰卟啉为载体制备的 PVC 膜电极研究选择结合阴离子的基础上，发现取代的四吡唑大环分子（STAPPG，**22**）以邻硝基苯辛醚（o-NPOE）或邻苯二甲酸二丁酯（DBP）、邻苯二甲酸二辛酯（DOP）作为增塑剂制备 PVC 膜离子选择电极，均显示出阴离子选择特性[36]，由 STAPPG（**22**）与 o-NPOE 组成的 PVC 电极，对 11 种阴离子响应曲线示于图 9－12。电极对亲脂性较强的 Pic^-、ReO_4^-、SCN^-、ClO_4^- 和 TPB^- 有良好的能斯特响应性能，分别在 $10^{-6} \sim 10^{-2}$ mol·L^{-1}、

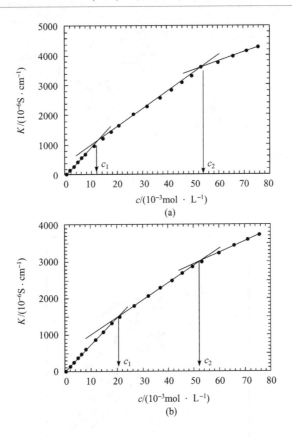

图 9-11 DeTAB + TTAB 的 K-c 图[35]

(a) CR + W([CR] = 4 mmol·L^{-1})(α_{DeTAB} = 0.9)

(b) CYC + W([CYC] = 4 mmol·L^{-1})(α_{DeTAB} = 0.8)

$10^{-5} \sim 10^{-2}$ mol·L^{-1}、$10^{-5} \sim 10^{-2}$ mol·L^{-1}、$10^{-5} \sim 10^{-1}$ mol·L^{-1} 和 $10^{-5} \sim 10^{-2}$ mol·L^{-1} 范围内有线性应答,可以认为是一类具有通用性的亲脂性阴离子选择电极。对 10 种阴离子选择性顺序为 Pic$^-$ > SCN$^-$ > ReO$_4$$^-$ > ClO$_4$$^-$ > I$^-$ > Br$^-$ > BF$_4$$^-$ > Sal$^-$ > NO$_3$$^-$ > Cl$^-$,明显偏离所谓的 Hofmeister 顺序。为证明响应机理,在 o-NPOE 作为增塑剂的空白电极上测定,结果阴离子选择顺序为 TPB$^-$ > Pic$^-$ > ReO$_4$$^-$ = ClO$_4$$^-$ > SCN$^-$,与 Hofmeister 顺序相符。电极响应过程可能是,当电极被活化后,水相中的 M$^+$(Na$^+$ 或 K$^+$)进入膜相与 **22** 结合,形成配合物(STAPPG)M$^+$,此配合物与 o-NPOE 负电中心发生静电互相作用(o-NPOE 的介电常数为 23.9)。由于 STAPPG 分子为大平面结构,这种静电互相作用可能在平面上下同时发生,形成稳定协同体系,从而进一步增强了 o-NPOE 的极性,呈现出更为明显的正电中心,更易吸引水相中的阴离子进入膜相,并表现出明显的阴离子响应特性。

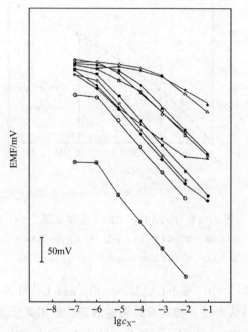

图 9-12　由 STAPPG/o-NPOE 组成的 PVC 膜电极的
电势应答曲线[36]

⊙ TBP⁻，○ Pic⁻，◆ SCN⁻，※ ReO₄⁻，■ ClO₄⁻，
▲ I⁻，□ Br⁻，◇ BF₄⁻，● SaI⁻，△ NO₃⁻，★ Cl⁻

9.2.4　发展趋势

　　电化学技术对发展超分子化学十分有用,特别是伏安法值得重视,在表征超分子结构方面将成为一种重要工具。超分子化学家希望在目标结构中组入器件功能,发展在超分子水平上存储信息体系。如果要求体系具有开关功能,则氧化还原

亚基至少能提供两种不同状态,它们通常能以合理速率互相转换。不同氧化态之间转换将导致光谱变化,以此合成具有特殊性质的可开关分子。

发展超微电极,半径小于 $10\mu m$,这种微型电极的电容值很低,结果因面积小使法拉第电流很低,时间常数非常短,超微电极可用于非常快的伏安实验。

还有一个正在积极开发的领域是,用有组织的或自集单层修饰电极表面,就很自然地把电化学和超分子化学连接在一起。如在金表面形成自集烷基硫化物,被电化学家认为是极有兴趣的课题,它可以用来研究多相电子传递反应中的基本问题。目前关注的焦点是制备支撑单层,向其中组入很确定的结合位点,用于选择识别接触溶液中的物种。如果结合和电子传递可以以一种适当机理互相应答,则这种单层可以成为发展新的非常有效的伏安传感器。

9.3 质 谱

主-客体络合作用和分子识别以及其他超分子化学的研究绝大多数是在溶液中进行,如研究互相作用性质、复合物结构、热力学、动力学性质等。但在复合过程主-客体与溶剂互相作用的性质将改变稳定性,所以溶剂化问题特别对于离子参与的反应将起重要作用。因此主-客体离子化学在气相中的研究将获得这些复合物固有性质的信息,这时将不存在溶剂效应。用质谱法提供"清洁"的气相环境研究主-客体化学的方法也仅在 1990 年左右才陆续展开。用近代发展的质谱技术[37~40],包括离子阱法、串联质谱、激光解吸等获得分子识别信息。

9.3.1 串联质谱

串联质谱(MS^n)是一种非常简便适宜的方法,灵敏度高,分析过程仅消耗皮摩尔(pmol)量甚至更少的样品,而且对样品纯度要求略低,MS^n 技术能提供离子结构的信息。碰撞活化解离(CAD)或碰撞诱导解离(CID)是串联质谱中最常用的技术。通常是向反应区引入一种惰性气体 N_2,使其与离子发生碰撞,离子的部分动能转变为热力学能。激发态离子可能分布到不同能级,再发生单分子分解。目前由 2 个分析器串联组成的质谱/质谱仪的结构、类型越来越多。如在四极扇型质谱仪(four-sector mass spectrometer)记录 $[18CE6 + H + NH_3]^+$ CAD 谱[37,39],过程是在低碰撞能下,络合物丢掉氨,然后按一般冠醚解离途径分裂(即顺序丢失 C_2H_4O 单元)。但在高碰撞能下则形成不同碎片离子,复合物高能活化导致大环 C—C、C—O 键断裂,产生不寻常的游离基阳离子。根据不同能量区测定的结果,可以提出有关在无溶剂环境下主-客体络合物如何解离的不同观点。近年来发展了 MS^n 与快原子轰击质谱(FAB-MS)、电喷雾离子化质谱(ESI-MS)、基质辅助激光解吸离子化质谱(MALDI-MS)以及与 CID 技术联用,研究生物大分子特别是寡糖结构的方法。

9.3.2　电喷雾离子化质谱

电喷雾离子化质谱(ESI-MS)是一种使用强电场将溶液中的分子转变成气相离子的技术[41],得到的分子离子往往带有多个电荷,它们是因吸附或失去若干氢形成的,在正离子或负离子谱上会观测到$[M+nH]^{n+}$或$[M-nH]^{n-}$峰。由于质谱以质荷比分离不同离子,因此如果一个分子能够带上多个电荷,则可测相对分子质量很大的样品。ESI作为通用工具既可以温和地离子化相对小的物种(如冠醚复合物),也可以离子化肽和肽复合物这样的大分子。已建立了用这种软离子化脱吸附技术在极性溶剂如水、甲醇、乙腈溶液中直接测定阳离子,更关键的是获得络(复)合物近似稳定常数值的方法。有关电喷雾离子化质谱的详细评述已有专著[42]可以参阅。关于这种离子化/解吸模式,尽管对其从液滴形成阳离子问题还有争论,但仍然被认为模型能较好地反映溶液中阳离子和主体杯冠(calixcrown)间的平衡。由于气相脱溶剂离子在稳定性上的差别,气相过程必然影响到最终分析结果。Liu等[43,44]用ESI技术成功地研究了不同冠醚对碱金属离子的选择性,提出了标准曲线法并确定了稳定常数。

Jankowski、Allain等[45]用ESI-MS技术定性评价calix[4]crown (**23**)从酸性水相萃取阳离子的效果,集中分析了铯络合物的化学量和从全部碱金属阳离子系列中萃取的选择性。假定由气相得到的ESI谱直接反映溶液中存在的主客体络合物平衡,初步从ESI谱确定了稳定常数K_S。合成R为iPr、Oct等,以及在杯芳烃上、下边同时引进冠醚环的9种结构,用ESI评价结合阳离子的选择性。以给定的杯冠溶液(溶于10^{-2} mol·L^{-1}邻硝基苯辛醚,o-NPOE)处理等物质的量硝酸铯和氯化钠溶

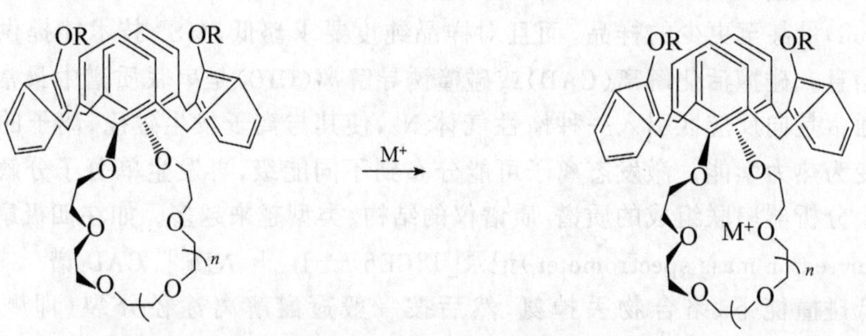

$$M^+ = Na^+, K^+, Rb^+, Cs^+, NH_4^+$$

23　R=iC$_3$H$_7$ n=1, iPrMC6 M=710 u

式 9-2

液30min,离心分离15min,取5μL有机相用1mL乙腈稀释,进行ESI/MS分析。杯芳烃单冠(R = iPr,iPr MC6)的 o-NPOE溶液萃取铯的硝酸水相(等摩尔阳离子-萃取剂),有机相的ESI谱在 $m/z = 843$ 处出现单核离子峰[图9-13(a)]。同样方法用杯双冠(BC6,**24**)萃取,ESI谱中同时出现单核[BC6+Cs]$^+$ $m/z=961$ 和双核[BC6+2Cs]$^{2+}$ $m/z=547$ 峰[图9-13(b)]。结果证明双冠体系可以络合两个Cs$^+$阳离子,阳离子应当位于冠醚环部位而不是在杯芳烃空腔,实验中未观察到三电荷络合物。X射线晶体结构和分子动态模拟(MD)[46]表明杯[4]芳烃空腔太小,不能结合Cs$^+$;相反,冠醚环尺寸与Cs$^+$匹配。冠环氧原子与Cs$^+$的静电互

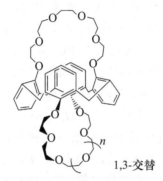

1,3-交替

24 $n=1$ BC6 $M=828$ u

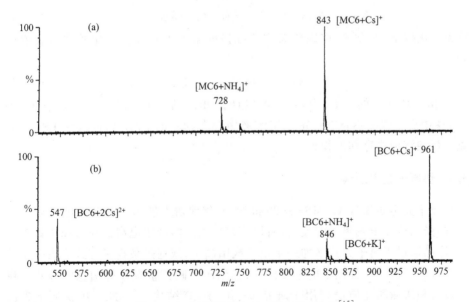

图9-13 杯冠萃取铯(Cs)的ESI-MS图[45]

(a) 单冠(iPr MC6)与Cs等物质的量比 (b) 双冠(BC6)与Cs等物质的量比

相作用使络合物稳定,根据这一点可以解释 BC6 与 Cs^+ 形成了双核络合物。谱图中出现 NH_4^+ 络合物峰,是因为盐不纯带入了杂质。当 BC6 相对 Cs^+ 过量时主要物种为单核 $BC6+Cs^+$($m/z=961$)。用上述方法连续萃取等物质的量比的 Cs^+(存在于核废料中)和 Rb^+ 溶液,ESI 谱显示 $[BC6+Cs]^+$ 的 $m/z=961$;$[BC6+Rb]^+$ 的 $m/z=913$;$[BC6+K]^+$ 的 $m/z=867$;$[BC6+Na]^+$ 的 $m/z=851$;$[BC6+NH_4]^+$ 的 $m/z=846$。此外还出现相应的双电荷离子峰 $[BC6+2Cs]^{2+}$ 的 $m/z=547$。$[BC6+Cs+Rb]^{2+}$ 的 $m/z=523$;$[BC6+Cs+K]^{2+}$ 的 $m/z=500$ 和 $[BC6+2Rb]^{2+}$ 的 $m/z=499$(图略)。比较多次萃取的 ESI 谱,得出这样的结论:在第一轮更有效地萃取 Cs^+,第二轮在大量 Cs^+ 被萃取后,优先萃取 Rb^+;在最后一轮萃取后,Cs^+ 和 Rb^+ 峰均已不存在,只有一些痕量离子的分子离子峰。实验结果证明尺寸比 Rb^+ 稍小的 Cs^+ 阳离子更适合与 BC6 结合。用 Cs^+ 对 Na^+ 络合物强度比定义萃取的选择性参数 β 作为标准。ESI 谱中峰强度与气相离子稳定性有关,但不能代表溶液中这些物种的量。β 值可由方程(9-5)得到[43,44]

$$\beta = I_{[杯芳烃+Cs]^+} / I_{[杯芳烃+Na]^+} \tag{9-5}$$

峰强度直接引用无需校正,由得到的 β 可以看出杯芳烃(iPrMC6)中 R 改用辛基(OctMC6)以及在冠醚环处并入苯环都使 β 极大增加(β 由 60 增加 1000)。同样杯双冠的冠环中并入苯或萘环,也都使 β 值由 60 增到大于 1000。按 Liu 方程[方程(9-6)][43,44]

$$K_{S(Cs)} / K_{S(Na)} \approx S^* \left[I_{[BC6+Cs]^+} / I_{[BC6+Na]^+} \right] \tag{9-6}$$

相对离子化效率 S^* 等于 1(因为对实验峰强度未校正),方程简化并取对数值后得到

$$\lg K_{S(Cs)} - \lg K_{S(Na)} = \lg \beta \tag{9-7}$$

以 BC6 与 Na^+ 的 $\lg K_S$ 为标准,可以计算 BC6 结合 Cs^+ 的 $\lg K_S$。尽管 EMI-MS 方法中离子强度不是直接正比于溶液中存在物种的浓度,仍可认为 ESI 峰强度直接反映溶液中存在的物种[44]。

9.3.3　快原子轰击质谱

快原子轰击质谱(FAB-MS)是 20 世纪 80 年代初发展的一种新软电离质谱技术,样品受加速原子或离子的轰击,可以直接在基质溶液中电离。在快原子轰击过程中,样品通过正离子方式增加一个质子或阳离子,或通过负离子方式失去一个质子产生准分子离子作为图谱的主要信号,并给出反映连接顺序等信息的碎片。快原子轰击和碰撞活化质谱曾用于研究 α-、β-、γ-CD 结构[47]。此后用快原子轰击质谱和质量分离离子动能谱(FAB, MIKES)研究系列六位单取代 β-CD 的结构[48,49]。固体样品直接涂膜于附着在 FAB 靶台上的硫代甘油薄层,每次用量为

$2.5\sim5ng$。在 FAB 谱上样品出现明显的准分子离子峰$(M+H)^{+}$,用准分子离子峰锁定磁场,以加速电压作为参考电压进行静电场扫描,得到样品的质量分离离子动能谱(MIKES)。

25　$R=(CH_2)_2NH_2$
26　$R=(CH_2)_6NH_2$
27　$R=CH(COOH)—(CH_2)_2SCH_3$

由 MIKES 确定修饰 CD 葡萄糖基个数和取代基数目。FAB 和 MIKES 谱均由 VG11/250 数据系统收集处理,由此确定的相对分子质量与计算值相符(表 9-2)。其中 β-CD-Met(**27**)的 FAB-MIKES 谱中的断裂情况表明,被锁定的准分子离子环状结构的开裂位置发生在被衍生化与相邻未被衍生化吡喃糖环之间的醚键处(图 9-14)。

表 9-2　化合物单-6-去氧-β-CD 的取代基 NHR 和在 FAB 谱中
出现的准分子离子峰$(M+H)^{+}$

化 合 物	25	26	27
取 代 基	$—NH—(CH_2)_2NH_2$	$—NH—(CH_2)_6NH_2$	$NHCH—(CH_2)_2SCH_3$ $\|$ $COOH$
$(M+H)^{+}$	1177	1233	1266

化合物 **25**、**26**、**27** 在 FAB 谱中均出现较强的$(M+H)^{+}$准分子离子峰分别是 $m/z=1177$、1233、1266,由此可以确定相对分子质量为 1176、1232、1265。以准分子离子峰$(M+H)^{+}$锁定磁场,用计算机收集它们的 MIKES。下面以化合物 **25**、**26**、**27** 为例,用图解方式说明在 FAB-MIKES 中的断裂情况及其与结构的关系。化合物 **25**、**26**、**27** 的裂解情况相同,从被锁定的准分子离子峰开始,每断裂下去一个葡萄糖基就减少 162 个质量数,并出现一个峰。这样的峰出现 6 个,与分子中有 6 个未被衍生化的葡萄糖基相对应。MIKES 中第 7 个峰的质荷比 m/z 分别为 205、261、294(图 9-14),减去被取代葡萄糖基质量数 145,即是取代基 NHR 和质子 H^{+} 的质量数,3 个取代基 NHR 的质量数分别为 59、115 和 148。以 **27** 为例当由 A 向下发生断裂时,分别去掉 1、2、3、4、5 和 6 个吡喃糖环,同时产生一系列特征碎片峰,相邻两峰间差值为 162,刚好对应于失去一个吡喃糖环。第七个峰的质量数为 294,扣除被取代吡喃糖环质量 145(吡喃葡萄糖单元-羟基,162-17),余下值刚好是取代基加质子 H^{+} 的质量数(148+1),说明衍生化发生在一个吡喃糖环上(图 9-14)。FAB-MS 是糖分析的有效方法,可以测寡糖和聚合链高于 30 的糖相对分子质量。FAB-MS 还可测糖链中糖残基的连接位点和序列。

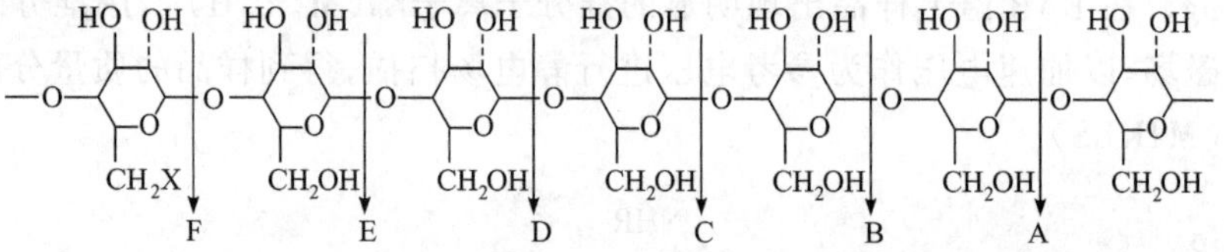

化 合 物	A	B	C	D	E	F
25	1015	853	691	529	367	205
	1071	909	747	585	423	261
27	1104	942	780	618	456	294

图 9-14　单-6-去氧-β-CD 在 FAB-MIKES 中的断裂碎片

9.3.4 傅里叶变换离子回旋共振质谱

傅里叶变换离子回旋共振质谱(FTICR-MS)是在离子-分子化学中熟悉并已有专论的技术,是超分子化学研究的首要工具。这里着重介绍 FTICR-MS 法在超分子体系中的定量研究,主要研究在完全无溶剂情况下的气相互相作用。

FTICR-MS 有一些特殊性质适于超分子化学研究[37,47]:

(1) 用静电场和磁场捕获离子,离子可以容易地被带入与中性气体的热平衡,进入捕获区,从而极大地促进了定量动力学和热力学测定。

(2) 在 FTICR 仪器达到低压后,几小时内捕获离子,表明有很低样品蒸气压($10^{-9} \sim 10^{-8}$torr①)即可进行实验。这对于研究超分子体系中大而不挥发的分子是有利的。

(3) 不同于其他质谱检测离子的含义,镜像电流检测是非去结构的,检测的离子在激发、检测后仍然存在,而且可以再激发、再检测多次。由于检测循环次数的平方根而改进了信噪比,对于检测弱信号十分有利,而这是在大而不挥发分子情况下常会遇到的。

(4) FTICR 的典型进展是质量分辨非常高(在 m/z 值为几百时 $m/\Delta m > 10^6$,在 $m/z = 1000 \sim 2000$ 范围可以达到几十万),而且可以准确测定质量(百万分之几),这些特性极大地减少了在正确归属分子式时的不确定性。

(5) 能处理和分离捕获特殊质量离子。与四级离子阱共同使用的性能,对于研究化学反应和结构实验都很有价值。

FTICR-MS 在小相对分子质量主-客体系,特别是主-客体互相作用的研究中获得成功。如冠醚和金属离子形成配体:金属 1:1 络合物,随后这个络合物和附加的配体形成 2:1 的配体:金属夹心型络合物,客体在两个配体间交换。可以用

---

① 　torr 为非法定单位,1torr=1.333 22×10²Pa,下同。

FTICR-MS 研究这些反应的气相动力学[50]、热力学[51]以及结构探测。

9.3.5 基质辅助激光解吸离子化质谱[40]

样品与适当基体如含芥子酸溶液混合并涂敷到不锈钢靶上,干燥后即有晶体形成。当晶体被激光光子轰击时就产生样品离子。这种离子化方式产生的离子常用飞行时间(TOF)检测器检测,因此基质辅助激光解吸离子化质谱(MALDI-MS)常与 TOF 一起称为基质辅助激光解吸离子化飞行时间质谱(MALDI-TOF-MS)。该技术产生的离子非常稳定,已用于蛋白质、多糖等生物分子分析。激光解吸微探针是早期的一种离子源,结构与等离子体解吸质谱(PD-MS)十分相似。样品涂布在金属箔上,被聚焦到功率密度高达 $10^6 \sim 10^8 \text{W} \cdot \text{cm}^{-2}$ 的激光束,从背面照射样品使其电离。由于两步气相电离不如直接从凝聚相一步解吸/电离的单光子过程温和,引发碎裂较少。因此诞生了基质辅助激光解吸/电离(MALDI)技术,将样品溶解于在所用激光波长下有强吸收的基质中。基质的选择取决于所采用的激光波长,其次要考虑分析对象[38]。

由于在质谱领域中有众多新进展,许多方法可以用于气相中的分子识别研究。可以在无溶剂环境下研究超分子聚集体结构和相对结合能。如 FTICR-MS 和四级离子阱的离子捕获技术,由于离子可以在时间周期内,作为压力或能量的函数操纵,对于这一类型研究特别有价值。

9.4 介电常数法

化学物种有不同的聚集类型,这些聚集体将构筑成大而有确定形状的人工结构,和天然材料。在这些聚集体中的单个分子通过选择性分子间互相作用,范围从弱的无方向性范德华互相作用到强而有方向性的共价键合聚集体。这些超分子结构的性质不同于分离的单个化学物种,其选择性互相作用,决定着分子聚集体电子能态的分布和分子动态。

冰是一种天然笼形包衣化合物(clathrate),笼形化合物的名称最早取自 Powell[52]的论文,不是通过强吸引力而是由于分子间强互相结合,使一种分子包围另一种分子。如介电和 NMR 分析证明的结果,所有客体分子都保留了明显地旋转移动自由度,但仍然被禁闭在包含结构的笼中,不存在与形成笼的分子间的互相作用有什么各向异性或方向上的依赖关系。

另外一种叫包结化合物的,包括层状、管道和笼形结构,被包结的分子在层、片或管道结构中,被一维或二维晶格强行限制,有相对自由度可以扩散到固体表面。本节将介绍电或介电测定如何研究在这类结构中的分子动态,以下简单介绍有关电磁与"材料"结构互相作用的基本概念,详细内容请参阅有关专论[53,54]。

9.4.1　电磁波和材料的互相作用

就分子总体来说一般是电中性的,由于组成原子的电负性不同或其他原因,使分子的正电荷中心($+q$)和负电荷中心($-q$)不重合,距离为 d,这种分子叫极性分子,极性大小用偶极矩 μ 定义

$$\mu = qd \tag{9-8}$$

偶极矩或称电矩(electric moment)是向量,化学上通常规定由 $+q$ 指向 $-q$。分子中的 d 是一个接近 10^{-8} cm 的量,q 接近 10^{-10} e.s.u.[①],为简便用 1deb = 10^{-8}·10^{-10} c·g·s = 10^{-18} c·g·s 作为单位表示偶极矩大小,deb 叫德拜(Debye)[2]。由于这种偶极矩是分子固有的,因而叫永久偶极矩。对于偶极矩为零的分子,在外加电场作用下,也可以使分子产生极化,使价电子相对整个分子骨架发生变形,分子本身也会因电子分布的变化而变形,这时分子产生的偶极矩叫诱导偶极矩,其平均值 $\overline{\mu_2}$ 与分子所在位置的有效电场强度 E 成正比,比例常数 α_D 称变形极化率。按一般常识,材料的性质由结构内电荷在分子内、分子间分配决定,电磁波和这些电荷互相作用,材料的电磁谱因而包含着有关结构、分子内、分子间力的有用信息。在有外加电场情况下,带有正、负电荷的原子、核、电子和正、负离子的分子发生转向,使净偶极向量整体趋向于按电场方向排列,结果材料获得一个净偶极矩 $\overline{\mu_1}$,叫转向偶极矩($\overline{\mu_1} = \alpha_{on} E$,$\alpha_{on}$ 是材料的转向极化率,定义为单位场强的平均电矩)。单位体积内矩的大小叫极化 P(polarization)定义为 $P = X_e \varepsilon_0 E$,其中 X_e 是电磁化率(electric susceptibility),ε_0 是真空介电常数(permittivity),E 是电场强度。在每单位体积含 N_d 分子的材料中的平均偶极矩 μ 是各种类型极化的结果,净极化 $P = N_d \mu$,如果材料中作用在分子上的场强是 E_{int}(通常与外加场强 E 不同),则平均矩 μ 正比于 E_{int},$\mu = \alpha E_{int}$。α 为材料的极化度,定义为单位场强的平均电矩,按克劳修斯关系,总极化 $P = N_d \alpha E_{int}$。一个材料的介电常数 ε 定义为 $(1 + X_e)$,这样一来 ε 就与极化有关

$$\varepsilon = 1 + \frac{4\pi P}{\varepsilon_0 E} \tag{9-9}$$

按方程(9-9),分子结构的极化度高则介电常数就大。极化起源于各种类型电子、原子、分子的运动,如前所述,由应用电场导致电子相对于分子中每个原子核的位移,产生诱导电偶极矩 μ_{el},由矩引起的极化度叫 α_{el}。电场同时引起分子内原子核间位移,第一是游离分子的特征,第二是在固体中的结合态,两者都引起电偶极矩净增加,其机理即是原子极化,用极化度 α_{at} 表示,引起的电矩就可以表示为 $\mu_{at} =$

---

① e.s.u.为非法定单位,1e.s.u. = 3.335 247 × 10^{-10}C,下同。

$\alpha_{at} E_{int}$，E_{int}是作用在原子上的电场。电子极化 α_{el} 和原子极化 α_{at} 都属于变形极化。在电场不存在时，材料中偶极分子的偶极矩无序地分布在所有方向；在有电场存在的情况下，分子按永久偶极矩和电场平行方向排列，这时由于热运动引起的无序很小，把这种极化叫转向极化度 α_{on}。这样，总的极化度包括三个部分，即

$$\alpha = \alpha_{on} + \alpha_{el} + \alpha_{at} \tag{9-10}$$

克劳修斯关系式就可以写成方程(9-11)

$$P = N_d \varepsilon_0 (\alpha_{on} + \alpha_{el} + \alpha_{at}) E_{int} \tag{9-11}$$

相对介电常数 ε_r 用方程(9-12)表示

$$\varepsilon_r = 1 + 4\pi N_d \alpha \left[\frac{E_{int}}{E} \right] \tag{9-12}$$

方程中，E_{int} 为作用于偶极的电场，也叫内电场，以区别于外加电场 E。从物质的介电常数可以测定分子的偶极矩，设真空中一对平行板电容器的电容为 C_0，当充以某种不导电物质时，电容器的电容增大了 ε 倍，即 $C = \varepsilon C_0$。由于电容板上电荷量 Q 未改变，方程(9-13)成立

$$\varepsilon = \frac{C}{C_0} = \frac{Q}{E} \frac{E_0}{Q} = \frac{E_0}{E} \tag{9-13}$$

由于极化后平均偶极 $\bar{\mu}$ 引起的电位方向与外加电位相反，结果使平行板间电位降低，电容加大。方程(9-13)表明 $\varepsilon > 1$ 的值。

由克劳修斯关系方程(9-11)[1,3]可见，分子极化度 α 越大，物质密度(N_d：物质单位体积内分子数)越大，则物质的介电常数也越大。对于没有方向极化的情况，物质介电常数 ε 和分子极化度 α 之间的关系可以用克劳修斯-莫索第(Clausius-Mossotti)方程表示[53]

$$\frac{4\pi N_d \alpha}{3} = \frac{\varepsilon_r - 1}{\varepsilon_r + 2} \tag{9-14}$$

方程中，极化度 α 是 α_{el} 和 α_{at} 的总和。由于仅双原子粒子或分子的 α_{el} 和 α_{at} 可以有限定值，方程(9-14)中的极化度常被称为分子极化度。

已有许多关于笼形包合物介电性质的论文发表，其中研究得较多的是关于冰笼形包合物主体介电性质。此外，也用介电常数法研究了 β-氢醌、硫脲、环糊精结构。用介电常数、NMR、NQR 研究冰笼形包合物中主体、客体的分子动态表明主体晶格的几何学决定其组成分子的旋转动态，它们的旋转和转移扩散。必须强调的是含给定类型客体分子的笼形包合物的分子动态，是由主体晶格几何学、被客体分子导致晶格畸变和主客体分子间任何方向性键合来决定。笼形包合物以及绝大多数结构类似的超分子化合物的介电性质，有两个分子起源：其一是在主体晶格中分子作为整体或其偶极片段旋转运动的局域化；其二是由主体晶格形成的笼内，客

体分子的扭摆旋转或再定向。这两个过程对介电常数的贡献通常不同,它们的偶极再定向的时标不一样,因此要分开描写主体晶格分子介电性质和客体晶格分子介电性质。

9.4.2 方法和应用

介电技术的优点是可以在 $100\mu Hz \sim 30GHz$ 范围内连续测定,但在不同频率范围内要求采用不同方法,Johari[53]曾做详细介绍。20 世纪 80 年代中期以来,借助计算机数据处理,有可能汇集仪器的一些部分,在整个频率范围内确定 ε^*。

由方程(9-13)可知,介电常数测定即是测定电容。传统测定方法有电桥法、频拍法。对于比电导高至 $10^{-4}\Omega^{-1} \cdot cm^{-1}$ 的液体可以采用电桥法,对于比电导低至 10^{-8} 的有机液体使用频拍法[54]。

利用测得的介电常数判断顺、反异构体,位置异构体。确定二茂铁、二茂铬具有对称结构,而二茂锡、二茂铝偶极矩不等于零,不具备对称性结构。按偶极矩的向量加和规则研究分子内单键旋转。对于固体,在频率为 ν 的交变电场作用下取向极化度跟不上外加电场的高速变化,它们之间有一定相位差,严格讲介电常数 ε^* 应该是一个复数($\varepsilon^* = \varepsilon' - i\varepsilon''$),方程中:$\varepsilon'$ 为实数部分是相对介电常数;ε'' 为虚数部分相当于介电损耗;$i= \sqrt{-1}$。此外当温度降低,由气体变为液体或固体时,分子间距离减小,互相作用加强,使分子取向受到限制。

在研究材料性质时,通常称 ε' 为介电常数,描述外电场作用下介质材料储存能量的能力,ε'' 代表材料的导电性,描述在外电场作用下,介质材料能量损耗的情况。ε' 和 ε'' 从测定电容和电导计算[53]

$$\varepsilon'(\omega) = C(\omega)/C_g \qquad (9-15)$$

$$\varepsilon''(\omega) = G(\omega)/C_g \qquad (9-16)$$

方程中:ω 是角频率($\omega = 2\pi f$,f 是常用频率,以 Hz 表示);C、G 是测定电容、电导;C_g 为几何电容,或无样品平行板电容,以比电阻率(spocific resistivity)ρ 和比电导 σ 表示,则

$$\varepsilon''(\omega) = \frac{1}{\omega\varepsilon_0 \rho(\omega)} = \frac{\sigma(\omega)}{\omega\varepsilon_0} \qquad (9-17)$$

方程中:$\rho(\omega) = AR(\omega)/d$;$R(\omega)$ 是角频率 ω 的测定电阻;A 为测定固体样品的平板圆盘面积;d 为厚度。所有量用 SI 单位,G 以 S(西门子,Siemens),ρ 以 S·m^{-1} 表示。

研究笼形包结物的介电性质,等温测定主体晶格和客体分子再定向导致的介电常数和损耗谱(ε'、ε'' 对 $\lg\omega$ 作图)以及在两个频率测定介电常数和损耗随温度的变化(ε'、ε'' 对温度),证明当主体晶格极性分子发生运动时,在低频区出现分散和损耗峰[53]。测定包结各种客体的冰笼形包合物的平衡和静介电常数 ε_s,结果表

明不同客体的值不同,证明客体分子与主体晶格的互相作用,改变了晶格中水分子间偶极关系。

测定对硝基酚-α-CD 包结物的介电弛豫动力学[55],活化能为 $56.8kJ•mol^{-1}$,将此弛豫归结为水分子再定向,和任何其他移动偶极与 α-CD 极性头的缔合,其弛豫时间比 β-CD•11H₂O 小一个数量级[56]。NMR 研究结果证明对硝基酚以连接—OH、—NO₂ 的 2 个碳原子的轴做 180°旋转。

虽然超分子结构的物理性质已经研究得很多,逐渐积累了有关动态的知识。由于绝大多数物理、化学过程都是因电荷转移而产生,因此介电方法将更广泛用于研究超分子结构中分子或带电物种移动的局域速率或分子的长程扩散。笼形包合物的介电研究将明显丰富关于主、客体分子方向自由度的知识。现代自动介电测定装置,有可能在更广频率范围如在 $10^{-4}\sim10^{12}$ Hz(时间范围为 $10^{-13}\sim10^{-10}$ s)内测定,将可能发现新超分子结构的性质。在超分子化学中用介电方法可能研究分子动态和电荷转移,游离或结合的电荷如何跨原子和长距离移动,以及如何由此控制一种化学结构的物理性质。

9.5　萃取技术

溶剂萃取是早期研究主、客体复合物化学量的常用方法,该法是一种传统的实验技术,简便、易行[57]。萃取技术常用于研究金属离子和主体如冠醚的配位化学量[58~63]。由于大环主体,特别是冠醚与碱、碱土金属,铵和烷基铵离子络合物是通过离子-偶极互相作用形成的,不像过渡金属和螯合剂形成的配合物那样稳定,同时由于金属离子与大环化合物结合和水合作用中间存在竞争,因此很难确定水溶液中大环化合物的络合能力。相反,金属离子和大环化合物络合物的化学量和从水相进入有机相的萃取能力却能容易地从金属离子分配比和大环对阳离子的浓度之间的关系确定。大环化合物萃取阳离子的能力可以用于快速确定阳离子络合能力。应该注意的是,萃取能力不仅与络合能力有关,也与其他因素如络合的和未络合的大环化物在水与有机溶液间的平衡有关。通过定量萃取计算萃取平衡常数,确定化学量和选择性以及金属离子在两相中的分配比。研究主体不同结构对阳离子萃取的影响。

9.5.1　实验方法[58]

通常用与水预饱和的 CH₂Cl₂ 作为溶剂,以防萃取时两相体积发生变化。将等体积(10mL)含相应冠醚的 CH₂Cl₂ 溶液($3.0mmol•L^{-1}$)和金属苦味酸盐水溶液($3.0mmol•L^{-1}$),加入到有塞的 Erlenmryer 烧瓶中,混合物在恒温箱(25 ± 0.1)℃振荡 10min,平衡了的混合物在此温度下放置 2h 以上以达到完全分离,用相分离滤纸分出有机相,从其中取出整数量用溶剂 CH_2Cl_2：MeCN(1：1)稀释,使稀释液中苦味酸盐浓度可以用分光光度法在 $375\sim376nm$ 下测定。在此波长下 Na、K、Rb、Cs、Ag、Ti、Mg、Ca、Sr、Ba 的摩尔吸收系数分别为 18 600、19 000、18 800、18 500、18 800、18 900、29 400、29 700、29 500、29 000。对于一价金属苦味酸盐所用溶剂为 CH_2Cl_2：MeCN,二价金属苦味酸盐为 MeCN。在空白实验中,不含主体冠醚的有机相中不曾检测出任何苦味酸盐。在中等到高萃取性实验中,分别测定有机和水相中苦味酸盐的浓度,以便交叉检出质量平衡。两相的总苦味酸盐浓度($2.94\sim3.05mmol\cdot L^{-1}$)实际上等于水相中苦味酸盐的初浓度。

9.5.2　计算和处理

假定只有一个物种被萃取,则在金属苦味酸盐水溶液和配体(L)有机溶液间的平衡用方程(9-18)表示

$$k M_{aq}^{m+} + km A_{aq}^{-} + n L_{org} \Longrightarrow [M_k L_n A_{km}]_{org} \qquad (9-18)$$

按方程(9-18),有机相中游离冠醚(L)的浓度可以用方程(9-19)计算

$$[L]_{org} = [L]_i - n[M_k L_n A_{km}]_{org} - [L]_{aq} \qquad (9-19)$$

方程中：$[L]_i$ 是溶解于有机相中冠醚的初浓度。游离冠醚在两相中的分配用方程(9-20)表达

$$L_{org} \xrightarrow{\ K_d\ } L_{aq} \qquad (9-20)$$

$$K_d = [L]_{aq}/[L]_{org} \qquad (9-21)$$

分配系数 K_d 可由质量测定法确定[58,64]。

方程(9-19)中的 $[L]_{aq}$ 用方程(9-21)代替得到方程(9-22),方程(9-22)是实际用于测定 $[L]_{org}$ 的方程

$$[L]_{org} = ([L]_i - n[M_k L_n A_{km}]_{org})/(1+K_d) \qquad (9-22)$$

方程中：k：n 为阳离子/配体的化学量。萃取平衡常数 K_{ex} 由方程(9-23)、方程(9-24)决定

$$K_{ex} = \frac{D_M}{(k/m^{k-1})[A^-]_{aq}^{km+k-1}[L]_{org}^n} \qquad (9-23)$$

$$D_M = \frac{k[M_k L_n A_{km}]_{org}}{[M^{m+}]_{aq}} \qquad (9-24)$$

D_M 为金属离子在有机相与水相中的分配比,在体系中 $[M^{m+}]_{aq}=[A^-]_{aq}/m$,将方程(9-23)进一步改变得到方程(9-25)

$$lg\frac{D_M}{(k/m^{k-1})[A^-]_{aq}^{km+k-1}} = nlg[L]_{org} + lg K_{ex} \qquad (9-25)$$

由方程(9－25)以 $\lg(D_M/[A^-])$ 对 $\lg[L]_{org}$ 作图为一直线,由斜率计算萃取到有机相络合物中配体对金属离子比 n,由截距计算萃取平衡常数 K_{ex} 和配合物化学量。用均相溶液中连续变量法也可以定性地确定络合物化学量,以二苯并 24-冠-8 溶剂萃取碱金属苦味酸盐的实验为例(图 9－15),水溶液中苦味酸盐的起始份数 $([M^+]_i+[A^-]_i)/([M^+]_i+[A^-]_i+[L]_i)$ 连续变化,而使两组分总浓度 $[M^+]_i+[A^-]_i+[L]_i$ 保持不变。萃取的苦味酸金属(用吸光度表示)作为使用苦味酸盐物质的量分数的函数来作图,由吸光度最大值找出相应物质的量分数,确定配合物的化学量。按方程(9－25)以 $\lg[D_M/(k/m^{k-1})[A^-]_{aq}^{km^++k-1}]$ 对 $\lg[L]_{org}$ 作图,固定金属苦味酸盐初始浓度(如 $0.003\,mol\cdot L^{-1}$)改变配体冠醚初始浓度(如 $0.001\sim0.015\,mol\cdot L^{-1}$),得到很好的直线。当直线明显偏离 1:1 配合物理论曲线时,确定为结合 2 个阳离子的 2:1 化学量[58]。

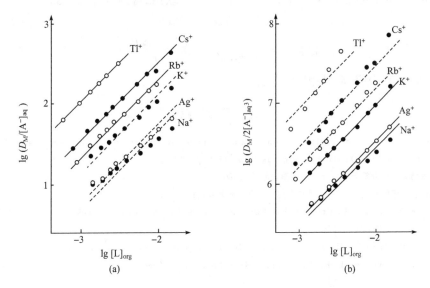

图 9－15　溶剂萃取碱和重金属苦味酸盐的典型图[58]

[盐]=0.003 mol·L^{-1},[二苯并 24-冠-8]=0.001~0.015 mol·L^{-1}

(a)1:1 化学量　　(b)双阳离子 2:1 化学量

当萃取物为 1:1 化学量时,即 $k=n=1$,这时方程(9－18)写成

$$M_{aq}^{m+} + mA_{aq}^- + L_{org} \rightleftharpoons [MLA_m]_{org} \qquad (9-26)$$

萃取平衡常数 K_{ex} 由方程(9－23)的简化式计算

$$K_{ex} = \frac{D_M}{[A^-]_{aq}^m[L]_{org}} \qquad (9-27)$$

方程中:$[A^-]_{aq}=[A^-]_i - m[MLA_m]_{org}$; $[A^-]_i=3\,mmol\cdot L^{-1}$。在达到平衡之后金属离子分配系数($D_M$)和在有机相中游离配体的浓度 $[L]_{org}$ 由方程(9－28)、方程

(9-29)确定

$$D_M = [MLA_m]_{org} / [M^{m+}]_{aq} \qquad (9-28)$$

$$[L]_{org} = ([L]_i - [MLA_m]_{org})/(1 + K_d) \qquad (9-29)$$

方程中：$[M^{m+}]_{aq} = [A^-]_{aq}/m$；$[L]_i$ 代表配体溶于有机相中的初始浓度。

当 $k = n = 1$ 时，方程(9-25)可以写为方程(9-30)

$$\lg\left[D_M / [A^-]_{aq}^m \right] = \lg[L]_{org} + \lg K_{ex} \qquad (9-30)$$

以 $\lg(D_M / [A^-]_{aq}^m)$ 对 $\lg[L]_{org}$ 作图得到斜率为 1 的直线，由截距计算萃取平衡常数 K_{ex}。在不同温度下萃取，按方程(9-30)得到一系列数据，以 $\lg K_{ex}$ 对 $1/T$ 作图，按方程(9-31)从 K_{ex} 计算萃取平衡的自由能(ΔG°)[61]

$$\Delta G^\circ = -RT\ln K_{ex} \qquad (9-31)$$

将 Gibbs-Helmholtz 方程(9-32)与方程(9-31)联用，得到方程(9-33)

$$\Delta G^\circ = \Delta H^\circ - T\Delta S^\circ \qquad (9-32)$$

$$\lg K_{ex} = \left(\frac{1}{2.303} R \right)\left[\frac{\Delta S^\circ - \Delta H^\circ}{T} \right] \qquad (9-33)$$

方程(9-33)表明 K_{ex} 与温度有关。

参 考 文 献

1 Dauter Z, Wilson K S. Diffraction Techniques in Comprehensive Supramolecular Chemistry. Davies J E D, Ripmeester J A（eds）. Oxford：Pergamon Press, 1996, 8：2~31

2 游效增. 结构分析导论. 北京：科学出版社,1980,1~180

3 童林荟. 环糊精化学——基础与应用. 北京：科学出版社,2001

4 Lindner K, Saenger W. Crystal and Molecular Structure of Cyclohepta-amylose Dodecahydrate. Carbohydr. Res., 1982, 99：103~115

5 Ungaro R, Casnat A, Ugozzoli F et al. 1,3-dialkoxycalix[4]arene crown-6 in 1,3 Alternate Conformation：Cesium-selective Ligands that Exploit Cation-Arene Interactions. Angew. Chem. Int. Ed. Engl., 1994, 33：1506~1509

6 Matthews S E, Schmitt P, Felix V et al. Calix[4]-tubes：A New Class of Potassium-selective Ionophore. J. Am. Chem. Soc., 2002, 124(7)：1341~1353

7 （a）Biradha K, Fujita M. Molecular Self-assemblies Through Coordination：Macrocycles, Catenanes, Cages and Tubes in Advances in Supramolecular Chemistry 6. George W. Gokel(eds), JAI PRESS INC. 2000
（b）Amabilino D B, Ashton P R, Brown C L et al. Molecular Meccano. 2. Self-assembly of [n] Catenanes. J. Am. Chem. Soc., 1995, 117：1271~1293

8 丛秋滋. 多晶二维 X 射线衍射. 北京：科学出版社,1997

9 郑培清,高海翔,童林荟等.环状低聚糖-β-环糊精与环辛二烯包结作用的研究. 化学试剂,2000,23(5)：259

10 （a）Simon K, Stadler A, Hange F. Investigation of Cyclodextrin Complexes by X-ray Powder Diffraction, Proceedings of the 1 st Int. Symp. On Cyclodextrin. Budapest, 1981. Reidel Dordrecht. 1982, 251~259
（b）Roos-Hosset A. Proceedings of the 4th Int. Symp. On Cyclodextrin. Munish, 1988, Huner O, Szejtli J

(eds). Kluwer: Dordrecht., 1988, 253

11　Tong L H, Pang Z Z, Yi Y. Inclusion Complexes of α-and β-cyclodextrin with α-lipoic Acid. J. Inclusion Phenomena and Molecular Recognition in Chemistry, 1995, 23: 119~126

12　Wagner P, Nakagawa Y, Lee G S et al. Guest/Host Relationships in the Synthesis of the Novel Cage-based Zeolites SSZ-35, SSZ-36, SSZ-39. J. Am. Chem. Soc., 2000, 122: 263~273

13　Cohen de Lara E, Kahn R. Neutron Scattering Studies of Zeolite Complexes in Spectroscopic and Computational Studies of Supramolecular Systems. Davies J E D(eds). Kluwer Academic Publishers. 1992, 83~114

14　(a) Cohen de Lara E, Kahn R. Diffusivity of Hydrogen and Methane Molecules in A Zeolites: Neutron Scattering Measurements and Comparison. Zeolites, 1992, 12: 256~260
　　(b) Ramamurthy V. Garcia-garibay Miguel A. Zeolites as Supramolecular Hosts for Photochemical Transformations, in Comprehensive Supramolecular Chemistry. Davies J E D, Ripmeester J A(eds). Oxford: Pergamon Press, 1996, 7: 693~772

15　Betzel C, Saenger W, Hingerty B E et al. Circular and Flip-flop Hydrogen Bonding in β-cyclodextrin Undecahydrate: A Neutron Diffraction Study. J. Am. Chem. Soc., 1984, 106: 7545~7557

16　Hudson B S. Inelastic Neutron Scattering (INS): A Tool in Molecular Vibrational Spectroscopy and a Test of Initio Method. J. Phys. Chem., A 2001, 105(16): 3949~3960

17　Kaifer A E. Electrochemical Techniques in Comprehensive Supramolecular Chemistry. Davies J E D, Ripmeester J A(eds). Oxford: Pergamon Press, 1996, 8: 499~536

18　Jürgen-Hinrich Fuhrhop. Molecular and Supramolecular Chemistry of Natural Products and Their Model Compounds. New York: Basel Marcel Dekker, 2000

19　彭图治,王国顺. 分析化学手册(第二版).第四分册,电分析化学. 北京:化学工业出版社,1999,483~484

20　Gagné R R, Allison J L, Ingle D M. Unusual Structural and Reactivity Types for Copper (1) Equilibrium Constants for the Binding of Monodentate Ligands to Several Four-coordinate Copper (1) Complexes. Inorg. Chem., 1979, 18: 2767~2774

21　Kawaguchi M, Ikeda A, Shinkai S et al. Electrochemical Studies of Calixarene-[60] fullerene Inclusion Processes. J. Inclusion Phenomena and Macrocyclic Chemistry, 2000, 37: 253~258

22　Miller S R, Gustowski D A, Chen Z et al. Rationalization of the Unusual Electrochemical Behavior Observed in Lariat Ethers and Other Reducible Macrocyclic Systems. Anal. Chem., 1988, 60: 2021~2024

23　鞠煜先,戴宗,Leech D. 自组装单层界面 β-环糊精非电活性客体的电化学测定. 中国科学(B 辑),2002, 32(1): 40~45

24　Zawisza I, Bilewicz R, Luboch E et al. Electrochemistry of Azocrown Ethers in Langmuir-Blodgett Monolayers. Supramolecular Chemistry, 2000, 12: 123~129

25　Laviron E. General Expression of the Linear Potential Sweep Voltammogram in the Case of Diffusionless Electrochemical Systems. J. Electroanal. Chem., 1979, 101: 19~28

26　Li G, Doblhofer K, Fuhrhop J H. Irreversible Adsorption of Cellobiose, Ascorbic Acid, Tyrosine to Hydrophobic Surfaces in Water and Their Separation by Molecular Stirring. Angew. Chem. Int. Ed., 2002, 41 (15): 2730~2734

27　Ashton P R, Balzani V, Clemente-León M et al. Ferrocene-containing Carbohydrate Dendrimers. Chem. Eur. J., 2002, 8(3): 673~684

28　Nicholson R S. Theory and Application of Cyclic Voltammetry for Measurement of Electrode Reaction Kinetics. Anal. Chem., 1965, 37: 1351~1355

29　Wang F K, Sun W L, Sui G D et al. Electrochemical Study of Inclusion Complexes of Fullerene. Supramolecular Chemistry, 1998, 9: 249~253

30　Bond A M, Miao W J, Raston C L et al. Electrochemical and Structural Studies on Microcrystals of the $(C_{60})_x(CTV)$ Inclusion Complexes ($x=1$, 1.5; CTV = cyclotriveratrylene). J. Phys. chem., B 2001, 105(9): 1687~1693

31　Medina J C, Goodnow T T, Rojas M T et al. Ferrocenyl Iron as a Donor Group for Complexed Silver in Ferrocenyl dimethyl[2, 2] Cryptand: A Redox-switched Receptor Effective in Water. J. Am. Chem. Soc., 1992, 114: 10 583~10 595

32　(a) Chung T D, Kim H. Electrochemistry of Calixarene and its Analytical Applications. J. Inclusion Phenomena and Molecular Recognition in Chemistry, 1998, 32: 179~193
　　(b) Chung T D, Choi D, Lee S K et al. Electrochemical Behavior of Calix[4]arenediquinones and Their Cation Binding Properties. J. Electroanal. Chem., 1995, 396: 431~439

33　(a) 王德枌. 冠醚化合物的配位特性. 冠醚化学. 第三章. 吴成泰等. 北京: 科学出版社, 1992. 114~159
　　(b) Kallner R, Mermet J M, Otto M et al. 分析化学. 李克安, 金钦汉等译. 北京: 北京大学出版社, 2001, 247~257

34　Frensdorff H K. Salt Complexes of Cyclic Polyethers. Distribution Equilibria, J. Am. Chem. Soc., 1971, 93: 4684~4688

35　Bakshi M S. Mixed Micelles in the Presence of Macrocyclic Additives: A Host-guest Conductometric Study. J. Inclusion Phenomena and Macrocyclic Chemistry, 2000, 36: 39~54

36　Zhou Z X, Wang Y Z, Tao J C et al. A Substituted Tetraazaporphyrinogen as an Electroactive Component for a Polymeric Membrane Anion-selective Electrode. J. Inclusion Phenomena and Molecular Recognition in Chemistry, 1998, 32: 69~80

37　Brodbelt J S, Dearden D V. Mass Spectrometry in Comprehensive Supramolecular Chemistry. Davies J E D, Ripmeester J A(eds). Oxford: Pergamon Press, 1996, 8: 567~591

38　陈耀祖, 涂亚平. 有机质谱原理及应用. 北京: 科学出版社, 2001

39　Maleknia S, Brodbelt J. Cavity-size-dependent Dissociation of Crown Ether/Ammonium Ion Complexes in the Gas Phase. J. Am. Chem. Soc., 1993, 115: 2837~2843

40　刘翠平, 方积年. 质谱技术在糖类结构分析中的应用. 分析化学, 2001, 29(6): 716~720

41　Whitehouse C M, Fenn J B. Electrospray Interface for Liquid Chromatographs and Mass Spectrometers. Anal. Chem., 1985, 57: 675~679

42　Cole R B. Electrospray Ionization Mass Spectrometry: Fundamentals Instrumentation and Applications. New York: Wiley, 1997

43　Young D S, Hung H Y, Liu L K. An Easy and Rapid Method for Determination of Stability Constants by Electrospray Ionization Mass Spectrometry. Rapid Commun. Mass Spectrom, 1997, 11: 769~773

44　Young D S, Hung H Y, Liu L K. Estimation of Selectivities and Relative Cationization Efficiencies of Different $[Crown+M]^+$ by Electrospray Mass Spectrometry. J. Mass Spectrom., 1997, 32: 432~437

45　Allain F, Virelizier H, Moulin C et al. Electrospray-mass spectrometric studies of selectivity of alkali metal cations extraction by Calix[4]arene crowns. Spectroscopy, 2000, 14: 127~139

46　Asfari Z, Naumann C, Nierlich M et al. New J. Chem., 1996, 20: 260

47　陈耀祖, 陈能煜, 陈宇等. 环糊精的快原子轰击和碰撞活化质谱. 科学通报, 1986, 18: 1393~1394

48　李海泉,陈能煜,赵凡智等. β-环糊精衍生物的快原子轰击质谱和质量分离离子动能谱. 分析测试技术
与仪器,1992,(1):26~31

49　李海泉,赵凡智,翟建军等. β-环糊精衍生物的快原子轰击质谱和质量分离离子动能谱. 质谱学报,
1992, 13(2):1~6

50　Zhang H, Chu Z H, Leming S et al. Gas-phase Molecular Recognition, Gas-phase Crown Ether-Alkali Metal
Ion Complexes and their Reactions With Neutral Crowns. J. Am. Chem. Soc., 1991, 113: 7415~7417

51　Chu I H, Zhang H, Dearden D V. Macrocyclic Chemistry in the Gas-phase: Intrinsis Cation Affinities and
Complexation Rates for Alkali Metal Cation Complexes of Crown Ethers and Glymes. J. Am. Chem. Soc.,
1993, 115: 5736~5744

52　Powell H M. The Structure of Molecular Compounds, Part Ⅳ clathrate compounds. J. Chem. Soc., 1948,
61~73

53　Johari Gyan P. Dielectric Methods for Studing Supramolecular Clathrate Structures in Comprehensive
Supramolecular Chemistry. Davies J E D, Ripmeester J A(eds). Oxford: Pergamon Press. 1996, 8: 121~
177

54　游效增. 结构分析导论. 北京:科学出版社,1980,297~327

55　Ripmeester J A, Ratcliffe C I, Cameron I G. Molecular Motion in Solid p-nitrophenol Inclusion Compounds
of Cyclomalto-hexaose and Heptaose: NMR and Dielectric Studies. Carbohydr. Res., 1989, 192: 69~81

56　Pathmanathan K, Johari G P, Ripmeester J A. Dielectric and Calorimetric Studies of β-cyclodextrin Underan-
hydrate. J. Phys. Chem., 1989, 93: 7491~7494

57　Pedersen C J. Cyclic Polyethers and Their Complexes with Metal Salts. J. Am. Chem. Soc., 1967, 89:
7017~7036

58　Inoue Y, Liu Y, Amano F et al. Uncommon Complex Stoichiometry in Solvent Extraction: Solution-phase
Dicationic Complex Formation of Crown Ethers. J. Chem. Soc. Dalton Trans., 1988, 2735~2738

59　Inoue Y, Liu Y, Tong L H et al. 2:2 Cation-crown Ether Complex Formation in Solvent Extraction. J.
Chem. Soc., Chem. Commun., 1989, 1556~1557

60　Inoue Y, Wada K, Liu Y et al. Molecular Design of Crown Ethers. 6.Substitution Effect in 16-crown-5. J.
Org. Chem., 1989, 54(22): 5268~5272

61　Inoue Y, Amano F, Okada N et al. Thermodynamics of Solvent Extraction of Metal Picrates with Crown
Ethers: Enthalpy-entropy Compensation. Part 1.Stoichiometric 1:1 Complexation. J. Chem. Soc., Perkin
Trans.2, 1990, 1239~1246

62　Liu Y, Tong L H, Inoue Y et al. Thermodynamics of Solvent Extraction of Metal Picrates with Crown
Ethers: Enthalpy-entropy Compensation. Part 2. Sandwiching 1:2 Complexation. J. Chem. Soc., Perkin
Trans.2, 1990, 1247~1253

63　Liu Y, Inoue Y, Hakushi T. Molecular Design of Crown Ethers Ⅶ. Synthesis and Cation Selectivities of Un-
substituted 12-to-16-crown-4. Bull. Chem. Soc. Jpn., 1990, 63(10): 3044~3046

64　Ouchi M, Inoue Y, Sakamoto H et al. Crown Ethers of Low Symmetry. Spiro Crown Ethers and 16-crown-
5 Derivatives. J. Org. Chem., 1983, 48: 3168~3173

第 10 章 展　　望

在我们写这本书的时候,已经意识到科学,特别是技术科学的飞速发展带给超分子化学研究的机遇和挑战。超分子化学本身在与周边学科不断融合、渗透、交叉的过程中发展,从最初的有机主体与有机小分子、离子构成的体系扩展到与高分子和生物大分子构成的超分子。有机主体从天然环糊精、冠醚、穴醚、杯芳烃到由各种基团或单元组合的分子裂缝、笼以及玩珺等。所有这些由单一的超分子发展的各种分子聚集体,其背景是发展新的功能材料、纳米材料、生物材料。无机分子与有机分子杂交,无机高分子沸石,和各种分子筛的介入,已使超分子化学与生命科学、材料科学、纳米科学紧密相连,以致常常难以分辨和划清界限。预计在 21 世纪由有机、无机、生物结构单元交织而成的复杂、有序、高功能化的人工超结构将崭露头角。超分子化学的现状暗示,进一步发展不可避免地要与相关学科伴行,要求采用相应的技术和方法以适应面临的挑战。许多原有的方法和装置需要改造和升级,许多不曾采用的先进技术也已适时地介入,还应当引人更多的新方法解决复杂的结构分析。以下从现有研究报道和趋势列举主要发展方向。

10.1　各种光谱新技术

1) 各种时间分辨和超快光谱技术

超快光谱可用于研究过程非常短的化学物理现象,如电子转移反应、分子振动和电子弛豫,天然和人工光合成体系的动态以及宏观、微观表面现象。在这个领域中最突出的是 UV-泵送可见探针技术,用于研究广泛的物理现象,传达电子转移信息。化学上的重要信息,包括结构可从 IR 区光谱信息获得。超快振动光谱是检验键活性获得可靠数据的方法。如超快和纳秒 IR 光谱,可以测定 10ps 到 660ps 的时间分辨 IR 谱[1]。超快瞬变红外光谱(ultrafast transient infrared spectroscopy)用于研究化学、生物化学和相关物理现象,在 20 世纪有惊人发展。近年采用宽带飞秒和较长时间范围的中、远红外探针技术,克服了早期超快瞬变红外光谱采用可调窄带探针脉冲导致的困难[2]。用这种技术可以提取有关光化学反应,电子转移机理以及控制复杂体系中振动激发等信息,预期将在更多的化学材料、生物化学体系中得到应用。

飞秒时间分辨荧光技术已有许多研究结果报道。用荧光直转化法(fluoresence up-conversion)测定全反式视黄醛的飞秒时间分辨荧光衰减,研究全反视黄醛光激发态的超快弛豫动态[3]以及飞秒激光光谱测定瞬变吸收研究酞菁（PcS₄）和 Zn-酞菁四磺酸（ZnPcS₄）溶液中激发态动态。酞菁激发态预计有各种重要作用，但很少了解在亚纳秒时间范围内这类重要化合物的激发态动态。研究结果表明酞菁在水溶液中主要以聚集体存在，其激发态寿命短，在有机溶剂如 DMSO 中以单体存在，激发态寿命长，动态更加复杂，建立了 3 种状态的动力学模型，考虑动态性质，证明可以用 PcS₄ 和 ZnPcS₄ 在癌肿的临床诊断和光动态治疗（PDT）[4]。吡啶基亚甲基富勒烯衍生物（PC₆₀）与中-四苯基锌卟啉（ZnTPP）通过吡啶基与锌离子配位形成非共价超分子聚集体，用皮秒时间分辨发光光谱观察到在 PC₆₀-ZnTPP 络合物中极快的 ZnTPP 发光猝灭（$k > 5 \times 10^{10} \, s^{-1}$），并将其归因为发生了极快地向富勒烯能量转移[5]。由卟啉和富勒烯构筑超分子体系，再现了光诱导能量和电子传递过程。

分子内振动弛豫（intramolecular vibrational relaxation，IVR）是光激发后即时发生的主要分子过程，此过程与周围电子状态、溶剂分子结构变化和几何学变化有关（如光异构化、光解离间超快能量传递竞争），因而过程的速率、途径、效率主要与IVR 过程有关。关于 IVR 详细知识是证明各种超快现象的基础，通常认可的 IVR 典型时间范围在亚皮可秒（subpicosecond），在各种检测方法中荧光直转化技术是用荧光检测法研究激发态动态的最有用工具，不存在由暗状态来的干扰。用荧光直转化技术研究 Zn 卟啉单体、二聚体、三聚体、四聚体（Ar 为 3,5-二特丁基苯基，

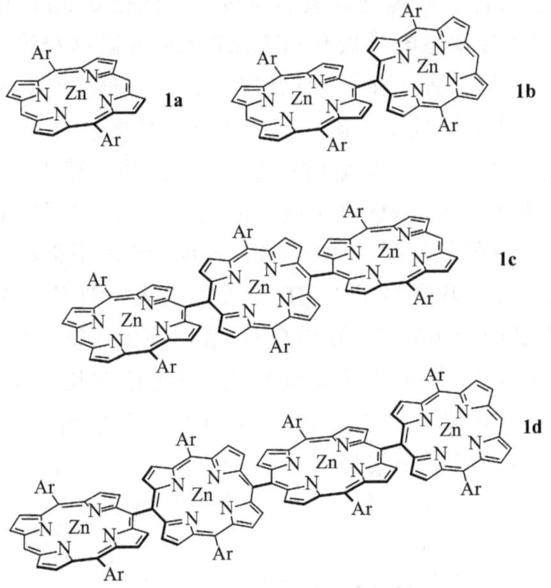

Ar = 3, 5-di-*tert*-butylphenyl

1

1)的激发态动态,阐明增加卟啉框架时的超快荧光动态变化[6]。Zn(Ⅱ)卟啉(**1a**)的 S_2 态荧光衰减为 $1.2ps(\tau_1, 460nm)$,但其 **1b**、**1c**、**1d** 的荧光衰减则更快,原因是激子裂分使 Soret 带成为一种阶梯形的去活管道。

各种飞秒级时间分辨光谱已成为研究开发的热点。如用亚皮可秒光谱研究 HDO/H_2O 样品,确切证明在 D_2O 中 HDO 的 OH 带由 4 个峰组成[7]。此外用新近开发的飞秒时间分辨拉曼光谱研究了激发态全反-β-胡萝卜素的超快动态[8]。联合应用飞秒时间分辨 UV-vis 吸收光谱、皮秒时间分辨拉曼光谱、飞秒时间分辨稳态荧光技术,测定、研究了偶氮苯异构机理[9]。成功地证明反式偶氮苯在 S_2 光激发后的光化学动态,提出新的弛豫图。在 S_2 激发后,几乎所有 S_2 分子都弛豫到具有平面结构的 S_1 态,然后通过 3 种途径从 S_1 态弛豫到 S_0 态:①转化异构作用(inversion isomerization);②通过反式 S_1→反式 S_0 弛豫管道,此管道即使在"冷"S_1 态也是开着的;③ 反式 S_1→反式 S_0 弛豫管道,它只在"振动激发"S_1 态时开着,并进而证实在 S_1 态的这 3 个弛豫管道对于了解偶氮苯的光化学全部是必须的。

近年来连续发表用时间分辨 ESR(tr-ESR)方法研究超分子体系中的光解和电子传递反应。如用纳秒 tr-ESR 方法研究 1,4-萘醌(NQ)和 2-甲基-1,4-萘醌(MNQ)在 α-、β-、γ-CD 中 200~1200ns 间 ESR 谱的变化[10],证明在水溶液中,不同 CD 包结下 NQ 和 MNQ 都发生光解。研究顺磁性中间体以便了解这些包结体系中的光化学。实验在 BRUKER esp-380E 的 ESR 光谱仪上进行,稍做修改以观察 X 带的 tr-ESR。样品经吹氮气脱氧后流过一个池长 0.3mm 的扁平石英池。所有体系都产生化学诱导动态电子极化(CIDEP)谱,可以解释第一步在 CD 空腔内发生了氢转移反应。结果表明在 α-CD 情况下,主要出现阴离子游离基,它是由在 α-CD 空腔内最初形成的中性半醌游离基脱质子形成的。在 β-CD 情况下,主要出现由 NQ 和 MNQ 形成的中性半醌游离基。γ-CD 的主要生成物与前两者不同,NQ 产生阴离子游离基,而 MNQ 则生成半醌,其原因是在不同 CD 空腔内,NQ 极性环境不同。E/A 型(低场发射/高场吸收)CIDEP 谱表明游离基物种在生成后被逐出 CD 空腔。CD 游离基谱显示出 CD 骨架的最大活性位。对于大尺寸的空腔(β-或 γ-CD),观察到两个不同的 CD 游离基,表明在大而富有柔性的 CD 空腔内活性位增加。在 NQ/β-CD 体系中观察到宽谱,表明存在长寿命瞬变游离基对,在 β-CD 空腔内强烈偶合并被稳定。在 3 个不同 CD 中观察到共同的碳中心游离基,表明吡喃葡萄糖单元的分子框架是刚性的,不因空腔尺寸不同而严重歪斜。瞬变 ESR 谱也用于研究卟啉-富勒烯复合物中的电荷分离效率[11]。

2) 二维谱

Croasmun 和 Carlson[12]最早在 1987 年出版了有关二维(2D)核磁光谱技术以及在化学与生物学中应用的专著。2D-NMR 的各种技术,特别是 ROESY 谱已广泛用于超分子结构和分子聚集体的结构分析。其他 2D 光谱技术如二维极化红外光谱(2D polarized IR spectroscopy)。二维近红外光谱的相关分析(2D correlation analysis of NIR spectra)和二维拉曼回波(2D Raman echo)[13a, b],也相继问世。

3) 单分子光谱

近些年单分子光谱成为一种有效工具,在研究体系性质时可以弥补在大体积光谱测量中获得的是总平均效果的不足,观察单分子发色轨迹与微环境关系,可以判断膜环境和动态。采用近场或远场技术研究单分子在室温下各种主体微环境中的荧光强度波动,从单分子总发射强度跳跃对时间的依存关系推导出机理[14]。如研究 DPPC(**2**)LB 膜中探针单分子 diIC$_{18}$(**3**)强度的轨迹,当探针分子周围分子微环境波动时,可以观察到单分子光谱作为时间函数发生的位移。将探针分子 diIC$_{18}$ 以 10^{-6}(摩尔分数)量掺入到 DPPC 单层或双层膜中(图 10-1),测定层中 diIC$_{18}$ 单分子荧光强度在膜表面压和亚相条件变化时的波动情况。观察类脂膜表面压系列变化对单分子荧光轨迹的影响,结果表明强度的波动不是由明显动态引起,而是由连接在 diIC$_{18}$ 分子中两个吲哚环碳链周围发生小的二次运动导致的结果。类脂尾基自由度对于这个运动特别敏感,可以认为单分子轨迹是脂质碳氢链聚集运动的探针。此法可扩展应用到其他含蛋白多组分、甾体等更复杂膜的研究,提出更新的低频动态观点,提供了研究膜微环境动态的工具。

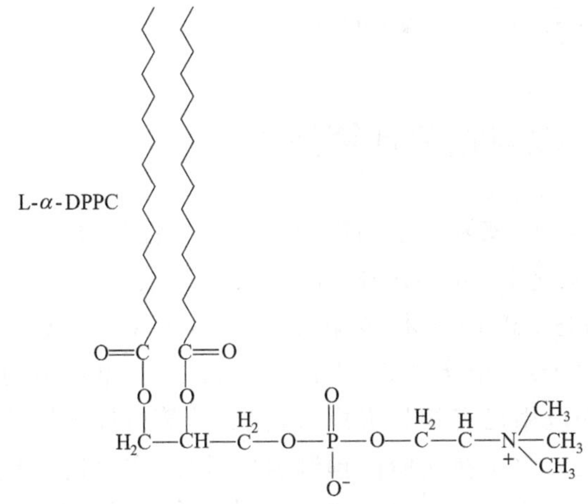

L-α-DPPC

diIC$_{18}$

2 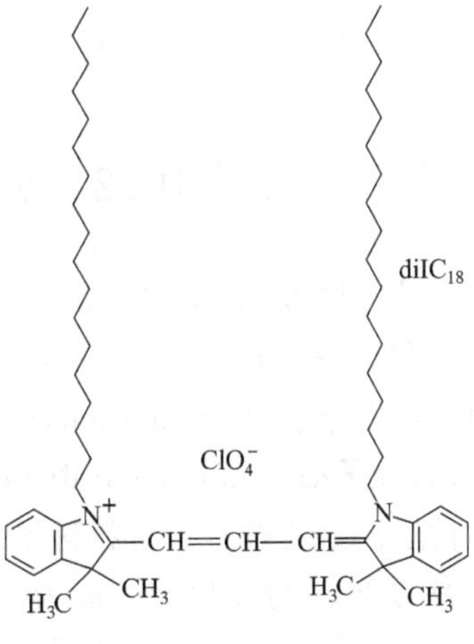 **3**

用单分子荧光激发和偏振光谱技术以单分子作为纳米探针,研究正癸烷、正十一烷、正十四烷冲击冻结溶液中二苯并芘(DBATT)光跃迁线宽和多重谱线结构[15a]。研究单个分子和荧光蛋白的瞬时光动态,发现有机分子三线态寿命和系间跨越的产率都随时间、空间改变。用单分子灵敏近场扫描光学显微镜(near-field scanning optical microscope,NSOM)测定到单个荧光分子和自荧光蛋白的光动态,对于有机分子观察到纳米-环境对光物理性质的影响[15b]。

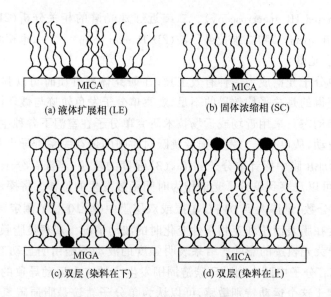

图 10-1　研究单分子强度波动与微环境关系的各种膜条件表达式[14]

头基显黑的是探针 $diIC_{18}$ 以 10^{-6}(摩尔分数)浓度掺入 DPPC 膜中

(a) 液体扩展相　(b) 固体浓缩相

(c) 双层(染料在下)　(d) 双层(染料在上)

10.2　分子模拟与相关计算技术

分子模拟(molecular modelling)是关于实际分子结构和物理化学性质的产生、控制和再表达的研究方法,常与计算机化学(computational chemistry)成为同义词。即是运用分子力场(molecular mechanics,MM)技术、蒙特卡罗(Monte Carlo,MC)模拟、分子动态(molecular dynamics,MD)和电子理论,来预测材料结构、电和热力学性质。上述技术在材料科学研究中应用已有很长历史,但直到计算机技术快速发展的今天,分子模拟才成为一个课题,用于在实验前预测材料性质,实验后确认产物结构和反应机理。计算机模拟(computer modelling)主-客体复合物或超分子,乃至更大分子聚集体结构的论文和综述文章,近年来不断增加。各种物理分析方法辅以计算机分子模拟,研究超分子内各组成间的相对关系将逐渐成为常规的分析手段[16a,b]。Davies 编著出版的系列丛书《包结科学论题》(Topics Inclusion Science)卷 4 中收集了多篇有关超分子体系中计算机模拟的研究论文[16b]。有机小分子与 CD、杯芳烃、碱金属和过渡金属离子在大环中的结合,沸石中的金属络合物等,用理论方法预测和解释实验结果的成功,促进了计算机在沸石化学研究领域的应用。现代计算技术目前已成功地用于网格的分子模拟,模拟 X 射线衍射数据预测沸石晶体的物理化学性质,分析不同温度、压力下新结构的稳定性;分子的吸附和扩散。TiTiloye 等[27]详细评述了包括静态模拟、晶格动态、蒙特卡罗和位能表面、分子动态、量子力学计算,以及原子间位能等这些计算方法在沸石研究中的应用。对于有限定空间的 CD(α-、β-、γ-CD)空腔,令人倍感惊异,是什么作用力的驱使与分子形状、极性、电性、溶解性各异的有机分子乃至小分子气体形成稳定的复合物? Sherrod[31]从数量不多但却在不断增加的论文中,归纳介绍了用分子力场计算 CD 分子的几何学和结合能、几何学与反应能的关系。动态分子模拟显示 α-CD 在气相表现明显的几何学变化。说明计算时未考虑晶体结构中的水分子,而且在决定晶体结构中存在的构象方面,晶体堆积力起很大作用。α-CD 分子表现出十分强的柔性,主要变化是呈现各种椭圆形,而单个葡萄糖基仍趋向保持能量适宜的椅式构象。研究 α-、β-CD 晶体水合物和水溶液 α-CD,模拟 α-CD·6H$_2$O 和 β-CD·12H$_2$O 晶胞,证明可以重复计算重原子位置和热运动准确性与高分辨 X 射线和中子扫描数据相当。计算方法也可以准确模拟 CD 自身和更活动的水分子氢键式样的动态性质。通过比较晶态 α-CD·6H$_2$O 和 611 水分子溶剂化的 α-CD 的动态模拟证明溶液中 CD 的组成原子的运动是晶体的 2 倍。这种大的局部和短暂的偏差,说明 CD 在溶液中是动态的椭圆形而不是对称的圆环形。Drew[16b]报道用分子力场联合分子图像,有效地模拟主-客体复合物的结构和了解互相作用是如何发生的。其他计算技术如蒙特卡罗和分子动态用来考虑客体分子如何与主体嵌合。由于绝大多数有兴趣体系中含有太多原子需要准确计算,量子力学在主客体模拟中起主要作用。从头计算电子结构的最新进展使有可能预测像 C$_{60}$簇这样的球形碳笼内部捕获原子、离子、或小分子形成内复合物(endohedral)的性质[16c],提出定量和半定量预测这种复合物的近似理论。体系虽然各种各样,但模拟技术常常类似,且从一个领域获得的知识常常可以用于其他领域。由两个或更多小分子构成的体系,它的结构和性质的模拟,对于化学和分子识别都十分重要。目前兴趣在于联合分子模拟与计算化学,研究主-客体间的互相作用,并建立适宜方法。如前所述,用计算机进行分子模拟预测和评价分子结构和性质,有各种近似计算方法。尽管计算方法不同,其目的都在于解释以下问题:复合现象的驱动力是什么?在主客体络合物中相对几何学关系是什么?更重要的是结合几何学和能量间有什么相关?怎么样?用什么理论解释这些令人关心的问题?

1) 分子力场

分子力场曾用于多种超分子体系的研究,在已建立的 MM$_2$ 程序上自动计算构象、空间能量和单个分子生成热[17]。在分子力场计算中,一个结构的应变能是以下各种能的总和:键伸缩(bond stretching)E_s、弯曲(bending)E_b、扭转(torsional)运动 E_t 以及从范德华非键 E_{nb} 和库仑作用 E_c 中来的能量。氢键的模拟是一个特殊的问题,在某些力场中假定它是纯静电作用(INSIGHT/DISCOVER 软件,

Biosym Inc.San Diego, Calif. U.S.A.),而在另一些力场中则作为一个特殊项引入(Quanta/CHARMm, Molecular Simulations, Warmshurst, Mass., U.S.A.)这些功能多样化说明难以准确模拟氢键。但氢键在超分子聚集体形成,对映体拆分和生物体系功能中的作用都十分重要。

　　在所有计算机模拟中最重要的是把理论结果与实验数据作比较,实验数据的主要来源是晶体结构。要了解主-客体互相作用,需要研究客体在主体分子中的所有可能位置。通常认为主-客体复合物晶体只存在一个能量最小结构,但应当考虑到客体在主体内的位置不单纯由两者间的互相作用决定,还要考虑到一个晶胞内堆积许多主体和许多客体。另外,晶体结构中除非是无序的,否则只给出一个位置,实际上是可能有许多能量接近的位置,在晶体结构中不曾显示,这种无序或高度热运动常以宽范围最低能量表现。尽管如此,晶体结构仍可提供有用的起始模型来检验理论计算。

　　用 DOCKER 程序得到 1000 个甲苯在特丁基杯[5]芳烃中的结构,然后用 MM 减到最少并把它们划分成 6 种结构类型(图 10-2)[16b]。图 10-2(a)、(b)、(e)、(f)中苯环均位于杯芳烃空腔内,其中(a)、(b)都有一个领头氢原子在甲基邻或对位,但(e)、(f)中则有两个领头氢原子,C(芳环)—C(甲基)键因此平行于锥形空腔底可以找出(e)、(f)显示的在杯[5]芳烃构象中的差别,在(d)结构中甲基深入空腔内,(c)中苯环平卧,因而它必是接近平行于锥底 5 个氧原子构成平面,这种结构与四甲基丁基杯[5]芳烃-甲苯包结物单晶结构近似[18]。(c)结构中,苯环中点与 5 氧原子中点间的距离是 4.11Å,它与四甲基丁基杯[5]芳烃-甲苯包结物晶体结构中的距离 4.17Å 相当。在这 6 个可能的结构中杯芳烃表现为不同构象,证明了设定方法的正确性,主、客体结构都可以改变构象。

　　用建立在非常简单的近似准则基础上的 PROXIM 程序,系统扫描所有客体的可能位置,预测稳定 α-CD-苯乙醇(PE)复合物结构[19]。从互相作用能图的计算机模拟,考察简单探针分子(H_2O、C、CH_4、C_6H_6、NH_4^+、$HCOO^-$)沿垂直对称轴通过 β-CD 或修饰 β-CD 空腔中心,包结物中的主-客体互相作用,得到一些结论性的结果[20]。

　　(1) 对称疏水小分子糖类探针(C、CH_4、C_6H_6)与 β-CD 或修饰 β-CD 形成稳定包结物,典型情况是探针位于空腔中心,当探针尺寸或脂肪族性质增加时稳定性增大。极性小分子和带电荷探针(H_2O、NH_4^+、$HCOO^-$)倾向与大体积溶剂(水)作用而不易与 β-CD 或修饰 β-CD 生成包结物。

　　(2) 与疏水探针形成稳定包结物中的主-客体互相作用,几乎全部是分散互相作用占主导地位,这些非极性探针的疏水稳定作用是由它们自身高度对称性和 β-CD 的对称性决定的。分子静电位能图(molecular electrostatic potential, MEP)其大小在 β-CD 空腔中心接近零,而绝大多数研究的修饰 β-CD,在空腔外靠近环面

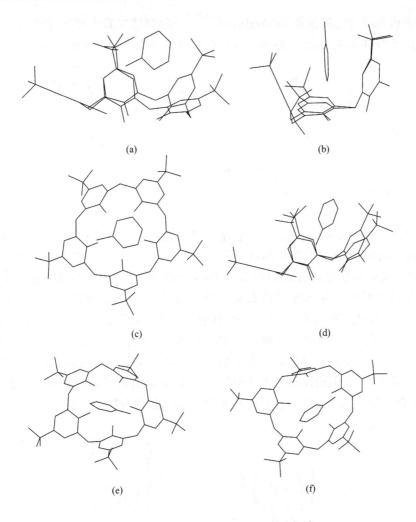

(a)   (b)

(c)   (d)

(e)   (f)

图 10-2 超分子研究中的光谱与计算[16b]

处具有最大的正或负值。

（3）中性取代基修饰的 β-CD,对疏水探针的结合增强,且在 MEP 中沿 β-CD 对称轴有明显变化。

（4）具有带电荷侧链的 β-CD 不明显影响对疏水探针的结合,但对极性和带电荷探针的结合表现出明显的有序。

作为实验技术的补偿,用 CVFF 力场对修饰环糊精进行分子模拟计算。通过从各种最初构象的能量最小化,修饰环糊精 **4**、**5** 集中为两个构象:一个是亚二甲苯基二胺基包结在 β-CD 空腔内(**5**);另一个是修饰基在其连接处盖在空腔口(**4**)。盖帽构象(**4**)的能量比自包结构象(**5**)低 4.1kcal·mol^{-1},而 **5** 的自包结构象(**5**-内)

比盖帽构象(5-外)能量低 1.5kcal•mol$^{-1[21]}$。实验结果首次证明修饰 CD 的自包结性质与修饰位有关,这一性质对设计各种结构修饰 CD 有指导作用。

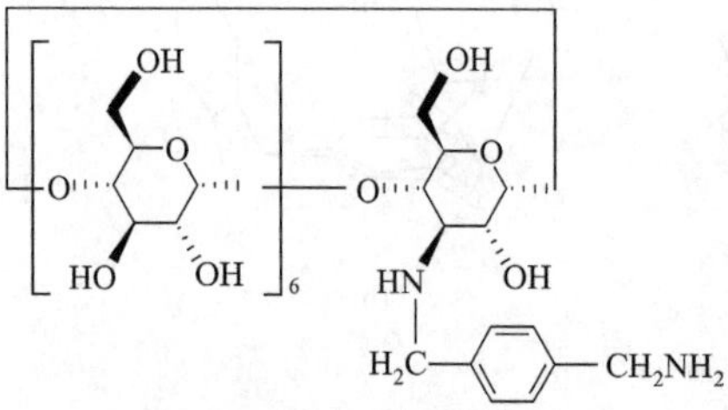

β-CD-3-亚二甲苯基二胺
4

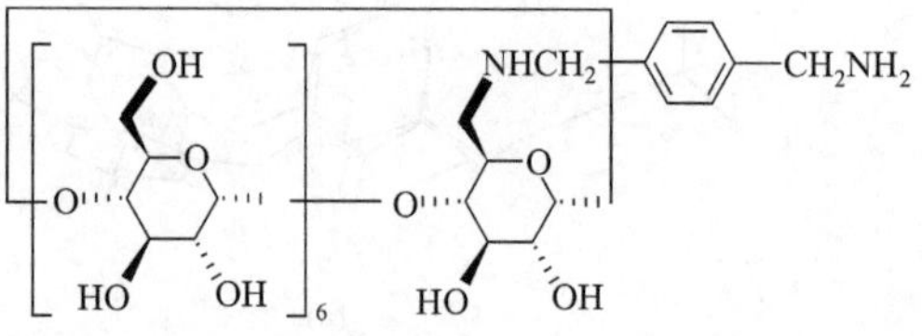

β-CD-6-亚二甲苯基二胺
5

　　两亲金属主体 **6**、**7**,其中一个联吡啶基通过引入甘脲基衍生成疏水裂缝。在 Silicon Graphüs IndigoⅡ 工作站进行分子模拟计算,所有计算都是在真空下进行。**6**、**7** 的二聚结构是按从 NMR 得到的 nOe 接触进行计算,证明在水溶液中 **6** 呈头尾自集的二聚体结构,调节浓度在水中重复头尾自集过程导致形成无限长列阵。NMR 和计算机模拟结构 **7** 在水中的自集二聚体,结果表明欲得到有确定形状的纳米建筑,需要对设计的两亲物赋予强互相作用。联合强头对头和头对尾生长过程,可以达到分立的纳米构筑。在此基础上关注聚集体生长过程,以达到控制熵、焓的精妙平衡,从而能控制纳米结构的尺寸和形状,进而了解有规则雪茄烟聚集体"等级森严"的自集机理[22a]。MM 也用于表征冠醚化合物的性质[22b,c,d,e]。

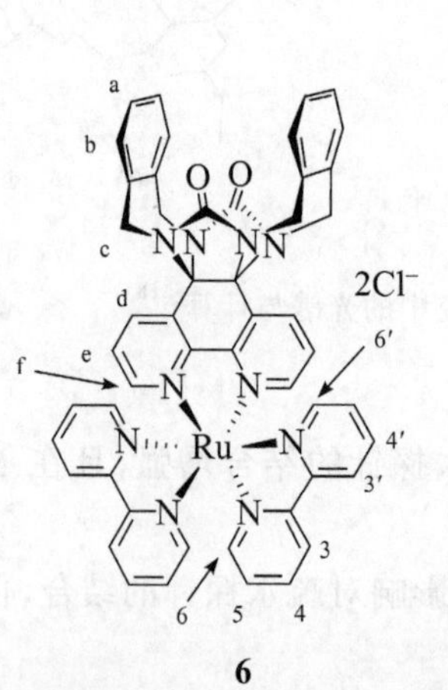

6 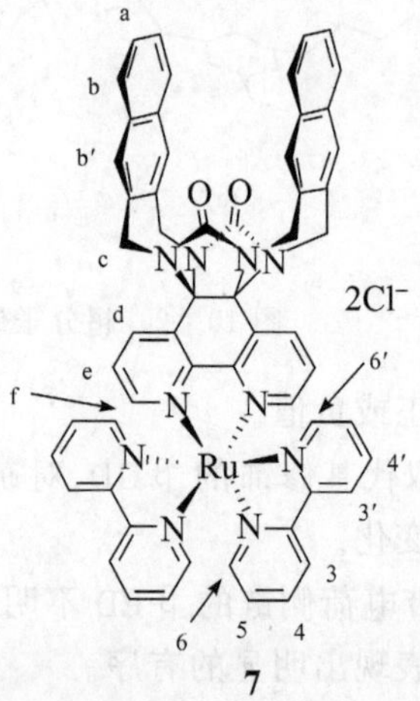　　　　　　　　　　　**7**

　　分子力场研究环糊精包结物,计算得到的图形表明环糊精本身是高度对称的,而且与发表的 X 射线结构相近。但近期 Lipkowitz[23] 指出利用这种结构有可能落入误区,文献中呈现的图形分子结构或卡通式的截顶锥体是超简化的。采用包含在 MACROMOODE 中[24]的 AMBER[25] 和 MM$_2$[26] 力场,将 C$_n$(α、β、γ 分别为 6、

7、8)定为对称最优化环糊精结构。通过降低对称数或移去所有强制的对称因素，确定明显最低能量构象。提出环糊精构象是复杂的，文献上描述的对称环糊精构象仅是时间分辨结构。这种观点不仅对于理论研究很重要，对于一般分子模拟也是重要的。静态模拟中的分子力场也用于沸石，用来研究吸附分子的位置等[27]。用 Merck 分子力场（MMFF）[28b]在 Silicon Graphics IRISO2 工作站计算了顺-环己基-8-冠-3（**8**）能量最低构象（式 10 - 1）[28a]。结果认证了低温 185K（-88℃）^{13}C 和[1]H NMR 测定的结果。计算提出最多布居构象，主要构象是船-椅构象，次要构象是扭绞型（twist）船-椅构象。

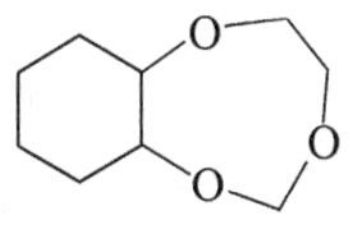

8

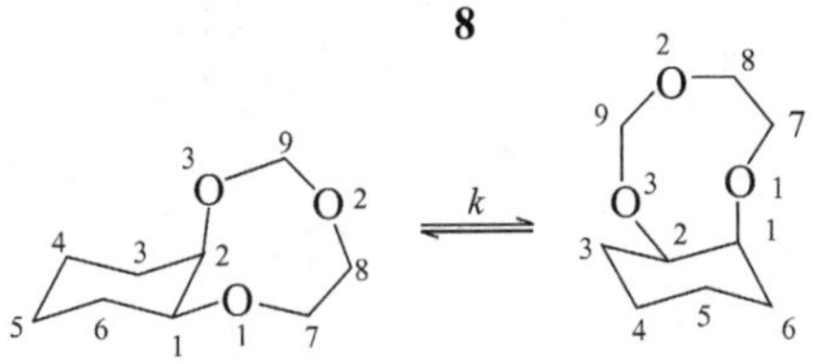

A ⇌ **B**

式 10 - 1

2）分子动态

　　分子力场研究的重点是确定所处位置的几何学和最低总能量，给出主体及其复合物总体静态概况，而要更逼真地描绘这些结构，应当考虑到各时间范围内的性质，如振动、构象可动键的旋转以及在空间的旋转和平移。分子动态模拟可以说是在分子力场计算逻辑上的延伸和精确化。实际上分子动态模拟从一个已经被分子力场完全优化的结构开始，每个原子都处于无规则状态，具有一个相应于最低起始温度（50K）的速度矢量。从这点开始用 Newton 第二定律重复修饰这些原子运动的速率和方向。平衡以后将这些无规则运动稳定在化学上可辨认的分子振动，如键伸展和角弯曲。然后将分子在一个小的间隔内"加热"到指定温度（300K）。在指定温度下分子可以平衡 10～20ps，在此时间内分子的几何学和总体能量都可作为时间函数去跟踪。分子动态模拟使用 GROMOS 软件。

　　宽边带有 4 个臂［NH—C(O)—CH$_2$—P(O)ph$_2$，CMPO］，窄边含甲氧基的杯［4］芳烃（**9**），假定与 3 个镧系金属阳离子 La^{3+}、Eu^{3+}、Yb^{3+} 在甲醇溶液和水-氯仿界面络合的化学量为 1∶1。半径为 1.032Å、0.974Å、0.868Å 的 3 个离子，分别代表镧系"大"、"平均"、"小"阳离子。用系列计算机模拟实验研究 **9** 结合 M^{3+} 的模式与阳离子尺寸、溶剂微环境和对离子（Cl$^-$/NO$_3^-$）的函数关系，解释以下问题：4

个分枝臂是否等同地结合 M³⁺?由 3 个 M³⁺诱导的配体张力能是什么?被络合的阳离子是否完全被屏蔽?这些 M³⁺与对离子是否有互相作用?结果证明在不同环境中 M³⁺的配位球包括 4 个磷酰基氧和 3～4 个松散结合的位于臂上的羰基氧。在自由能模拟的基础上解释了於纯水和液–液界面上结合的选择性。引入杯芳烃后与(CMPO)₄配体比较,萃取 M³⁺能力增加,原因在于(CMPO)₄Eu(NO₃)的亲水性大于 **9**·Eu(NO₃);游离 CMPO 配体在界面上分散,因此不如 **9** 能捕获更多的阳离子[29a]。

　　分子动态模拟曾用于冠醚络合碱金属阳离子的构象能和结构[29b,c,d,e,f,g]。

9

　　单修饰 β-环糊精 DMAB-β-CD(**10**)、DMBP-β-CD(**11**)在水溶液中以自包结状态存在[30a],NMR 和圆二色谱分析结果证明,在水溶液中 **10**、**11** 均存在 A 型与 B 型间的平衡(图 10-3)。荧光衰减光谱分析在溶液中自包结的构象和稳定性,测定荧光寿命,得到平衡状态下 A、B 型构象的布居数,和 A、B 型间的焓差。

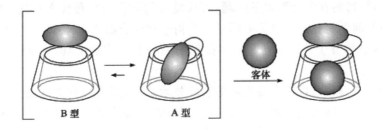

B型   A型   客体

图 10-3 修饰环糊精典型构象的代表式

用 MM 计算修饰 β-CD **10**、**11** A 型和 B 型的位能,研究总能量。但初始结构的简单梯度能量最小化不足以能正确描绘空间构象,于是用 MD 模拟,以随机方式考察 **10**、**11** 的能量表面来研究构象。CVFF 力场计算结果也将构象划分为 A、B型,收集 50 个具有较低总能量的构象进行分析。以阐明为什么两个自包结复合物的稳定性不同。计算分析证明 **10**、**11** 的自包结结构是由加盖部分与 CD 环间的范德华力稳定的。CPK 分子模型也显示,**10** 中的修饰基由于具有相对大的刚性,难以形成 A 型自包结物,因而感兴趣的问题是考察桥链柔性与包结复合物稳定性的关系。用 MD 和 MM 计算 A、B 型构象复合物的稳定性,借助互相作用分子图(interaction molecular graphics)建立初始构象模型(A、B),提供了指导组建新功能化修饰 CD 的有用信息。50 个结构计算结果给出总能对结构数目图以及范德华和角弯曲能量对结构数目图。**10**、**11** 的 A 型总能量均低于 B 型,由此可以结论为对这两个化合物,A 型是更稳定的物种,而且范德华能量是使 A 型稳定的主要因素,A、B 型范德华能的差是 A 型稳定的主要因素。另外,**10** 的 A 型角弯曲能高于 B 型表明角弯曲能是自包结复合物形成的去稳定因素,**11** A、B 型的角能没有差别,表明**11** 形成自包结复合物的角能没有变化。原因是 **10** 的修饰基是紧绷着的,在形成自包结物时必定使 CD 环歪扭,结果 **11** 形成自包结复合物的布居数大于 **10**。

另外,用 Biosym 软件对结构进行最小化计算,并用 MD 方法研究罗丹明 B-乙二胺-β-CD(RhB-β-CD$_{en}$)与 1-莰醇的结合[30b]。Docking 计算确定一个分子相对其他分子以各种方向配置的互相作用能,寻找低互相作用能导致的最佳作用位置。通过荧光实验和分子模拟,提出 RhB-β-CD$_{en}$ 和 RhB-β-CD 最可能的稳定构象是罗丹明 B 的 3 个芳环中的一个伸入到 β-CD 空腔内,客体 1-莰醇与 RhB-β-CD$_{en}$ 的结合比环己醇强,可以进入 β-CD 空腔,将罗丹明 B 的芳环逐出空腔到大体积水中,而环己醇则只处在空腔边上,不能伸入到空腔内,空腔仍然被罗丹明 B 的芳环占据。在互相作用过程中 RhB-β-CD$_{en}$ 的构象在不断变化,以配合各种客体分子的几何形状。

文献中不断有关于用各种近似计算方法从理论上研究环糊精和环糊精包结物

的论文报道,目的在于阐明以下问题:形成复合物的驱动力是什么? 复合物中主、客体相对几何学是什么? 首先要揭示在几何学和结合能之间有什么关系? 归结起来,MM、MD和分子轨道等计算技术提供了一种有价值的工具,决定结合强度和几何学[31]。

分子动态模拟可以说是最有用的实验技术之一,用来得到沸石晶体中分子或原子的性质与时间有关联的信息,得到沸石体系中吸附和扩散过程中的热力学量和详细的动态信息。如可以模拟分子内振动和框架运动,有助于分子的吸附和扩散。主要限制是不能模拟吸附大分子的扩散和电极化性。但是随着计算机和计算技术的改进,动态模拟在沸石研究中的完全应用将是可行的。

3) 分子轨道计算

分子轨道计算研究主体结合客体分子的能力[32,33],采用半经验CNDO/2计算法研究环糊精与客体偶极间的互相作用。CNDO/2方法计算简单,适于大而复杂的构象移动体系如CD和其他超分子。与从头开始的方法不同,可以从量子力学(quantum mechanics)基本原理直接探索分子性质。CNDO/2不仅是波函数简化的代数方法表达式,也是一种半经验方法。

最初用CNDO/2计算法计算 α-CD 结合对硝基酚时的偶极矩,发现 α-CD 分子的偶极矩非常大(13.5deb),其方向是从仲羟基指向伯羟基。由于每个葡萄糖单

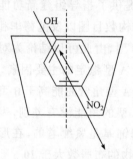

图 10-4 计算 α-CD 的偶极矩诱导对硝基酚以相反偶极方向结合[32a,34]

元稍有歪斜,偶极矩轴偏离 CD 轴 30°。对硝基酚偶极矩为 5.0deb,α-CD-对硝基酚包结物按羟基方向使与 CD 偶极矩反平行方式排布(图 10-4)。关于 CD 空腔是一个强极性环境的观点从静电位图的计算数据得到认可[34]。值得注意的是潜表面的大小和形状与大环构象有关,反过来也与结合分子的性质有关,表明 CD 分子发生构象变化以增大主客体间的静电吸引。用 CNDO/2 计算 α-、β-、γ-CD 的各种主客体系,得到类似的结论。所有 CD 都有相当大的指向伯羟基的偶极矩,其相对强度顺序是 α-CD< β-CD< γ-CD。CD 与给定客体分子结合后大环构象变化,极大地影响 CD 偶极矩的实际大小和方向[34]。

分子轨道计算法用于设计新大环化合物,计算游离氧和络合物氧两个半径,研究系列 n-冠-X_3($n=9\sim12$,$X=O$)与 Li^+ 结合的最适条件,采用 MNDO hamittonian MDPAC Ver. 5(MDPAC Ver. 5, J. J. P. Stewart:QCPE# 455)[32b]计算冠醚孔径,给体原子的环中心用最小二乘拟合法确定,结果表明计算孔径与冠环原子数有很好的相关性。实验结果表明主体 **12a**、**12b** 对 Li^+ 有选择性,为了阐明带有胺侧臂的含氮冠醚对 Li^+ 选择性的机理,用密度函数计算(density functional calculation)法(DZVP basis set)讨论溶剂性质和侧臂上给体原子与结合阳离子选择性的关系,说明只有**12b**在乙腈中与 Li^+ 络合时,侧臂参与配位。

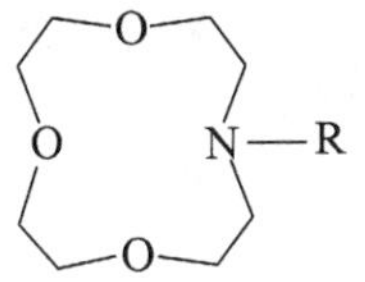

$$12a\ \ R = CH_2CH_2N(C_2H_5)_2$$

$$12b\ \ R = CH_2CH_2N\ \bigcirc$$

12

4)蒙特卡罗和位能表面

蒙特卡罗和位能表面模拟方法适用于研究沸石上吸附的分子,可用来确定吸附位、吸附平衡和高温下的各种热力学函数。这种近似静态模拟法,揉进了统计力学有关的柔度观点,研究包括无规则移动的原子和分子,直到所有具有明确位置的那些原子和分子。原子和分子的运动可以用来导出连续平面中,跨单元(unit cell)的位能表面,由此给出给定温度下概率分布图(probability distribution map)[27,35]。

5)量子力学计算

以上讨论沸石的各种模拟技术,主要用于研究发生在沸石孔内的物理吸附,而随物理吸附后在孔道内发生的化学吸附过程,跟踪这种非常高速反应的实验技术通常是很复杂的。量子力学计算对于研究沸石表面化学吸附是一个相当规范的技术。分为两种类型:半经验法(如 CNDO、MNDO)和从头法(*ab initio*)(如非经验法)。一般地,这种技术借解薛定谔(Schrödinger)方程确定化学物种的电能和波函数[27]。可以用来识别反应途径和笼中吸附的中间物种。另外,在导出原子间的潜势和力场,静态和动态模拟以及计算沸石片段间相对稳定性方面广为应用。

10.3　结　束　语

回顾过去 15 年,超分子化学经历了惊人的发展过程,尽管在研究和表征技术、理论认知方面同时得到大量积累,仍不能跟上新结构层出不穷的步伐。从书刊的最新报道中我们可以获得深入开拓物理研究方法的导向,这对于从事超分子化学研究的科技人员或许会从中受益不浅。

X 射线晶体衍射是最早在原子水平上提供结构数据的技术,在超分子结构解析方面仍然有不可替代的作用。极具说服力的例子是在 $T = 100(2)K$ 低温解析短桥键联双 β-CD5.5 MeOH·23H$_2$O(**13**)单晶(0.52mm×0.24mm×0.16mm)的结构获得成功。提供清晰的图像证实二聚体为反式连接和近似 C$_2$ 对称,分子堆积成人字形(类似鲱鱼骨),β-CD 的每个空腔都被相邻 β-CD 堵塞,空腔被 4 和 5 个结晶水分子部分填满,其余的 H$_2$O 和 MeOH 分子充满在大环间的空隙,所有 OH 基和氧原子参予形成晶格中的三维氢键网络[36]。欧洲同步辐射装置(high brilliant

X-ray synchroton source)可以从平均直径仅为几微米的晶体收集到原子水平的数据,这在很大程度上避免了对粉末衍射技术的需求。

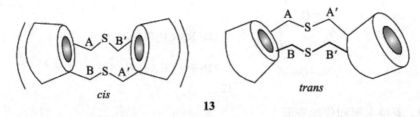

13

纳米材料差不多是和超分子化学并行发展起来的科学领域,现在它们之间的界限已经越来越模糊,而最初用于研究物质表面形态的各种电子显微镜,在超分子聚集体、膜、分子簇的结构表征方面得到有效应用。其中扫描隧道显微镜和原子力显微镜更具特色。扫描隧道显微镜研究碘代十八烷($C_{18}I$)和酞菁(Pc)在石墨表面共吸附[37],得到高分辨的 STM 图像,可以观察到 Pc 分子内细节和 $C_{18}I$ 分子烷基链的取向。通过改变 Pc 环上的取代基,使与 $C_{18}I$ 在石墨表面形成不同的组装结构。从而得出结论,调节分子间互相作用可以用来控制分子自组装行为。自古以来一直使化学家着迷的是怎样才能观察到化学反应随时间进程的状态变化。随时间记录催化金属表面的吸附和反应的 STM 像(扫速为每个骨架 4～205s)[38],观察到由于金属原子组入中间物种结构而导致的金属表面巨大结构变化,没有这种直接的、及时的观察,无法证明表面过程的复杂性。另外,从原子力显微镜提供的单分子力谱,观察到外力诱导 DNA 的"熔融"转变。研究抗癌药顺铂使 DNA 的 B-S 转变协同性降低,提供了抗癌药作用的可能机理[39]。

一些本已成熟的应用方法,仍有潜力通过增加功能,开拓新的应用。如高压下研究固体材料,是超分子化学研究工具中必不可少的,其原因是:① 压力可以给材料非常大的微扰,加 10^8 Pa 时即可使固体样品体积改变10%,分子间距离随之改变,从而可能在常温下简化物理性质的分析;② 压力下可能形成有趣的新结构。目前可以采用高压分析的物理方法有光学法,用大体积金刚石铁钻池(diamond anvil cell,DAC)测定 IR、Raman、UV-vis 和反射光谱。此外,高压下在 DAC 中测定小样品的 EXAFS 和 XANES,和采用四探针技术在大体积器件和 DAC 中测定材料的电性质,研究压力对超导的影响等[40]。

介电常数和折射率法都是早期探讨物质结构的方法[41],但在大量超分子体系的表征论文中却很少有这方面的报道。介电方法有助于了解物理、化学过程中的电子转移,考察超分子体系中分子和带电物种的局域速率或长程扩散,认识包衣化合物中主、客体分子的定向自由度。目前介电法可以在比过去更广的频率范围内测定(10^{-4}～10^{12} Hz;或 10^{-10}～10^3 s),用此法可以发现新的超分子结构,目前已发现 13 个新的冰包衣化合物。

　　理论上采用多变量结构-活性相关分析(multivariate quantitative structure-activity relationship analysis，QSAR)。利用已有的参数如摩尔折射(度)R_M、Hansch 疏水性 π 和哈梅特常量 σ，用多线性回归等数学方法进行 QSAR 分析。这些参数反应分子体积、极化率、疏水和电性质对于 α-、β-CD 结合单取代和 1,4-二取代苯的分析结果，相当好地预测了结合常数[42]。

　　对于一个超分子体系，简单地用一种物理方法表征，难以做出正确的判断。针对具体对象选择适宜的方法，进行分析、判断才是正确的研究方法。

参 考 文 献

1　Yang H, Kotz K T, Asplund M C et al. Ultrafast Infrared Studies of Bond Activation in Organometallic Complexes. Acc. Chem. Res., 1999, 32: 551~560

2　Heimer T A, Heilwell E J. Applications of Ultrafast Transient Infrared Spectroscopies. Bull. Chem. Soc. Jpn., 2002, 75(5): 899~908

3　Takeuchi S, Tahara T. Ultrafast Fluorescence Study on the Excited Singlet-state Dynamics of all-*trans*-retinal. J. Phys. Chem. A, 1997, 101: 3052~3060

4　Howe L, Zhang J Z. Ultrafast Studies of Excited-state Dynamics of Phthalocyanine and Zinc Phthalocyanine Tetrasulfonate in Solution. J. Phys. Chem. A, 1997, 101: 3207~3213

5　Armaroli N, Diederich F, Echegoyen L et al. A new Pyridyl-substituted methanofullerene derivative, Photophysics, electrochemistry and self-assembly with zinc(II) meso-tetraphenylporphyrin(ZnTPP). New J. Chem., 1999, 23(1): 77~83

6　Song N W, Cho H S, Yoon M C et al. Fluorescence from the Highly Excited States and Vibrational Energy Relaxation in Directly Linked Porphyrin Arrays. Bull. Chem. Soc. Jpn., 2002, 75(5): 1023~1029

7　Laenen R, Simeonidis K, Laubereau A. Time Resolved Spectroscopy of Water in the Infrared: New Data and Discussion. Bull. Chem. Soc. Jpn., 2002, 75(5): 925~932

8　Yoshizawa M, Aoki H, Hashimoto H. Femtosecond Time-resolved Raman Signals on Ultrafast Dynamics in All-*trans*-β-carotene. Bull. Chem. Soc. Jpn., 2002, 75(5): 949~955

9　Fujino T, Arzhantsev S Y, Tahara T. Femtosecond/Picosecond Time-resolved Spectroscopy of *trans*-azobenzene: Isomerization Mechanism Following $S_2(\pi\pi*)$ ←S_0 Photoexcitation. Bull. Chem. Soc. Jpn., 2002, 75(5): 1031~1040

10　Takamori D, Aoki T, Yashiro H et al. Time-resolved ESR on the Photochemistry of Naphthoquinones Included in Cyclodextrins. J. Phys. Chem. A, 2001, 105: 6001~6007

11　Da Ros T, Prato M, Guldi D M et al. Chem. Eur. J., 2001, 7(4): 816~827

12　Croasmmun W R, Carlson R M K. Two-dimensional NMR Spectroscopy Applications For Chemists and Biochemists. New York: VCH Publishers, Inc., 1987

13　(a) Mukamel S, Piryatinski A, Chernyak V. Two-dimensional Raman Echoes: Femtosecond View of Molecular Structure and Vibration Coherence. Acc. Chem. Res., 1999, 32: 145~154

　　(b) Ozaki Y, Sasikc S, Tanaka T et al. Two-dimensional Correlation Spectroscopy: Principle and Recent Theoretical Development. Bull. Chem. Soc. Jpn., 2001, 74: 1~17

14　Talley C E, Dunn R C. Single Molecules as Probes of Lipid Membrane Microenvironments. J. Phys. Chem. B, 1999, 103: 10 214~10 220

15　(a) Matsushita M, Bloeβ A, Durand Y et al. Single Molecules as Nanoprobes, A Study of the Shpol'Skii Effect. Journal of Chemical Physics, 2002, 117(7): 3383~3390

　　(b) Garcia-Parajó M F, Veerman J A, Kuipers L et al. Looking at the Photodynamics of Individual Fluorescent Molecules and Proteins. Pure Appl. Chem., 2001, 73(3): 431~434

16　(a) Tse J S. Molecular Modelling and Related Computational Techniques, in Comprehensive Supramolecular Chemistry. Davies J E D, Rimeester J A(eds). Oxford: Pergamon Press, 1996, 8: 593~616

　　(b) Drew M G B. Computer Modelling of the Structures of Host-guest Complexes in Spectroscopic and Computational Studies of Supramolecular Systems. Davies J E D(eds). the Netherlands: Kluwer Academic Publishers, 1992, 207~237

　　(c) Cioslowski J. *Ab Initio* Electronic Structure Calculations on Endohedral Complexes of C_{60} Cluster, in Spectroscopic and Computational Studies of Supramolecular Systems. Davies J E D(eds). the Nether lands: Kluwer Academic Publishers, 1992, 269~298

17　Allinger N L, Yuh Y, MM$_2$程序. QCPE 395. Quantum Chemistry Program Exchange, Indiana University, Indiana. 引自 Michael G B Drew, Computer Modelling of the Structures of Host-guest Complexes in Spectroscopy and Computational Studies of Supramolecular Systems. J E D Davies (eds). the Nether lands: Kluwer Academic Publishers, 1992, 207~237

18　Perrin M, Lecoco S, Crystal and Molecular Structures of p-(1,1,3,3-tetramethylbutyl)calix$^{[5]}$ arene and Its 1:1 Complex with Toluene. J. Inclusion Phenomena, 1991, 11: 171~183

19　Tran V, Delage M M, Buléon A. A Systematic Docking Approach. Application to the α-cyclodextrin/Phenylethanol Complex. J. Inclusion Phenomena and Molecular Recognition in Chemistry, 1992, 14: 271~284

20　Miertus S, Frecer V, Chiellini E et al. Molecular Interaction and Inclusion Phenomena in Substituted β-cyclodextrin Simple Inclusion Probes: H_2O, C, CH_4, C_6H_6, NH_4^+, $HCOO^-$. J. Inclusion Phenomena and Molecular Recognition in Chemistry, 1998, 32: 23~46

21　Park K K, Kim Y S, Lee S Y et al. Preparation and Self-inclusion Properties of p-xylylenediamine-modified β-cyclodextrins: Dependence on the Side of Modification. J. Chem. Soc., Perkin Trans. 2, 2001, 2114~2118

22　(a) Elemans J A A W, Rowan A E, Nolte R J M et al. Hierarchical Self-assembly of Amphiphilic Metallohosts to Give Discrete Nanostructures. J. Am. Chem. Soc., 2002, 124(7): 1532~1540

　　(b) Bovill M J, Chadwick D J, Southerland I O et al. Molecular Mechanics Calculations for Ethers. The Conformations of Some Crown Ethers and the Structure of the Complex of 18-crown-6 with Benzylammonium Thiocyanate. J. Chem. Soc., Perkin Trans. 2, 1980, 1529~1543

　　(c) Wipff G, Weiner P, Kollman P A. A Molecular Mechanics Study of 18-crown-6 and Its Alkali Complexes: An Analysis of Structural Flexibility, Ligand Specificity and the Macrocyclic Effect. J. Am. Chem. Soc., 1982, 104: 3249~3258

　　(d) Drew M G B, Nicholson D G. Stereochemical Activity of Lone Pairs. The Crystal and Molecular Structures of the Salts Chloro(1,4,7,10,13,16-hexaoxacyclo-octadecane) tin(Ⅱ). Calculation of Macrocyclic Cavity Size by Force Field Methods. J. Chem. Soc., Dalton Trans., 1986, 1543~1549

　　(e) Hase W L, Richou M C. Mondro S L. Reaction Path and Kinetics for Na^+ Complexation with 18-crown-6. J. Phys. Chem., 1989, 93: 539~545

23　Lipkowitz K B. Symmetry Breaking in Cyclodextrins: A Molecular Mechanics. J. Org. Chem., 1991, 56: 6357~6367

24　Mohamadi F, Richards N G J, Guida W C et al. Macromodel—An Integrated Software System for Modeling Organic and Bioorganic Molecules Using Molecular Mechanics. J. Comput. Chem., 1990, 11: 440～467

25　Weiner P K, Kollman P A. AMBER: Assisted Model Building with Energy Refinement. A General Program for Modeling Molecules and Their Interactions. J. Comput. Chem., 1981, 2: 287～303

26　Burkert U, Allinger N L. Molecular Mechanics, ACS Monographs, No. 177, American Chemical Society, Washington DC., 1982

27　Titiloye J O, Tschaufeser P, Parker S C. Recent Advance in Computational Studies of Zeolites, in Spectroscopic and Computational Studies of Supra-molecular Systems. Davies J E D(eds). Kluwer Academic Publishers, 1992: 137～185

28　(a) Buchanan G W, Driega A B, Laister R C et al. Conformational Analysis of Crown Ether Analogs in Solution: cis-cyclohexano 8-crown-3 as Studied Via Low-temperature ^{13}C and ^{1}H NMR Spectroscopy and Molecular Mechanics Calculations. Magnitic Resonance Chemistry, 1999, 37: 401～406

　　(b) Halgren T A. Merck Molecular Force Field. I. Basis, Form, Scope, Para-meterization and Performance of MMFF 94. J Computer Chem., 1996, 17: 490～519

29　(a) Troxler L, Baaden M, Böhmer V et al. Complexation of M^{3+} Lanthanide Cations by Calix[4] arene-CMPO Ligands: A Molecular Dynamics Study in Methanol Solution and at a Water/Chloroform Interface. Supramolecular Chemistry, 2000, 12: 27～51

　　(b) Howard A E, Singh U C, Billeter M et al. Many-body Potential for Molecular Interaction. J. Am. Chem. Soc., 1988, 110: 6984～6991

　　(c) Dang L X, Kollman P A. Free Energy of Association of the 18-crown-6: K$^+$ Complex in Water: A Molecular Dynamics Simulation. J. Am. Chem. Soc., 1990, 112: 5716～5720

　　(d) Sun Y, Kollman P A. Determination of Solvation Free Energy Using Molecular Dynamics with Solute Cartesian Mapping: An Application to the Solvation of 18-crown-6. J. Chem. Phys., 1992, 97: 5108～5112

　　(e) Van Eerden J, Harkema S, Feil D. Molecular Dynamics of 18-crown-6 Complexes with Alkali-metal Cations: Calculation of Relative Free Energies of Complexation. J. Phys. Chem., 1988, 92: 5076～5079

　　(f) Leuwerink F T H, Harkema S, Briels W J et al. Molecular Dynamics of 18-crown-6 Complexes with Alkali-metal Cations and Urea: Prediction of Their Conformations and Comparison with Data from the Cambridge Structural Database. J. Compt. Chem., 1993, 14: 899～906

　　(g) Troxler L, Wipff G. Conformation and Dynamics of 18-crown-6, Cryptand 222, and Their Cation Complexes in Acetonitrile Studied by Molecular Dynamic Simulations. J. Am. Chem. Soc., 1994, 116: 1468～1480

30　(a) Tanabe T, Usui S, Nakamura A et al. The Stability of Self-inclusion Complexes of Cyclodextrin Derivatives Bearing a p-dimethylaminobenze Moiety. J. Inclusion Phenomena and Macrocyclic Chemistry, 2000, 36: 79～93

　　(b) Yang L J, Feng X Z, Lee I et al. Structural Studies on Host-guest Recognition Sensory Systems. J. Inclusion Phenomena and Molecular Recognition in Chemistry, 1998, 31: 197～204

31　Sherrod M J. Theoretical Studies of Cyclodextrins and their Inclusion Complexes, in Spectroscopic and Computational Studies of Supramolecular Systems. Davies J E D(eds). the Netherland: Kluwer Academic Publishers. 1992, 187～205

32　(a) Kitagawa M, Hoshi H, Sakurai M et al. The Large Dipole Moment of Cyclomaltohexaose and Its Role in

Determining the Guest Orientation in Inclusion Complexes. Carbohydr, Res., 1987, 163: $C_1 \sim C_3$

(b) Hori K, Tsukube H. Strategy for Designing New Li^+ ion Specific Receptors: A Combination of Theoretical Calculations and Experimental Techniques. J. of Inclusion Phenomena and Molecular Recognition in Chemistry, 1998, 32: 311~329

33　Sakurai M, Hoshi H, Inoue Y et al. A Method for Estimating Medium Effects in Heterogeneous Systems, Theoretical Analysis of Complexation-induced ^{13}C-NMR Chemical Shift Changes in α-cyclodextrin-guest Systems. Chem. Phys. Lett., 1989, 163: 217~220

34　(a) Kitigawa M, Hoshi H, Sakurai M et al. A Molecular Orbital Study of Cyclodextrin Inclusion Complexes. I. The Calculation of the Dipole Moments of α-cyclodextrin-aromatic Guest Complexes. Bull. Chem. Soc. Jpn., 1988, 61: 4225~4229

(b) Sakurai M, Kitigawa M, Hoshi H et al. A Molecular Orbital Study of Cyclodextrin (Cyclomalto-oligosaccharide) Inclusion Complexes. III, Dipole Moments of Cyclodextrins in Various Types of Inclusion Complex. Carbohydr. Res., 1990, 198: 181~191

35　(a) Stroud H J F, Richard E, Limcharoen P et al. Thermodynamic Study of the Linde Sieve SA+Methane System. J. Chem. Soc., Faraday Trans., I. 1976, 72: 942~954

(b) Yashonath S, Thomas J M, Nowak A K et al. The Siting Energetics and Mobility of Saturated Hydrocarbons inside Zeolite Cages: Methane in Zeolite Y. Nature, 1988, 331: 601~604

(c) Smit B, den Ouden C J J. Monte Carlo Simulations on the Relation between the Structure and Properties of Zeolites: The Adsorption of Small Hydrocarbons. J. Phys. Chem., 1988, 92: 7169~7171

(d) June R L, Bell A T, Theodorou D N. Prediction of Low Occupancy Sorption of Alkanes in Silicalite. J. Phys. Chem., 1990, 94: 1508~1516

36　Yuan D Q, Immel S, Koga K et al. The First Successful Crystallographic Characterization of a Cyclodextrin Dimer: Efficient Synthesis and Molecular Geometry of a Doubly Sulfur-bridged β-cyclodextrin. Chem. Eur. J., 2003, 9: 3501~3506

37　雷圣宾,王琛,万立骏等. 铜酞菁与碘代十八烷的可控组装. 科学通报,2003,48(14):1479~1484

38　Guo X C, Madix R J. Real-time Observation of Surface Reactivity and Mobility with Scanning Tunneling Microscopy. Acc. Chem. Res.,2003, 36(7): 471~480

39　张文科,王驰,张希. 单分子力谱. 科学通报,2003,48(11):1113~1126

40　Klug D D, Tse J S. High-pressure Methods, in Comprehensive Supramolecular Chemistry. Davies J E D, Ripmeester J A (eds). Oxford: Pergamon Press, 1996, 8: 307~322

41　Johari G P. Dielectric Methods for Studing Supramolecular Clathrate Structures, in Comprehensive Supramolecular Chemistry. Davies J E D, Ripmeester J A (eds). Oxford: Pergamon Press, 1996: 121~177

42　Liu L, Guo Q X. The Driving Forces in the Inclusion Complexation of Cyclodextrins. J. Inclusion Phenomena and Macrocyclic Chemistry, 2002, 42: 1~14

英 汉 对 照

A

absorbance（abs） 吸光度

absorption-energy transfer-emission（A-ET-E） 吸收能量转移发射

A, B-, A, C-, A, D-bis（6-trimethyl ammonio-6-deoxy)-β-CD A,B-，A,C-，A,D-双(6-三甲氨基-6-
去氧)-β-CD

acetyl pepstatin 乙酰胃蛋白酶抑制素

aggregate-enhanced Raman scattering（AGRS） 聚集增强拉曼扫描

L-alanine methyl ester（L-Ala OMe） L-丙氨酸甲酯

3-aminopropylsilyl（APS） 3-氨丙基甲硅烷基 $NH_2(CH_2)_3—SiH_2—$

(3-aminopropyl)triethoxysilane（APTES） 3-氨丙基三乙氧基硅烷

amperometric titration 电流滴定法

analytical electron microscope（AEM） 分析电子显微镜

anisotropy number（g） 各向异性值

apatite 磷灰石

atomic force microscope（AFM） 原子力显微镜

attenuation coefficient（α） 衰减系数

attenuated total reflectance（ATR） 衰减全反射

azobenzene phospholipid（APL'S） 偶氮苯磷脂

B

backscattered electron image（BEI） 反向散射电子像

bacteriorhodopsin 细菌视紫红质

benzoate（Bzo） 苯甲酸酯

benzyl（Bzl） 苄基,苯甲基

Boltzman's constant（k_B） 玻耳兹曼常量

L-borneol（$C_{10}H_{17}OH$） L-2-莰醇

Bragg reflection 布拉格反射

Brewster angle microscope（BAM） 布儒斯特(Brewster)角显微镜

benzyloxycarbonyl（$C_6H_5CH_2OCO$，Cbz） 苄氧基羰基

C

calf thymus（CT） 小牛胸腺 DNA

calix[4]hydroquinone（CHQ）　杯[4]氢醌

cap　盖帽

cellobiose　纤维素二糖

charge transfer（CT）　电荷转移

chelation-enhanced fluorescence（CHEF）　螯合增强荧光

chelation-enhanced quenching（CHEQ）　螯合增强猝灭

chemically induced dynamic electron polarization（CIDEP）　化学诱导动态电子极化

chenocholic acid　鹅去氧胆酸

chiral recognition thermodynamics　手性识别热力学

cholic acid　胆酸

cholesteric liquid crystal　胆甾醇型液晶

circular dichroism　圆二色性

collagen　胶原蛋白

collisionally activated dissociation（CAD）　碰撞活化解离

collision-induced dissociation（CID）　碰撞诱导解离

complexation-induced shift（CIS）　复合诱导化学位移

conductance stopped-flow method（CSF）　电导停-流法

confocal laser scanning microscope（CLSM）　共焦激光扫描显微镜

conformational change　构象变化

consistent valence force field（CVFF）　连续效价力场

cross-polarization（CP）　交叉极化

crown ether（CE）　冠醚

α-CD-epichlorohydrin（α-CD-EP）　α-CD-3-氯-1,2-环氧丙烷高分子

α-CD-ethylene glycol bis(epoxypropyl)ether（α-CD-DiEP）　α-CD-乙二醇双环氧丙基醚

cyclotriveratrylene（CTV）环三-3,4-二甲氧苯甲基

L-cysteine methylester(L-Cys OMe)　L-巯基丙氨酸甲酯

D

N-dansyl-L-(D-)leucine appended β-cyclodextrin　挂上 N-丹酰基-L-(D-)-亮氨酸的 β-CD

decyltrimethylammonium bromide（TTAB）　癸基三甲基溴化铵

6-deoxy-(6-p-dimethylaminobenzoyl)-amino-β-CD（DMAB-β-CD）　6-去氧-(6-对二甲氨基苯甲酰)氨基-β-CD

6-deoxy-(6-p-dimethylaminobenzene butyryl)-amino-β-CD（DMBP-β-CD）　6-去氧-(6-对二甲氨基苯基丁酰)氨基-β-CD

dibucaine　地布卡因

phthalate（DBP）　邻苯二甲酸酯 $C_6H_4(COOM)_2$

differential pulse voltammetry（DPV）　差脉冲伏安

diffuse-reflected infrared by Fourier-transform spectroscopy（DRIFT）　傅里叶变换扩散反射红外

光谱

1,4-diazabicyclo-[2,2,2]octane (DABCO)　1,4-二氮杂双环-[2,2,2]辛烷

dioctyl phthalate (DOP)　邻苯二甲酸二辛酯

2,6-di-*O*-methyl-β-CD　(DMB 或 DIMEB) 2,6-二甲基-β-CD

L-α-dipalmitoyl phosphatidylcholine (DPPD)　L-α-二棕榈卵磷脂

dipolar decoupling（DO）　偶极去偶

E

elastic incoherent structure factor（EISF）　弹性不相干结构因子

electron microscope（EM）　电子显微镜

electron diffraction（ED）　电子衍射

electro-spray ionization mass spectrometry（ESI-MS）　电喷雾离子化质谱

electron scattering quantum chemistry（ESQC）　电子散射量子化学

ellipticity　椭圆度

enantiomeric excess（ee）　对映体过量

endo（endocarditis）　在内

entended X-ray absorption fine structure（EXAFS）　扩展 X 射线吸收精细结构(光谱法)

enthalpy-entropy compensation　焓熵补偿

excimer　激态原子(或分子)

exciplex　激基复合物

exo（exoskelton）　在外

F

fast atom bombardment mass spectrometry（FAB-MS）　快原子轰击质谱

femtosecond（fs）　飞秒

ferritin　铁蛋白

6-ferrocenyl-hexanethiol　6-二茂铁基己硫醇

ferroelectric liquid crystal（FLC′S）　铁电液晶

field-emission scanning electron microscope（FE-SEM）　场发射扫描电子显微镜

fluorescence（Fl）　荧光

final temperature（T_f）　终止温度

Fourier-transform infrared reflection absorption spectroscopy（FTIR-RAS）　傅里叶变换红外反射-吸收光谱

Fourier transform ion cyclotron resonance mass spectrometry（FTICR-MS）　傅里叶变换离子回旋共振质谱

G

gauche（g）　邻位交叉式的

glycodendrimer　葡萄糖型树状化合物

H

heat capacity　热容

heptakis(6-carboxymethylthio-6-deoxyl)-β-cyclodextrin heptaanion（per-CO$_2^-$-β-CD）　七(6-羧甲基硫-6-去氧)β-CD七阴离子

(heterogeneous) electron transfer（ET）　(多相)电子转移

hexakis(2,3,6-tri-*O*-methyl)-α-CD（TMe-α-CD）　六(2,3,6-三甲基)-α-CD

high resolution（HR）　高分辨

high resolution electron microscope（HREM）　高分辨电子显微镜

2-hydroxyl ethanethiol　2-羟基乙硫醇

3-(2-hydroxyphenyl)propionate　3-(2-羟苯基)丙酸盐

3-(4-hydroxyphenyl)propionate　3-(4-羟苯基)丙酸盐

I

inelastic neutron scattering（INS）　无弹性中子散射

initial temperature（T_i）　起始温度

intramolecular vibrational relaxation（IVR）　分子内振动弛豫

infrared emission spectroscopy　红外发射光谱

infrared photoacoustic spectroscopy（IR-PAS）　红外光声光谱

infrared transmission spectroscopy　红外透射光谱

L-isoleucine methylester（L-Ile OMe）　L-异亮氨酸甲酯

isomeric relaxation　异构弛豫

L

Langmuir（L）　朗缪尔

L-leucine methylester（L-Leu OMe）　L-亮氨酸甲酯

linear sweep voltametry（LSV）　线性扫描伏安法

lithocholic acid　石胆酸

M

matrix-assisted laser desorption ionization mass spectrometry（MALDI-MS）　基质辅助激光解吸离子化质谱

Merck molecular force field（MMFF）　Merck分子力场

mercury-cadmium-tellurium（MCT）　汞-镉-碲

meso-tetraphenylporphyrin（*m*-TPP）　中四苯基卟啉

methane sulfonic acid（CH$_3$SO$_3$HMS）　甲烷磺酸

methyl phosphonic acid　甲基膦酸

Q

quantum mechanical calculation　量子力学计算

R

rotating disk electrode voltammetry（RDE）　旋转盘电极(伏安法)

S

scanning electron microscope（SEM）　扫描电子显微镜

scanning tunnelling microscope（STM）　扫描隧道显微镜

scanning force microscope（SFM）　扫描力显微镜

scanning near-field optical microscope（SNOM）　扫描近场光学显微镜

self-assembled monolyer（SAM）　自集单层

self-inclusion phenomenon　自包结现象

L-serine methylester（L-Ser OMe）　L-丝氨酸甲酯

single photon couting　单光子计数

sodium 1-adament carboxylate　1-金刚烷羧酸钠

sodium deoxycholate（NaDC）　去氧胆酸钠

sodium 2,2-dimethylsilapentane-5-sulfonate $[Si(CH_3)_3-(CH_2)_3-SO_3Na]$　2,2-二甲基硅杂戊烷-5-磺酸钠

sodium methyl sulfate（CH_3SO_3Na　MeS）　甲基硫酸钠

sodium 3-trimethylsilyl tetradeuteropionate（d4-TSRA）　3-三甲基甲硅烷基四氘代丙酸钠

sodium decylsulphate（SDeS）　癸基硫酸钠

sodium tetraphenyl borate（NaTPB）　四苯基硼酸钠

spacer　间隔基

staggered sandwich　交错夹心

structure-directing-agent（SDA）　结构指向剂

supramolecular assembly microenvironement　超分子聚集微环境

surface-enhanced Raman spectroscopy（SERS）　表面增强拉曼光谱

surface plasmon resonance（SPR）表面等离子体振子共振

surface pressure 表面压力

T

tandem mass spectrometry（MS^n）　串联质谱

tert-butoxycarbonyl（*t*-Boc）　*t*-丁氧基羰酰

tertiary-butyl phenyl（TBP）　叔丁苯基

tetrakis(4-sulfonatophenyl)porphyrin diacid（H_4TSPP^{2-}）　四(4-磺酸苯基)卟啉二酸

thyroid hormone　甲状腺激素

thermotropic liquid crystal 热致变液晶

time-of-flight spectrometer（TOF） 飞行时间谱

time-resolved infrared/Raman spectra 时间分辨 IR/Raman 光谱

time-resolved surface-enhanced resonance Raman（TR-SERR） 时间分辨表面增强共振拉曼

total correlation spectroscopy（TOCSY） 全相关谱

transmission electron microscope（TEM） 透射电子显微镜

trans（t） 反式

1,4,7-triazacyclononane（tacn） 1,4,7-三氮杂环壬烷

triethanolamine（TEA） 三乙醇胺

trimethyl phosphine oxide（TMPO） 三甲基膦氧化物

2,3,6-tri-*O*-methyl-β-CD （TM-β-CD 或 TMB）

tropaeolin 000 No.2（TR） （OrangeⅡ）金橙Ⅱ

U

upper relaxation frequency 上弛豫频率

ultrafast transient infrared spectroscopy 超快瞬变红外光谱

ultraviolet visible（UV-vis） 紫外可见

Ursodeoxycholic acid 乌索去氧胆酸

W

wavelength（λ） 波长

X

X-ray absorption near edge structure（XANES） X射线吸收近边结构

Z

zeolitesilicalite 硅沸石